부 촉

파라미타 법회

법명 茶緣　　　성명 金知泫

귀하에게 도피안사 사무장보살의
보살 임무를 부촉합니다.

불기 2569(2025)년 7월 27일

도피안사

住持 松養

가정의 가치, 불교에 묻는다

가정의 가치, 불교에 묻는다

엮은이·송암지원
펴낸이·김인현 / 펴낸곳·도피안사
2006년 8월 20일 1판 1쇄 발행 / 2007년 3월 24일 2판 2쇄 발행
영업·혜국 정필수 / 관리·혜관 박성근
인쇄·금강인쇄(주)
등록·2000년 8월 19일(제19-52호)
주소·경기도 안성시 죽산면 용설리 1178-1
전화·031-676-8700 / 팩시밀리·031-676-8704
E-mail·dopiansa@kornet.net

ISBN 89-90223-30-4 04590
      89-90223-25-3 (세트)

眞理生命은 깨달음[自覺覺他]에 의해서만 그 모습[覺行圓滿]이 드러나므로 도서출판 도피안사에서는 '독서는 깨달음을 얻는 또 하나의 길'이라는 신념으로 책을 펴냅니다.

21세기 新가정 만들기

가정의 가치, 불교에 묻는다

송암지원 엮음

DOPIANSA 到彼岸社

이 책은 광덕스님의 구국구세 서원과
반야·행원사상의 실천과 계승을 위한 '반야바라밀다결사' 운동의
불교사회과학 지침서로 펴냅니다.

'가정의 가치' 불교에 묻는다

이기영_서울대학교 소비자아동학부 교수

나를 찾아오겠다는 한 스님의 연락을 받은 것은 작년 3월 중순경이었다. 평소 불교와 별 인연이 없던 나에게는 전혀 예기치 못한 일이었다. 인자한 표정의 스님 한 분이 연구실에 들어오셨는데 바로 안성 도피안사 주지 송암스님이셨다. 스님께서는 초파일을 전후해서 불교적인 입장에서 가정과 관련된 주제를 10회에 걸쳐 다루어 보겠다는 것이었다.

그 당시는 「건강가정기본법」이 시행된 첫해로서 이 법의 제정 과정에 관여했던 가정학 전공자의 한 사람으로서 동료 및 선후배와 함께 이 법의 의의 및 필요성을 홍보하기 위한 방안을 다양하게 모색하고 있을 때였다.

「건강가정기본법」이란 가정 폭력, 가족 해체, 유아 및 노인의 유기, 청소년 비행 등 급격하게 증가하는 가정의 제반 문제를 더 이상 개별 가정의 책임만으로 맡겨 두어서는 안 되고 국가가 나서서 예방 차원에서 통합적 복지 서비스를 제공해야 한다는 취지에서 제정된 법률이었다.

이런 상황이었으므로 불교계에서 가정 문제를 법회의 주제로 다루겠다는 스님의 의견에 크게 감격해서 도와 드리겠다고 바로 승낙하였다. 스님께서도 우리 사회의 근본인 가정이 표류하고 있는 현 상황을 심각하게 인식하고 공동체의 근본인 가정이 살아나야 사회가 살아나고 국가가 살아난다고 생각하고 계셨다.

그리고 불교 구국구세의 첫 번째는 가장 근원적인 곳에서 시작해야 하며 그것이 바로 '더불어 사는 공동체의 삶'으로서 '가정의 가치'를 재확립하는 것이라고 말씀하셨다. 스님은 가정 문제의 본질을 가정학을 전공하고 있는 나보다도 더 잘 꿰뚫어 보고 계신 것 같았다.

며칠 후 스님께서 강연 주제에 관한 계획안을 보내오셨다. 강연의 주제 및 내용이 거의 손볼 필요가 없을 정도로 잘 정리되어 있었다. 주변의 몇 분과 의논해서 기본적인 구상은 그대로 두고 다만 가족 간의 친밀감과 유대가 중요하므로 가족 관계를 부부 관계, 청소년 자녀와 부모 관계, 성인 자녀와 부모 관계로 나누고 불자 가족의 자원 관리를 더 추가한 의견을 보내 드렸다. 이렇게 해서 불교계에서 가정을 주제로 하는 최초 대법회가 「'가정의 가치' 불교에 묻는다」는 제목으로 총 10회에 걸쳐 안성 도피안사에서 개최되었다. 첫 번째는 불교계의 스님이 나와서 불교 경전에 나오는 가정을 말씀하셨고, 두 번째는 프랑스 출신의 가톨릭 사제이며 서강대 종교학과 한국불교 전공 교수이신 서명원 신부님께서 '서양인이 본 한국의 가정'을 말씀해 주셨다.

세 번째 법회일은 초파일 행사를 하였으며, 네 번째 법회 날이 가정학 전공 교수가 처음으로 강의를 하는 날이었다. 첫 강사인 대구대학교의 조희금 교수는 아주 절친한 후배인지라 도피안사를 함께 방문하였다.

도피안사는 안성에 자리 잡고 있어 서울로부터 그리 멀지 않았으며 아주 아늑하고 친근하면서 현대적인 느낌이 다분한 사찰이었다. 법회장에는 연세가 드신 남녀 신도들이 많이 와 계셨다. 조 교수는 불자들 앞에서 하는 강연이어서 처음에는 조금 긴장한 듯하였으나 곧 차분하게 문제를 잘 풀어 나갔다. 조 교수가 스스로 불자이기도 하여 그만큼 신도들의 마음을 잘 읽을 수 있었던 것 같다.

강의가 끝난 후 몇 분이 열심히 질문까지 해주어서 그 열의를 옆에서도 느낄 수 있었다. 법회가 끝난 후 정갈한 식사와 산뜻한 맛의 차로 환대를 받고 다시 한 번 방문하겠다는 다짐을 속으로 하며 뿌듯한 마음으로 절을 떠났다.

그러나 도피안사를 다시 가겠다는 속다짐은 바쁜 일상으로 인해 지켜지지 못했지만 조 교수 강의를 필두로 해서 시작된 가정학과 불교와의 만남은 잘 진행되어 성공적으로 대법회를 마칠 수가 있었다. 무척 다행한 일이었다.

법회 내용을 강의에 그치지 않고 「현대불교」 신문의 지상 중계를 통해, 그리고 동영상을 통해 널리 보급되어 더욱 큰 성과를 거두었다.

얼마 전에 다시 송암스님의 전화를 받았다. 가정 문제에 관한 대법회의 내용을 자료집으로 엮어 낸다는 말씀이셨다. 그리고 나에게 서문을 부탁하셨다. 사실 나는 별로 한 일이 없어서 극구 사양을 했지만 스님의 부탁을 끝까지 거절하지 못했다.

이 인사말을 쓰면서 다시 한 번 송암스님의 성의와 역량에 감탄을 금치 못한다. 가정 문제를 대법회의 주제로 내세우신 파격 아닌 파격, 강의뿐 아니라 신문과 영상을 통한 강의 효과의 극대화, 거기에 자료집의 출간까지……. 아마 이 일은 송암스님의 열정과 능력이 아니고는 불가능한 일이었을지도 모르겠다.

박세일 교수님의 발의와 현대불교 신문사 김광삼 사장님의 적극적인 협조와 미산스님과 서명원 신부님의 동참, 교육계의 원로이신 김종서 박사님의 훌륭하신 강의와 정신과 최훈동 선생님의 깊은 배려를 비롯해 탁월한 강의를 해주신 여러 강사님들께도 이 자리를 빌려 진심으로 감사의 마음을 전하고자 한다. 또한 그 어려운 녹취를 풀어 1차 원고를 만든 이운 님, 김영매 님과 편집을 맡은 이상옥 님의 노고도 크셨다는 말을 들었다.

이처럼 뜻있는 분들의 봉사와 노고로 이루어진 행사의 결과물인 이 책이 보다 많이 읽혀 더불어 사는 삶의 근본 토대인 가정의 진정한 가치를 많은 분들이 깨달아서 더욱 성숙하고 건강한 사회가 되는 데 도움이 될 수 있기를 간절히 바란다.

2006년 1월

차 례

제3부 • 결혼과 가정, 조상과 영가 천도에 대하여 | 금하광덕

제1장_결혼과 가정 ———492

제2장__불교 화혼식(華婚式) · 531

제1부

여성은 행복을 창조한다

— 여성·가정·행복의 장(章), 남편은 가정을 지키는 가장이고
아내는 행복을 창조하는 가장이다 —

금하광덕(金河光德, 1927-1999) | 반야바라밀다결사 법주

이 글은 선사(先師)이신 금하당 광덕대선사께서 가정의 중요성을 일깨워주기 위해 월간 「불광」 통권 제18호부터 싣기 시작했던 '여성·가정·행복의 장'에 있는 내용입니다. 1976년 4월호부터였으니 무려 30년이 넘었습니다. 그러므로 오늘날의 사회적인 흐름과는 차이가 있을 것으로 봅니다. 그러나 인간 삶 속에 흐르는 가치의 원리[마음]는 크게 다를 수 없다는 것을 직시한다면, '21세기 신가정 만들기' 시대에 서 있는 우리들에게 새롭게 시사하는 바가 있을 것이며, 나아가 생각에 따라서는 귀감이 되지 않을까 생각합니다. 그리고 제자[上佐]된 입장에서는 스승의 사상을 펴고 싶은 뜻도 있음을 고백합니다.

선사께서 쓰신 원문을 뽑아 다시 추려서 유형별로 묶고, 현대인들이 읽기 쉽게 약간의 손질을 했습니다. 그러나 시종 경각심을 가지고 본뜻을 훼손치 않는 범위에서 오늘의 감각으로 문맥을 가다듬으려고 노력했지만, 혹시라도 선사의 고준한 뜻에 흠결이나 잘못이 있게 되면 전적으로 엮은 사람이 책임져야 할 것으로 봅니다.

—엮은이

| **제1장** |

여성

1. 여성과 그 천성(天性)

(1) 가정을 떠난 여인

오늘 이야기의 주인공은 S부인입니다. 그의 교육 정도는 여고를 졸업한 것뿐이지만 현대적 소양은 넉넉하다고 자처했습니다. 그래서 자신이 여자라는 사실보다는 한 인간으로서 남편과 대등한 입장을 지키려고 했습니다. 게다가 자신은 남편보다 머리도 좋고 판단력도 낫다고 생각하여 은연중에, '나 없이는 이 집은 안 된다'는 교만 섞인 자부심도 있었습니다. 이렇게 은근히 남편을 얕잡아보는 마음가짐에서 가정이 재미있을 리는 없습니다.

결혼 전 기대도 컸던 만큼 실망도 큰 탓일까, S부인 생각에는 '이렇게 시시한 결혼생활보다 차라리 남편과 헤어져 친정에 가서 사노라면 뭔가 어떻게 되겠지' 하는 생각도 자주 하곤 했습니다.

원래 S부인은 성질이 드센 편이고 따라서 의지도 무척 단단했습니다. 이런 기질인 만큼 자기 주장도 분명하여 자연 남편과도 마찰이 잦았지요.

'마음의 마찰·부조화는 필경 몸에 병을 부르는 법.'

이것은 결국 마음이 갖는 공덕을 가로막는 것이지요. 그런 까닭에 S부인은 결혼하여 얼마 지난 후부터 잔병치레가 잦았습니다.

이런저런 끝에 S부인은 결국 남편과 헤어질 것을 결심하고 친정으로 돌아갔습니다. 속으로 '진즉 이렇게 했으면 행복했을 것을?' 하면서 말입니다. 그러나 남편과 헤어진 아내가 행복할 리만무하지요. 그것은 마치 집에서 세는 바가지가 들에 간다고 세지 않을 리 없으며, 물을 떠난 고기가 어떻게 살 수 있겠습니까? S부인은 정신적으로나 육체적으로 암담한 장막에 갇힌 것만 같아 본인도 어찌할 수 없게 점점 무너져갔던 것입니다.

그러나 마침 친정은 불교집안이었습니다. 오라버니댁〔올케〕이 무척 신심 있는 분이어서 친정으로 돌아온 시누이를 따뜻한 마음으로 위로했습니다. "아무래도 업장(業障)인 것 같소 염불을 하고 기도를 해보세요"라고 적극 권했습니다.

가정의 불화도, 몸의 병도 모두 자신의 업연(業緣) 때문이니 염불하면 좋을 것이라는 권고였습니다. 처음에는 '비싼 약을 먹어도 효과가 없는데 염불해서 뭐가 좋아지려고?' 하는 의심하는 마음이 앞서서 도무지 믿음이 서질 않았지만 워낙 올케가 정성스레 권하기도 했고, 또 자신의 마음이 괴롭기도 하여, 그까짓 거 밑져봤자 본전이라는 생각에 짬짬이 마음을 잡고 염불을 시작했습니다. 그러다가 나중에는 점점 힘이 붙어 염불하는 시간이 늘어났고 며칠 지난 뒤에는 아예 다른 일은 거들떠보지도 않고 염불에 모두를 맡겨버리고 열심히 염불만 했습니다. 그렇게 하니 어느덧 마음의 불안이 씻은 듯 가시고 평화로워졌습니다. 그때서야 따뜻하고 고요한 기운이 자신의 마음에 가득 차오르는 것을 느낄 수 있었습니다.

그렇게 염불하기를 한 달 만에 S부인은 마음의 평화를 찾았을 뿐만 아니라 만성적인 위장병과 신경통도 깨끗이 나았습니다. 그뿐만이 아니었습니다. 남편과 대립하고 반항적이고 따지고 들던 지난날의 자신이 얼마나 부족하고 한심한 잘못 덩어리였던가를 뼈에 사무치도록 느끼게 되었습니다. 그리하여 이제까지의 자신은 여자가 아니었다는 사실을 깊이깊이 뉘우쳤습니다.

'이제까지의 나에게서 여자다운 것이 과연 무엇이었던가? 그 동안 온갖 것을 머리로만 따지고 대립적 위치에만 서있지 않았던가? 어째서 남편을 조건 없이 감싸주고 따뜻하게 대해주지 않았던가? 여자는 사랑이 천성(天性)이다. 나는 나의 이 천성을 역행하였으니 이 꼴이 되는 것도 당연하다'라고, 깨닫게 되니 눈물이 쉴새없이 흘러내렸습니다.

S부인은 역시 판단이 명석한 분이었습니다. 관세음보살과 같이 무조건 자비롭게 사랑으로만 살아야겠다고 크게 결심하였습니다. 그 순간 바다와 같은 어머니의 사랑을 떠올리게 되었습니다. 남편을 자신의 모든 것을 다 바쳐서 사랑하고 존경하고 섬기고 받들 것을 결심했던 것입니다. 그리고는 곧장 집으로 돌아가 새살림을 차렸습니다.

S부인의 집안에는 오랜만에 봄볕이 담뿍 비쳤습니다. S부인의 가슴속은 한없이 가뿐하고 기쁨에 꽉 차 있었습니다.

(2) 남성과 여성의 위치

여기까지 읽어온 독자 중에는 '어째서 여자는 사랑을 주고만 살아야 하는가?'라고 항의어린 반문을 할지 모르겠습니다. 또 무척 억울해 할지도 모르겠습니다. 그렇지만 대답은 조금 더 기다려 주기를 바랍니다. 기왕에 마련해 둔 대답은 나올 터이니까요.

해방 후, 한때 기승을 부리던 여권(女權) 문제는 한동안 잠잠해졌다가 요즘 와서 다시 물결을 일으키고 있습니다. 여성의 지위 향상에 관하여 친족법과 호적법 개정문제를 들고 나선 것이지요. 지금 이에 대하여 말하고 싶지는 않으나 단 한 가지 말해둘 것은, 여성을 남성과 비교해서 대립적 관념을 전제로 하여 논의되어서는 안 된다는 사실입니다.

원래 남성은 남성대로 여성은 여성대로 제각각의 특성을 지닌 채, 오직 인간으로 그 성스러운 사명을 다하기 마련입니다. 말하자면 아름다운 덕행이란 것도 남녀에 따라 그 내용을 달리합니다. 모두가 똑같은 것도 아니며 모두가 다른 것도 아니므로 자연 대립적이지도 않습니다. 남녀간에 각각의 덕행을 발휘할수록 오히려 융화적이 됩니다.

남녀가 평등하다는 것은 그 본성에 깃든 불성(佛性)을 지칭하는 것이며 현상적인 표현의 차원에서는 제각각의 특색을 가지고 나타나게 됩니다. 그러므로 남자와 여자라는 대립관념으로 대하면 근본 바탕을 등지는 불행을 낳게 되고, 무조건 동일시하는 평등을 주장하면 각각의 개성과 특성을 짓밟는 결과가 됩니다.

우리 한 번 솔직하게 생각해 봅시다. 과연 남녀가 어떤 관계가 되어야 행복할 것인가? 아니면 요즘 풍조처럼 남성이 여성을 흥

내내고 여성이 여성다움을 버리려 할 때가 행복할 것인가? 설령 그런 주장들이 얼핏 듣기에 무척 당당한 듯하지만 그것은 모두가 쓸데없는 공상론(空想論)인 것입니다.

예를 들어보겠습니다. 여성이 아름다워지기를 바란다든가 화장하고 옷매무새를 곱게 꾸민다는 것은 남자의 장난감이 되고자 해서나 장식물이 되고자 해서가 아닙니다. '아름다움'이란 인간 본연의 한 속성이어서 그 자체로 가치가 있는 것입니다. 이 점은 남성에 있어서도 마찬가지여서 스스로 아름답고 멋지고자 하는 욕구의 표현이지 결코 여성의 환심을 사기 위해서이거나 남의 희롱거리가 되기를 희망하기 때문은 아닐 것입니다. '아름다움'이란 인간성 깊은 곳에 내재(內在)된 생명의 한 표현 양식인 것을 우리는 알아야 할 것입니다. 그리고 그 표현방식도 남자와 여자에 따라 각각 다르게 마련입니다.

그러므로 남녀는 서로가 이해와 신뢰로 인간의 신성을 존중하고 서로가 지니는 특성을 소중히 대하고 각각의 특성을 십분 조화롭게 피워내야 하는 것이지요 거듭 말하자면 남녀관계에서 대립이나 무모하고 일방적인 동일시는 인간 행복의 파멸을 부른다는 것을 기억할 일입니다.

(3) 여성의 천성

인간은 원래 그 본성이 절대의 신성체인 불성(佛性)이며 그것이 표현의 차이로 남녀의 특성을 지니는 것이며, 그리고 그 특성은 자신이나 상대가 망각하거나 함부로 범할 수 없는 지극히 소중한 것입니다. 그렇다면 과연 여성의 천성은 무엇이란 말인가요?

그것은 '사랑〔慈愛〕'이라고 하겠습니다. 여성은 인간이 지니는 모든 덕성과 능력을 두루 갖추고 있지만 그 중에서도 여성에게는 '자애'가 가장 본질적인 특성이 되는 것입니다.

자애에는 고집이 없습니다. 바다와도 같이 어떤 저항도 완강함도 유연히 받아들입니다.

자애에는 대립이 없습니다. 그러므로 어떤 장벽도 결국 장벽이 되지 못합니다. 자애는 그런 것을 능히 감싸고 뛰어넘기 때문입니다.

자애에는 외로움도 쓸쓸함도 없습니다. 한 몸의 체온이 다른 몸과 일체를 데우기 때문입니다. 자애에는 막힘이 없이 통하고, 대지와 같이 그 모두를 성장시키고, 허공처럼 많은 공덕을 그 속에 담고 그에 맞설 적(敵)이 없어지고 바다처럼 넉넉하고 의젓하며, 언제나 관세음보살의 따뜻한 햇빛이 자애 속에서 빛납니다.

그러므로 '자애'를 온전히 드러내고 나타내는 여성은 부처님의 자비공덕이 나타남이며 관세음보살의 시현(示現)인 것입니다. 그러므로 자애의 여성은 그 마음이 따뜻하고 유화하고 너그럽고 모두를 성취시키는 위대한 힘과 커다란 포용력을 갖는 것입니다.

여성은 이 천성을 십분 자각하여야 합니다. 만약 이 천성을 잊는다면 그는 여성이되 이미 여성이 아닙니다. 그가 있는 곳에 거칠고 삭막하고 불모(不毛)의 황폐가 뒤따르기 때문입니다.

경에는 모성으로서의 여성을 태양에 비유하고 대지(大地)에 비유하였으며, 가정에 있어 아내는 어머니와 같고, 남매와 같고, 친구와 같아야 함을 말씀하셨습니다.

여성은 모름지기 천성인 자신의 덕성을 함양하여 자신의 행복과 이 땅의 행복을 가꿔 나가야 할 것입니다.

2. 남성을 사로잡는 힘

(1) 남편 위에 선 아내

30여 세 된 한 여성의 고백입니다. 취미도 살리고 살림도 보태자는 생각으로 배웠던 솜씨를 활용하여 양장점을 차렸습니다. 남편은 회사원, 그런데 그 여성은 양장점이 그런 대로 재미가 났습니다. 수입도 남편의 월급보다 몇 배나 되었습니다. 그러는 동안에 가정의 재정도 아내의 수입으로 꾸려갔고 집안의 큰 일 작은 일에도 모두 아내의 벌이로 초라하지 않게 처리해 나갔습니다. 아내는 남편의 수입을 아예 문제 삼지 않았습니다.

그러는 사이 아내의 마음속에는 자기 우월감이 커갔고 어느덧 우쭐한 생각이 일어나고 있었던 것입니다. 그야말로 쥐꼬리만한 월급에 매달려 365일을 매여 사는 남편이 바보스러워 보이기까지 했습니다. 그런데 아내는 돈도 넉넉했고 살림도 윤택해졌는데 도무지 행복하지가 않았습니다. 무엇보다도 남편과의 다툼이 끊이지 않았던 것이지요. 하찮은 것들 모두가 시비꺼리가 되었습니다. 남편은 남편대로 반발이고 아내는 아내대로 일일이 아니꼽고 불만스럽기만 했습니다. 이러기를 한 1년 지나면서 아내는 가까운 절에 가끔 갔습니다. 때로는 설법도 듣고 때로는 아무도 없는 텅 빈 법당에 혼자 앉아 있기도 했지요.

아내는 그동안 돈 덕분으로 생활에 구애없이 살았지만 그의 정신생활은 고통에 차 있었던 것입니다. 부처님 앞에 무릎을 꿇고 앉아 있을 때마다 두 볼에는 눈물이 흐르기 시작했습니다. 한 번 눈물이 나기 시작하면 그칠 사이가 없이 자꾸만 흘러내렸습니다. 비로소 그의 마음에는 가정의 행복을 잃어가고 있음을 깨닫게 되었습니다. 자기 고집을 내세워 남편 위에서 따지고 호령하고 불평하고 있던 자기의 모습을 뚜렷이 보았습니다. 그 순간 그는 마음속에서 새로운 것을 깨닫고 있었습니다. 즉 남편 위에서 있던 자기를 반성하고, 남편 앞에 자기를 내세우지 않던 결혼 초의 행복을 문득 떠올렸습니다. 그리고 한참만에 눈물을 씻고 집에 돌아온 그 날 저녁, 회사에서 돌아온 남편 앞에 이제까지 저지른 자신의 잘못을 솔직히 고백하고 사과하며 뉘우쳤습니다.

그러는 동안에도 뜨거운 눈물이 한없이 흘러 내렸습니다. 이제까지 남편을 아래로 내려다보았던 자기가 허물어지는 눈물이었습니다. 우월감과 불평불만 속에 커왔던 외로움이 녹아내리는 눈물이었습니다. 그리고 그에게는 오직 '여성적인 것'만이 되살아나고 있었던 것입니다. 남편은 그런 아내를 붙들고 "당신 잘못이 아니오"라고 하였는데, 그 말이 마치 천상의 음악인 양 행복한 소리로 들려왔다고 합니다.

(2) 여성이 갖는 특징

위에서 보는 바와 같은 사례는 오늘날 우리 주변에 적지 않습니다. 그 가운데는 앞의 예와 같은 사람도 있고 그와 반대로 가정의 경제적 부담을 아내가 전담하면서도 원만한 가정의 행복을 누리는 예는 더욱 많습니다.

여기서 거론하고자 하는 것은 여성의 행복이라는 측면에서 여성이 서야 할 자리를 찾고자 하는 데 있습니다. 아내가 남편 위에 서서 주도적 권능을 행사하는 데서 행복이 있는 것인지, 아니면 그 반대로 아내가 너그러움과 유연한 자세로 무아(無我)의 헌신과 사랑으로 자기 자리를 삼는 것이 행복한 것인지를 살피고자 하는 데 있습니다.

오늘날 소위 시대적 각성을 하였다는 여성이라든가 높은 교육을 받았다는 여성들이 곧잘 여권운동에 관심이 높습니다. 그들은 남녀의 평등이 철저히 지켜질 때 행복이 있다고 주장합니다. 물론 다 좋습니다. 그러나 다르게 한 번 생각해 봅시다. 공동체의 입장에서 말입니다. 과연 여성의 행복이 남성과의 동떨어진 관계에서 독립적으로 홀로 있는 것일까요? 남녀평등을 말하고 기능이나 능력의 장점을 말하거나 또는 앞서의 예에서 본 바와 같이 가정에 있어서 아내가 자신의 우위를 확보하였을 때 과연 여성 자신이 대단히 행복하였던가요?

진실한 행복은 대립 투쟁의 그릇된 남녀평등이라는 언동이나 풍조에서는 얻을 수 없는 것이며, 그것은 오히려 여성 자신이 행복을 잃고 만다는 사실을 앞의 예에서 본 것처럼 간과해서는 안 됩니다.

우리 사회가 봉건사회이든 민주사회이든 남녀가 갖는 생명 표현의 상징과 특징은 영원히 변하지 않는 것입니다. 봉건사회에는 남편이 위에서, 민주사회에서는 아내가 위에서 사는 것이 아니고, 어디까지나 그런 삶의 형태와 관계없이 행복을 찾는 것이 중요합니다. 행복은 평등동권(平等同權)에만 있는 것이 아니고, 또한 불평등에서 있는 것도 아닙니다. 오직 역할에 대한 상호존중과 참다운 인간애인 자애에 의해서만 가능할 것입니다. 그러므로 생명 표현의 특징이 남성 여성으로 역할을 달리하고 있는 한 결코 그 특징을 동일시할 수는 없습니다. 현실적인 특징을 있는 그대로 존중하고 인정해야 합니다.

여성은 생명 표현의 특징이 온순하고 다소 수동적일 정도로 받아들임에 있습니다. 그러나 유순하다거나 수동적이라는 것은 여성이 남성보다 못하다는 우열의 문제가 결코 아닙니다. 능동과 수동이라는 생명 표현의 상징적 차이는 그것이 참되게 이해되고 존중되는 데서 행복과 창조와 발전이 있는 것일 뿐입니다. 이 점을 무시한 동권 주장에서 인간은 오히려 불행할 수밖에 없을 것입니다.

(3) 남성을 사로잡는 힘

대체로 여성이 지니는 유순함과 너그러움, 수동적일 정도로 받아들임은 위대한 힘을 발휘하는 것입니다. 남성이 빠져드는 마력이 거기 있는 것이며 남성을 사로잡는 매력이 또한 거기 있는 것입니다. 그러할 때 남성은 여성에게 대립하고 위압해 오는 적이 아닙니다. 여성은 수동적이라는 무서운 마력으로 오히려 남성을 자기화(自己化)하는 것입니다. 어떤 의미로는 남성을 조복(調伏)받는다고까지 말할 수도 있을 것입니다.

여성이 지니는 수동적 위치, 너그러움과 부드러움과 이해성, 이것이 진정 남성을 사로잡는 힘이라고 봅니다. 여성이 지닌 뛰어난 덕성이며 인간 사회를 창조와 발전으로 행복하게 할 위대한 힘이 거기 있다고 봅니다. 이런 뛰어난 장점을 몰각하고 오직 남녀 동권이라 하여 여성이 남성과 대립하거나 가정에 있어서의 주도권을 다투거나, 거칠고 편협하고 완고할 때 거기에 과연 무엇이 남겠는지 묻고 싶습니다. 여성의 유화와 수동의 탁월한 특성을 야만시대나 케케묵은 봉건시대의 유물로 돌려보낼 때 거기에서는 여성이 지니는 고귀한 장점이 모조리 죽고 마는 것임을 우리는 알아야 할 것입니다.

남자와 똑같이 말하고 생각하고 행동하여 마침내 여성이 남성화된다면 그때부터 여성의 천성〔매력〕은 없어지고 마는 것입니다. 그와 동시에 여성이 지닌 위대한 힘도 없어진다는 사실을 결코 잊어서는 안 될 것입니다.

젊은 여성의 아름다움이란 높은 콧대나 외모에 있는 것이 아니라 따뜻하고 이해성 있고 너그러운 성품에 있다고 봅니다. 그러나 중년 이후의 여성에게 흔히 있는, 나이로 인한 겸손의 상실, 남편이나 자식들의 사회적 지위나 경제력을 등에 업고 여성이 지니는 특성〔유순과 수동〕을 잊어버렸을 때 여성의 매력이 사뭇 빛을 잃고 마는 것은 아닐까 생각해 봅니다.

그것은 여성이 스스로 서 있어야 할 땅을 벗어나고 그 위치를 저버린 데서 오는 결과이므로 자신의 여성적인 아름다움이 없어질 뿐만 아니라, 자신의 마음속에 찬바람과 쓰라림이 싹트게 되는 것이기도 합니다. 생명의 신성과 인권의 존엄에 남녀의 차이가 있을 리 만무합니다. 모두가 아름답고 슬기롭고 덕스러운 큰 능력을 부처님과 함께 하고 있습니다. 그렇지만 표현을 달리할 때 제각각의 기본 위치가 있는 것인데 오늘날의 여성 교양인 가운데 이 점을 등한히 하는 사람이 없지 않으므로 문제라고 봅니다.

(4) 가짜 여성

여기 한 예를 들어 보겠습니다. 그는 간호사이며 방년 23세입니다. 그런데 여성다운 신체적 특징이 아주 빈약합니다. 심지어 얼굴의 표정이나 말하는 어조나 걸음걸이는 여성적인 느낌은 찾을 수 없고 사뭇 남성적입니다. 소위 여성적인 매력이란 거의 제로에 가깝습니다. 그는 어렸을 때 성장하면서 부모님께 무엇인가를 청하면 "너는 여자니까"라는 말로 자주 거부되었다고 합니다. 그럴 때 그의 마음속에서는 "남자가 되자" 하는 강한 의욕과 집념이 들어앉기 시작하였던 것이지요. 그래서 남자처럼 말하고 남자의 취미를 기르고 남자로 행동하도록 힘쓰며 커 왔습니다.

그 결과 마침내 여성적인 내분비가 감퇴하여 여성적인 신체의 특징이 발달되지 않았습니다. 오히려 얼굴의 털이 거칠어지는 등 말하자면 여자로서는 가짜 여자가 되어버렸던 것입니다. 그런데 이 간호사에게 그만 걱정이 생겼습니다. 외롭고 쓸쓸해서 견딜 수 없게 되었던 것이지요. 정말 몹쓸 '고독병'에 걸려 버린 것입니다.

결과적으로 이래서는 안 되는 것이지요. 여성은 남성을 흉내내어 행복할 수 없는 것이며, 또 남성이 될 수도 없는 일입니다. 남성을 아무리 열심히 모방해 봐야 결국 여성이 지닌 본래의 매력만을 잃게 되어 여자로서 사는 보람마저 잃어버린 적막한 인생이 되고 맙니다.

오늘날 우리 사회에는 여사장도 흔하고, 아파트나 땅 등, 부동산의 투기로 재산 증식의 묘미를 얻은 경우(복부인)도 적지 않다고 합니다. 그래도 이들 여성군(女性群)들이 행복한 것은 여성이 남성사회 속에 뛰어들어 재력을 쌓았더라도 그녀들이 가정에서 아내의 위치를 지키고 있기 때문일 것입니다. 만약 가정에 있어서 아내의 위치를 벗어났거나 여성으로서의 특징인 덕성을 잃어버렸다면 그녀들의 가슴속에 불안한 찬바람과 어두운 쓰라림이 몰아쳤을 것은 앞서의 두 예에서 넉넉히 짐작이 가고도 남습니다.

우리는 마땅히 남녀의 특성을 무시하는 그릇된 남녀평등 풍조에 함부로 놀아나지 말 것이며, 나아가 무엇으로도 바꿀 수 없는 귀하고 아름답고 위대한 여성의 덕성을 기르고 닦아서 영원한 행복의 시여자(施與者)가 되어야 할 것입니다. 이 땅의 영광은 길이 여성들의 것이 될 것입니다.

3. 여성의 미모는 어떻게 만들어지는가

(1) 용모는 말없는 언행이다

내가 여성의 용모에 대해서 관심을 가지고 글까지 쓴다고 하면 나를 아끼는 회원들 사이에서 '혹시 스님이 바람났나?' 하고 염려할 것으로 우려됩니다. 그러나 필자는 그런 염려를 귓전에 의식하면서도 결국 이번에 '여성의 미모'에 대한 문제를 다루게 되니, 좀 짓궂은 면이 있지 않나 하고 생각해 보게 됩니다.

여성의 용모가 남성을 좌우하고 주변 사람들의 운명을 좌우하고 역사를 좌우하는 중대 사건과 관련이 있는 것을 독자들은 짐작할 것입니다. 한 여성의 미모 때문에 얼마나 많은 역사적 사건들이 일어났고, 그 속에서 얼마나 많은 무고한 사람들이 죽음과 고통을 맛보았던가요. 굳이 고대 이집트의 클레오파트라나 중국 당나라의 양귀비의 경우를 예로 들지 않더라도 우리나라의 역사에도 여성의 미모와 관계된 사건이 수없이 있었던 것을 우리는 들어왔지요. 그렇다고 여성의 미모가 죄라고는 아무도 말하지 않고 있습니다.

사람의 용모는 중요합니다. 용모는 말없이 숱한 의미의 말을 만인에게 풍기고 전하는 것이기 때문입니다. 때로는 용모를 통하여 진실을 전해 듣고, 혹은 정결(貞潔)을 배우며, 혹은 지혜와 덕성을 배우고, 마음의 평화를 얻기도 하고, 또는 그 반대로 불안과 근심걱정을 얻기도 하고, 회의와 슬픔을 맛볼 때도 있습니다. 심지어는 탐심과 분심(忿心)을 불러일으킬 때도 있는 것이지요. 평범한 용모, 빼어난 용모, 추한 용모 등, 가지가지의 기준이나 분류로 시비분별이 생깁니다. 그렇다고 사람의 용모가 항상 고정불변으로 정해져 있는 것도 아닙니다. 용모는 매일 바뀌고 아니 시시각각으로 바뀌기도 하는 것이지요.

용모가 말없는 가운데서 주변에 많은 것을 전해 주고 또한 많은 것을 거둬들이게 하며 자기 주변에 운명적인 환경도 만들어 가는 것을 생각할 때 용모의 문제는 인생에 있어서 결코 작은 문제는 아니라고 봅니다. 그렇다면 용모의 바탕은 무엇이며 어떻게

해서 용모가 변해 가는 것인가? 또 어떻게 해서 용모가 운명을
말하며, 또한 어떻게 해야 아름다운 용모가 될 수 있는 것인가?
이런 문제에 대해 우리가 생각해 볼 만한 가치가 충분히 있다고
봅니다.

(2) 미모는 어떻게 만드는가

흔히 용모의 문제는 미용사가 할 일이라든가 성형수술을 맡은
의사들의 일이라든가 또는 화장 기술의 문제라고 말할지 모르겠
습니다. 그러나 그러한 미용 기술이나 외과적인 수술이 어느 정
도 용모에 변화를 주는 것은 사실이지만 거기에는 한계가 있습
니다. 여기서는 그러한 한계를 넘어선 근본적인 미모에 이르는
길(?)을 생각해 보기로 합니다.

우선 도대체 '용모란 무엇일까?'에 대한 질문부터 던져 봅시
다. 불교적인 입장에서 답한다면, 용모는 과거와 현재의 그 사람
이 행동하고 생각해 온 것을 포장한 인생 꾸러미입니다. 그 인생
꾸러미를 포장한 포장지는 매우 투명해서 그 포장지 겉에 안의
내용물을 너무나도 잘 나타내 줍니다. 그러므로 포장을 보고도
그 내용물을 충분히 이해할 수 있고 짐작할 수 있지요. 이것이
소위 '관상법'입니다. 그러므로 관상법은 배워서 아는 것이라기
보다는 보아서 느끼는 것이지요.

그래서 얼굴을 보고 그 사람의 성격과 과거를 말하고 또는 미
래의 운명을 판단하는 사람도 있게 되는 것입니다. 그러나 사람
의 용모를 인생 꾸러미의 포장지로 비유한 것에서 알 수 있는 것
처럼, 포장지라는 걸 용모는 절대적인 것이 아닙니다. 즉 고정

불변한 것이 아니라는 말입니다. 내용물이 바뀜에 따라 포장지의 모양도 빛깔도 당연히 따라 바뀐다는 것입니다.

이와 같이 인간의 용모가 그가 가지고 있는 생각을 나타내고 그의 깊은 마음 상태를 나타내는 것이라는 것을 알게 될 때, 우리는 생각을 바꾸고 마음을 바꾸고 믿음을 바꿈으로써 용모를 바꿀 수 있다는 결론도 알게 되는 것입니다. 그러므로 용모는 고정된 것이 아닙니다. 겉모양이나 형상이 절대적일 수 없다는 것이지요.

이와 같기 때문에 관상을 보고 수상(手相)을 보는 형상적인 관찰에서 얻은 판단을 그대로 맹종하는 것은 버려야 할 미신입니다. 사람의 용모나 형상을 움직이는 것은 어디까지나 그 자신의 마음이라는 사실을 똑똑하게 알아서 스스로가 자기 용모의 주인이 되고 자기 운명의 주인이 되고 자기와 자기 환경의 주인이 되어 모든 것을 스스로 만들어 가는 참 주인이 되어야 합니다.

부처님께서 말씀하시기를 "여자가 얼굴 모양이 곱다고 해서 그것으로 교만해서는 안 된다. 형상이 단정함이 곧 단정함이 아니라 오직 그 마음과 행실이 단정할 때 사람들에게 사랑과 존경을 받는 것이니 이것이 참된 단정함이다"라고 하신 뜻을 이해할 수 있게 되는 것이지요.

근일 어떤 중년 여성이 찾아와서 말했습니다. "내가 여자라서 그렇겠지만 마음 착하고 심성 고우면 제일이라는 것을 뻔히 알면서도, 나의 용모가 다른 사람보다 빠진다는 것을 느낄 때는, 아쉬운 마음을 갖게 되고 남보다 못생긴 것이 늘 마음에 걸립니다. 스님, 무슨 좋은 방법이 없을까요?"

대개들 미모에 대한 동경은 거의 절대적입니다. 미모를 만들기 위해서, 또는 유지하기 위해서는 돈도 시간도 아끼지 않습니다. 비싼 화장품 값도, 위험한 성형수술도, 대담한 노출도 아무런 거리낌없는 듯 보입니다. 이렇게 미모에 대한 여성의 집착력은 확실히 여성 자신이 아름답게 될 뿐만 아니라 여성 주변의 모든 이웃과 우리의 사회에 행복을 가져올 커다란 자원(?)이 된다는 생각이 듭니다.

왜냐하면 앞서 말한 바와 같이 미모는 타고나는 것뿐만 아니라 끊임없이 노력하여 만들어 가는 것이며, 또 그의 마음이 아름답고 슬기롭고 사랑으로 빛나고 있을 때, 그의 용모 여하에 관계없이 생명적인 아름다움을 온 몸에서 발산하기 때문입니다. 그러므로 미모에 대한 지대한 관심이나 집착은 능히 참된 미모를 성취할 수 있는 가능성을 말해준다고 할 수 있겠습니다.

경에 말씀하시기를 "마음은 이것이 능란한 재주꾼이라, 이 세간 어떤 것도 마음이 만들지 않는 것은 없다"라고 하셨습니다. 우리의 마음이야말로 우리의 용모를 다양하게 그 무엇으로도 만들어 내는 요술쟁이인 것입니다. 지혜로운 얼굴로, 덕스럽고 복스러운 얼굴로, 또는 간탐하고 독기어린 요물의 얼굴로, 어두컴컴한 귀신모양의 얼굴 등등 여러 가지로 만드는 것입니다. 다 마음에서 비롯된 것이지요.

(3) 미모로 태어나는 논리

관상가들은 사람의 얼굴을 보고 그 사람의 운명을 판단한다고 합니다. 그러나 그의 마음을 점친다는 것은 불가능한 일입니다.

그의 마음이 그의 운명을 좌우하는 것일진대 만약 마음을 짐작
하면 사람의 운명도 짐작이 된다고 할 수 있겠지만 어떻게 보이
지 않는 마음을 점칠 수가 있겠어요?

사람의 마음이란 변화하는 것이므로 그 사람의 용모도 생각에
따라 변하는 것이어서 아무리 이름난 관상가라고 하더라도 마음
을 쓰고 마음을 닦는 사람의 운명을 점치지 못하는 것입니다. 다
만 관상가는 현재의 용모에 대해서만 판단하는 것이라 할 수 있
습니다.

사람의 일상생활이 반복되고 습관화되어 그것이 누적되면 하
나의 성격으로 굳어지게 됩니다. 이 성격화된 습관이 인간 용모
에 절대적 영향을 주는 것을 생각한다면 우리 일상생활의 마음
가짐은 단순한 미적 가치의 문제가 아니라 운명과 관계가 있다
는 것을 명념(銘念)해야 할 것입니다.

미인이 되려고 아무리 노력하고 또 고가의 미용료를 지불하고
미용술을 몸에 익히고 성형수술을 받았더라도 타고난 용모를 당
할 수 없다고 하는 것은 흔히 듣는 말입니다. 그러면 좀 환상적
으로 들릴지 모르지만 아름다운 용모를 가지는 근원적인 방법이
나, 내생에도 그 다음 생에도 계속 아름다운 용모로 태어날 수
있는 비결이나 방법은 무엇일까요?

원래 생명은 육체적 파괴로 끝나는 것이 아닙니다. 생명 자체
는 영원하며 다만 누적된 행위와 생각의 집적(集積)에 따라 계속
새로운 생을 받는 것입니다. 이런 사실을 생각한다면 우리의 마
음과 용모에 끊임없는 변화를 가해가고 있는 우리 자신을 이해
할 것입니다. 그래서 아름다운 용모의 원인이 되는 행을 오늘 닦

아갈 때 바로 오늘 나의 용모가 바뀌고, 이 몸을 마치고 새로운 몸을 받더라도 역시 아름다운 마음이 미모의 종자가 되어 내생에 아름다운 용모를 갖고 태어나는 것입니다. 이것이 비결이고 방법입니다.

(4) 순수한 사랑이 미모의 제1요건

지장보살은 누구나 다 아는 바와 같이 보살의 수행을 완성한 대보살입니다. 그의 상호(相好)는 지혜와 덕상을 완전구족하고 그의 위덕은 하늘과 땅을 덮고도 남으며 그의 자비원력은 온 법계 온 국토 구석구석에 대자비 방편시설을 펴고 있습니다. 이 지장보살이 최초 발심한 이야기가 미모와 관계있는 것이어서 아주 흥미롭습니다.

머나먼 과거에 한 장자의 아들로 태어났던 그는 부처님의 상호가 원만구족하고 천복(天福)으로 장엄하게 빛나고 있음을 보고 그만 홀딱 반해버렸습니다. 그래서 부끄러움도 무릅쓰고 부처님께 여쭈어 보았습니다. "세존께서는 어떤 행을 닦았기에 지금과 같은 훌륭한 상호를 이루셨습니까?" 이에 대해 부처님은 "여래의 원만상을 이루고자 하거든 마땅히 오랜 동안 고통 받는 중생들을 건져주어야 한다"고 말씀하셨습니다. 이 말을 들은 장자의 아들은 그 자리에서 미래세가 다하도록 고통 받는 중생을 위하여 몸 바칠 것을 부처님께 맹세하였습니다.

여기서 보면 근본적으로 완전 구족한 미모를 성취하는 방법은 자비심으로 어렵고 고통 받는 사람을 건져주는 데 있음을 알 수 있습니다.

또 '에드카 케이시'의 전생투시 기록에 의하면, 미국의 어느 주의 대표적 미인의 전생 인연은 그가 전생에 프랑스의 한 가수였을 때 그가 출연료를 얻거나 인기를 모으려고 노래 부른 것이 아니고 청중에게 기쁨과 평화를 주자는 순수한 사랑의 마음으로 노래를 불렀기 때문에, 그때의 그 마음이 뿌리가 되어 금생에 모든 사람들이 우러러 보는 미모를 갖게 된 것을 밝히고 있습니다. 여기서 보더라도 인간 용모를 바꾸는 근본 원인은 자비한 마음, 이웃을 사랑하는 마음, 순수하고 헌신적인 사랑인 것을 능히 알 수 있습니다.

비록 금생의 자신의 용모에 무관심한 사람이더라도 내생에 태어날 자신을 위하여 오늘 순수한 보살심을 닦아간다는 것은 정말 멋있고 값있는 일입니다. 자신의 미모와 그 미모를 위해 화장술에 관심 갖는 시간과 노력의 몇 분의 일이라도 자비스런 보살심을 가져야 마땅하지 않을까요.

(5) 미모와 생활규범

앞에서 말한 것이 미모를 이루게 되는 기본적인 방법이라면 이번에는 보다 신속하게 지금 당장 아름다운 용모를 이루는 신통하고 뾰족한 비법(?)을 말해 보겠습니다. 모두 두 가지인데, 하나는 일상생활에서 사용하는 방법이고 또 하나는 용모가 아름다워지는 기도의 방법입니다.

첫째, 평상시에 자기 마음을 돌이켜보고 거울 앞에 서서 자기 얼굴을 비추어 보세요. 자기의 표정이 유쾌할 때는 어떠하고 성났을 때는 어떠하며 슬플 때는 또 어떠한가를 가만히 살펴보세요. 그리고 성내고 우울한 생각에 잠겨 있을 때의 자기 표정을 보세요. 그럴 때의 표정이 과연 자신이 바라던 모습이고 아름다운 자신의 얼굴인가요? 아니면 맑고 유쾌하고 희망과 활기에 넘치는 표정이 바람직하고 아름다운 자신의 얼굴인가요? 우리가 자신이 마음먹고 행동한 데 따라서 자신의 용모가 그렇게 바뀌어가고, 또 생각이 굳어 성격화됨에 따라 자신의 인상이 바뀌어가는 것을 알아야 합니다.

우리가 평소 생각하고 행동하고 노력과 신념으로 결단하는 것, 그것은 자신의 잠재의식 깊숙이 인상지어집니다. 그리고 잠재의식은 현재의식이 준 방향에 따라 자율적으로 작업해 가는 것이지요. 그래서 잠재의식에 심어진 인상은 자율신경을 통해 자기 몸의 근육운동이나 심장활동이나 대사작용에 적극적인 변화를 주게 됩니다. 대개 일상생활이 잠재의식에 영향을 주는 것이지만 잠들기 전이나 잠에서 깨어난 직후의 시간은, 잠재의식이 문을 열고 닫는 순간이므로 이때의 마음가짐은 특히 중요한 것이지요. 그러므로 잠들기 전에 결코 성내지 말고, 슬퍼하지 말고, 남을 원망하거나 불평불만을 가져서는 안 됩니다. 그것은 곧바로 잠들어 있는 시간 동안 잠재의식의 활동으로 연결되어 자신의 용모를 어둡게 만들어가고, 자신의 운명에 그런 것을 각인시켜 방향지우기 때문입니다.

또 아침 잠에서 깬 시간을 중요시해야 합니다. 희망과 감사와 용기와 자신감이 자신의 가슴속에 가득한지 살펴야 합니다. 결코 성내거나 실패를 생각하거나 불경기의 어려움이나 불행 따위를 마음에 두어서는 안 됩니다. 그 날 하루의 운명이 자신이 아침

잠에서 깨어나 생각한 대로 어느 새 방향 지어져 잠재의식에 각인되고 각인된 잠재의식의 보이지 않는 유도에 의해 생각한 대로 나타나고 진행되기 때문입니다. 불광법회의 '회원일과'에 조석(朝夕)으로 '감사하고 기도하라'는 구절이 있습니다. 바로 이유가 거기에 있으며, 또 적어도 하루 세 번 "나는 불자다. 부처님과 함께 있고 행운이 온다"라고 소리내어 외우게 하는 것도 이것과 직접적인 관계가 있는 것입니다.

자신의 타고난 용모에 관계없이 생각의 방향과 노력으로 아름다움을 더하는 요인은 퍽 많지만 그 중에서도 두드러진 것은 정신적 아름다움입니다. 특히 정결하고 균형 있는 교양, 맑은 지성과 높은 덕성, 그리고 발랄한 생동감이 넘치는 정신적 미(美)는 어떤 용모, 누구의 얼굴에도 절대적 아름다움을 더해 주는 것입니다. 그러므로 정말 자신의 미모에 관심이 있는 사람이라면 이와 같은 정신적 미에 각별한 관심을 갖지 않을 수 없는 일입니다.

둘째, "불자 중에 미모가 뛰어나기 위해 기도하는 사람도 있을까요?" 하고 질문하겠지요 미모에 관심을 갖거나 열성적인 노력파는 말할 것도 없고 평소 일과(日課)나 삶의 일상적인 수행에서도 지금 여기서 말하고자 하는 기도의 방법은 자신의 운명을 바꾸는 기도법이라는 확실한 신념을 갖고 실천하시기 바랍니다. 부처님 모습은 삼십이상(三十二相)이라 하여 완전한 원만상이지요 그렇다면 그런 뛰어난 부처님의 용모와 극치의 미모는 어디에서 왔을까요? 다름 아닌 청정한 불성(佛性)을 부처님의 마음에 완전히 이룩한 데서 왔겠지요 그러므로 미모에 정말 관심이 있는 사람이라면 불가불 자신의 깊은 마음속 불성을 보아야 하고, 그 불성에 간직된 만족과 희망과 기쁨을 현실적으로 긍정하는 마음 자세가 절실히 필요합니다. 적어도 불성이 지닌 아름다운 덕성의 작은 일부분만이라도 깊은 마음속에 간직하도록 노력한다면 반드시 자신이 원하는 미모를 이룰 수 있습니다.

자신의 깊은 마음속에 덕성을 간직하는 것은 기도밖에 없습니다. 기도는 깊은 마음을 통해 우주의식에 통하고 제불보살의 마음에 통하므로 표면상 나타나는 어떠한 장애에도 걸림 없이 원하는 것을 성취하는 것입니다. 그런 기도시간은 아침저녁이 좋습니다. 잠자기 전 30분, 아침에 일어나서 30분은 반드시 기도 정근 시간으로 정할 것을 권합니다.

기도할 때는 합장하고 불보살님을 생각합니다. 그리고 불보살님께서 한량없는 지혜와 행복과 생명을 부어 주고 계심을 생각하고 마음의 눈으로 보면서 감사를 드려야 합니다. 그리고 일심으로 염불·염송한 뒤에 "이와 같이 크옵신 부처님의 은혜를 받은 나다. 내가 바로 불자다. 나는 행복하고 만족하며 끝없는 희망이 솟아오른다. 나는 기쁘다"라고, 행복한 자기 생명을 마음의 눈으로 바라보면서 말하는 것입니다. 이러한 기도법은 아침저녁 똑 같이 합니다. 나는 행복하고 기쁘다는 말을 아침저녁으로 열 번 이상 외우는 것이 좋습니다. 종이에 써서 책상머리에 놓고 읽거나 벽에 붙여놓고 눈길 갈 때마다 외우는 것도 한 방법이지요

이와 같이 기도하는 사람은 특별히 두 가지에 유의할 것을 부탁합니다. 하나는 항상 남을 도와주려는 따뜻한 마음이어야 하

고, 다른 하나는 침체와 게으른 생각을 자신의 마음에서 몰아내고 끊임없이 향상과 성장을 지향해야 합니다.

밝은 용모를 가꾸고 지키기 위해서는 자신의 마음에서 어둠과 독기를 몰아내고, 결코 그런 것들이 다시는 깃들지 못하게 막아야 합니다. 그러면 어떤 것이 어둡고 독 있는 마음일까요? 불평불만입니다. 절망과 우울입니다. 불안과 초조입니다. 탐심과 진심, 의심과 나태심, 원한과 분노입니다. 이런 것들이 자신의 마음에 찾아들 때 미모를 향한 기도는 깨어지는 것이며 행운은 설 땅을 잃어버리는 것입니다. 그러므로 항상 마음의 평화와 감사를 배우고 결코 악한 타성에 물들거나 꺼둘려서는 안 됩니다.

(6) 아름다운 미소 습관과 효도

이제 이 장(章)을 매듭지으면서 두 가지만 재차 강조하겠습니다. 첫째는 인간은 원래 아름답고, 착하고, 행복한 존재라는 사실입니다. 불행과 고난과 죽음이 인생의 전부로 보일지는 몰라도 그것은 하늘을 가리는 안개고 구름입니다. 또한 그것은 어두운 밤입니다. 안개나 구름이 지나가면 그 무엇으로도 푸른 하늘의 청정과 태양의 영원한 찬란을 빼앗을 수 없는 것이고, 어두운 밤은 아침이 오면 저절로 사라져 없어지는 것입니다.

우리에게 닥쳐진 운명적인 듯한 못생긴 용모라도 결코 숙명은 아닙니다. 마음먹기에 따라서, 행동하고 노력하기에 따라서, 얼마든지 바뀌는 것이고 바꿀 수 있는 것입니다. 그러므로 우리는 항상 밝고 너그럽고 청정한 자비심을 잃지 않아야 합니다. 그리하여 태양과 같이 밝은 마음으로 미소를 잃지 않는 평소의 생활 습관이 오늘의 나의 용모에 아름다움을 새겨간다는 사실을 명심해야 할 것입니다.

둘째는, 마음이 아름답고 청정해지는 구체적이며 대표적인 행위로 '효도(孝道)'가 으뜸이라는 사실입니다. 효도하는 데서 마음은 더욱 덕스럽고 아름다워지기 때문입니다. 만약 불효하면서 자신의 미모를 바란다면 그것은 연목구어(緣木求魚)입니다. 불가능한 일이라는 뜻입니다. 마음이 진실하지 못한데 어찌 그 사람의 얼굴에서 아름다운 빛이 나타나겠습니까? 어불성설(語不成說)이지요.

경에 이르시기를 "부처님 몸의 금색신(金色身)도 부모님께 효도한 인연"이라는 말씀을 명념해야 합니다. 아무쪼록 우리 불자 형제들이 진실로 아름다운 자신의 모습을 성취하기를 간절히 빕니다.

4. 여성의 美 만들기, 네 가지 조건

(1) 스님이라는 인생 복덕방

거리에 나와 있는 스님들은 어차피 등록된 인생 복덕방이라고 생각합니다. 그 중에서도 절을 맡고 있는 책임자가 되거나 포교를 주로 하는 소임이 되고 보면 복덕방 사업도 이만저만 바쁜 것이 아닙니다. 겉으로 보기에 세상은 평화롭고 거리마다 집집마다 행복이 소복소복 담겨 있는 듯이 보여도 사실 그런 것만은 아닌 듯싶습니다.

병원처럼 환자만 찾아오는 것은 아니지만 스님들에게 찾아오는 사람들은 정신적·육체적인 병으로 고통 받고 있거나 또는 병원에서 손을 뗀 사람에 이르기까지 매우 다양합니다. 그밖에 여러 가지 일상의 문제를 안고 절로 찾아옵니다. 그 중에는 기쁜 일도 있지만 슬픈 일은 더 많고 또는 절망적 상황을 가져오는가 하면 가끔 희망적인 이야기도 있습니다.

때에 따라서는 고준한 철학을 문제로 삼아야 할 때도 있고, 어림계산이나 짐작으로는 도저히 어찌할 수 없는 가정문제나 애정문제도 많습니다. 대개의 경우 부처님 앞에 나아가 호소하고 미흡한 점은 스님한테 호소해 오는 경우지요. 스님들은 역시 그런 모두를 조용히 들어 주어야 하고 함께 웃고 울고 함께 가슴 조여야 할 팔자인가 봅니다. 당연하겠지요

물론 그 가운데는 가족 못지않게 사정을 잘 아는 경우도 있고 또는 일면식도 없는 사람이 자신의 이름도 직업도 주소도 말하지 않으면서 온갖 문제를 들고 와서 불쑥 들이대기도 하고 호소하기도 합니다. 내가 그분들과 만나서 어떤 도움을 줄 수 있는지는 제쳐놓고, 우선 그분들과 한편이 되어 이야기를 들어주고 가슴을 나눈다는 사실만으로도 무의미한 것은 아닌 듯싶습니다. 바쁜 시간에 예고 없이 들이닥쳐 이름 석 자도 말하지 않으면서 자리를 뜰 줄 모르는 분들을 흔히 대하지만 '나같이 부족한 사람을 찾아 주셨는데……' 하는 생각으로 돌리면 비록 원고 쓸 것이 잔뜩 밀려서 밤잠을 못 잘 것을 알면서도 대화를 할 수밖에 없는 마음으로 돌아섭니다. 아마 대개의 스님들의 실정이 이러할 것입니다.

(2) 신랑학·신부학을 배워야

'담 너머에 도적은 두고 살아도, 마음 안 맞는 사람과는 함께 못 산다'는 속담이 있습니다. 저는 이 속담이 맞는 말이라는 것을 요즘 자주 느낍니다. 저에게 마음 안 맞는 불편한 사람이 있다는 것이 아니라 가정 문제에 대한 상담을 하고 나면 곧잘 그런 것을 느낀다는 것입니다. 부부니 고부간이니 하는 아주 가까운 사이일수록 극히 하찮은 문제가 커져서 중대한 결과로 치닫고 있는 것을 보기 때문입니다.

오늘날 우리나라의 소위 엘리트 코스를 일관하여 수석을 차지하고 사회에서 존경받고 모든 활동 분야에서 자신감과 긍지를 가졌던 사람들이 아내의 마음 쓰임새 하나만으로 당장 사회생활에서 무능자도 되고 패배자로 전락할 때도 있는 것이지요. 최근에 만났던 두 사람의 신사 중에 한 사람은 스스로 정상생활에서 탈선했고 또 한 사람은 사업을 하다가 전복하고 말았습니다. 이유를 파고 본즉 너무나 단순하고 작은 문제인데 그것이 부부간의 불화가 원인이 되어서 사람의 정신을 뿌리부터 뒤흔들어 놓았던 것입니다.

아내가 위대한 힘을 가졌는지 몹시 두려운 존재인지, 아니면 관세음보살인지 마구니인지 간에 한 사내장부를 멍청이로까지 만드는 것을 볼 때 부부 문제만큼 세상에 중요한 것도 없다는 생각이 새삼 들었습니다. 왜냐하면 부부라는 가장 가까운 관계에서는 상식적인 것도, 크고 작은 것도, 옳고 그른 것도 없기 때문입니다. 다만 부부가 서로 자신들의 이런 밀접한 관계를 깊이 이해하고 원만한 부부 관계를 갖기 위해 절실하게 연구하고 꾸준히 공부해 나가야 하며, 그것은 또한 부부에게 주어진 중요한 의무이자 과제가 아닐 수 없습니다. 좀 우스운 이야기지만 신랑학·신부학의 학점을 당사자들이 좀더 높여야 할 것을 느끼는 것이 요즘 필자의 생각입니다.

(3) 여자다운 것이 여자의 보물

흔히 말썽이 되는 '남편이 아내를 버렸다'는 사정을 살펴보면 그보다 앞서 아내가 남편을 버렸다는 속사정을 발견할 때가 있습니다. 결혼한 남자들의 호소를 들어보고 그 마음 깊은 곳에 흐르고 있는 심정을 살펴보면, 남자들의 마음속에는 겉과는 다른 연약하고 어리광 같은 것이 있는 것을 보게 됩니다. 사랑한다는 것이 원래 상대방을 무시하지 않고 진정으로 존중하는 것이라는 점은 누구나 알고 그렇게 말하면서도 서로가 상대방의 깊은 마음의 호소를 무시하는 데서 문제는 싹터 오릅니다. 더욱이 젊은 부부뿐만 아니라 중년 이후의 부부에 있어서도 이 기본적인 관계, 즉 상대방을 존중하고, 말하지 않는 마음속의 소망을 알아주고 보살펴 준다는 것이 얼마나 중요한가를 모르고 지내거나 소홀하게 여기며 사는 것을 보게 됩니다.

아름답고 행복해야 할 부부 관계에 파탄을 부르는 요인을 살펴보면 이 기본적인 '존중'에 이상이 있는 것을 발견하곤 합니다. 그 중에는 아내가 아내로서 가져야 할 기본적인 덕성을 닦아갈 것을 등한히 한 데서 오는 것이 거의 전부이다시피 합니다. 이런 말을 하면 "스님은 또 남자 편만 든다"고 하겠지만 대개의 사실을 말하는 것이지 어느 쪽만 편드는 것은 아닙니다.

여기서 말하는 아내가 닦아야 할 덕성이라는 것은 아내로서 따로 무엇을 닦는다고 하기보다 여자로서 여자의 품위를 지키고 여자다운 특성을 가꾸는 본래 덕성을 말합니다. 만약 여자를 포기하면 몰라도 아내이기 전에 여자라면 이 덕을 반드시 닦아야 한다고 봅니다. 그렇지 못할 때 가정이 멍이 들고 남자는 물론 여자 자신도 골탕먹게 됩니다. 그것은 여성이 가지는 본래적인 덕성이 결여되어 있기 때문입니다.

남편의 거친 심정을 가라앉히고 마음에 입은 상처를 치유시키며 새로운 용기와 지혜를 주는 것은 아내의 중요한 권능의 하나입니다. 남편이 아내에게 기대하는 것이 어떠한 것인가를 참으로 알고 아내가 그것을 충족시켰을 때, 가정에 평화와 번영과 행복이 오게 마련입니다. 여자다운 것을 원하는 남자의 심정을 무시하거나 소홀히 해서는 결코 행복이 올 수 없습니다. 요즘 못된 주장들이 세상에 돌아다녀 살펴보니 외국에서 값싸게 수입한 여자가 여자다운 것에서 탈피할 것을 부채질하는 것들이었습니다. 그런 것들은 남자나 여자, 모두를 불행하게 만들 뿐만 아니라 인간 사회를 사막으로 몰아넣을 악독사상(惡毒思想)임을 알고 주의해야 할 것입니다.

(4) 여성의 근본 덕성 네 가지

여자가 여자로서 지닌 근본 덕성이란 무엇일까요? 네 가지를 들어보겠습니다. 첫째는 조건 없는 사랑이요, 둘째는 따뜻하게 이해해 주고 감싸주는 것이며, 셋째는 유화(柔和)요, 넷째는 너그럽고 윤택함입니다. 이것이 여자가 지닌 뛰어난 특성이며 근본 덕성입니다. 남자가 여자에게 구하고 원하는, 아니 없어서는 살지 못하는 근원적인 요구가 바로 이것입니다. 청년이나 노인이나 세대의 구분을 막론하고 또 어떤 사회적인 권위로 분장한 남자일지라도 여자에게 바라는 요구와 기대와 희망은 이 네 가지일 것입니다.

이러한 여성의 덕성은 어떤 사람들의 주장처럼 남성 우위시대의 잔재도 아니고 봉건시대의 도덕도 아니고 여성 노예화시대의 낡은 유물도 아닙니다. 여성의 육체적·정신적으로 뛰어난 특성이 원래 이런 것이기 때문에 모든 남성은 그 네 가지 앞에서 항복하는 것입니다. 결혼은 곧 여성의 모성화를 의미하지만 모성애의 내용도 바로 이 네 가지라 할 수 있습니다. 여성은 평소에 이 덕성을 키움으로써 스스로의 존엄과 신성을 지키고 실현해 가야 하는 것이라고 봅니다.

남편들이 뻣뻣하고 고집 세고 사리에 맞지 않는 엉뚱한 외고집을 부린다고 아내들은 호소합니다. 남자들의 마음을 말할 수 없는 고집쟁이나 요물단지로 생각하는 여성들도 있겠지만 알고 보면 무척 단순합니다. 남자의 심정 그 밑바닥에는 모성애와 같은 무조건적인 애정을 그리워하고 있는 것입니다. 이것이 충족될 때 남자는 저절로 머리를 숙이고 가진 모든 것을 아내에게 바치는 것입니다. 그렇게 하지 않는 한 아무리 시비를 가리고 사리를 따져서 설득시키려 해도 남자의 가슴속에 만족은 없게 됩니다. 오히려 채워지지 아니한 가슴의 공허를 무엇으로든 잊고자 하거나 위로 받고자 하고 그 쓸쓸함에서 잠시라도 도피할 곳을 찾아 헤매게 됩니다. 모든 아내들은 남편의 이런 심정을 알아두어야 할 것입니다.

(5) 남자 조종의 기술

사뭇 옛날에 읽은 기록이지만 여성에게서 난소를 절제하니 여성으로서의 육체적 특성이 차츰 없어졌다고 합니다. 남자처럼 거친 털이 난다든가 엉덩이 살이 빠진다든가. 그러나 이러한 자료를 보지 않더라도 여성의 특징은 바로 여성이라는 신체에 있는 것입니다.

그러면 여성이라는 신체적 특징은 무엇일까요? 여러 말 할 것 없이 유순하고 유연하며 따뜻하고 다정한 데 있지 않을까요? 더 자세히 말하기가 거북해서 피하지만 여성적인 신체를 갖춘 여성은 마땅히 정신적으로도 그러한 여성적인 특성을 지녀야 여성이라고 할 수 있을 것입니다. 모든 남성은 여성을 대할 때 이러한 신체적·정신적 특성을 무의식중에 기대한다고 합니다. 여성이 남성을 조종한다는 말이 허락된다면 여성이 가지는 이 특징을 통해서만 가능하지 않을까 합니다. 그 이외의 방법은 그 모두가 본인뿐만 아니라 가정이나 나아가 세상을 불행하게 만드는 것이라고 봅니다. 여성의 특징을 정상적으로 활용하는 것이 말하자면 최고의 남성조종 기술이라고 봅니다.

제2장

결혼

1. 감상과 동정이 결혼과 연결될 수 있을까

(1) 결혼은 신중해야

결혼이 가문과 가문과의 연결이라는 입장에서만 본다면 당사자는 아예 국외자의 처지가 되고 맙니다. 그러므로 당사자의 개입이 허락된다는 말부터가 일단 자유스런 결혼이라는 전제가 됩니다. 오늘날은 과거의 완고한 결혼 관념이 많이 후퇴하였습니다. 갈수록 당사자 위주의 결혼이 될 것으로 예측합니다. 하지만 결혼이 당사자간의 자유스런 선택에 맡기게 된 다음부터는, 그 나름대로 많은 문제점을 낳고 있습니다.

결론부터 말하자면 한마디로 결혼은 신중해야 한다는 것입니다. 남자에 대한 막연한 감상이나 동정심이 움직여 결혼한다던가, 경제력이 결합의 요소가 되었다던가 하는 등등의 문제는 너무나 많습니다. 그렇다면 결혼이 신중해야 한다는 것은 무엇을 의미하는 것일까요? 물론 당사자 중심의 합의도 좋습니다. 부모나 선배의 조언도 좋습니다. 그러나 결혼이 두 사람이 하나의 세계를 이룬다는 엄청난 사실의 실현인 만큼, 거기에는 어떤 조건이거나 감상적 판단이 얼씬거려서는 안 된다는 것이고, 나아가 그것은 극히 위험스런 일이라는 것입니다.

(2) 홍영매 여사의 경우

예를 하나 들어 보겠습니다. 일간지나 방송에 떠들썩하게 소개된 사례이지만 처녀의 몸으로 어린아이가 다섯이나 있는 상이용사와 결혼한 홍영매 여사의 경우입니다. 홍 여사는 고등학교를 졸업하고 소망이던 사회사업교육원을 마치고 아동시립보건원과 육아원에 근무하던 영양사였습니다. 그러던 어느 날, 6·25때 팔을 잃고 가난에 쪼들려 아내마저 병으로 잃고, 어린 5남매를 두고 고생한다는 상이용사 이야기를 들은 홍 여사는 그를 찾아가 결혼해 줄 것을 자청하였습니다. 눈물 없이 볼 수 없는 그들의 딱한 가정 사정을 보고는 '내가 이 한 몸을 희생하더라도 이 여섯 가족을 위하여 도움이 된다면 차라리 내 몸을 바치리라. 상이용사의 팔이 되고 다리가 되고, 또 5남매의 엄마가 되어주기를' 다짐하고, 망설이지 않고 나섰던 것입니다. 홍 여사는 결국 자신이 바라던 대로 상이용사와 결혼하게 되었습니다.

그리고 빚과 가난에 찌든 생활 환경을 하나하나 고쳐 나가 마침내 새마을지도자로서 새마을훈장 근면장을 받고, 그가 지도하는 산간마을은 19개의 표창장, 21개의 감사장을 받은 모범 새마을로 바뀌었습니다. 홍 여사는 철저하게 5남매의 엄마가 되기 위해 아예 단산 수술을 받고 자신의 아기는 갖지 않았습니다.

(3) 경제력과 희생적 동정

이 이야기는 세간에 너무나 잘 알려진 사실이지만 필자도 홍 여사를 직접 만났습니다. 필자의 관심은 관세음보살과도 같은 홍 여사의 보살심에도 있었지만 그가 참으로 어려운 결혼을 훌륭하게 성공시킨 부인이라는 데 있었습니다. 원래 결혼에 있어 애정과 사업은 두 눈과 같은 것이어서 어느 하나도 양보하거나 쉽게 버릴 수 없는 것이라고 합니다. 한 눈이 병들면 다른 눈마저 병들듯이 애정이나 사업, 이 두 가지 중에 어느 하나가 깨질 때 나머지 하나도 함께 흔들리는 것이니까요. 그런데 여기 홍 여사의 경우 결혼의 핵심이어야 할 애정 문제가 사뭇 비현실적인 애정입니다. 그리고 사업이라 할 경제력은 영〔제로〕도 아닌 마이너스이고, 인생의 밑천이라는 건강은 남편에게는 아주 없는 것과 같은 것이었습니다. 이들에게 어떻게 건강한 결혼이 성공될 수 있었을까요?

물론 경제력이 전적으로 결혼의 주요 동기가 될 수는 없을 것입니다. 만약 서로 상대방의 경제력에 관심을 가지고 공동생활〔결혼〕을 결심했다면, 언젠가 경제적 이용가치가 없어지면, 돈 떨어지는 날이 끈 떨어지는 날이 되어, 결혼은 그만 파경이 될 것입니다. 경제를 목적으로 한 공동생활에서 상호의 관심은 애정이아니라 욕심 채우기 밖에는 아무것도 아닙니다. 그런 점에서 여기 홍 여사의 경우는 경제를 논할 여지마저 없는 파국 위에 그들의 결혼은 서 있었던 것입니다.

그리고 결혼에 있어 동정이나 희생적 감정도 문제입니다. 홍 여사는 '내 한 몸을 희생해서라도 여섯 식구에게 도움이 된다면'

하고 결혼의 동기를 털어놓고 있습니다. 그렇다고 일반적으로 누구나 희생적 감정에서 결혼이 성립될 수 있을까요?

동정심으로 결혼한다거나 희생할 셈치고 결혼한다는 것은 도저히 있을 수 없는 일이 됩니다. 본래 순수하고 털끝만치도 치우칠 수 없는 애정의 감정은 부부 어느 쪽에도 희생이나 동정의 감정이 허락되지 않는다고 합니다.

부모가 자녀를 위해 희생한다는 것은 그야말로 거룩한 애정의 표현일 수 있습니다. 얼마든지 가능한 일이기도 하고요. 그렇지만 부부 사이에 '희생'이 된다는 특별한 감정을 가지고 있으면 그만큼 상대방에게 정신적 부담을 주게 되고 자신도 힘들어지고, 그래서 애정을 일상 속에서 계속하여 순직하게 받아들이기 어렵게 된다고 합니다. 희생적이 되면 때로는 어떤 반항감이 싹트기도 하고 허무감이나 상실감이 일기도 하는 것이겠지요. 이것은 부모와 자녀 사이의 관계에서만이 아니라 부부 사이에도 마찬가지이고, 오히려 부부 사이에서는 더 악화되기가 쉽겠지요.

여기 홍 여사와 결혼한 상이용사의 경우, 신체의 절반을 잃고 아내가 자기를 위해 희생한다는 느낌을 받으면서 자신의 내면에 일어날 열등감과 아내에게 부담스런 존재가 될 수밖에 없는 복잡한 감정을 어떻게 처리하느냐가 이 가정의 중대한 문제가 되었을 것입니다.

(4) 애정에 대상은 없다

또 한 가지는 홍 여사의 남편은 홍 여사에 비해 교육받은 정도의 격차가 너무 컸습니다. 홍 여사는 전문학교 교육을 받았지만 남편은 불취학이었습니다. 아예 까막눈이었다고 합니다. 그런데다가 그는 불구의 몸이었으므로 사회적 활동이나 경제적 축적을 통해서 가장다운 지위를 구축하기란 아주 어려운 일이 되었겠지요. 이런 가정에서는 불가불 남편과 아내의 관계가 정상적인 관계를 유지하기 어렵게 되지요. 다시 말하면 어차피 내 주장[아내가 가장이 됨]이 되고 어쩌면 엄처시하에 눈치꾸러기 남편이 되기 일쑤일 것입니다. 그뿐만이 아니라 아내로서 남편으로부터 받고 느껴야 할 남성적 특징, 바꾸어 말하면 공격적인 애정이라든가 통솔적 권위 표현을 아내는 느낄 수 없으므로 거기서 오는 아내의 정신적 공허가 또한 문제가 되는 것이지요.

부부 관계가 간호사적인 인간애로 묶여진다는 사실, 이것은 분명히 하나의 불행을 잉태하고 있습니다. 그런데도 홍 여사는 이 결혼을 너끈하게 성공시켰습니다. 필자의 관심은 이런 점에 쏠렸습니다. 대개 부부라는 순수한 애정 관계에 있어 마땅히 있어야 할 정상적인 위치가 뒤바뀌고, 충족되어야 할 욕구가 대상적(代償的)인 무엇으로 호도된다는 것은 극히 불건전한 위험성을 내포하고 있기 때문입니다(홍 여사의 경우도 부부 양쪽에 이런 위험이 있다). 홍 여사의 결혼은 세간의 정상적인 결혼이라고 하기보다는, 너무나 천사적인, 매우 드문 일입니다.

우리 한국에는 결혼의 결과에서 오는 높은 부부 만족도는 얼마든지 있지만, 처음부터 어려운 여건을 눈으로 보면서 천사적인 보살심으로 결혼을 스스로 선택하고 한국적인 부부도를 결실시킨 일은 참으로 희귀하고 놀라운 일이 아닐 수 없습니다. 그래서 홍 여사의 경우를 예외적 성공이라고 보고자 합니다. 결혼은 결

단코 순수해야 합니다. 경제적 조건이나 육체적 매력이나 사회적
지위나, 아니면 동정이나 감상, 그런 외적 요인만으로는 결혼이
성립될 수 없습니다. 여기서 조건 이전의 순수한 사랑은 결혼이
추구해야 할 기본 요건이며 결혼이 성공할 근본 법칙임을 다시
한 번 강조하여 말하고자 합니다.

2. 배우자를 어떻게 선택할까

(1) 바로 알고 선택하자

부처님 가르침에 의하면 행·불행의 갈림길은 알고 모르는 데
달렸다고 합니다. 행복의 극치라 할 성불이라는 것이 필경 일체
지(一切智)를 갖추어서 일체 한계와 속박에서 벗어난 해탈을 뜻
하는 것이고, 고통의 바다를 헤맨다는 중생살이의 출발은 무명
(無明)이라는 미혹이 그 시작입니다. '밝게 알았느냐? 어두컴컴해
서 아무것도 모르느냐?'의 두 극단 사이에 천만 층의 차별이 있
어서 천만 층의 중생살이가 벌어지고 다시 그 속에 천만 가지
행·불행이 나타나는 것입니다. 그렇기 때문에 고통에서 벗어나
고자 하면 반드시 지혜의 눈을 떠서 진리를 밝게 알아야 합니다.
누구나 고통을 거둬들이고 싶으면 방탕에 빠져 지혜의 눈을 마
냥 외면하거나 덮어두거나 나태와 악행에서 허우적거리면 안 됩
니다.

결혼을 인생의 새로운 출발로 삼는 것은 인생살이의 상식입니
다. 그런 만큼 그 새로이 출발하는 인생이 행복하냐 불행하냐의

갈림도 결혼을 바로 알고 하느냐, 또는 모르고 무턱대고 하느냐에 달려 있고, 그리고 결혼 다음에 결혼의 원리를 잘 알아서 어떻게 충실하게 노력하느냐의 여부에 달려 있는 것입니다.

바야흐로 결혼할 때는 됐고, 인간으로 누구나 한 번은 하는 것이고, 또 인연이 다가왔으니 우선 결혼을 하고 보자는 무자각적(無自覺的)·피동적 결혼은 있을 수도 없는 것이지만, 가령 있다고 한다면 매우 위험한 일이 아닐 수 없습니다. 결혼에 대한 무지와 불성실이 거기 있기 때문에, 결혼으로 시작하는 새로운 인생이 결혼과 동시에 위험을 안게 되는 것입니다. 선진국에서는 결혼 적령기가 되면 나라에서 결혼 교육을 시킨다고 합니다. 결혼하면 무엇은 좋고, 어떤 것은 불편하다는 것 등을 미리 가르쳐서 결혼생활을 현실로 받아들이게 하고 있답니다. 마냥 무지개 타는 비현실적인 공상에 맴돌지 않게 예방한다는 것입니다. 과거 우리나라에도 혼인기의 당사자들을 가정에서 부모들이 결혼 교육을 시켜서 새 가정을 이루어 주었습니다. 그런데 지금 우리의 현실은 과연 어떠합니까? 당사자가 서로 좋아하고 사랑한다고 말하면 부모들은 시원하다는 듯이 결혼시켜 버립니다. 이런 현상은 결코 책임 있는 행동이 아닙니다. 인생의 참된 성공과는 매우 거리가 먼 이야기입니다.

(2) 결혼 상대방은 숙명적인 만남일까

세간에서 흔히 하는 말로 결혼을 연분(緣分)이라고 합니다. 그래서인지 수많은 청혼도 받아보고, 수없이 구혼도 해보고, 또 수없이 선을 본 경험을 가진, 결혼에는 역전의 용사들도 결혼하고 나서는 으레, "결혼은 역시 연분이다"라고 말합니다.

결혼이 성립될 듯 말 듯 아슬아슬한 고비를 여러 차례 치르고서도, 마침내 수포로 돌아간 사람이 결혼을 체념하다시피 한 처지에 있을 때 홀연히 지금의 연분이 나타나서 뜻밖에 영예의 골인을 하였다는 말을 가끔 듣기도 합니다. 그럴 때는 더욱 결혼이 매우 특별한 연분임을 강조하게 되겠지요. 역시 결혼에는 이해할 수 없는 신비한 그 무엇이 있다는 것을 암시해 주는 것입니다.

그런데 누가, "결혼에 과연 그런 숙명적·결정적 인연이 절대적으로 작용하고 있는 것일까요?"라고 묻는다면 "그러한 기계론적 결정론은 없는 것입니다"라고 결론적으로 대답합니다. 그러므로 누구나 자기의 자유 의사에 의하여 결혼 상대방을 선택하는 것입니다. 다만 그 선택에는 기초적인 몇 가지 전제요건이 있는 것은 어쩔 수 없습니다. 왜냐하면 인생이란 금생 한 번만을 독립해서 출발하는 것이 아니고 먼 과거생을 가지고 있으며, 그 과거생의 연속으로, 연장선으로써 금생이 있기 때문에 과거생에 형성된 다음 두 가지 요인이 금생까지 작용해 오는 것은 어찌할 수 없는 일입니다.

하나는 결혼하는 당사자들의 성격 문제이고 또 하나는 상대방과의 인연입니다. 첫째 당사자의 성격 문제인데, 예를 들어 어떤 결혼 기피증을 가진 여성의 경우(이 점은 남성도 마찬가지지만), 과거생 가운데 애정의 파국적인 체험을 통해 심각한 사랑의 슬픔을 경험한 사람은 그것이 의식의 심층부에 상처로 남아 있어 결혼 기피증이 나타날 수 있는 것입니다. 그밖에 오늘을 형성하고 있는 그의 성격이 금생에 형성되어 가고 있는 것이지만 또한 과거생에서부터 계속해 오는 것이므로 과거생을 일단 인정할 수밖에 없는 것입니다. 그렇다고 그러한 과거생이 오늘의 나를 꼼짝 못하게 결정적으로 지배하는 것은 아니어서 개혁과 선택의 결단은 항상 오늘의 나에게 주어져 있으므로, 우리는 바른 지혜와 바른 노력으로 새로운 자기를 얼마든지 창조해 나갈 수 있습니다.

둘째로 결혼 상대와의 인연을 말한다면, 이것도 과거생의 결과로써 오늘의 인연 있는 상대방이 있는 것은 사실이지만, 그렇다고 선택의 여지가 없는 유일자(唯一者)는 아닙니다. 수많은 과거생에 여러 인연과 결혼 관계를 가졌던 상대는 한두 사람이 아니기 때문에 금생에 만날 결혼 상대도 당연히 오늘의 선택과 결단에 의하여 가능할 수밖에 없습니다. 과거생 가운데의 인연이 서로 부채 관계의 상환 같은 관계거나 아니면 보복적 관계거나, 또한 보다 극단적인 원결의 인연을 가진 상대도 있을 수 있고, 그것이 또한 하나 둘이 아닐 수도 있습니다. 물론 그 중에는 두 사람 공동의 이상을 꽃 피울 뜻 깊은 인연의 상대도 수없이 많을 것입니다. 그렇다면 더더욱 선택은 오늘의 결단이 아니겠습니까?

이상으로 보아 결혼 상대방의 숙명적 결정설(決定說)은 성립될 수 없고, 어디까지나 바른 지혜의 판단에 의해서 오늘 선택해야 할 과제가 자신의 인생 앞에 주어져 있다고 할 것입니다. 그러므로 "그이 아니면 차라리 죽겠다"고 절체절명의 막다른 골목으로 몰고 가는 것에는 분명 문제가 있다고 생각합니다. '서로가 좋아서……' 또는 '천생연분……'이라고 말하며 무턱대고 자기 합리화하기도 하지만 결혼은 그렇게 뜨겁게 덤벼서는 안 되는 것입니다. 설사 "이 사람만이 유일한 인연이다"라고 생각이 되더라도, 한 걸음 물러서서 자신의 생각을 쉬고 냉정하게 검토해 보고, 또한 주위 어른들의 판단을 경청하고, 여러 조언에 충분하게 귀기울여야 할 필요가 있습니다. 과거생부터의 인연을 말하거나 강조한다면, 그것을 분명하게 알기도 어렵고 또한 과거생의 인연자는 한두 사람만이 아닌 것입니다. 결혼의 여러 요건 중에서 핵심 요소에 해당되는 부분과 그 밖의 것을 혼동하는 것을 흔히 보게 되는데, 이 점을 차분하고 냉정하게 살펴보아야 합니다. 결혼은 누구에게나 일생의 중대사입니다. 오직 바른 선택과 결정만이 절대적입니다.

(3) 배우자의 선택

'결혼할 상대방으로 어떤 사람을 원하느냐?'는 질문을 젊은 남녀들에게 갑자기 들이대는 것은 라디오에서 듣게 되는 흥미 있는 메뉴이지만, 얼떨결에 튀어나온 대답이 얼마나 깊은 생각에서 나온 것인지는 모르겠습니다. 여성에게 물으면 대개는 '건강하고 가정적인 남성'을 입버릇처럼 내세우고, 남성에게 물으면 '여자로서의 덕성'을 천편일률의 모범 답안처럼 술술 외워댑니다. 그런 사람들은, 남자는 여자에 대해 가정에 매인 송아지나, 또는 가정이라는 멍에를 메고 젖을 공급하는 젖소 정도로 생각하는 모양이고, 여자는 남자에 대해 유순한 남자시종(男子侍從) 정도로 생각하는 모양입니다. 결혼생활에 있어서 부부 양쪽에게 그런 측면이 아주 없는 것은 아니지만, 결코 그것이 표준이 되어서는 큰 일입니다. 근본을 도외시한 위험 때문입니다.

그럼 '미모'인가? 사람의 용모란 그림자 같은 것이어서 시간의 흐름과 함께 바뀌고, 또 지성이나 감정의 변화에 따라서도 그때그때 천태만상이다시피 바뀌는 것입니다. 뿐만 아니라 인간의 육체는 어느 때나 죽음을 향한 진행이 아닌가요? 더욱이 자신의 마음의 표현이 용모이기 때문에 흥미 위주의 관상으로 인물 평가가 될지는 몰라도, 마음은 언제나 새로울 수 있는 것이므로 마음에 따라 용모도 달라져 그 당시 나타난 용모만을 절대 기준으로 삼을 수는 없는 것입니다. 한 측면에 불과합니다.

그러면 '재산'인가? 가정의 안정을 지키는 요인 중에 경제적 토대가 중요하므로 재산에 대해 많은 관심을 두지만, 재산은 인간에게 덧붙여진 것이요, 활동에 의해 얻어진 결과에 불과합니다. 설령 아무리 돈이 좋기로서니 돈과 결혼할 수는 없습니다. 오직 재산에 현혹되어 사람을 보지 않고 허겁지겁 서두른 결혼이 끝내 파탄을 가져오는 것을 우리는 너무나 많이 보고 있습니다. 이것이야말로 결혼의 의미를 망각한 유령〔돈〕과의 결혼이라고 말할 수밖에 없습니다. 이 또한 근본과는 거리가 있습니다.

그러면 '숭고한 가문'인가? 옛날부터 집안을 보면 자손을 안다고 말하지만, 거기에는 결혼이 당사자간의 결연(結緣)이라고 하기보다는 가문과의 결연이라는 관념이 더 중시되고 있습니다. 이 점은 오늘날까지도 많은 공감을 얻고 있고 실제로 그런 힘이 작용하고 있습니다. 사람의 인격이라는 것이 유전적인 면도 있고 학문과 수련에 의해 형성되기도 하지만, 그보다도 성장기의 정신 환경이 그 어떤 교육보다도 중요한 것이므로 역시 숭고한 가정 환경은 당사자의 인격 평가와 함께 중시해야 할 근거가 되고 있습니다. 그렇다고 전통적인 가문이나 그 가정이 인간의 전부는 아닙니다. 전통적인 가문이나 가정은 한 인간이 성장하는 환경이며 여건일 뿐입니다. 다만 그런 요인이 인격 형성에 좋은 환경이 될 수 있기에 중요하다는 것입니다. 그러나 조실부모하거나 가정 환경이 빈한한 처지에서 성장한 사람도 얼마든지 높은 인격과 덕성을 갖출 수 있습니다. 그러므로 이것도 다는 아닙니다.

그러면 '취미나 성격'인가? 대개 한 인간의 취미는 본인의 성격을 잘 나타낸다고 합니다. 그리고 그의 성격은 과거에서부터 현재와 미래로 끊임없이 형성되어 가는 과정에 있으므로, 현재 그의 인간성이 가지는 특질의 직접적인 표현입니다. 사람의 성격을 탐지할 장치나 방법도 없지 않은 모양이지만, 그렇다고 그런 것으로 쉽게 상대방의 성격을 다 알 수 있는 것도 아닙니다. 취미와 성격은 인간 선택의 결정에 중요한 자료임은 부인할 수 없습니다.

그러면 '건강'은 어떠할까? 확실히 건강은 결혼 상대자 선택의 중요한 요건 중의 하나임에 틀림없습니다. 그렇다고 마냥 코끼리처럼 덩치가 크고 힘이 센 것을 요구하는 것은 아니지만 결혼이 단순하게 관념이나 환상의 희롱이 아닌 현실이기 때문에 건강이라는 육체 조건은 절대 필요한 것입니다. 아무리 깊은 이해나 성스러운 사랑이라 해도 육체를 제외한 결혼이란 있을 수 없는 일이고, 설령 있다 하더라도 극히 예외적인 일이기 때문입니다.

결혼 상대자 선택 문제는 으레 지위니 명예니 부모의 재력이니 사회적 명망이니 또는 당사자의 생활력이니 인간적인 이해성이니 그 집안의 사회적인 명성이니 심지어 친척의 부귀나 권세 등등 여러 문제가 제기되는 것을 보지만, 이런 것에 무턱대고 관심 가질 것은 못 된다고 봅니다. 당사자의 생활력이나 지식 정도와 건전한 상식의 구비는 중요하긴 하지만, 그것이 결정적인 것은 아닙니다. 얼마든지 인간의 성실성으로 새로운 향상과 보완을 할 수 있는 것입니다. 그밖에 가문의 명성이나 부모의 지위나 권세 등은 마치 저녁 연기 같은 것이어서 인생사 흥망성쇠가 무상(無常)한 것인데, 그런 것을 결혼의 중요한 요소로 고려한다는 것은 훗날 골탕 먹기 알맞은 일입니다.

(4) 세 가지 기본 포즈

그러면 결혼에 있어 상대자 선택의 중요한 요소는 무엇일까요? 대개 세 가지를 들고 싶습니다.

첫째는 인생 목표나 이상(理想)에 대한 공동성(共同性)입니다. 결혼이 남녀가 결합하여 공동의 목표를 향하여 서로가 향상하는 인연인 만큼 거기에는 반드시 높은 인생의 목표와 이상에 대한 공동의 유대가 있어야 합니다.(이것이 없을 때는 결혼 후 의외의 사태를 만납니다.) 어쨌든 인생이라는 가치에 대한 일치성과 공동의 향상이라는 높은 합일(合一)은 절실히 필요한 것입니다. 그것을 뚜렷이 성문화(成文化)할 수 있는 명확한 합일이든, 아니면 깊은 신뢰 속의 암묵의 일치이든, 하여튼 생의 목표에 대한 공동적 합일은 결혼의 제1차적인 요소가 아닐 수 없습니다. 이런 점에서 필자는 결혼이 당사자에 의해 이해되고 승인되고 확인되어야 한다는 점을 긍정하는 것입니다.

둘째는 육체적 조건입니다. 즉 건강해야 하는 것입니다. 이 점에 대해서는 앞서 말한 바가 있습니다. 살펴보시기 바랍니다.

셋째는 당사자의 정신적 견인력(牽引力)이라고 할까요 서로의 깊은 사랑과 신뢰감을 말합니다. 이것을 자세히 말하기는 어렵지만, 이러한 정신적인 사랑과 신뢰감 없는 결혼은 결국 비참할 수밖에 없게 됩니다. 단순한 육체적 견인력이나 취미의 동일성이나 어떤 정신적 매력이나 일시적으로 느끼는 감상적 동정으로는 결혼을 끝까지 이루기에는 여간 어려운 일이 아닐 것입니다.

좀더 여러 이야기를 할 수 있겠지만 그만 줄이겠습니다. 결혼은 양성(兩性)의 결합을 통하여 완전하고 높은 이상의 추구라는 근본 가치를 지니고 있으므로, 이상의 세 가지 조건은 최종적 기준이고, 그 어떤 하나가 없어도 원만한 결혼이라고 할 수 없을 것입니다. 높은 정신적·심성적 일체성에서 비로소 결혼의 원만(圓滿)과 신성(神聖)이 보장되는 것임을 끝으로 말씀드리고 싶습니다.

3. 결혼이라는 '만남'의 의미

(1) 인생은 만남으로부터 시작된다

사람의 본래면목(本來面目)은 여기서는 그만 말하기로 하고, 인간이란 아무쪼록 서로 만남으로부터 인생〔삶〕이 시작된다고 하겠습니다. 영〔識〕적인 의미에서는 우선 부모를 처음 만나고 그 다음 세간에 태어나서 형제와 가족을 만납니다. 그리고 이웃과 벗을 만나며 결혼하여 아내를 만나고 다시 자기 자손을 만나게 됩니다.

사람이 자기 심성에서, 순수한 '참 자기의 면목'을 알고 모르고 간에 우선 마음에는 명암(明暗)·청탁(淸濁)·미추(美醜)·호오(好惡), 그밖에 많은 분별심을 가지고 그것을 안살림살이로 삼고 있습니다. 그리고 밖으로는 앞에서 본 바와 같이 많은 만남을 가지고 수많은 남과 함께 어울려 사는 것입니다.

이렇게 만나서는, 자기가 일방적으로 은혜를 입고 육체적·정신적 자기 성장을 도모하는 관계도 있고, 혹은 사업을 함께 하며 고락을 함께 하는 사이에 자기 개성에 새로운 발전을 가져오기도 합니다. 또한 대립과 미움과 투쟁의 관계가 되어 서로가 육체적·정신적 상처를 안게 되기도 하고 정복과 승리와 패배를 나누어 갖기도 합니다.

(2) 인생에서 남는 것과 결혼

이렇게 인생은 만나서 서로 주고받으면서 각자의 마음 깊은 곳에 자기 형성을 자꾸만 축적합니다. 그것이 좋은 것이든 바람직하지 못한 것이든 간에, 자기 심정 깊은 곳에 자기 형성을 계속하는 것이 삶〔인생〕입니다.

이렇게 보면 나를 둘러싼 모든 사람과 모든 여건과 인생의 사건들은 결국 나를 키우고 성장시키고 단련시킬 조건이라는 것을 쉽게 알 수 있습니다.

필자는 종종 죽은 사람의 천도법요(遷度法要)에 참여하여 망인(亡人)을 위한 개도(開導)를 맡을 때가 있습니다. 그럴 때마다 '이 사람이 한 평생 동안 많은 일을 했고 많은 성과도 있었다고 하나 지금 남은 것이 무엇인가' 하는 생각이 나는 것이 버릇처럼 되었습니다. 가만히 생각해 보면 '이 사람에게 결국 유형적인 육체적·물질적인 것은 이렇게 다 허물어졌고, 지금 남은 것은 그의 정신적[靈불 교에서는 識]인 심성(心性)밖에 또 무엇이 있단 말인가? 올 때 정신적 심성으로 왔고, 갈 때 정신적 심성으로 간다. 올 때 가지고 있던 정신적 심성의 각성(覺性) 정도를 금생의 전 생애적인 삶[활동]을 통해서 더 맑히고 밝혔든지, 아니면 더 흐리고 어둡게 한 것밖에 또 무엇이 있을까? 각자의 범부 인생을 정신적 심성의 측면에서 보고 그의 인생을 결산해 보면 그 인생이 적자 인생이었는지 흑자 인생이었는지' 결론지어지는 것을 보게 됩니다.

필자는 인생에 있어 정신적 향상을 하는 요건이 여러 가지가 있겠지만 거기에 결정적 영향을 주는 것은 우선 종교[불교를 말함]와 결혼이라고 말하고 싶습니다. 이 두 가지 일이 모두 중요하겠지만 결혼은 종교가 추구하는 정신적 토대에 안주했을 때 더욱 빛을 발하게 되고 만남[결혼]의 의미가 살아나게 된다고 봅니다. 아무튼 종교는 인생의 근본을 비추어 밝혀 가는 것이므로 더 이상 말이 필요없겠지만, 결혼도 인생에 가장 절실하게 깊은 생명의 환경을 짓는 여건임을 생각한다면 쉽사리 위의 말을 수긍할 수 있을 것입니다. 인생의 영[識]적 심성에 영향을 주는 점은 각각의 개인이 벌이는 그 어떤 사업보다 종교와 결혼이 더 큰 영향을 준다는 것이 필자 나름의 결론입니다.

인생의 시발점에서 가장 처음 만나기는 부모이지만 그 부모는 세월과 함께 점점 긴밀도가 성글어가고 머지않아 죽음과 함께 더욱 희박해지지만, 결혼은 부모보다 늦게 만난 배우자와 가장 깊은 관계를 가지고 전 생애에 결정적인 영향을 주고받는 것입니다. 인간의 성숙도 면에서 결혼은 최상의 방법이라고 말해도 좋을 것입니다. 그래서 인생의 수많은 '만남' 가운데는 가장 먼저는 부모가 있고 다음으로 형제가 있고 친한 벗도 있지만, 부부야말로 가장 가까운 만남이며 정신적 심성에 서로 깊은 영향을 주고받는 결정적인 만남이고 지극한 만남입니다.

이런 점으로 보아서도 인생의 참된 향상을 도모하는 데는, 수많은 스승과 은인과 또한 사회적인 교양시설이 있겠지만, 그 중에서 부부의 관계는 그 무엇에 못지않게 중요한 것임을 거듭 알 수 있습니다. 스승이나 그 어느 교육적 관계에 못지않게 부부는 서로가 각각의 성격과 심성에 깊은 영향을 주고받는 것입니다. 이 하나의 일만 보아도 부부 관계는 삶에 있어서 그 무엇보다 중요하게 여겨져야 하고 존중되어야 하며, 사회적·국가적으로 보호받아야 하고 서로가 감사하여야 할 특수 관계임을 알 수 있습니다. 그러나 부부 관계는 이것만은 아닙니다.

부부는 결혼을 통해서 서로의 정신을 나누어 가질 만큼 깊은 공동성(共同性)에 도달합니다. 그것은 부부 서로가 성실하게 노력함으로써 서로의 심성을 향상시키고 밝고 맑은 참자기를 지각하고 현실에 펼쳐 나가는 데 커다란 힘이 되는 것입니다. 이 점에서 부부는 불교의 도반(道伴)이라는 말과 같습니다. 부부는 그야말로 아주 지극하고 절친하고 매우 적절한 도반입니다.

(3) 부부 생활의 수행적 의의

또한 사람은 결혼을 통해서 협동과 공존의 참 의미를 알게 되고, 참된 사랑을 알게 됩니다. 자칫하면 이기적 생각으로 자기 혼자만의 안일과 욕망 충족을 도모하기 쉬운 범부에게 결혼은 그러한 이기적 관념을 녹여 버리는 성스러운 의미를 갖는 것입니다. 그릇된 자기중심 의식을 허물어버리고 부부 생활을 통하여 서로의 원만한 공존성(共存性)을 확인하고 훈련하는 것은 결혼이 가지는 또 하나의 중요한 과제입니다. 어쩌면 자기 희생을 요구하고, 이질적인 서로의 성격 사이에서 당연히 일어나는 갈등을 참아 견디라는 말로 들릴지 몰라도, 사실은 거기에서 커다란 자아(自我)가 지니는 협동과 공존의 의미와 사랑의 의미를 알게 되는 것입니다.

무아(無我)의 수행이 고귀한 것을 배우고 무아를 체득하기 위해 청법(聽法 : 법문을 듣고) · 문도(問道 : 도를 묻고)하고 염불 · 염송을 하며 보살도를 배우는 것이지만, 부부 생활을 통해 배우는 무아 정신은, 정신적 향상을 도모하는 커다란 수행적 의의가 있다는 것을 잘 알아야 할 것입니다.

주변에 많은 젊은 벗을 가지고 있는 필자는 종종 결혼에 대한 의논도 받아 보고 결혼 주례도 맡게 됩니다. 그리고 재미가 나는 결혼생활에서는 아무런 말이 없다가, 고민거리나 '트러블'이 생기면 쏜살같이 달려오는 부부를 맞이하기도 합니다. 또 이미 결혼한 지 오래되어 장성한 자녀를 둔 중년 부부들도 곧잘 가정 문제를 들고 찾아옵니다. 그때마다 필자는 결혼학(?)을 새삼 배우고 보살의 생활을 공부하게 되지만, 결론적으로 가정의 중요성에 대해 더욱 신념을 굳게 하는 계기가 되는 것이 사실입니다.

인생의 행·불행은 결혼에서 출발한다고 할 만큼 행·불행의 양극(兩極)을 결혼이 동시에 쥐고 있습니다. 원만한 결혼생활은 지상 천국이요, 불행스런 결혼이나 결혼생활은 현실 지옥을 벌이는 것입니다.

필자는 어려운 가정 문제를 의논 받을 때마다 결혼이란 가정 생활은 매우 어려운 것임을 새삼 느끼곤 합니다. 결혼에 대하여 사람들은 '남녀 애정 연극'이니 '문화적 상호 계약'이니 또는 '인간행위 조정의 문제'니 등등의 말을 쉽게 하지만, 어쨌든 그 속에 들어가면 웃을 수도 없고 마냥 눈 딱 감고 넘어갈 수만도 없는 절실한 과제가 꽉 버티고 있습니다.

결혼과 가정에 대하여 어떤 학자는 말하기를 '남녀 두 사람이 행복 목적을 위하여 노력하는 장소'라고 규정하는 것을 보았는데, 이 말은 얼핏 타당한 듯 보이나 몇 가지 보충하고 새로 생각할 점이 들어 있습니다.

우선 결혼이 남녀의 결합이라 하고, 그것이 행복 목적을 위한 결합이라고 합니다. 그것이 그들의 자주적 선택에 의한 것이든, 혹은 자기도 모르는 사이 '한 눈에 반해서' 그만 결혼하게 되었는지는 몰라도, 결혼의 시간적 배경에는 그보다 더 넓은 주변 상황이 있습니다.

결혼은 과거의 인연이 깊숙이 관계합니다. 서로가 과거생부터 서로의 심성에 영향을 주고받아 심성을 향상시키는 인연이 있음을 말하고 있습니다. 물론 선택의 여지가 없는 일방적이거나 단독 관계는 아닙니다. 자신의 많은 과거생 중에 결혼 인연을 가진 상대가 많이 있었을 것입니다. 그런 속에서 서로 만나게 되지만 어디까지나 금생의 선택은 자신이 하는 것이지요. 아무튼 그러한 과거생의 인연이 바탕이 되어 금생에 새로운 출발의 터전이 된다고 보면 됩니다. 그 과거세 인연의 연속을 금생에 결혼으로써 또 시작하는 것이지요. 그리고 서로가 정신적 충실과 향상을 향하여 부족함을 보태고 잘못됨을 교정해 가면서 더 높은 정신적 향상을 위해 공동 노력하는 것이라고 하겠습니다.

이와 같이 인생의 최종 목표를 자아 완성에 두며 결혼도 또한 자아 완성의 한 길 위에서의 '만남'이며, 자아 완성을 서로 돕기 위한 가장 깊은 관계의 '서로'임을 생각한다면, 결혼의 의미는 좀 달라질 수밖에 없을 것입니다.

결혼과 가정은 서로의 참된 자아를 도와하고 향상시키며 그 완성을 향한 노력의 장소로 주어진 것임을 생각하게 합니다. '행복 목적'을 위한 결혼이라 하지만, 그 행복이란 쾌락 목적만일 수도 없는 것이며 일방적 욕구 충족을 위함일 수도 없는 것이지요. 참된 자아 완성 없이는 참된 행복이란 없는 것이니까요. 인생이란 먼 과거에서 긴 미래로 진행하는 과정에서 참된 자아 완성에 이르는 길〔道程〕임을 감안할 때 더욱 그런 것입니다.

깊은 눈으로 살필 때 결혼이란 이러한 '만남'이므로 필자는 결혼의 신성을 새삼 말하지 않을 수 없습니다. 결혼의 신성, 가정의 신성을 우리는 서로 존중하고 지켜가도록 노력해야 할 것입니다. 이런 철학적 사상적 바탕이 불법(佛法)이고 그 실천이 수행이라고 본다면 불교의 신앙이 결혼과 가정을 성공적으로 이끌어 가는 견인차라고 할 수 있을 것입니다.

4. 결혼은 꼭 해야 하는가

(1) 주례(主禮)의 심정

결혼 의식이 진행되어 마지막에 신랑 신부가 하객들을 향하여 깊이 머리 숙여 인사를 하고 다시 온 몸에 박수와 꽃 세례를 듬뿍 받으며 앞으로 걸음을 옮겨갈 때, 신랑·신부를 향하는 하객들의 눈길은 같겠지만, 그 눈길 속에 담긴 생각은 여러 가지일 것이라고 봅니다. 그들의 사이를 아는 친구들, 그들을 낳고 키웠던 양가의 부모들, 그들을 지켜보고 인간으로 또한 사회 일원으로 성숙시켰던 스승과 선배들, 그리고 두 사람이 속한 집안의 가족들…….

나는 그들의 가벼운 걸음도, 박수소리를 너머 울려 퍼지는 오르간의 환희어린 멜로디 물결도, 모두 산 너머 물소리인 듯 어느새 내 마음은 사뭇 숙연해졌던 것을 기억합니다. 누구나 주례가 된 사람이라면 같은 심정이겠지만, 나는 주례석에서 '부디 행복해다오 보람 있는 뜻을 이루어다오 부처님, 이들의 행복을 감사합니다' 하는 기원이 번번이 나를 사로잡습니다.

한 걸음 한 걸음 앞으로 나아가는 그들의 뒤를 향해 합장하고 있는 필자를 발견하곤 합니다. 그것은 습관이 되었습니다. 주변의 젊은이들이나 이미 가정을 가진 분들과 많은 반연이 있는 필자는 결혼에 관계된 상담을 특히 많이 합니다. 그러면서 결혼의 어려움도 느끼고 곤란함을 함께 당해보기도 합니다.

결혼이 경우에 따라서는 수월하게 맺어질 수도 있겠지만, 어

렵사리 맺어지기도 합니다. 어떻게 맺어졌든 결혼이 내면적으로
는 너무나 엄숙하고 너무나 중대한 일이라는 것을 필자는 잘 알
게 되었습니다. 그러므로 어려움을 모두 이긴 오늘의 새 출발인
결혼은 확실히 마음껏 축하하고 축하 받아야 마땅한 일이지요
주변의 사람들은 당연히 그들의 출발을 마음껏 축하해 주어야
합니다. 결혼이란 역시 큰일 중에 큰일인 것을 누구나 느끼기에
말입니다. 사연도 많고 맞지 않는 것도 많고 결단의 어려움도 많
습니다. 그러므로 이 자리를 갖게 된 그들을 위해 어찌 부처님의
가호를 기원하지 않겠으며, 그들의 출발을 앞에 두고 어찌 부처
님께 감사하지 않을 수 있겠습니까?

(2) 결혼은 꼭 해야 하나

혼기(婚期)를 맞이한 사람들, 그것도 여성 가운데에서 종종 이
런 질문을 해옵니다. "결혼은 꼭 해야 하느냐?"는 것입니다. 아
마도 결혼하자니 엄청난 일처럼 느껴져 두려움과 불안을 느끼게
되는 모양입니다. 경우에 따라서는 결혼 문제로 고민하다가 지쳐
서 인내심이 바닥나 결혼을 포기하고 싶은 생각이 들 수도 있겠
지요. 그런 사람들에게는 "왜, 결혼을 하지 않아야 하느냐?"고,
우선 반문해 보는 것이 필자의 습관입니다.

어떤 사람들은 육체적 매력에 매달려서 결혼을 생각하는 사람
도 있겠고, 또는 성격이나 자질에 끌려서 결혼까지 생각할 수도
있을 것입니다. 서로 가까이 대하면서 지내다가 은연중 좋아졌다
든가, 이제 나이가 꽉 찼으니까 어쨌든 결혼은 하고 봐야 하겠다
든가 하여 남이 하는 인생 절차를 나도 거치기로 하는 식의 통과

의례로 결혼을 결심했는지도 모르겠습니다. 그렇지만 결혼은 마음이 끌린다거나 또는 한눈에 반해서라거나 현실적인 문제를 우선 해결하기 위한 최상의 방법 따위로는 도저히 가늠될 수 없는 중차대한 의의가 있는 인생의 계기이며 전환점이라는 사실을 깊이 생각해야 합니다.

인생이 각자의 엄숙한 생의 실현이고 인간 수업이며 영원한 인간 완성을 향해 나아가는 과정이라면, 결혼이란 자신에게 주어진 엄숙한 결정이라고 생각할 때, 인생에 있어서 결혼이란 정말 경사스런 일이기도 하지만 항구적인 책임과 의무가 주어진 엄숙하기 짝이 없는 절대적인 현실이기도 합니다. 결혼은 서로가 가장 깊숙이 인간 형성을 수행하는 것이며 역사와 사회 속에서 자기를 구성하는 틀을 만들고 자기 발전의 새로운 계기를 맞는 것이기도 합니다.

남자나 여자나 사람들의 성격은 스스로의 노력여하에 따라서 끊임없이 변해갑니다. 따라서 결혼은 독신 생활에서 얻기 어려운 커다란 성격 수정 내지 자아 실현을 가져오는 일대 계기를 맞는 것이지요. 필자는 결혼에 대하여 이와 같이 중대한 인생의 의미가 있다는 점을 중시하여 원칙적 '결혼론'을 지지하는 것입니다.

인간은 기나긴 시간[三世 : 과거 · 현재 · 미래]에 무수한 생을 받았고 받을 것입니다. 그리고 그 생 가운데서 자신이 많은 사건들을 만들기도 하고 또한 자신의 뜻과 관계없이 많은 사건들을 만나게 됩니다. 그런 사건들을 통해서 자신[인간]은 끊임없이 평화와 완전과 만족을 구하고 찾아 헤맵니다. 그렇다면 평화와 완전과 만족은 어디에서, 무엇에서 얻어지는 것일까요? 그렇지요. 그것은 참된 자기를 보는 것이며, 참된 자아를 이루는 것이며 참된 자아가 지닌 아름다움과 덕성과 기쁨을 마음껏 누리는 데서 얻어지겠지요.

인간이란 필경 의식적이든 무의식적이든 이러한 참된 자아의 수용을 향해 끊임없이 앞으로 내닫고 끊임없이 노력하고 끊임없이 상처 입고 끊임없이 울부짖고, 그러면서 끊임없이 앞으로 나아가고 있는 것이 아닌가 하고 생각합니다. 수행을 성취한 성자들의 눈에 비친 바 인간은 무수한 과거생이 있다고 합니다. 그리고 그 과거생 중에 남자나 여자나 변함없이 그 성(性)을 계속 유지하는 것이 아니고, 혹은 남자로 혹은 여자로 바뀌면서 연속적으로 생을 영위해 감을 일러줍니다.

원래부터 인간 본성에 성의 차별은 없으며, 인간 개아로 분별될 때 비로소 남녀의 성별이 나누어지는 것입니다. 그렇다면 남녀가 성별에 있어서 무슨 의의가 있을까요? 그것은 남성적 성격이 인간의 다가 아니며 여성적 성격이 참된 인간성의 전부가 아닙니다. 그러므로 인간은 결혼을 통해 서로 다른 상황 속에 놓인 남녀의 성격을 서로가 수정해 원만으로 가는 것을 볼 수 있습니다.

인간이 가진 원만스러운 본성이 어느 쪽으로든 치우쳤을 때 불안과 불행은 오는 것이기에, 우리는 오직 서로의 조화를 향해 노력하고, 그 노력 속에서 발달이 있다는 것을 알아야 합니다. 그것은 성을 달리하는 상대와 결합하는, 다시 말해서 결혼을 통해서 원만한 본성에 도달하는 길이 열리는 것을 알 수 있습니다.

필자는 우선 이 한 가지 이유만으로도 세상의 모든 남녀는 적당한 상대를 발견하여 결혼해야 한다는 결론을 얻고자 합니다. 물론 결혼하지 않아야 할 특별한 입장도 있겠지요. 특별한 입장에 대해서는 필자의 논외입니다.

대개 남성적 성격의 두드러진 특징이라고 하면 우선 적극성을 들 수 있습니다. 일반적으로 대개 여성보다 남성이 더 적극적이라는 것이지요. 그러나 그것은 어디까지나 일반적이라는 것입니다. 그리고 남성은 굳세고 지배형입니다. 이에 비해 여성은 수동적이며 인종(忍從)과 유연(柔軟)의 덕성을 두드러진 특징으로 삼고 있습니다. 이러한 성격들이 원만히 조화된 기초사회를 가정으로 봅니다. 그렇다면 남녀가 결혼을 통해 이룩한 인간 덕성의 원만한 한 표현인 동시에 조화인 것이지요.

그 속에서 새 생명은 성장하고, 역사를 움직일 새로운 힘도 배양되고, 상처입고 시들어진 마음들도 거듭거듭 재생하는 것이라고 봅니다. 결혼이 개인적으로나 사회적으로 이와 같은 막중한 의의가 있다는 것을 생각하는 데서 결혼의 신성, 결혼의 엄숙을 말하지 않을 수 없습니다. 높은 인간 수업, 높은 인간 사회의 성숙, 이런 모든 가치들을 우선 가정을 떠나서 이룬다는 것은 거의 불가능하거나 특수한 상황에 속한다고 생각합니다.

(3) 결혼에 직업을 양립시킬 것인가

여성들 가운데에 결혼 문제를 망설이는 거의 주된 이유 가운데 하나가, 만약 결혼하면 그 순간부터 가정에 있는 사람이 되는 것이고 그렇게 되면 여성 자신의 전공도 자질도 능력도 모두 죽는다고 생각하는 것입니다. 결혼이 자신의 전공과 양립하기 어려울 것이므로 망설여진다는 것이지요. 인간이 본성에 있어 성의 차별이 없는 만큼 여성이라 하여 높은 자질과 뛰어난 개성이 없을 리 없겠지요. 그리고 그것은 당연히 존중받아야 하지요. 남성에 있어 그런 것이 인정되는 만큼 여성에 있어서도 또한 같은 것입니다. 조금도 다르지 않고 조금도 차이가 없습니다.

그러나 여성에게는 출산과 아기를 키운다는 양육이, 인간 사회의 형성과 지속을 위한 가장 근간으로, 근본적인 영역을 감당할 또 하나의 특성을 지니고 있다는 것입니다. 그러므로 자기 개성과 전공만을 주장하는 여성들에게 여성으로서의 천부의 특권과 사명을 또한 등한히 하지 말라고 권하고 싶은 이유가 여기에 있습니다. 여성의 모든 사회적인 활동 중에서 가장 뛰어난 활동이 출산과 양육이기 때문입니다.

이 점은 우리 사회에서 더 존중받고 훌륭하게 여겨지고 무한히 대접받아야 합니다. 그렇지 않고 현재처럼 가면 머지않아 큰 문제가 생길 것입니다. 또한 이 대립〔결혼과 직업의 양립〕적인 입장은 여성 당사자나 사회적인 공감대로 보나 전적으로 인식의 차이입니다. 그렇다면 여성에게 주어진 제1차적 인생 과업은 가정과 아기를 지키는 것이라 하겠고, 동시에 특별한 경우는 여성의 천부적 능력을 발휘하기 위해 배우자의 적극적인 이해와 협력 속에서 자신의 전공분야를 개척해야 한다고 하겠으며, 또 그밖의 사회적인 봉사 활동이나 취미나 기타의 일들도 제1차적인 인생 과업을 통해 가정의 원만이라는 기초 위에서 키워 가라고 권하고 싶습니다. 물론 여러 예외는 있겠지요. 특수한 형편과 상황도 있을 터이고요.

인간 사회에 있어 여성이 가정을 지켜준다는 사실과 아기를 낳고 새 세대를 키운다는 사실이 얼마나 중대한 일인가를 심사숙고하고 행동하기를 거듭 말하고 싶습니다. 이 중대한 부분이 허물어질 때 오는 고통과 사회적 혼란과 인간의 병적 방황을 깊이 생각해야 할 것입니다.

이러한 인간 덕성이 가지는 우선 순위에 따라서 여성의 직업을 생각해야 할 것입니다. 오늘날과 같이 인간 개성 중시와 또한 경제적 고도 성장을 향한 인력 개발의 소리가 높을 때라도 역시 이 점은 바뀔 수 없는 대원칙이라고 할 것입니다. 여성이 직장을 갖는 것, 특히 결혼 후에도 계속 직업을 갖는 것은 오늘날 우리 사회가 요구하는 개성 존중과 인력 충족의 상황에서 볼 때 불가피하다는 이유를 내세울 수도 있습니다.

그러나 이것만은 꼭 분명하게 말해두고 싶습니다. 결혼 후 직장 여성이 된다든가 직장 활동을 위해 결혼을 기피한다는 것은, 그 동기가 결코 이기적인 것이어서는 안 된다는 사실입니다. 그러면 무엇을 이기적인 동기라고 하는 것일까요? 그것은 여성으로서의 허영이나 명성이나 지위에 대한 욕망을 말합니다. 또는 사회에 대한 지배욕이나 화려한 의상, 호화스런 생활에 대한 동경 따위입니다. 이런 이기적 동기가 내면의 밑바닥에 깔려서 그것이 전공을 살리느니 재능과 취미를 살리느니 하여 결혼과 대립하려고 하거나, 가정사에 등한해서는 결코 안 된다는 점을 말하고 싶습니다. 물론 이런 점에 있어서 남성들이 지니고 있는 여성들에 대한 협동적인 이해나 존중하는 자세도 매우 중요하고 선결되어야 할 과제입니다.

(4) 결혼은 자기 창조의 결단이다

정서적인 불안, 정서적 공허감, 이런 것들은 성숙해 가는 인간의 한 과정이며 그때의 표정이기도 합니다. 또 이것은 무엇을 의미하는 것일까요? 인간이 육체적 개아의 출발에서 성장하고 다시 성숙을 지향하여 나아가는 과정에서 인간 개아가 지닌 육체 저 너머의 인간 감성이 빛을 던지기 시작한 징후라고 보아야 합니다. 정서적 불안과 공허감이 말입니다.

인간은 보다 큰 자기를, 육체가 아닌 저 너머의 진정한 자아를 본능적으로 알고 있습니다. 어릴 때의 육체적 개아는 점차 자라면서 고독과 적막과 공허를 의식하기 시작합니다. 남성이든 여성이든 성별의 차이는 성별이 가지는 성격상의 부분적 표현이며, 그 밑바닥에는 또 하나의 자기, 부족한 자기의 충족을 본능적으로 요구해 오는 것입니다. 사랑이 결혼을 가져오고 결혼이 새로운 사랑을 낳는다는 논리는 이런 측면에서 충분히 이해할 수 있습니다.

남성에게 여성은 또 하나의 자기의 반분(半分)이며 여성에게 남성은 자기의 남은 반분입니다. 자기의 가장 원만한 모습을 찾아서 자기 완성〔自他不二〕을 지향한다고 하는 것은 자기 완성이라 하는 것을 의식하든 의식하지 않든 이것은 당연한 행위입니다. 그 당연한 것이 당연한 때에 와서 당연히 고개를 들고 충동해 오는 것을 우리는 똑바로 보아야 합니다. 오히려 자신의 또 다른 모습을 찾아서 성숙된 자아〔不二 : 同一生命〕를 향하여 나아가는 일이 얼마나 당연한 일인가를 깊이 인식해야 합니다.

결혼은 이와 같이 자기의 동일 생명과 진리 추구의 도반을 찾는 행위이며 이미 찾은 행위입니다. 이 엄숙하고 진실하며 고귀한 의미를 결코 등한히 해서는 안 됩니다. 결혼해서 안정이 오고 새로운 창조가 오고 새로운 힘과 역사가 열려가는 것이므로, 결혼은 새로운 자기 창조에의 결단임을 알아야 합니다. 필자는 결혼기를 앞에 놓고 망설이는 남녀 당사자들에게 이 말을 꼭 드리고 싶습니다.

(5) 결혼의 가치

얼마 전, 신문에서 독신을 비관하여 자살한 농촌의 노총각 이야기를 보았고, 자녀 없는 적막을 견디다 못해 남의 아이를 유괴한 사건도 읽어 보았습니다. 이처럼 결혼이 인간의 깊은 내면 속에 맹목적으로 움직이고 있는 안정에 대한 호소와 미래의 희망을 충족시켜 준다는 것은 말할 것도 없습니다. 또한 남성이나 여성이나 그들의 거칠거나 치우친 성격상의 결함이 결혼생활을 통해 서서히 수정되어 간다는 것도 앞에서 살펴보았습니다.

결혼이 국가와 사회의 공고해야 할 기초 단위를 창조하고 강화한다는 사실과 우리들 인간 내면을 움직이는 참된 자아와의 관계를 주목하여 그 가치를 논할 필요가 있습니다.

앞에서도 말했지만 나는 결혼 주례의 자리에 서면 이들이 서로가 동일 생명의 하나로서 새로운 가치와 행위가 시작되는 것을 느낍니다. 그래서 주례사에서는 꼭 빼 놓지 않는 말이 있는데, 그것은 동일 생명의 관리 원칙이라는 어마어마한 철학입니다. 내용인즉 딴 게 아니고, 오직 '줄 줄만 아는 사이'라는 것을 강조하는 것입니다. 왜냐하면 너나가 없는 동일 생명의 만남이고 실현이기 때문입니다. 서로가 상대에게 대가를 바라지 않고, 알아주길 바라지 않고, 결과를 바라지 않고, 오직 최선을 다하여 마음을 주고, 정성을 주고 힘을 주는 동일 생명으로서 '서로'라는 사실을 말하는 것이 어떤 경우에나 어느 자리에서나 빼놓지 않는 필자의 불문율입니다. 이것은 결혼이 개아의 결합〔동일 생명의 만남〕에서 무아의 봉사를 실천하며, 결혼한 가정의 인격〔不二 : 일치된〕에서 무아봉사행은 당연히 따른다는 사실에서 기인한 것입니다.

결혼은 어려운 고비를 수없이 겪어서 아슬아슬하게 이룰 때도 있지만 어떤 사람은 단숨에 영광의 결실을 맺는 사람도 있습니다. 그런데 부부 사이를 다생연분(多生緣分)이라고 또는 억지연분(?)이라고 하여 연분을 특히 강조하는 것을 보는데, 사실 그럴 만한 이유가 있다고 생각합니다. 깊은 인간 심성을 추적해 내는 눈에는 부부들 상호간에는 금생연분 이외에도 다생동안의 연분이 있는 것이 사실이지요. 흔히 인연이라고들 하지만, 이 과거인연 속에는 금생에 남녀가 함께 이룩할 공동의 과업도 있고 또는 서로가 준 심리적·사실적인 상호 부채를 상환하기도 하고 결산하는 인연도 있다고 봅니다.

물론 결혼 연분을 가진 남녀가 한 쌍뿐이 아니고 수십 쌍이 된다는 것은 인생의 무수한 과거생을 생각할 때 오히려 당연한 일이고, 그 사이에 거래된 심리적·행위적인 인간관계가 금생에 계속되는 것도 논리상 부인할 수 없습니다. 결혼은 무엇보다 이러한 과거 인연의 실현이라는 의미가 담겨져 있는 것을 잘 알아야 합니다. 그래서 서로의 잘못을 상쇄하기도 하고 서로의 외로움을 달래기도 하며 서로의 목표를 이룩하기도 하는 것이겠지요.

이와 같이 볼 때 결혼은 전적으로 인생을 향상시키며, 심성적 조화[不二의 同一生命]를 이루며 인간의 완성을 향하는 중요한 수행이고, 가정은 그 장(場)입니다. 결혼을 통해 기나긴 인생향로(人生向路)를 안정시키며 그 결과로서 가정과 사회와 그가 속한 겨레와 국토에 힘과 발전의 근원 단위가 되는 것입니다.

| 제3장 |

부부

1. 부부는 서로의 소유물인가

(1) 부부도(夫婦道)의 완성

얼마 전, 필자는 부산에서 서울로 가는 고속버스를 탔습니다. 출발 시간이 지나 늦게 헐레벌떡 탑승한 사람은 한 쌍의 젊은 사람들이었습니다. 한 눈에 신혼부부처럼 보였습니다. 어수선했던 잠시의 시간이 지나자 차안은 곧 조용해졌습니다. 어느덧 차안에서는 그 젊은 한 쌍에게 시선들이 모아졌고 잠시 두런거렸습니다. 젊은이들은 수줍은 듯 서로 말이 없었고 눈으로 마주보면서 자신들의 의사를 이야기하는 듯했습니다. 옆 좌석의 인생 선배라고 할 만한 사람들의 말소리가 들려왔습니다.

"메뚜기도 오뉴월이 한때다."

이 말은 얼마 안 되는 짧은 젊은 시절이니 의미있고 곱게 청춘을 즐기고 보내라는 축복의 의미가 담겨 있는 것을 느낄 수 있었습니다. 그 뒤의 꽤나 나이가 들어 보이는 어떤 부인의 말이 또

들렸습니다.

"너희들도 이제 고생주머니 찼구나."

인생의 단맛 쓴맛을 다 맛보고 난 인생 노선배의 자신의 삶에 대한 술회라고나 할까요. 결혼이란 젊은 시절 한때의 신기루와 같은 것, 막상 그 속에 뛰어 들어가 보면 쓰디쓴 고생 주머니가 자신들의 허리에 채워진다는 말인 것 같았습니다. 과연 그런 것일까요? 인생은 덧없는 것, 따라서 젊음도 잠시 스쳐 지나가는 봄 아지랑이 같은 것, 잡으려 하지만 좀처럼 잡히지 않는 것이고, 있는 듯하지만 벌써 없는 것일까요? 인생의 즐거움이라는 술잔을 입에서 떼기도 전에 벌써 쓴맛으로 바뀐다는 사실은 어쩌면 그것이 진리인지도 모를 일입니다. 그렇다면 사람은 왜 살고 결혼은 왜 꼭 해야만 하는가?에 의문을 던져봅니다.

여기에는 덮어놓고 그냥 지나갈 수 없는 깊은 인간 자신의 문제가 우리 앞에 해답을 요구하며 가로누워 있기 때문입니다. 한데 오늘날 몇 사람이나 인생과 결혼 문제에 명확한 믿음을 가지고 그것을 추구하며 살아갈까요? 주변의 젊은이들과 점잖은 불자 형제들을 적잖이 만나고 있는 필자는 종종 결혼 주례라는 영예를 맡게 되지만, 그때마다 이들 젊은이들이 얼마나 인생과 부부의 도를 알고 있으며, 얼마나 결혼과 가정에 대한 교육을 받았는가에 관심이 가곤 합니다. 확실히 결혼이라는 인생 사건은 개인과 사회에 깊은 파문을 던지는 대 사건임에 틀림없습니다. 그런데 얼마만큼이나 결혼과 가정에 대한 교육을 받고 이상을 향한 마음의 각오와 준비가 되었는지, 물론 무턱대고 결혼하는 경우는 없다고 믿고 싶지만……

(2) 대포집 가는 심리

농촌의 경우는 잠시 뒤로 미루기로 하고 도시에서 직장 생활하는 남편들의 생리는 사뭇 문젯거리입니다. 직장에서 나와 걸음이 향하는 곳, 가장 빈번한 곳이 이른바 대포집이라고 합니다.

하루 종일 일에 시달려서 몸과 마음이 피로하여 우선 기분이라도 전환하려면 가장 먼저 집으로 돌아가야 하는 것이 당연한 일입니다. 울적한 기분과 심리적 여러 결박에서 해방되고 싶으면 부부가 둘이서 바람을 쐬러 가거나 외식을 해도 좋을 것입니다. 그런데 집으로 가지 않고 대포집에 가는 심리를 알아본즉 놀랍게도 정반대로 나타났습니다. 대포집에 가는 이유는 모두가 한결같이 '해방되고 싶어서' 또는 '하루 종일 일하고 피로하니까 기분을 전환해야 한다. 일찍 집에 들어가 구속받거나 냉대 받는 것이 싫다'는 것이었습니다. 이것은 도대체 어찌된 영문일까요?

상식적으로 생각하여 남편에게 있어 그의 마음을 위로하고 기쁘게 해 줄 여인은 당연히 그의 아내가 아니고 누구이겠습니까? 아내는 진정 남편의 마음을 알아주고 이해해 주는 자매이고 살림을 거두어 주는 주부이고, 쓸쓸하고 거칠어진 남편의 마음을 감싸안고 덮어주는 어머니 같은 사랑의 주인공이 아닌가요. 그런데도 남편들이 기분 전환을 얻고 해방감을 얻고자 도리어 가정을 멀리하고 술집이나 빈대떡집을 찾아드는 것은 분명 문제가 아닐 수 없다고 봅니다. 물론 이 점은 입장을 바꿔 아내의 경우에도 마찬가지일 것입니다.

서로가 사랑하는 시절이거나 결혼 전 교제 때처럼 서로 기다리고 서로 기쁘게 해주려 노력하고 서로를 극진히 생각해 주는 심정이, 결혼 후 어느 때부턴가 자신들도 모르게 달라지는 것일까요? 그렇다면 문제는 결혼 이후 심리 변화에 있는 것이 틀림없습니다.

(3) 신혼 초의 신선함을

대개 남편들이 가정에서 벗어나 딴 곳에서 해방감을 얻고자 하거나 하루의 피로를 가정 밖에서 풀고자 하는 것은 우선 가정에서 신혼 초와 같은 신선한 분위기가 사라진 데 그 원인이 있다는 것입니다.

그러나 주부는 일이 많습니다. 여러 가지 집안일에, 대소의 친척 일에, 아기 거두기에 잠시도 쉴 틈이 없을 정도입니다. 아파트 생활의 경우, 두꺼운 벽에 갇힌 외로운 섬 속에서 고달픈 하루를 지낸 아내의 그 마음이 향할 곳은 말할 것도 없이 밖에 나가 있는 남편일 것입니다.

그런데 그런 아내 자신의 심정을 표현할 때 자칫하면 무표정하거나 부어오른 얼굴을 함으로써 아내의 노고나 권위를 은연중 행세하려 할 때가 있는 데서 문제가 있다고 봅니다. 이것은 어디까지나 본심이 아니고 다만 가깝다는 생각에 자신의 감정을 감추거나 포장하지 않은 것뿐입니다. 그러나 남편에게는 아내의 노고를 알아주고 생각하기에 앞서, 잔뜩 부어오른 아내의 얼굴에서 풍기는 못마땅해 하는 분위기만큼 견디기 어려운 벌도 없다는 것입니다. 바로 이런 사소한 것이 문제가 되는 것입니다.

물론 아내에게 차분하게 말을 시켜 대화를 해본다면 분명히 이유가 있을 것이고 남편은 충분히 이해하고 위로할 수 있을 것입니다. 하지만 남편은 우선 그 숨막히는 분위기와 환경이 감정적으로 싫은 것이고, 그러므로 거기에서 벗어나려고 순간적으로 다른 곳에 한눈을 팔게 된다고 합니다. 여기에서 가정은 점점 험악한 분위기로 돌아가는 이유가 생기는 것이겠지요. 아무튼 남편에게 가정은 피로하고 골치 아픈 일이 기다리는 곳이라는 인상이 조금이라도 있다면, 그 우울하고 무거운 기분을 무엇으로든 돌려놓지 않는 한 사고는 터지고 어긋난 일은 커지기 마련입니다.

아내가 여성으로서의 발랄한 매력을 잃고, 사사건건 정당한 이유를 들어 남편에게 따지고 들거나, 또는 하루 일에 시달리고 피로해서 늦게 돌아온 남편에게 마치 수사관과도 같이 어디를 다녀왔느냐? 누구하고 무엇을 하였느냐? 등등 무조건 후벼 파댄다면, 거기에 남편의 마음이 어떻게 반응할 것인가요? 그보다 오히려 아내로서 질투할 만한 일이 있더라도 남편을 하루의 긴장과 소음에서 벗어나 편안히 쉴 수 있는 환경으로 유도하는 아내의 사랑과 지혜가 얼마나 집안을 밝게 해줄 것인지를 먼저 생각해 봄직한 일이라고 봅니다.

(4) 서로가 부처님 은혜다

결혼 후 부부가 문제를 일으키는 근본 원인을 파고 들어가 보면 밑바닥에는 서로가 '자기 것'이라는 생각이 움직이고 있고, 따라서 서로가 존중하고 존경할 대상이라는 사실에 등한한 것입니다. 만약 부부 사이에 서로가 이치와 조리(條理)만 앞세운다면 그런 부부 관계는 삭막할 따름입니다. 그렇다고 집착적인 사랑, 분별없는 관계에서는 서로가 뒤엉켜서 맑고 조화된 따뜻한 가정은 나오지 않는 것입니다. 상대방을 내 것이라고 생각하는 데서 이지적이지 못한 집착적인 사랑이 얽히게 되고, 거기서 자기중심적인 생각이 나오게 되며 동시에 자기의 희망이나 기대를 상대방에게 억압적으로 내밀게 되고 요구하는 것입니다.

이런 상태에서는 서로가 구속감을 받게 되고 서로가 무거운 부담감을 느끼게 되어 부부생활이 답답하고 우울한 것이 될 수밖에 없습니다. 부부가 서로를 자기 것이라고 생각하지 않는 데서, 상대방을 부처님이 주신 크신 은혜라고 생각하는 데서 존경하고 사랑하게 됩니다. 거기에는 '남편 조종법'이니 '아내 길들이기'니 하는 따위의 위험한 사고방식이 붙을 여지가 없습니다. 서로가 부처님 앞에 형제이므로 서로 상대방을 기쁘게 하고 사랑할 것을 생각하게 되는 것이지요. 부처님 앞의 한 형제라는 믿음으로 자기중심적인 집착을 버리는 데서 가정은 깊은 휴식을 주고 새로운 활력을 샘솟게 하는 원천이 될 것이라고 봅니다.

2. 남편의 심정(心情)에 흐르는 것

(1) 여성답다는 것

우리나라 정신의학계의 거장이신 이동식 박사는 월간 「불광」의 〈현대인의 정신위생〉 코너에서 '현대인의 정신 건강은 가족 한 사람 한 사람이 정당한 대우를 받고 억압받지 않으며 충분히 마음을 펴는 것이다'라는 의미를 적은 바 있습니다. 필자도 본

난에서 가정 불화의 원인은 서로가 상대를 '자기 것'이라고 생각하는 데서 자기중심적인 사랑이나 희망과 기대를 갖게 되고 그러한 집착적인 사랑이 상대방에게 향해질 때 구속과 부담으로 느껴진다는 것을 말한 바 있습니다.

그래서 내 것이라는 이기적인 집착을 떠나 서로가 부처님이 주신 은혜라는 신앙으로 존경하고 사랑할 것을 말하였던 것이지요. 사람은 원래 그 본성이 불성(佛性)인지라 이러한 거룩한 성품에는 남녀의 차별이 없습니다. 그렇지만 인간으로 태어나서 일단 남자가 되고 여자가 되었다는 것은 불성이라는 본성을 금생에 어떻게 발휘할 것이냐에 대한 구체적 방법을 분담(分擔) 받은 것과 같습니다. 다시 말하면 본성은 남녀 공히 똑같은 불성이지만 이 땅에 태어나서 그 본성을 발휘하는 데는 남자나 여자라는 특징 있는 방법을 사용할 것을 배당 받은 셈이 되는 것이지요. 아니 스스로 선택한 것이라고 봐야 합니다. 다만 과거생의 그러한 생각을 현생에서 감지하지 못하고 있을 뿐입니다. 그러므로 이 일은 인생의 과업〔自我完成〕을 위해서 자청해서 맡은 배역과 같다고나 할까요.

그렇기 때문에 남자나 여자나 각각 맡은 배역에 따라 자기 본성인 불성을 원만하게 발휘하고 도야해야 하는 것은 당연한 일이지요. 그러므로 여기에서 남자다워야 한다느니 여자다워야 한다는 남녀의 특징적 차별의 근거가 나온다는 생각을 하게 됩니다.

그래서 서로를 부처님에게서 받은 크신 은혜라고 생각하고 존경하며, 사랑하는 데 있어서도 여성은 여성답게 남성을 대해야 하며 남성은 남성답게 여성을 대해야 한다고 생각합니다. 이러한 차이를 무시하고 무조건 제자리를 찾는다 하는 것은 마치 어떤 작업을 분담해서 배당 받은 사람들이 자기 위치와 배역에 따르는 책임을 무시하고 제각각 멋대로 놀아나는 것과 같은 무책임한 일이 되겠지요.

(2) 모성애의 향수

필자가 만나 본 남편들, 그 중에도 가정의 원만을 잃고 고민하는 사람들, 또는 갖은 고난을 이겨가며 자기의 위치를 마련해 놓고 이제 새로이 아내를 맞아 인생의 새 출발을 삼고자 하는 사람들, 또는 가정이 파탄으로 기울어져 격한 파도를 안은 것 같은 심정의 사람들을 만나, 그들의 말을 듣고 곰곰이 다시 생각해 보면 여러 사람의 마음속에 흐르고 있는 공통된 물줄기를 하나 발견하곤 합니다.

그것은 아내에 대한 기대입니다. 마치 아이가 어른에게 응석 부리듯이 남편의 마음 밑바닥에는 무조건의 이해와 협력을 바라고 있는 측면이 있습니다. 여기서 남성 자신의 처신은 나중 일입니다. 무조건 아내의 너그러움과 따뜻함을 요구하고 있는 것을 볼 수 있습니다. 그것은 좀더 깊이 들어가 살펴보면 아내에게 일종의 모성애(母性愛)를 구하고 원하고 있는 것입니다. 거기에는 제각각 이유가 있습니다. 그러나 분명한 것은 많은 남성〔사람〕들 마음의 밑바닥에 흐르고 있는 모성애의 향수는 거의 절대적인 사실이라는 것입니다. 이유야 어쨌든 그것을 무시할 수는 없습니다. 남자가 결혼해서 얻고자 하는 정신적인 욕구의 한 측면에는 분명히 이 모성애의 충족이 있다는 이것이 중요합니다.

그래서 아무리 억세고 난폭한 남자들이라도 이 모성애의 향수가 어머니에게서 충족됐을 때 그 어머니에게는 아기가 되고, 아내에게 충족됐을 때 아내 앞에서는 수염 난 아기가 되는 것입니다. 비록 수염이 나고 얼굴에 주름살이 든 노경에 들더라도 역시 남성이란 극히 단순한 것이어서, 엄마가 아기를 쓰다듬어 주듯이 아내가 따뜻하고 부드럽게 대해주며 그의 뜻을 조건 없이 받아주기를 바라는 것입니다. 이러한 깊은 내면의 인간 향수가 충족되었을 때 그는 삶의 태도가 바뀌고 강하고 억센 자기 주장이 누그러집니다. 이런 점에서 본다면 아내로서 갖추어야 할 애정의 종류가 여러 가지 있을 것이나 그 중에 모성애는 가장 첫째 것으로 꼽힐 수 있겠지요.

(3) 남편의 심정

생각해 보면, 사람이란 밥만 먹고 크는 것이 아니고 물질로만 사는 것이 아닙니다. 근본적으로 애정이 생명을 키우는 것입니다. 인간이 가지는 이 근원적인 애정의 향수는 태어났을 때부터 시작되는 것이 아니라, 오히려 그 이전부터라고 보아야 할 것입니다. 과거생은 빼고라도 어머니 배 안에 있을 때부터 생명을 감싸고 키워준 여건, 바로 이것이 우리가 살아 있는 날까지 구하는 애정의 향수라고 생각됩니다. 따뜻하고, 부드럽고, 너그러우며, 부족함 없이 윤택하게 보살펴 주는 요건은 진정 모든 남성의 마음속 깊이에 흐르고 있는 영원한 향수일 것입니다. 이 내면의 향수가 채워지지 않을 때 거칠게 굴고, 이 내면의 향수가 만족하게 채워졌을 때 어머니에게 아기가 되듯이 아내에게 남자는 한없이 너그러워지고 선량해지는 법입니다. 이 사실을 알고 보면 사실 남편 예우법〔남편 조종법?〕이라는 것도 별것 아닌 셈이 되지요

(4) 여성의 특징

앞에서 남성은 남성답게 여성은 여성답게라는 말을 했습니다. 그렇다면 여기서는 어떠한 것이 여성다운 것인가? 즉 여성의 특징을 말해 보고자 합니다.

한마디로 여성의 가장 큰 특징은 아기를 갖고 키운다는 점에 있다 하겠습니다. 그러므로 여성에게서 만약 난소를 절제하면, 혹 수염이 난다든가 몸에 변화가 생겨 여성적 특징이 없어지고 중성적 육체가 된다고 합니다. 이 점은 남자도 마찬가지이겠지요. 남성적 목소리를 잃는다든가 수염이 안 난다든가 등등⋯⋯.

그런데 여성의 특징이 이와 같이 아기를 갖고 생명을 키우는 데 있다면 여기에서 여성이 여성다워야 한다는 성격상의 특징도 쉽사리 생각할 수가 있을 것입니다.

그것은 앞서 모든 남성이 모성애를 통해서 구하고 찾고 있었던 '따뜻하고, 부드럽고, 너그러우며, 윤택한 애정'이라 할 것입니다. 이 점은 여성이 신체적인 특징을 갖는 것과 마찬가지로 여성이 심성 속에 간직하고 있는 정신적 특징이라 하겠습니다. 그러므로 만약 이러해야 할 여성이 그 정신적 특징을 잃어버린다면 그는 곧 여성이라 하기에는 부족하게 되겠지요. 동시에 가정을 이루고 생명을 키우고 행복을 거두어들일 아내로서는 실격이라고 해도 될 것입니다.

(5) 행복을 파괴하는 요인

여기서 보면 여성이 갖추고 있는 특성과 남성이 바라마지 않는 욕구가 완전히 일치함을 알 수 있습니다. 이 일치점이 바로 모성애입니다. 모성애는 남성들이 여성을 집안에 가두어 놓기 위해 만든 말이라고 어느 학자가 말했다고 하지만, 사실 그 학자도 역시 모성애를 그리워하고 있는 한갓 인간일 것입니다. 아무튼 따뜻하고 부드럽고 너그럽고 윤택한 마음으로 생명을 키우는, 모든 어머니가 가지는 공통분모입니다. 그래서 모성애를 성(聖)이라고 말한다고 합니다. 이 성은 불교에서는 성자를 뜻하는 보살입니다. 이런 점에서 본다면 절에서 모든 여성 신도와 여성을 보살이라고 부르는 것은 매우 합당한 예우라고 여겨지고 매우 잘 어울리는 칭호라고 생각합니다.

실로 모든 남성은 지위나 나이나 사회적인 활동을 막론하고 아내에게서 모성애의 충족을 기대하고 있다는 것입니다. 그런데도 오늘의 아내들이 어떠한 명분과 이론과 구실을 들어서 이러한 여성의 특성을 저버린다면 어떻게 될까요? 거기에는 인생의 황량함과 공허함이 펼쳐지겠지요. 인생의 사막이 벌어지는 것입니다. 남성의 가슴속에도 여성의 가슴속에도 똑같이 슬픔이 찾아들고 행복을 담아야 할 가정도 적막강산이 되고 마는 것입니다.

여자가 자신의 근본을 배반하고 가정을 파괴하고 인생을 황야로 몰고 가는 원흉은 무엇일까요? 그것은 마음속의 차가움입니다. 거칠고 옹색하고, 삭막한 심성, 이런 것들이 우리에게서 그리움의 대상인 모성을 빼앗아가며, 모든 남편들을 술집으로 몰고 가서 통곡하게 만들며, 결국 여성 자신의 가슴속에도 쓰라림과 뜨거운 눈물을 안겨 주는 진원지입니다.

부처님께서는 옥야에게 말씀하셨습니다.

"첫째는 어머니와 같은 아내니, 남편을 아끼고 생각하기를 어머니가 자식 생각하듯 하는 것이요, 밤낮으로 모시어 그 곁을 떠나지 않고 때에 맞추어 먹을 것을 차리며, 남편이 밖에 나갈 때에는 남들에게 흉잡히지 않도록 마음을 쓰고, 집안의 재산을 지성껏 보호해야 한다."

부처님께서도 아내가 지킬 자리를 이와 같이 말씀하셨으니 진정 모든 남성과 여성의 참 위치를 뚫어지게도 잘 보신 것이라고 말할 수 있겠지요. 여성의 이와 같은 덕성은 모든 남성을 슬기롭고 용기 있게 만들며, 자유와 평화의 가치를 소중히 여기게 만들며, 마침내 인간의 진리적인 승리를 가져오게 하는 것이라 하겠습니다.

3. 부부의 견해 차이를 어떻게 조화할까

(1) 출근길 아내의 표정

부부의 의견이 대립되었을 때 줄곧 남편의 사과로 해결을 해온 어느 집 얘기를 했지요. 그리고 고집 센 아내와 함께 사는 남편의 심정도 얼마간 생각해 보았습니다. 가장 바람직한 것은 부부 사이에 다툼이 없을 수는 없지만, 일단 다툼이 일어났을 땐 아무래도 아내 쪽에서 먼저 마음을 돌려서 풀어주는 것이 좋지 않을까 하고 생각해 봅니다. 필자가 이런 말을 하면 여권 신장이

나 평등주의 운동을 하는 인사들은 펄쩍 뛰거나 매우 못마땅해
하겠지만, 사실 아내가 먼저 너그럽게 푸는 마음이 되었을 때,
아내의 그 마음 상태는 사뭇 높아지게 되고 이미 높아져 있는 것
입니다. 사람은 누구나 너그러운 마음, 넓은 마음이 되었을 때,
자기 주장을 강하게 내세우고 고집했던 상태를 훌훌 벗어나서
새로운 눈이 열리게 되는 것입니다. 그러므로 아내에게 너그러움
을 바란다는 것은 아내로 하여금 넓은 마음의 주인공이 되라는
뜻도 있지만 그보다는 집안이 화평하게 되어 가는 원리가 여성
에게 있다는 것입니다. 남성은 태생적으로 어머니[여성]의 보살
핌만 받았기 때문에 어떤 면에서는 자신밖에 모르는 생득적인
편협성을 가지고 있습니다. 남을 배려하거나 이해하는 능력이 여
성보다 떨어진다는 것이 이유 아닌 이유입니다.

　어떤 조사에 의하면, 직장에서 충돌이나 교통사고 또는 공장
의 작업 사고는 그 날 아침 또는 그전 날의 부부싸움과 밀접한
관계가 있다고 합니다. 특히 교통사고 같은 예에서는 부부나 그
밖의 친족 관계에서 격렬한 갈등과 충돌이 있었던 예를 종종 보
게 된다고 합니다.

　집에서 밖으로 나올 때 헝클어진 마음 상태거나 불평과 격앙
된 심정으로 직장에 나와 기계나 일이나 사람을 대할 때, 그 사
이로 평화롭고 순탄한 기류가 퍼져 나가기는 어려운 일이 되겠
지요. 그뿐만이 아니라 대립하고 미워하고 분노에 찬 마음이나
원망스런 생각들은, 그것이 부부 어느 쪽에 원인이 있든, 우선
남편의 깊은 마음에 반영되고, 그것은 곧 사고의 형태로 나타날
수 있다는 점을 잊어서는 안 될 것입니다.

여성 자신이 따사로운 햇빛과 같이 밝고 포근하게 한 가정을 행복하게 꾸며갈 아내임을 안다면, 결코 남편과 대립하고 고집 세게 처신하고 다툴 필요는 없다는 것이지요. 그러므로 아내가 먼저 마음을 유화하게 하여 웃고 상냥하게 마음을 돌려야 합니다. 그렇다면 왜 꼭 아내여야 하느냐고 생각할 것입니다. 남편도 당연히 그렇게 해야 할 것이라고 대들 것입니다. 물론 좋습니다. 그런 사실을 몰라서 일방적으로 남편만 두둔하거나 변호하는 것은 아닙니다. 하지만 조사에 의해서나 필자인 저의 생각으로 보면 어떤 면에서는 남자보다 여자가 훨씬 마음이 유연하고 배려가 깊습니다. 그러므로 필자는 남편의 잘못된 행위를 보고도 무조건 참아라 하는 것이 아니고 가정의 행복, 평화를 위해서, 아니 보다 큰 명분을 위해서 작은 것에서 한 발 물러서라는 것입니다. 그 후에 얼마든지 인격적인 대화나 이해를 통해서 부부 함께 성숙해 나갈 수 있는 길이 있기 때문입니다. 결코 판을 깨거나 불안한 상태에서는 아무것도 도모할 수 없고 이룰 수 없다는 사실을 먼저 알아야 합니다. 그러니까 잘못된 버릇 고친다고 초가집 태울 수는 없다는 뜻입니다. 그러므로 아내는 남편의 출근에 앞서 다소의 불편이 있었다고 하더라도 얼른 마음을 고쳐 먹어 반드시 밝고 다정한 표정으로 남편의 출근길을 보낼 수 있으면 좋지 않을까 생각합니다. 이것이 집안의 행복을 위한 일차적인 조건이고 노력이며 진실행이라고 하겠습니다.

(2) 마음을 비워야 가정에 햇빛이 든다
한 가정에서 남편을 가장으로 대하는 것은 우리의 오랜 전통입니다. 그러나 이것은 가부장제에 뿌리를 둔 봉건적 낡은 잔재라고 생각하는 사람도 있을 수 있고, 그러기에 언젠가 이런 법은 좀더 평등한 법으로 바뀔 수도 있을 것입니다. 왜냐하면 평등한 인권을 내세우고 가정에서의 아내의 권리를 내세우는가 하면, 그보다도 아내이기에 앞서 여성의 권리, 인간의 권리를 주장하는 사람도 많이 있기 때문입니다.

사실 오늘날 우리나라 여권 운동가들의 말에서 나는 그런 것을 확실히 들었습니다. 그러나 그보다 분명한 것은 가정은 가족 구성원 각각의 권리만 내세우는 곳이 아니라 인간 삶의 가장 기초적인 생명 공동체라는 사실입니다. 세간의 이론이나 조리만으로는 결코 가정을 평화롭게 만들거나 가족을 행복하게 해주지는 못합니다. 자기 주장을 강하게 내세우며 그것을 고집하는 배경에 아무리 확고한 세간적 이론을 내세우더라도, 가정은 원래 생명의 장(場)이요, 무대립(無對立)의 장이요, 높은 차원의 사랑의 장인만큼은, 세간의 어떤 이론이나 이념으로도 가정이 행복해지지 않는다는 사실을 우리는 알아야 합니다.

오히려 가정의 행복은 가족 구성원이 자기 주장을 비우고 마음을 비워 무아(無我)의 자세가 될 때에 비로소 가정에 밝음과 훈기가 있게 되는 것입니다. 자기 주장과 아집을 비우는 가르침이 불교요 그 방법이 수행이며 신앙입니다. 그것이 있을 때 비로소 진리의 따뜻한 공덕이 가정에 담겨집니다. 그러나 흔히 사람들이, 아니 세상의 아내들이 이렇게 항변할 지도 모르겠습니다. "남편의 말과 행이 옳을 때 말이지 그른데도 따라가란 말인가요 그러면 집안 망해요"라고. 좋습니다. 일면 일리 있는 주장이라고 봅니다. 그러나 문제의 근원을 한 번 살펴봅시다.

대개 가정의 불행은 대립에서 온다고 합니다. 옳고 그른 시비를 엄격히 가리는 일은 사뭇 뒤의 일입니다. 이런 대립 상황에서는 이해 득실도 큰 문제가 되지 못합니다. 하찮은 것 가지고 고집하고 양보할 줄 모르며 대립으로 나갈 때, 거기에는 무수한 대립이 연속적으로 나타날 뿐입니다. 우리는 여기서 가정을 파탄으로 끌고 가는 제일의 원흉은 바로 대립이고 고집인 것을 분명히 알아야 할 것입니다.

그러나 자기 주장을 굽히거나 거두고 자기 마음을 비워 보살심을 행할 생각을 가질 때에 온 집안은 하나가 되는 것입니다. 가정에서 최우선은 자애(慈愛)입니다. 옳고 그름을 초월하는 인간애(人間愛)이지요. 대립을 떠나 존재하는 것이 가정의 근본이며, 이것이 원래 가정의 진실한 모습이요, 생명을 같이 하는 부부의 마음가짐입니다. 불심(佛心)을 행하겠다는 마음 자세가 그 집안에 부처님 공덕을 끌어당긴다는 것을 잊지 말아야 할 것임을 강조합니다.

필자가 이런 말을 할 때 어떤 사람은 이렇게 말하는 것을 보았습니다. "스님 말씀은 모두 옳지만 나는 수행부족으로 그렇게는 안 됩니다. 절대 못합니다." 이 말은 자기 고집, 자기 주장을 단단히 붙들고서 놓지 않겠다는 구실이고 한갓 이유에 지나지 않습니다. 무거운 것을 들고 오라거나 무슨 값진 물건을 가져오라고 한다면 못 한다고 말할지 몰라도, 다만 제 고집을 접으라는 것인데 왜 못 한다는 것일까요? 그렇게 되면 결국 장벽과 같은 대립심만 더욱더 키울 것이고, 마침내 돌아오는 것은 서로에게 불행한 파국밖에 없다는 것을 알아야 합니다.

(3) 아내의 무아가 의미하는 것

여기서 자기 주장을 버려 마음을 비운다고 하는 것이 무엇인지, 또 어떤 것인지를 생각해 볼 필요가 있습니다. 그것은 우선 남편을 자기 주장 앞에 굴복시키고자 하는 것이 아니고, 남편의 의사와 자유를 존중하는 것입니다. 자기가 생각한 대로 남편을 끌어당기고 자기가 요구하는 대로 남편을 행동하게 하고자 하는, 남편에 대한 강한 결박을 확 풀어버리는 것이지요. 대개 남편과 어긋난 주장은 남편의 생각을 억압하고 그의 행동의 자유를 억제하며 그의 활달한 활동을 정신적으로 결박한다는 것을 생각할 필요가 있습니다.

이러한 자기 주장을 버리고 아내가 참된 무아경계가 되어 '당신의 참뜻이 이루어지기를!' 하는 순수한 기원이 되었을 때, 거기에는 이제까지 대립적인 부부의 양상이 사뭇 달라지게 되는 것입니다. 대립이 없기 때문에 일체(一體)가 되는 것이지요. 일체가 되는 데서 남편의 뜻이 아내의 뜻이 되고 아내의 뜻이 남편의 뜻으로 서로 확 통하는 것입니다. 이것은 매우 쉬운 일이지만 결과는 놀라운 사건입니다. 만약 부부가 다같이 완강하게 고집하고 대립하다가도 아내가 어느 한 순간 마음을 돌려 자신을 비웠을 때 남편의 완고한 주장이나 나쁜 생활 습벽이 단번에 고쳐진 사례를 잘 알고 있습니다.

남편과 대립하였을 때는 아내의 바른 말이 통하지 않다가도 아내가 자신의 주장을 버리고 빈 마음이 되어 남편의 뜻을 받아들이고 섬기는 자세가 되었을 때, 도리어 남편은 아내의 뜻대로 돌아가는 것입니다. 그러므로 대립을 버렸을 때 가정의 참된 기쁨은 열려 가는 것이고, 남편은 아내를 땅과 같이 믿고, 거기서 남편은 마음놓고 하늘 끝까지 도약하는 것이며, 동시에 아내의 뜻은 남편의 활동을 통하여 더욱 크게 피어나는 것입니다. 이것은 반드시 자신의 활동을 통해서 자아실현을 한다는 생각으로는 이르지 못할 더 높은 단계입니다.

오늘날 교육받은 똑똑하다는 아내들 가운데서 자기 주장을 굽힐 줄 모르고 끝까지 옳다고 우기든가 사리만을 내세워 가정을 남편 심판장으로 만들려는 위험을 자초하는 경우가 많다고 봅니다. 가정의 행복은 옳다 그르다 하는 시비분별이나 판정에 의한 것이 아니고 어디까지나 무대립(無對立)의 원리인 무아와 그 실천인 숭고한 사랑에서 피어나가는 한 송이 꽃이라는 사실을 철저하게 알아둘 필요가 있습니다.

(4) 안데르센의 할머니

부부 사이가 원만치 않다는 문제를 들고 올 때마다 나는 곧잘 '안데르센'의 동화를 생각합니다. 〈할아버지가 하시는 일에 잘못이 없다〉에 나오는 할머니의 자세입니다. 오늘의 젊은이들도 소년 시절에 대개는 읽었으리라고 생각되지만, 그것은 이렇습니다.

—명마라 할 훌륭한 말을 팔러 시장에 간 할아버지가 그 말을 젖이 잘 나온다는 암소와 바꾸고, 다음에는 아무거나 잘 먹는다는 염소와 바꾸고, 또 다음에는 염소를 알 잘 낳는 닭 한 마리와

바꾸고, 그 닭마저 썩은 사과 한 광주리와 바꾼다는 것이 이 동화의 이야기인데—,

그 중간 과정을 지켜보면 그 지방의 대지주가 나타나서 문제를 끌고 가는 것을 알 수 있습니다.

"뛰어난 말을 마침내 썩은 사과 한 광주리로 만들어 버렸으니, 집에 가면 할머니가 얼마나 노여워할 것인가?"라고 하는데도 할아버지는 태평입니다. 오히려 "염려 없어요. 우리 집 할머니는 '남편인 할아버지가 하는 일은 잘못이 없으니까요'라고 말할 테니까요" 이 말을 믿지 않는 대지주는 마침내 내기를 걸어 만약 할머니가 할아버지 말처럼 말한다면 자기의 토지를 모두 할아버지에게 주기로 약속을 하게 되지요.

그런데 과연 할아버지와 대지주가 집에 이르렀을 때 할머니가 하는 말은 그 모두를 '잘된 것'이라고 하면서 '할아버지가 하시는 일은 잘못이 없다'고 하는 것이었습니다. 이 광경을 지켜보던 대지주는 크게 놀랐습니다. 약속대로 토지는 모두 할아버지 차지가 되었다는 이야기입니다.

우리 동양에는 예부터 부창부수(夫唱婦隨)나 여필종부(女必從夫)라는 윤리 도덕이 있지만, 여기 안데르센 동화에서도 그와 비슷한 본보기를 보여 주고 있습니다. 할아버지가 하시는 모든 일에는 잘못이 없다고 전폭적으로 믿어 주는 할머니의 '마음 비우기'에서 일약 부자가 탄생한 것입니다. 그것은 왜 그럴까요? 독자들은 동화 속의 허구라고 일소에 붙일 수도 있지만 사실은 그런 것이 아니고 거기에는 삶의 깊은 진실이 들어 있습니다.

필자는 출가 생활 하느라고 이 동화의 주인공 역할을 못 해봤지만 누구나가 한번 시험해 볼 만한 일이라고 생각합니다. 틀림 없이 그 집안에는 웃음과 행운이 담뿍 찾아들 것입니다. 구태여 이유를 말하라고 한다면 앞서 말한 바와 같이 자기 고집을 버리고 순수한 무아(無我)의 불심이 될 때에 거기에는 말로 다 할 수 없는 행복이 담겨지게 되는 것입니다.

우리 한 번 "아버지가 하시는 일은 매사에 잘못이 없다" 하고 믿어 주는 집안과, "우리 영감 하는 일이란 매사에 되는 것이 없다" 하는 집안을 비교해 봅시다. 분명 믿음과 화합이 있는 집에는 발전과 성공이 있을 것이고, 그와 반대인 불신과 불화가 있는 집에는 가시덤불이 엉키게 마련이므로 찬바람이 일 것입니다. 믿음과 찬탄이 넘치는 집안에는 성공과 행운이 찾아든다는 진실을 우리는 알아야 할 것입니다.

(5) 가정의 이념 앞에 겸허하자

어떤 분은, "스님의 말씀은 너무나 케케묵은 봉건적 부부관(夫婦觀)입니다" 하고 항변할 것으로 압니다. 그러나 분명히 알아둘 것은 봉건사상이 무너지든 개인주의 사조가 팽창하는 세상이 몇만 번 엎어지든 간에 변하지 않는 것이 있습니다. 그것은 가정의 중심이 되는 가정의 이념이 존재한다는 사실입니다.

부부 단 둘만의 가정이라도 거기에는 중심이 있어야 하는 것이고 가정의 중심적 이념은 가장을 통하여 이어지고 나타나게 마련입니다. 물론 가정의 이념이 성립될 때까지는 부부가 의논하고 합의한 것도 있을 것이고 선조로부터 대대로 이어져 오는 전통도 있을 것입니다. 어떤 한 가정의 가족 구성원이 이와 같은 중심 이념으로 하나가 되어 순수무잡한 가족 공동체를 이룰 때, 거기에 결혼의 행복, 가정의 행복이 우러나오게 마련이지요. 또 가정을 종교에서 오는 종교적인 신념이나 의지를 실현하는 곳이라고 생각해서도 안 됩니다. 신앙이라는 이름이나 종교라는 권위를 업고서 집안에서의 종교적인 자기 주장이나 강요는 절대 금해야 할 일입니다. 이 말은 가정의 중심인 가장의 이념을 중심으로 무아가 되어야 한다는 말입니다. 물론 그 이념은 부부가 함께 살면서 점점 성숙해 가는 것이라고 봅니다. 그러므로 가장의 이념이 아니라 그 가정의 이념입니다. 그리고 가장이 남편이라는 사실이 듣기 거북하거나 인정하기 싫거나 불편하더라도 남편 하자는 데로 해 주십시오. 옛 말에 '잘 되는 집안은 어른이 소금가마를 물에 넣어라'고 하더라도 그대로 하는 시늉을 한다고 하지 않았습니까?

그리고 또 마음을 비워 가정의 이념 속에 담긴 부처님의 거룩한 뜻이 실현되고 그 공덕에 모두를 맡기는 마음의 자세, 삶의 자세가 매우 중요합니다. 결단코 '나는 불자니까' 하는 명분을 내세워 남편의 종교적 무지를 탓하거나 측은히 본다거나 제도해 주겠다고 하는 식의 교만하고 안하무인한 자세도 안 됩니다. 그런 생각은 도저히 불자의 생각일 수 없기 때문입니다. 오로지 가정에 있어 가장을 중심으로 아집을 버리고 마음을 비웠을 때, 거기에 부처님 공덕이 나타나는 법이고, 모든 일이 원만하게 돌아간다는 사실을 알아야 하고 굳게 믿어야 합니다. 이것이 불자가정의 핵심입니다.

오늘날 사회의 각 분야에서 여자의 역할은 남자 못지않게 많습니다. 그러므로 여자의 역량이 남자만 못하다든가 인권에 차등이 있다든가 하는 문제와, 가정 이념에 있어서 순수무아와는 전혀 차원을 달리하는 별개의 문제라는 것을 분명히 알아두어야 합니다. 사회의 변화 여하에 불구하고, 아내의 사회적 역할 여하에 불구하고, 여자는 가정에 있어서는 오로지 아내인 것입니다. 영국의 대처 수상이나 세계적으로 이름난 여성 지도자들의 삶을 보면 더 쉽게 알 수 있습니다. 그들에게 과연 여권(女權)이 없어서 한 나라 수상의 그 바쁜 하루 업무 중에 굳이 남편 밥상을 직접 차렸을까요? 여성이 무엇을 해도 가장 중요한 역할인 아내의 자리를 잠시도 외면하거나 소홀히 할 수 없다는 신념의 표시이자 자신에게 선언하고 있는 단호한 의지일 것입니다. 그것은 생리적·신체적으로 그런 것이고 그 근원인 정신적으로 그런 것입니다. 누가 함부로 바꿀 수 없는 여성의 특권이자 위대함입니다. 오히려 여성들은 이 점이 부정되고 왜곡되거나 무시되었을 때 전 인류적으로 항거하고 들고 일어나야 할 중대한 일입니다. 그러므로 가정의 이념을 아내가 마음을 비우고 받아들일 때 행복과 번영이 깃든다는 이 당연한 사실은 만고에 변함없는 진리 현실임을 아무도 무시할 수 없고 부정할 수 없습니다.

4. 결혼생활에 권태기는 꼭 있는 것인가

(1) 행복해지려는 의지

신앙 상담을 하고 있으면 어차피 세간의 인생살이 문제가 줄

달아 나오기가 일쑤입니다. 그래서 거리에 나와 있는 스님들은 인생 상담역이 될 수밖에 없고, 또 그 역할을 피할 수 없는 일인 것 같습니다. 부처님 말씀을 생각하며 세간의 인생길을 생각하고 서로 주고받으며 이야기하다 보면 결혼한 사람이면 으레 가정 문제가 나옵니다. 결혼생활의 체험이 없는 필자로서 가정 문제에 관한 인생 고뇌를 듣고 있노라면, 이곳이야말로 정작 부처님의 빛이 비쳐야 할 곳이고, 또한 부처님의 빛을 받아서 밝음이 충만한 인생 터전을 굳히게 도와야겠다는 각오를 새롭게 하게 됩니다.

부처님의 도를 닦아서 쓰이는 곳은 인생살이 현실이지만, 불법에 대한 믿음을 가져서 수행하는 효과가 제일 먼저 나타나는 곳도 바로 가정이라고 생각합니다. 마음이 모두의 근원이고 모두의 참모습일진대, 우리의 생활을 다스리는 것도, 생활의 터전이라 할 가정을 일구어 가는 것도, 오직 마음을 붙들어 주는 믿음에서 시작되는 것은 너무나 당연하다고 할 것입니다.

결혼 후 몇 해가 지나고 나면 대개들 겪는 한 고비의 계절병 같은 것이 있다는 것을 듣게 됩니다. 이른바 권태기입니다. 가정의 문제를 부처님 말씀에 따라 해석하고 판단을 내리다 보면 상대방은 거의 대개가 "노력해 보겠습니다"는 말을 합니다. 그것은 부처님 가르침을 따라서 자신의 마음을 잡아가도록 노력하겠다는 뜻입니다. 인생의 고민에 대한 해결은 결국 노력하겠다는 자신의 의지와 어떻게 노력하느냐 하는 방법이 좌우하는 것이겠지요 아무리 방법이 훌륭하더라도 본인이 진지하게 노력하겠다는 성실성이 없으면 그것은 쓸모 없는 약방문일 터이고요 그러므로 무엇보다 믿음을 가지고 자기 마음에 햇빛을 맞아들이고 자기 가정에 행복을 담을 결단적 의지가 우선으로 절실한 것입니다. 노력 속에 방법도 있으니까요

(2) 가정 분위기의 퇴색을 막자

사고 가정이나 문제 가정의 실마리를 들어보면 결혼 당시 서로 믿고 사랑해 왔으니까 지금도 또한 변함이 없는 것을 곧잘 말합니다. 그런데도 서로의 마음이 결혼 당시와는 현저한 변화가 오고 있는 사실에 대하여는 사뭇 등한히 하고 있습니다. 결혼 초와 같이 서로가 상대의 말이라면 무엇이든 함께 하겠다는 열기가 사라져가고, 어딘가 밝지 않은 안개 같은 것이 자욱이 낀 것을 모르고 있고, 그러므로 자신들의 부족이나 잘못을 반성하지 못하는 것이지요. 사실 세속의 가정은 인생의 핵심입니다. 그러하기에 믿음을 가지고 수행하는 마음으로 신성한 가정을 이루어 가도록 백 번 천 번 노력해야 하는 것입니다. 이 노력을 게으른 생각이나 귀찮은 생각이 끼어들어 가로막고 등한히 한다면, 그때부터 결혼은 신선미를 잃어 가고, 위험한 상황으로 내몰리는 시발점이 됩니다.

'설마 결혼했는데 어쩌려고?' 하는 서로 안이한 생각으로 아내는 남편의 뜻을 소홀하게 생각한다든가 남편은 아내의 마음을 건성으로 알아준다든가 하는 무성의한 상황이 계속되면 문제가 발생하는 것이지요. 결혼생활은 시종일관 노력의 결실인데 서로 간의 노력이 차츰 시들해질 때 문제가 있게 되는 것이지요. 남편에 대하여 세밀한 관심을 갖지 않는 아내, 발랄한 애정 표현이

없는 아내, 아내의 노고를 등한히 하는 남편, 자상한 배려에 무
관심한 남편, 거기에서 곧 바로 집안에 침체된 분위기가 일기 시
작합니다.

이러한 마음 상태는 가정에서 대수롭지 않은 사소한 일로도
충돌을 가져오게 만들고 마침내 가정의 분위기를 무겁고 답답한
상태로 끌어갑니다. 대개 이런 때의 심정이나 상황을 소설가들은
문제삼고 있는 것을 보지만, 가정의 신성을 관심 있게 살펴보고
추구해온 필자 입장에서도 이때야말로 위험스러운 때라고 말하
지 않을 수 없습니다. 헤어지자는 것도 아니고 그렇다고 새로운
노력을 하자는 것도 아니고, 그 날 그 날을 무덤덤하게 지나가다
보면 어느덧 틈이 생겨 사이가 점점 벌어지고 마침내 다시 이어
질 수 없는 커다란 간격으로 갈라지게 된다는 것을 생각했을 때,
시발점은 바로 이런 경우입니다.

가정에서 부부간에 서로 관심이 식어갈 때, 또는 그 마음에 부
담감이나 공허가 생길 때 서로는 엉뚱한 곳으로 한 눈 팔게 되는
것입니다. 그러므로 부부는 서로를 기쁘게 해주려고 온갖 생각을
다하던 그 시절의 심정을 자주 돌이켜 봐야 하는 것입니다. 안이
하고 등한한 자세로서는 부부에게 찾아드는 계절의 위기를 이겨
나가기 어려운 것입니다. 오히려 가까운 사이이기에 끊임없는 노
력이 절실합니다.

불교의 믿음을 통한 가정의 경영이 얼마나 소중한가를 이런
데서 우리는 철저하게 배워야 합니다. 부부 함께 설법 듣고 수행
하여 서로가 각자에게 부족한 점을 자주 살펴보고 반성하며 살
아간다는 것은 부부에게 성공적인 자신의 인생과 가정을 기약해

주는 것과 같습니다. 만약 그렇지 못할 때 부부간에 말다툼이 잦고, 서로의 사이에는 '도리'라는 의무적인 말이 자주 강조되고, 아니면 화를 내거나 반항하는 것이 예사로운 일이 되기 시작하니, 이때쯤 되면 서로가 '나를 어찌 하랴' 하는 배짱과 심리가 형성되어 더 기세 좋게 나가는 것입니다.

비록 별거나 이혼까지는 가지 않더라도 가정은 평탄하지 않게 됩니다. 여기서 가정의 행복은 그만 빛을 잃고 자라나는 아이들에게 나쁜 영향을 미치고 주변 사람들에게 불안과 염려를 끼치게 되는 것입니다.

(3) 신혼 초의 자세가 된다는 것

이런 때를 어떻게 벗어날 수 있을까요? 여기 하나의 실례를 들어보겠습니다. 이것은 미국의 경우입니다. 부부의 침체한 분위기에서 남편은 마침내 이혼을 제안했습니다.

우리 한국의 경우는 대개 이런 권태기의 위기를 결별까지 겉으로 표면화시키지 않고, 그럭저럭 체면유지를 합니다. 속으로는 왈가닥거리면서도 가정을 지탱해 가지요. 아니면 서로 냉랭하게 지내면서 '문제 가정'의 한 시기가 지나가는 것이지만, 미국 사람은 이런 경우 곧잘 이혼을 제기하는 모양입니다. 여기 사례의 주인공인 아내는 남편의 이혼 제안에 대해 대답을 회피하고 어떤 상담자를 찾아갔습니다.

그 결과 아내는 그의 지도를 받아서 그들에게 부딪힌 가정의 위기를 이겨 나가기로 결심하고 남편에게 회답을 했습니다.

"좋습니다. 당신 뜻에 따르겠습니다. 그러나 1년간만 말미를 주십시오. 그때에도 당신이 이혼하는 게 좋다고 하신다면 당신 뜻에 따르겠습니다.”

아내는 그때 무엇을 결심하였을까요? 아내 자신이 가정의 묵은 아내가 아니라 신혼 초의 새 아내가 되어야 한다는 사실을 생각하여 자신이 새로워져야 한다는 각오를 하게 되었던 것입니다. 그리고 남편이 자신에게 구애해 왔던 여학생 시절을 생각했고, 그때와 같은 젊고 발랄한 자신을 생각하도록 힘썼습니다. 그리고서 그때와 같이 말과 행동도 밝고 활발하게 하였고 옷매무새나 생활도 모두 연애시절로 바꾸어 갔습니다. 테니스도 다시 시작하고 다른 운동에도 즐겨 관심을 가졌습니다. 자신의 생각과 자신의 생활 전체에서 연애 시절이나 신혼 초의 생활을 재현하려고 노력했던 것입니다.

그렇게 하자니 아내는 얼마만한 노력이 필요했을까요? 아마 독자들은 충분히 짐작이 갈 것입니다. 아내는 각오와 결심을 단단히 하여 먼저 생각을 바꾸고 표정을 바꾸고 말을 바꾸어 나갔습니다. 묵은 아내가 아니라 새 가정의 새 아내라는 것을 세밀히 머릿속에 그리면서 거기에 맞게 가정의 생활과 일과를 짜갔던 것입니다. 그럭저럭 1년이 지났습니다. 어느 날 아내는 남편에게 말했습니다.

“당신이 이혼 요청을 한 지 1년이 되는 것 같습니다. 이제 그때 약속한 대로 이혼을 해도 좋겠습니다.”

“아니, 여보! 그게 무슨 소리요. 이혼이라니? 어림도 없는 소리하지 마시오. 이제 나는 당신 없이는 살 수 없소…….”

이래서 그 집안은 ‘건강하게’ 재생하였던 것입니다.

여기서 필자가 '건강'을 강조하고 싶은 데는 필자 나름의 의미가 있습니다. 언젠가 다시 언급하겠지만 결혼에 있어 권태기라는 '우울의 계절'이 부부의 관계를 비록 파경까지는 몰고 가지 않는다 하더라도 올바로 치유되지 못한 채 적당히 얼버무려 가정에 많은 불건강을 끼치고 오랫동안 그 불건강을 몰고 가는 예가 흔히 있다고 보기 때문입니다.

(4) 마음에 '바라밀다'의 활기를

어떻게 하면 신혼 당시와 같은 행복한 가정생활을 꾸며갈 것인가는 앞서의 경우에서 본 바와 같습니다. 그것은 무엇보다 아내에게서 풍기는 무겁고 답답한 느낌이 사라지고 젊고 밝고 활기 넘치는 기분을 자신의 가정에서 되찾는 데 있는 것입니다.

필자는 여러 법회에서 항상 '마하반야바라밀다'를 말합니다. 특히 불광법회에서는 수행의 첫째 요목으로 '마하반야바라밀다'에 대한 신앙을 내세우고 있습니다. 가정에 있어 영원한 신선을, 영원한 활기를, 영원한 평화와 행복을 위하여 '마하반야바라밀다'를 생각하고 염송할 것을 적극 권합니다. 참으로 자신의 마음에 '바라밀다'의 활기와 광명이 활발발할 진대 어찌 권태기라는 인생의 어두운 그림자가 우리 가정에 찾아들 수 있을까요. 어림도 없는 소리지요

| **제4장** |

가정

1. 새 가정을 갖는다는 것

(1) 결혼의 정의 – 자유로운 개인들의 연기(緣起)적 만남

가정은 결혼에서 시작됩니다. 그렇다면 결혼은 왜 해야 될까요? 결코 서로가 아쉬워서가 아니고, 성 본능(性本能)으로 이성의 육체가 그리워서가 아닙니다. 그렇다고 경제 생활의 편의에서이거나, 지위나 재산을 얻기 위해서는 더욱 아닙니다. 결혼은 영원한 것의 기초 위에 서는 것입니다. 그래서 두 사람이 함께 영원한 이상을 향해 나아가는 것입니다. 결혼은 영원한 이상을 향한 출발지라고나 할까요. 결혼을 통해 한 마음 한 몸이 되고, 또한 생활의 설계나 생활의 실천을 통해 서로가 하나의 행에 이르는, 자각하고 약속하고 확인하는 행위인지도 모른다는 생각이 듭니다. 하여튼 결혼은 무엇을 위해서가 아니라 원래부터 진리의 체성으로 하나인 사람이 결혼 관계를 통해 본래의 모습으로 복귀하여 생각하고, 생활하고, 활동하는 것이라고 해야 옳을 것으로 봅니다.

(2) 여성이 안정할 자리

결혼을 이런 입장에서 볼 때 '여성이 마땅히 돌아가야 할 땅이 그 어디메냐?'고 묻는다면 거기에 대한 대답은 '행복한 가정'이라고 말할 수 있을 것입니다.

여성들이 제 나름대로의 개성과 재능을 살려서 사회의 구석구석에서 많은 기여를 하고 있는 것이 오늘의 실정입니다. 변호사도 되고 법관도 되고 의사도 되고, 또는 공적·사적·사회적 시설이나 산업 조직 속에 뛰어들어 많은 일을 너끈히 해내고 있는 것이 오늘의 활달한 여성입니다.

그렇다면 여성이 서야 할 곳이 이러한 사회적인 사업과 활동에만 있는 것일까요? 물론 그러한 일들을 하는 것이 소중하기는 합니다. 그러나 깊이 살펴보면 훌륭한 가정을 만든다는 것은 그 어떤 일에 못지않게 소중한 것이라고 봅니다. 이 엄연한 사실은 여성들 자신만이 알 일이 아닙니다. 남성들도 마땅히 그 소중성을 충분히 알아야 하는 것입니다.

(3) 불량한 부부와 청소년이 나오는 곳

청소년의 이탈 문제는 오늘날 골칫거리 중의 큰 골칫거리입니다. 아마 범세계적인 현상이라고 봅니다. 그런데 불량 청소년이 생기는 것은 그 근본 원인이 불량한 가정에 있다는 것입니다. 불량한 가정에서 자라나는 싹들은 그 심성이 안주할 곳을 잃고 그만 방황하게 된다고 합니다. 이에 비해 가치의 공허(空虛)니, 세대의 공백(空白)이니 하는 철학적인 변명은 사뭇 나중 일이 될 것입니다.

불량한 남편과 아내란 말이 용납될지 모르겠지만 불량한 아내와 남편도 필경 그 원인을 파고 보면 불량한 가정에 있습니다. 남편과 아내가 서로 상대에게 정성을 다하지 않는 불량한 가정은 불량한 아내와 남편, 불량한 어린이들이 생기는 온상이라는 거지요. 훌륭한 가정을 만든다는 일이 오늘이라는 세계를 짊어지고 있는 아내와 남편들과 다음 세대를 떠맡아야 할 젊은 세대들을 훌륭하게 만들어낸다는 거룩한 의의를 가지고 있다는 것, 이 점 깊이 유의해야 할 것이라고 봅니다.

그런데도 만약 이렇게 성스럽기까지 한 '훌륭한 가정' 만드는 일을 닥치는 대로, 되는 대로 해 나간다고 한다면 그것은 참으로 위험한 일이고 안타까운 일이라고 아니할 수 없습니다. 그러므로 가정의 관리는 심리적으로나 기술적, 또는 예술적으로 더 높은 차원에서 그 의미를 개척해 나가야 할 것입니다.

(4) 가정이라는 예술

생각해 보면 가정의 일이라는 것이 분명히 하나의 예술이 됨직 합니다. 재능 있는 화가가 화판 위에 그림을 그리듯, 가정이라는 화판 위에 더 크고 살아 있는 생활을 주제로 그림을 그리기 때문이지요. 주부가 가정에서 행하는 의·식·주와 육아와 효행 등 여러 일들이 실로는 가정이라는 한 예술극이며, 주부는 그 극의 프로듀서라 할 것이며, 또한 무대 감독이기도 하고 빛을 배당하는 조명 전문가라고도 할 수 있습니다. 이렇게 막강한 역할이 세상 그 어디에 또 있습니까?

그런데 가정이라는 예술은 무대 예술과 비교될 수 없는 독특한 점이 있습니다. 무대 예술은 그것이 실패하였을 때 관객을 실망시키거나, 채산이 안 맞거나 아니면 예술 향상이 늦어진다는 정도로 끝나고 말지만, 가정이라는 예술은 실패했을 때 곧바로 사회에 큰 문제를 발생시킵니다. 현대 사회를 받치고 있는 기둥이 불안할 뿐만 아니라 시간이 흐른 다음 세대에까지도 나쁜 영향을 끼치며 그 해독이 좀체로 치유되기 어렵게 되는 것입니다. 이것이 무대 예술과 가정 예술의 큰 차이입니다.

(5) 여성의 특성을 죽여야 하나

여성이 안정할 곳이 가정이라고 전제한다면, 여성이 지니고 있는 여러 재능은 매몰시켜야만 하는 것일까요? 인간이 이 세상에 몸을 받아 태어난 목적은 자기에게 깃든 능력을 충분히 표현하고 안으로 이루어져 있는 신령한 성품을 닦는 데 있으니 여성이라 하여 오직 가사에만 매여 있으라는 법은 없을 것입니다. 어떤 경우에는 남성보다 한층 우수한 재능을 지니고 있어 그 재능의 발휘를 통해 사회에 기여함이 사뭇 유용한 경우가 많을 것입니다. 여성으로서 가정생활 이외의 분야에서 자기 천분(天分)을 발견하고 발휘한다는 것은, 어디까지나 여성이 지닌 특성의 문제입니다.

만약 가정생활과 양립할 수 없는 경우라면 오히려 여성 자신의 한 생애의 가정생활을 포기하고 자기 재능을 발휘하고 헌신하는 것도 의미가 있을 것입니다. 그러나 대개의 경우 본인의 마음가짐 여하에 따라 타고난 재능을 가정과 양립시킬 수도 있다고 봅니다. 사람의 삶[인생]이 자신에게 내재된 신령한 성품을 닦아야 하고 타고난 재능을 십분 발휘하는 데 의의가 있다면 결혼은 반드시 거쳐야 할 인생의 길은 아니라고 할 수도 있겠지요.

그러나 결혼이 자신의 인생을 향상시킬 수 있다면, 결혼은 일종의 정신 도야를 위한 향상의 수단이 될 것입니다. 이처럼 결혼을 통한 자기 향상의 도야와 타고난 재능의 발휘를 함께 한다고 해서 불가능하다는 결론은 나오지 않을 것입니다. 다만 여성이 스스로 안주할 곳이 가정이라고 생각하는 점은 여성이라는 현실적인 특성이 그렇게 만드는 것이어서 이것은 일반적이라고 볼 수 있을 것입니다. 그러나 앞으로 시대의 변화에 따라 많이 달라질 것입니다.

(6) 남성의 소망

이 점은 남성의 경우를 살펴보면 명백합니다. 남성은 겉보기에 어쩌면 나비처럼 벌처럼 구름처럼 흘러 다니는 속성이 있다고 보일지는 몰라도, 실제 그 마음속 심성의 목소리는 가정에 안주처(安住處)를 구하고 있습니다. 남성의 참된 소망이란 아주 단순하고 소박한 것이어서 어진 처와 충실한 자녀와 함께 단란하게 사는 데 있다고 합니다. 처자와 함께 완전히 조화된 생활의 실현이, 그 어떤 못난 바람둥이 남자라도 정신적 심층부에는 도사리고 있다는 것입니다. 연애 지상이라 하여 감각세계를 마냥 쫓아다니는 남자들의 속을 파고들면 거기에는 심성의 완성을 구하고 안정을 구하여 마지않는 처절한 몸부림이 있는 것을 본다고 합니다. 이런 점에서 가정은 모든 인간이 안주할 마음의 고향이며 생명의 요람이라고 봅니다.

(7) 신앙만이 고독을 치유한다

중생이란 참된 자기를 잃고 헤매는 방황 상태를 말하고, 수행하지 않으면 그 상태를 면하거나 벗어나기는 매우 어렵습니다. 방황 속에서 가정이라는 안주처(安住處)마저 잃었을 때 적막과 고독감은 비할 수 없는 것입니다. 인간은 고독해지면 타락하게 마련이라고 합니다. 생활의 안정을 얻지 못하는 것이지요. 여성인 경우에는 부드럽고 우아한 성격을 잃게 되고, 남자라면 올바르게 그 몸을 가누지 못합니다. 허전함을 메우려고 그 어느 쪽을 향하여 내닫고 말겠지요.

직장에서 하루의 일에 시달린 사람들이 돌아갈 가정이 없거나, 또는 아무도 기다리지 않는 쓸쓸한 아파트나 하숙집으로 돌아갈 수밖에 없을 때, 그들의 생각이 무엇을 찾고 있는가, 어디를 향하고 있는가를 생각해 보아야 합니다. 마음의 공허와 고독은 사람으로 하여금 악을 향해 내닫기 십중팔구입니다. 그러므로 굳센 신앙심으로, 자기 생명 깊이에서 부풀어 오르는 생명의 목소리를 들으면서 그 뜨거운 감동이 그의 생각과 그의 행동에 넘쳐날 때를 제외하고는, '키에르케고르'의 말처럼 '고독은 분명 사람을 죽음에 이르게 하는 병'이라고 하겠습니다.

고독의 정체를 말하면, 마음이 안정된 제자리를 잃고 있는 상태입니다. 그렇기 때문에 허전하고 불안하고 적막한 심정이 엄습해 오곤 합니다. 그 고독을 달래느라고 불건전한 오락에 빠져들거나 악의 유혹에 젖어들거나 하는 것은 방황하는 심성이 순간적으로 자기 도피를 시도하는 것에 불과합니다. 고독의 치유는 육체 존재로서의 인간은, 일단 가정의 안정이고, 더 근본적인 안정은 불보살과 함께 있는 커다란 자기 참 생명과의 만남에 있는 것입니다. 그러므로 가정은 불자의 수행처이며 동시에 불국토입니다.

2. 가정을 지키는 아내의 지혜

(1) 스님으로서 '여성, 가정'에 대해 꼭 말해야 하는가

월간 「불광(佛光)」에 이 장(章)을 시작하면서 많은 독자들로부터 좋은 반응과 격려가 있었습니다. 그런가 하면 필자를 아는 몇몇 분들은 "스님으로서 여성·가정 문제에 대해 너무 깊이 언급하지 않는 것이 좋겠다"고 진지하게 충고해 주기도 했습니다. 그런데 막상 재가 형제들을 대하고 보면 불가불 가정이나 여성 문제가 언급되는 것을 피할 수가 없었고 고뇌를 해결해 가기 위해서는 달리 어쩔 수가 없었습니다.

불법(佛法)이 우리들의 가정에서 어떻게 꽃피는가는 커다란 관심사이며, 또한 가정의 건전함과 가정의 행복을 떠나서는 인간과 사회의 건전함도 행복도 없는 것이 아닌가 생각하게 되었습니다. 더욱이 물질 가치·황금만능의 바람이 거세게 부는 오늘의 세태에서, 우리들의 가정이 너무나 무방비 상태로 방치된 것 같아 매우 안타깝다는 생각이 듭니다. 그래서 부득이 이런 이야기를 더

할 수밖에 없게 되었습니다.

(2) 신년 설계는 신앙생활에서부터

정월달이 되면 누구나 일이 많습니다. 새로운 희망을 설계하기도 하고 새로운 사업도, 새로운 공부도, 새로운 취미생활도 다시 진지하게 생각해 보게 됩니다. 아마 이런 것을 떠나서 따로 인간 생활은 없는가 싶습니다. 사회나 직장이나 이웃이나 친척이나 가족이나 모두와 함께 있는 우리의 생활 모양은 각양각색입니다. 이런 다양함 속에서 자신이 어떻게 처신하고 품위를 지켜 갈 것인가 하는 문제는 역시 중요한 문제임에 틀림없습니다. 가정생활과 자신의 정신생활을 진리에 비추어 보아, 바르고 아름답고 윤택하게 가꾸어 간다는 것은 우리의 생활 모두를 밝고 행복하게 가꾸어 가는 근본이 아니겠습니까? 살림 늘리기나 사업 늘리기나 권세 늘리기 등 그 모두를 위해서라도 역시 진리의 믿음만큼은 한 해 설계에서 반드시 고쳐보고 새롭게 시작해야 할 최우선 과제일 것입니다.

인생에서 개인을 지탱해 가는 데나 가정을 유지해 가는 데 근본이 되는 것은 신앙이라 하는 데는 아무도 주저하지 않으리라고 봅니다. 올바른 신앙이 우리의 마음을 굳세게 만들고, 우리의 생활을 밝고 따뜻하고 지혜롭게 하며, 모두와 함께 우애와 풍성함을 즐기게 하기 때문입니다. 어떤 사람은 신앙을 '약한 자의 것'이라고 말하나, 어째서 신앙이 가장 지혜롭고 가장 인간적인 태도임을 알지 못하여 그런 어긋난 말을 하는가 하는 의문이 듭니다. 아마 유일신적인 믿음을 보고 그런 말을 하지 않았을까 생각해 봅니다.

아무튼 그렇게 말하는 사람은 신앙의 체험이 없거나, 그가 종교를 안다고 해도 의타적이고 맹목적인 종교밖에 모르는 것이 아닐까 하는 생각입니다. 그리고 약간의 건강과 재산, 아집으로 자기라는 세계를 꽉 잡고 있으면서 큰소리칠지도 모른다는 생각도 들었습니다. 역시 뭘 모르는 사람이나 교만에 빠진 사람으로서는 어쩔 수 없겠지요. 이처럼 자신에게 참으로 공명하는 삶을 키워 가는 길이 있다는 것을 모르거나 외면하고 사는 사람들이 얼마나 많습니까? 이 점을 생각하면 안타까운 심정을 금하지 못할 때가 많습니다.

믿음에는 먼저 바른 이해가 있어야 합니다. 바른 이해가 없는 믿음은 무력하고 지혜가 없고, 따라서 창조가 없습니다. 그러므로 이 한 해를 자신의 생애 중 가장 값있게 가꾸기 위해서는 바른 믿음, 바른 이해에 깊이 관심을 갖고 마음을 써야 합니다.

생명을 올바로 이해하고 관리하고 쓰는 기술을 불교는 가르치고 있습니다. 불교의 가르침은 바른 믿음과 꾸준한 정진으로 그 깊은 경지를 찾아 들어갑니다. 그러해야 함에도 지나가는 말 몇 마디를 들었거나 불교를 비평하는 글 몇 구절을 읽고 불교의 가르침에 대해 잘 아는 사람처럼 행동한다면 그는 분명히 불교에 좀더 겸허해야 할 것입니다.

(3) 아내의 신앙생활

만약 아내에게 착실한 불교 신앙이 없고 신앙에 대한 바른 이해가 없고 신앙심이 미지근하다면, 그 집안은 허술하게 인 지붕

밑의 살림이 되고 말 것입니다. 온 가족을 감싸고 비바람을 막으며 밝고 따뜻한 햇빛을 받아들이고 간직할 환경에 결함이 있는 것이지요. 이처럼 가정의 기본적 분위기 형성은 아내로부터 시작되며, 그런 아내의 밝고 따뜻하고 너그럽고 싱싱한 기운은 신앙으로부터 공급됩니다.

가정엔 부모님이 계시고 어린 자녀들이 오순도순 커가며 다정한 형제들이 온상인 양 묘포인 양 또는 잘 가꾸어지고 다듬어진 숲인 양 밝고 다정하고 활기 있게 자리합니다. 이런 가정의 관리자여야 할 아내에게 생명의 따뜻함이, 애정의 넉넉함이, 또 밝은 지혜의 등불이 빠져 있다면, 이미 그 가정에는 문제가 하나하나 쌓여 가는 것입니다.

그러므로 가정에 있어서 아내의 바른 믿음, 바른 이해, 바른 신앙생활은 집안의 등불이나 화롯불처럼 중요하다는 것을 거듭 말하고 싶습니다. 뜨거운 신앙심이 감도는 가정의 남편의 능력은 향상되고 용기와 성공은 더 커 가게 됩니다. 아이들은 구김 없이 활달하게 자라고 원만한 인품과 숨은 재능이 빛을 발하는 것입니다.

부처님의 가르침은 원래 인간 해방의 진리입니다. 인간을 고난에서 해방시키고 속박에서 해방시키고 재난과 불행에서 해방시키며 나아가 유형·무형의 인간 한계 상황에서 해방시킵니다. 인간과 그 사회의 어둠을 몰아내고 불의를 소탕하며 허위와 허망을 몰아냅니다. 그리고 진실과 지혜와 우정과 크나큰 덕성과 창조를 우리 앞에 활짝 열어 줍니다. 부처님의 법으로 인간이 개혁되고 가정과 사회에 밝음과 뜨거운 우정이 넘치게 됩니다. 가정을 지키는 아내는 부처님의 가르침에서 일정한 수행 과업을 가져야 합니다. 매주 한 번은 법회에 나아가 청법수행(聽法修行)을 하고, 집에서도 매일 일정한 신앙 일과를 수행하는 신앙적인 기초 생활이 착실히 다져져야 하는 것입니다.

어떤 사람들은 신앙생활에 뜻이 있어도 시간이 없다고 변명합니다. 그러므로 신앙생활을 하기 위해 가장 중요한 것은 하루의 여러 일 중에 신앙생활을 최우선의 원칙으로 삼아야 한다는 것입니다. 그것은 신앙생활할 수 있는 시간을 가장 먼저 잡아야 한다는 것입니다. 왜냐하면 가정을 밝히고 가족을 지켜 가는 그토록 중요한 신앙생활을 여가가 있으면 하고 바쁘면 못 한다는 취미생활 수준의 안이하고 나태한 생각으로는 안 되기 때문이지요. 가정의 기초를 불교 신앙에 두겠다는 믿음이 없는 아내는 가정을 원만하게 지켜 나가기 힘들게 됩니다.

불교 신앙이 없으면 가정 안에서나 밖에서 오는 정신적·물질적 개인적 또는 사회적 고난을 이겨낼 슬기도 없고 힘도 없게 됩니다. 만약 불교 신앙이 없는 사람이 어려운 일을 당하면 곧 허둥대고 방황하며 혹은 좌절하여 실패하기 쉽습니다. 설령 절에 다닌 지가 좀 오래되어도 신앙을 키워갈 자신의 수행 도량을 갖지 못한 채 이 절 저 절 구경삼아 다니는 취미생활 정도나 장식품 정도로 여기는 허약한 신앙생활로는 가정에 어려운 일을 당하면 기도로서 극복할 생각은 아예 하지도 못합니다. 오히려 그나마 가끔 다니던 절에도 발을 딱 끊어 버립니다. 그러므로 신앙생활은 삶에 원천적인 힘을 공급하는 근원이라는 사실을 알아서 가정을 항상 신앙생활로 굳건하게 지켜가야 합니다.

(4) 아내는 강하고 장하다

많은 남편들을 대하고 아내들을 만나면서 느끼는 것은 여성이 무척 강하다는 점입니다. 남성은 겉보기에 위세가 대단해 보여도 기실은 약하고 부드러운 편이고, 여성은 겉으로 보기에는 부드럽고 약한 것 같아도 오히려 굳세어서 능히 남편을 성숙시키고 힘의 기초가 되는 것을 흔히 볼 수 있습니다. 아내에게 진실하고 높은 소망이 있고 그리고 식을 줄 모르는 애정이 계속되는 한 그 아내의 따뜻하고 부드러운 표정에서 가정이 온갖 어려움을 딛고 억세고 단단하게 앞으로 전진해 나가는 것입니다. 속담에 '열 번 찍어 안 넘어가는 나무가 없다'는 말은 흔히 아내가 남편에게 하는 권고에 비유됩니다. 아내가 말하는 것이 처음 한두 번은 마음에 들지 않다가도 드문드문 같은 말을 반복해서 듣게 되고, 또한 그것이 소망과 애정이 담긴 말이라면 어느덧 남편도 그 말에 굴복하고 동화되고 맙니다.

대개들 겪어 보면 남편들이란 속마음이 착한 것이어서 아내가 기뻐하고 아내가 만족해하는 표정에서 말할 수 없는 즐거움을 갖습니다. 그러므로 반복되는 아내의 애정이 담긴 말을 남편이 어찌 저버릴 수 있겠습니까? 그렇기 때문에 아내의 너그럽고 덕스럽고 지혜로운 조언은 남편에게 있어 다시없는 큰 힘이며 큰 기쁨이 됩니다.

'부드러운 것이 능히 굳센 것을 제어한다'는 말은 아내의 덕성과 남편과의 관계에서도 통하는 딱 들어맞는 말이라고 봅니다. 아내의 마음가짐이 능히 그 남편의 성격을 영향 짓고 가정의 분위기를 결정지으며 자녀들의 성격에 공통의 빛깔을 주게 됩니다.

반대로 남편이 하는 일을 아내가 핀잔하거나 과소평가할 때 어떠할까요? 남편이 하는 일에 아내의 동조를 얻지 못하고 아내로부터 칭찬을 받지 못하는 것은 대수롭지 않은 것처럼 보일지 모르나 결코 그렇지 않습니다. 남편은 자기가 믿는 기초가 이미 허물어지는 것 같은 느낌을 가슴속 깊이에서 감지합니다. 그렇지만 아내로부터 칭찬과 열렬한 동조를 받게 되면 남편에게는 백절불굴의 용기가 솟아납니다. 그의 능력은 향상되고 하루하루가 성공의 나날로 바뀌어 가는 것입니다. 그러므로 결코 나쁜 말로 남편을 평가해서는 안 될 것입니다. 남편의 공허감이나 반발심은 그의 지혜와 능력을 감퇴시킵니다. 아내의 공격적 말과 생각이 남편의 일에 장애로 나타나는 것을 안다면 아내의 말 한마디가 가벼울 수 없다는 것을 알 것입니다. "세상의 아내들이여, 칭찬하는 데 인색하지 말자. 비판과 냉정한 말은 남편의 용기를 좀먹는 것을 알아두자"라는 말을 가슴에 다짐을 둡니다.

(5) 아내가 지닐 가정의 지혜

가정이라는 곳이 정신적인 결합체인 만큼 불화의 실마리도 퍽이나 많습니다. 부부로 이루어진 가정의 핵심이 원래가 개성을 가지고 별개의 성장과 교양을 통해서 각각의 인격을 형성한 사람들의 만남이기 때문에, 그 사이에 동질적인 것보다는 오히려 이질적인 것이 더 많을 것입니다. 더욱이 가정에 있어서는, 특히 부부 관계에 있어서는, 하찮은 것이라 하더라도 심리적으로 느끼고 받아들이는 데는, 큰일이나 작은 일의 차이가 없습니다. 서로가 깊은 관심의 대상이기에 모두가 같은 것, 즉 중요한 것입니다.

결코 작은 일, 작은 차이라고 무시하거나 소홀히 할 수 없는 것입니다.

이렇게 볼 때 부부가 원만하게 화합한다는 것은 일종의 기적이거나 기적에 가까운 일인지도 모릅니다. 그러므로 서로 맞지 않는 것이 당연한 일이라는 생각마저 듭니다. 설사 깊은 이해와 깊은 신뢰로 이루어진 부부 사이라 하더라도 역시 여러 가지 사태를 당하는 동안에 제각각의 자연스러운 개성이 두드러지게 마련이라는 것이지요. 부부 사이의 다툼 속에 들어가 보면 대개 하찮은 것이 실마리가 되곤 합니다. 그것이 비록 태풍같이 폭발적인 것으로 바뀌었다 하더라도 역시 태풍처럼 일시적인 것이지요.

부부의 싸움은 칼로 물 베기라고 하지만 정말 그렇습니다. 그렇기 때문에 부부 싸움은 거짓 싸움 같은 성격이기에 당사자 외의 바깥 사람은 좀체 개입하지 않는 것인지도 모를 일입니다. 그런데 이런 일시성을 띤 다툼이 묘하게 장기화하는 경우도 더러 있습니다. 냉전화(冷戰化)하는 것이지요. 서로 대면하지 않고, 서로 말하지 않고, 상대방에게 좋은 소리하지 않고, 들리게 하지 않고, 골난 시늉을 오래도록 끌고 가는 것이지요.

이것은 문제입니다. 골이 나서 골이 풀리지 않아서 속이 잔뜩 부풀어 있으면 얼굴도 역시 호박처럼 부풀어집니다. 이런 기간이 장기화되면 장기화할수록, 또는 자주 있으면 자주 있을수록, 차츰 심각한 문제의 싹이 돋아나는 것입니다. 씨에서 싹이 나고 성장하여 성목(成木)하는 것처럼 하찮은 것이 씨앗이 되어 가지가지 의혹과 분쟁을 낳는 수가 있습니다. 부부가 말하지 않는 냉전 시기에 접어들면 불쌍한 것은 어린 것들뿐입니다. 중간의 틈에

끼어서 아버지 눈치 보랴, 엄마 눈치 보랴, 그 어린 마음의 상태
가 어떠하겠습니까?

냉전시기에 있다고 하면서도 역시 할 말은 없지 않은 것입니
다. 이런 때에 통신 기기 노릇 하는 것이 어린 것들입니다. '아빠
한테 이렇게 전해라' 또는 '엄마한테 이렇게 말하라' 하는 것으로
최소한의 간접 통신을 합니다. 이러다 보면 당사자인 남편과 아
내는 재미있을지 몰라도 어린 것들에게는 정말 못할 노릇이 되
는 것이지요.

누가 먼저 말하는가가 자존심 대결의 한 판 줄다리기의 승패
입니다. 가령 이런 곡절을 거쳐서 마침내 아내 쪽이 승리해서 남
편에게 항복을 받았다고 해봅시다. 결코 그것이 좋은 것만은 아
닐 것입니다. 내가 아는 어떤 부부는 아내가 워낙 자기 주장이
꿋꿋해서 번번이 남편의 항복을 받고야 해결이 난 것으로 들었
습니다. 그것이 반복되는 동안 남편의 병은 진행되었고 마침내
남편은 세상을 떠났습니다. 아내가 여장부처럼 굳세어서 그 후
어린 것들을 잘 거두고 키우기는 하였지만, 필자가 보기엔 자신
이 남편 죽인 사람이란 느낌을 평생 지울 수 없었던 것 같았습니
다. 이는 남편을 이기고 남편한테 항복 받는 것을 장한 것으로
여기는 사람들이 반드시 알아둘 일입니다.

남편 길들이기는 결혼 초 6개월 이내에 달렸다는 불량한 슬로
건을 입에 거는 사람들이 있다고 합니다. 심지어는 시집가는 딸
에게 말해 주는 어머니도 있다고 하는 말을 들었습니다. 그러나
미처 공개되지 않고 말하지 않았던 비밀 전법(戰法)으로 남편을
조복 받으려는 무서운 전략은 결국 가정과 행복을 뿌리부터 흔

드는 위험이 있다는 것을 잘 알아야 할 것입니다.

(6) 가정과 평화를 지키는 아내

남편이 먼저 머리 숙이고 먼저 말하고 먼저 웃는 얼굴을 짓고, 또는 진심으로 먼저 사과한다는 것에 이유는 여러 가지 있을 줄로 압니다. 이치나 사리로 보아 자기 잘못을 뉘우칠 때도 있을 것이고, 질식할 듯한 가정 분위기를 타개하기 위해서일 때도 있을 것이고, 또는 타산해 보아서 우선 후퇴하는 전략일 수도 있을 것이지만, 어쨌든 부부의 냉전을 해소시키는 것이 아내 쪽이든 남편 쪽이든 먼저 사과하는 편의 인격이 높은 것이고, 그에겐 너그럽고 넓은 덕이 세월 속에서 틀을 잡아가고 점점 커갈 것입니다.

그런데 만약 아내가 편협하고 외고집이어서 남편에 대해서 깊고 새로운 이해와 사랑을 갖지 못하고 이론이나 조리만 내세워 남편의 행위를 하나하나 따지고 비평하고 평가한다면, 그러한 상황 아래 부부의 마음 기상(氣象)이나 가정 기상은 심히 불안전하게 됩니다. 마음 놓고 모두를 아내에게 주고 아내에게서 무한한 신뢰와 이해를 받는 보람을 빼앗긴 남편은 어딘가에 그 억압된 심정을 풀고 싶고, 메우지 못한 공허를 채울 길을 더듬기 쉽습니다. 그뿐만이 아닙니다. 진정 남편의 깊은 마음속에 깃들어 있는 아름다운 덕, 유능한 능력들이 고개를 들고 나서지 못하고 빛을 보지 못하는 데서 생기는 갈등과 손실은 이루 말할 수 없는 것입니다.

다른 곳에서 이미 말했지만, 가정에 있어 부부의 위계는 없는 가운데 분명히 있는 것입니다. 모두를 받아들이는 너그러움, 모든 거친 것을 감싸주는 부드러움, 모두를 이해해 주는 따뜻함, 이것은 가정의 분위기나 기상을 지켜나갈 아내만의 길인 것입니다. 결코 남편에게는 이런 뛰어난 능력은 없기 때문입니다. 능력과 덕성 면에서 아내가 훨씬 뛰어납니다. 가정은 이 터전 위에서 행복과 따뜻한 햇살과 밝은 꿈과 무한한 이상을 가득 채우게 되는 것입니다.

3. 가정 천국과 아내의 위치

(1) 가정 천국의 이상

새해에도 가정 문제에 대해 좀더 관심을 가져보기로 했습니다. 필자가 이 난을 대할 때마다 생각하는 것은 가정 천국의 이상을 이루는 길을 찾는 것입니다. 분명 우리나라는 보살불국(菩薩佛國)이 되어야 하고, 보살불국에서는 각각의 가정이 그 터전인 것입니다. 가정이 참으로 진리의 터전에서 이루어져 가고 커가는 진리에 의해 진리로써 굴러갈 때, 거기에 천국의 무한한 행복이 담아져 가는 것을 생각하기 때문입니다. 한없이 귀엽고 슬기로운 아기들이 태어나 씩씩하고 용기 있게 커가고 아름다운 생명의 나무로 무럭무럭 자라갈 때, 나라의 밝은 앞날, 의로운 국가 건설이 있게 됩니다.

가정에서 온갖 고난을 박차고 평화와 번영을 만들어 갈 지혜와 용기도 샘솟고, 거친 세파에 시달린 영혼들이 거기서 안식을 얻으며 치유를 얻고 새 희망으로 커 갑니다. 성공의 과실이 가정에 모여들고 승리의 영광이 가정에 덮여지며, 인간의 행복, 사회의 안녕과 나라의 번영이 주렁주렁 결실을 이루어 가는 근본 터전이 바로 가정입니다. 거기에 자신이 있고 부처님과 조상이 있으며 나의 고장이 있고 조국이 있습니다. 뜨거운 피로 엉긴 가정에서 온갖 창조가 샘물처럼 솟아나며 따뜻한 햇살을 온 세계로 퍼뜨려 나가는 것입니다. 부처님 가르침이 우리의 가정 속에 피어남으로써 우리의 생명, 우리의 생활, 우리의 사회, 우리의 조국이 향기롭고 따뜻하고 활기차게 됩니다. 가정이 이런 곳이기에 필자의 관심이 떠날 수 없는 것입니다.

그뿐만이 아닙니다. 가정은 진정한 인생의 수행 장소입니다. 아집도 아상도 그 모두를 벗어 던지는 천진한 둘도 없는 수행 마당입니다. 권위도 허위도 꾸밈과 조작도 모두가 녹아버리는 인간 순수의 마당이고 청정 도량입니다. 모두를 바치고 섬기고 위하되 그것을 생각에 두지 않는 무위의 마당이고 봉사 도량입니다. 바치고 섬기고 온갖 것을 내어놓으면서도 조금도 알아주기를 바라지 않고 무슨 대가를 바라는 것도 없이 순수하게 전 생애를 바치며 살아가는 무아의 마당이고 그 현장이며 헌신 도량입니다. 한 몸의 영광도 자신의 생애도 미래의 희망도 송두리째 모아 집안의 영광 앞에 묻어버리는 영원의 마당이고 불이 도량입니다. 내가 없고 저가 없고 숫자가 없고 득실이 없고 한 몸이란 생각마저도 없는, 오직 뜨거운 감동으로만 엉겨 있는 자비와 사랑의 마당이고 환희 도량입니다. 가정은 생명의 터전이며 힘의 근원이며 필경의 귀속처(歸屬處)입니다. 이는 떠날 수 없는 인간 생명의 보금자리인 것입니다. 그러므로 보살성국(菩薩聖國)은 가정에서 꽃이 피고 겨레에서 결실되며 조국의 영광으로 퍼져 나가고 세계의 광명으로 빛납니다. 필자의 이런 신앙이 올해도 이 난을 대하게 하는 뜻이고 이유입니다.

새해를 맞으면서 가정에 대한 조그마한 필자의 신앙을 털어놓아 집필의 변을 삼습니다.

(2) 여성의 특성이 모성의 덕성

필자는 다른 장(章)에서 여성이 여자다워지는 몇 가지 근본 덕성을 열거한 적이 있습니다.

그것은 첫째 조건 없는 사랑, 둘째 따뜻한 이해와 감싸줌, 셋째 부드럽고 평화로움, 넷째 너그러움 등이었습니다. 이것은 여성이 닦아서 얻어야 할 덕성이 아니라 여성의 천부적인 본래 덕성입니다. 그러기에 여성은 성스럽기까지 한 것입니다. 하여간 여성이라는 성적 특성 속에 그러한 덕성이 풍부하게 내장되어 있습니다. 만약 여성들이 이 덕성을 스스로 경시하거나 버린다면, 이는 자기 망각(妄覺)이요 몰각(沒覺)이며 내지 자기 파괴입니다. 여성의 깊은 정신적 특징 속에 그러한 덕성이 자리 잡고 있고 여성의 신체적 상황이 또한 그렇게 되어 있습니다. 여성으로서 도저히 부정할 수 없는 신체적 특성 속에 깔려 있는 아름다운 덕성은 바로 그것이 여성의 보배이며 특권이라는 말입니다.

잘못된 사상이나 생각에 물들어 그것을 무시하고자 해도 부정될 수 없고, 잘못된 사상이나 생각에서 얻어지는 것은 불행·고독·적막과 자기 파괴뿐이라는 사실을 알아야 할 것입니다. 그러므로 여성의 특성이 여성으로서의 자신을 키우고 빛낼 뿐만 아니라 인간과 세계를 키워 가는 것을 생각해야 할 것으로 봅니다. 생명이 태어나고 생명이 커가며 생명이 윤택하고 건실하게 커가는 가정이라는 보궁(寶宮)은 필경 여성이 가지는 덕성으로 인하여 유지되고 지켜지는 것입니다. 그러므로 필자는 가정에 대한 신성과 가치에 대한 예찬을 바로 여성에게 돌리고 싶습니다. 왜냐하면 나라의 발전과 사회의 안녕과 세계 평화의 근본이 가정이며, 가정의 창조자가 여성이라는 주장을 하고 싶어서입니다. 그것은 여성의 모든 특성이 바로 모성의 덕성과 통하기 때문입니다.

그런데 여성이 이러한 정신적·육체적 특성을 저버렸을 때를 생각해 봅시다. 여성 자체는 어떠하겠으며 가정은 또 어떠하겠으며, 거기서 자라나는 생명은 어떠하겠으며, 가정의 총체적 행복은 어떠하겠습니까? 만약 가정을 기약 없는 감옥이라고 하고 살아 있는 지옥이라고 말할 때, 이것은 정상적인 가정의 그릇이 깨진 결과이므로 그 원인에 대하여 생각해 볼 필요가 있을 것입니다.

(3) 인생 무대의 남녀 차이

인간의 삶은 백년 이내의 시간 속에 머무는 금생만이 아닙니다. 기나긴 시간을 펼쳐 놓고 그 위에 한 생애라는 무대를 설치하여 연극을 벌이며, 거기서 자기를 실현하고 연마해 가므로 종국적으로는 영원한 생명입니다. 인간이 육체나 물질이나 정신의 속성이 아니라 그에 앞선 불성(佛性)의 주체라는 것이 부처님의 가르침이며 불자의 바른 믿음입니다.

그 불성을 구김 없이 발휘하려고 자신을 연마하며 훈련하고 수행하는 것이 인생이라는 무대입니다. 우리는 출생(出生)으로써 이 무대에 등장하게 됩니다. 그리고 죽음으로써 무대의 막을 내리게 됩니다. 그 사이 수십 년 간의 공연 기간 중에 우리들은 항상 공연의 기본 취지와 배역의 성격과 역할의 뜻을 잘 알아야 합니다. 자기가 맡은 배역의 역할을 잘 알고 거기에 맞는 연기를 능란하게 해내야 합니다.

필자가 이 가정의 난을 맡은 이후, 한편에서 남성 우위를 주장한다는 항의를 받은 적이 있었습니다. 그런데 남녀는 무대에 선 배역의 차이 외에 다른 것이 아닌데 거기에 무슨 우열이 있다고 하는 것일까요. 배역에 따라 남자는 남자답게 여자는 여자답게 멋진 연기를 해내야 그 공연이 성공할 것이 아닐까요. 인간이 본성에 있어 남녀의 차별이나 차이는 하등 없습니다.

무대에 등장할 때마다 어떤 때는 남자가 되기도 하고 또 어떤 때는 여자가 되기도 합니다. 본성은 원래 평등하지만 인생 무대에서 '수행(修行)·향상(向上)'이라는 공연을 할 때 배역이 다를 뿐입니다. 그러므로 연기자는 마땅히 주어진 배역에 충실하게 책임을 다해야 한다고 생각합니다.

마찬가지로 가정에는 중심이 있어야 합니다. 이 점은 어떤 사회 단체에서도 마찬가지입니다. 가정의 중심은 남성이 가지는 특성으로 대표될 수도 있습니다. 그렇다고 하여 여성의 위치를 곧 종속 관계로 보는 것은 큰 잘못입니다. 언젠가 말한 바와 같이 부부는 가정에서 동일 생명체(同一生命體)입니다. 동일 생명에서 각각의 다른 부분은 서로 조건 없이 주고받는 것뿐입니다. 남편은 아내에게 모든 신뢰와 모든 사랑과 모든 영광을 돌립니다. 부부 사이에는 오직 서로 주는 것뿐입니다. 조건이나 이유도 없고 알아주길 바라거나 대가를 생각할 리도 없습니다.

이와 같이 부부는 서로 모두를 주는 곳에서 행복을 얻는 것입니다. 새로운 행복을, 끊임없는 행복을 창조해 가는 것입니다. 필자는 결혼 주례를 맡을 때 주례사에서 빼놓지 않는 한 마디가 꼭 있는데, 그것이 바로 부부는 '주는 사이'라는 말입니다. 가정천국(家庭天國)은 이렇게 해서 이루어지고 보살불국(菩薩佛國)도 여기에서 터전이 놓아지는 것을 믿기 때문입니다.

(4) 아내는 애정의 태양

필자의 소년 시절 기억인데, 일본 메이지〔明治〕 문단의 거목인 나쓰메(夏目) 씨 부인의 진술입니다. 나쓰메 씨는 작품 구상을 할 때는 열흘이고 한 달이고 부인과 말이 없었다고 합니다. 그것이 얼마나 고통스러웠던지 부인은 이렇게 말했습니다.

"차라리 도적의 아내가 되어도 좋으니, 내생에는 다정하게 대화할 수 있는 남편을 만났으면 좋겠습니다."

여기에는 여러 뜻이 있을 것입니다. 부부 사이에 서로 말을 통한 끊임없는 신뢰와 애정의 표현도 충분히 있을 수 있습니다. 이것은 여성만이 아닙니다. 남성에 있어서도 자신은 돌부처 같은 거동을 보이면서도 속으로는 어머니 같은 사랑을 끊임없이 구하고 있는 것입니다. 설사 그런 표현이나 요구가 없다 하더라도 남성 심층부에는 모성애와 같은 무조건의 애정을 그리워하고 있는 것입니다. 모성애 속에서, 젖 먹는 진짜 아기나 수염 난 늙은 아기나 한결같이 안심을 얻고 옹알대며 비로소 가정의 온도가 유지되는 것입니다. 가정에 있어 아내는 필경 애정의 태양입니다. 가족을 키워 가는 따뜻한 체온이며, 밝고 부드러운 햇빛이 아닐 수 없습니다. 이런 까닭에 여성들이 이 영예로운 권능인 모성애를 어찌 스스로 소홀히 할 수 있겠습니까? 그 어떤 이유와 조건으로도 말입니다.

4. 무엇이 '고독'을 만드는가

(1) 고독의 얼굴들

사뭇 오래 전 일인데, 아마 20년은 되는 듯싶습니다. 젊은 청년들 모임에서 설문지를 돌리고 거둬 보니 어떤 젊은이의 취미 난에 '고독'이라고 적혀 있던 것이 기억납니다. 아마도 그 사람의 취미로서 고독은, 주변 어떤 것에서도 벗어나 혼자 있고 혼자 생각하고 싶은, 그 혼자에 대한 동경이라고 이해되었습니다. 너무나 번잡한 일상사에 휘감겨 살다 보니 홀로 있고 싶고 홀로 생각하고 싶은 자기만의 공간이 아쉽게 생각되었을지도 모를 일이지요.

그러나 고독은 그런 낭만적인 것만은 아닙니다. 어쩌면 사람에게 있어 고독은 원초적인 것인지도 모르겠습니다. 인간은 육체적인 개아(個我)와 환경 속에서 홀로 선택하고 결단하며 자기 길을 가야만 하는 고독을, 태어나면서부터 가지고 났는지도 모릅니다. 그러나 고독에 대한 의식은 좀 늦게 싹트는 듯싶습니다. 부모와 가족과 따뜻한 애정 속에서 크는 동안의 자기는 줄곧 천지(天地) 속에 팽팽한 것입니다. 그러나 좀 성장하게 되면 부모나 가족이나 환경으로부터 채워지지 않는 '한 물건'이 서서히 고개를 들기 시작하는 것이지요.

그것은 정신적·육체적인 자아가 성장하면서부터 점점 뚜렷이 의식 전면에 나타나 지워지지 않는 가슴속의 그리움으로 또는 외로움으로 자리 잡게 되는 것이라고 봅니다. 대개 사람들은 결혼을 통하여 일차적인 고독과 그리움은 일단 고개를 숙이게 됩니다. 더욱이 결혼 이후에 가정과 사회에 대한 무거운 짐인 현실적 멍에를 지고 나면 고독이라는 심정은 거의 유행의 계절이 지난 사치품같이 되어 버립니다. 그렇다고 이 고독이라는 내면의 호소가 아주 사라진 것은 아닙니다. 다만 입을 다물고 있는 것에 지나지 않죠. 그것이 때가 되거나 상황이 펼쳐지면 고개를 들고 밖으로 나오는 것입니다.

특히 성숙한 사람이 결혼을 하지 못하였다거나 혹은 결혼 후 이혼이나 사별하였을 때, 이 고독이라는 괴물은 가슴을 후비는 찬바람으로 작용하기도 하고 뼈에 스며드는 아픔으로 작용할 때도 있습니다.

고독은 근원적으로는 '인간 공허(人間空虛)'와 관계가 있는 것이므로 고독의 뿌리는 사뭇 깊은 곳에 있고 그 치유도 필경 종교적 측면에서 해결을 보는 것이지만, 여기서는 그러한 높은 차원의 문제는 언급하지 않기로 하겠습니다. 다만 생활 전반에 나타나는 일상적인 고독, 겉으로 드러나는 고독에 대해서만 생각해 보기로 하겠습니다.

고독은 인생에 있어 매만지고 즐길 수 있는 것이 아니라, 사람의 생의 의미를 흔들기도 하고 이성(理性)을 혼란스럽게 할 때도 있으며 아픔을 이기지 못하여 자살을 부르게 하는 경우도 왕왕 있습니다.

성숙한 사람들에게 있어 고독이라는 물결은 계절풍과 같습니다. 그것은 근원적으로 '인생 무상(人生無常)' '인간 공허'라는, 텅 빈 인생의 가슴속 공동(空洞) 때문인데, 이러한 고독의 물결은 필경 불교 수행을 만나서야 치유될 수 있습니다. 그런 치유가 없다면 고독은 우리를 죽음에 이르게 할 뿐만 아니라 죽어서도 벗어나지 못하게 하는 큰 장애 요인이 됩니다. 필자가 종교인이라 그렇겠지만, 텅 빈 가슴을 안고 인생의 고독을 호소해 오는 젊은 사람들을 흔히 만납니다. 그리고 그보다도 젊은 여성들이 고독이라는 문제를 들고 올 때도 한두 번이 아닙니다. 그래서 여기서는 앞에서 말했던 결혼 상대자 선택 문제에 이어서 결혼 인연이 적기(適期)에 이루어지지 못하고, 그에 따라 오는 고독한 생활과 운명에 관계된 부분에 대하여 몇 자 적어보기로 하겠습니다.

(2) 환경은 마음의 표현이다

일체유심조(一切唯心造)는 부처님의 말씀이지만, 사실 우리는 우리의 마음과 행동이 환경을 만든다는 것을 삶 속에서 체험하고 있습니다. 애정 넘치는 따뜻한 환경도, 찬바람 몰아치는 적막한 환경도 모두 자기 자신이 만드는 것이지요. 자기의 마음가짐과 행동에 따라서 육체라는 환경이나 가정이라는 환경이나 나아가 사회나 국가적 환경까지도 만들어 가는 것입니다.

그러므로 우리에게 주어진 환경, 그것이 어떠한 내력을 가진 것이든, 그 1차적인 원인이 자기의 마음 씀씀이와 행동에 있는 것을 불자(佛子)들은 이미 잘 아는 상식입니다. 그래서 우선 자기 마음을 고치고 행동을 고침으로써 환경을 바꾸어 가는 것입니다. 설령 자신에게 책임이 없어 보이는 운명적인 것이라고 해도 역시 원인의 설정자(設定者)는 자기임을 지혜의 눈은 보는 것입니다. 그러면 결혼을 하고 싶어도 적당한 상대자를 만나지 못하거나 결혼을 하고서도 고독의 찬바람 속에 홀로 서 있어야 할 원인은 무엇일까요? 그보다도 따뜻한 애정과 희망이 담긴 환경을 꾸밀 방법은 어디에서 찾을 것인가요?

인생에게 고독을 가져오고 적막을 가져오는 1차적인 요인은 애정 담긴 가정과의 유리(遊離)에 있습니다. 그러므로 고독의 소멸도 앞서 말한 것처럼 결혼을 통해 대개는 소멸된다고 볼 수 있습니다. 결국 원만한 결혼생활을 하는 것이 고독에서 벗어나는 방법이라 하겠는데, 그렇다면 원만한 결혼생활의 요인들은 어떤 것이 있겠습니까?

(3) 주는 것만큼 받는다

따뜻한 인간관계를 형성하는 요인은 첫째 따뜻한 애정을 주는 것입니다. 끊임없이 친절한 마음이 넘쳐나고 성실하게 봉사하는 마음이 그 첫째입니다. 이에 반대되는 것은 냉정한 표정과 불친절한 말과 인정머리 없는 행동이 될 것입니다. 그리고 남의 입장이나 사정에 무관심하고 그를 등한히 하며 오히려 무시하고 자기의 이기적 행동을 추구하는 성격이 될 것입니다. 그런 마음으로는 결코 애정 어린 자기 환경을 부를 수 없고 만들 수 없는 것입니다.

그러므로 이기적 자기 추구를 극복하는 방법은 가슴을 열고 사람을 존중하며 모두에게 성실히 봉사하는 데 있다고 하겠습니다. 이러한 따뜻한 애정과 친절, 그리고 성실한 봉사와 인간 존중이 자기 환경을 밝고 훈훈하게 만들어 가는 것입니다. 표정이 밝고 자애로우며 그 거동이 발랄할 때, 그의 몸 전체에서 밝고 따뜻하고 발랄한 오로라[서기광명 : 瑞氣光明]가 온 주위로 발산하게 됩니다.

이러한 마음의 광명이 자신을 정화하고 또한 모든 사람에게 밝고 따뜻한 힘으로 함께 통하고 함께 상관을 갖게 하는 좋은 환경이 되는 것이지요. 이런 마음가짐과 행동은 그것이 모든 사람과의 간격과 벽을 넘어서 함께 통하는 것이므로 언제나 따뜻한 분위기 속에 모두와 함께 있게 해줍니다.

주는 자만이 받는 것은 만고의 이치입니다. 마음을 활짝 열고 따뜻한 자애를 듬뿍 주며 친절과 봉사로 모든 이를 존중할 때, 자기 주위에 그런 환경을 불러들이게 됩니다. 만약 분별하고 이기적 타산으로 벽을 쌓고 그 사이에 싸늘한 계산과 냉혹한 무관심으로 지낸다면, 자기 주변에는 찬바람이 불고 황무지에 내던져진 외로운 돌로 홀로 남을 것은 너무나 분명합니다. 그 속에서 어찌 인간적 정이 흐를 것이며, 어찌 꽃이 피고 새가 노래하는 아름다운 열매를 바라볼 수 있겠습니까?

(4) 고독을 몰아내는 방법

만약 스스로 고독하고 쓸쓸한 환경에 둘러싸였다고 느껴지는 사람이 있다면, 거기에는 분명 이유가 있을 것입니다. 이미 말한 바이지만 현실적으로 그런 환경을 부르도록 마음을 쓰며, 과거생으로부터 익혀온 마음 상태에 그러한 원인이 있는 것입니다.

그것은 인간적 우정을 저버리거나, 가족적 애정의 가치를 무시할 때, 또는 이기적인 생활을 한다거나 가족의 운명에 대하여 책임을 느끼지 않는 애정 결함이 중대한 이유가 되는 것입니다. 그런 사람은 결혼하고자 해도 상대자를 못 만나거나, 많은 사람과 대하면서도 일상 사무적 접촉 이상의 깊이 있는 인간적 교류가 되지 않는 것입니다. 또 스스로 교만하고 스스로 존대(尊大)하며 이웃에 대하여 등한하고 무관심합니다. 자기 이익을 앞세우고 남의 존재를 업신여기는 이러한 마음가짐이 자기 환경에 찬바람을 부르고 생활 터전을 황무지로 만들고, 자기 마음에 고독과 적막을 불러들이는 것임을 알아야 합니다. 따뜻하고 남을 존중하며 밝고 발랄한 일상 생활이 이러한 고독의 뿌리를 소탕하고 행운을 부르는 묘약(妙藥)임을 알아야 합니다.

또 한 가지 결혼 불성립의 심리적 요인 중의 하나로 기억할 것은 이성 반발(異性反撥)의 심리입니다. 홀로 자기만이 결백하고 지극히 존대하며 남성이란 또는 여성이란 모두가 보잘것없다는 우월적인 심리와 반발 심리가, 운명적으로 이성과의 장벽을 높이고 있습니다. 필자와 같은 수도인(修道人)으로서의 미혼자들은 별문제로 하고, 사회의 노총각·노처녀들은 자신 속에 고독을 부르는 요인이 혹시나 없는가 자세히 점검해 봄이 어떨까 합니다.

(5) 고독과 숙업(宿業)과의 관계

심령 연구가가 제공한 자료에는 고독의 원인에 대하여 재미있는 점을 알려주고 있습니다. 그것은 멀고 가까운 과거생에 자살을 한 경력과 관계가 있다는 것입니다. 원래부터 천부의 자질과 은혜를 받아서 세상에 태어나서, 인생을 잘못 쓰거나 부질없이 내버린다면 말할 것도 없이 커다란 배은망덕이 될 것입니다. 그에 대한 과보가 금생에 고독한 환경이 되든지, 혹은 가장 생의 기쁨을 구가하고 생에 대한 집착이 왕성할 때 홀연히 죽게 된다는 것입니다.

이 자료를 분석해 볼 때 몇 가지 중요한 일깨움이 거기에 있는 것을 알 수 있습니다. 어떤 한 사람이 자기만의 이유나 주장으로 자살한다면, 첫째 가족적 애정관계를 완전히 무시한 행위가 될 것입니다. 부모나 부부나 가족에 대한 소중한 가치를 깡그리 무시하고 있는 것이지요. 둘째 자손과 가족에 대한 애정이나 책임을 무시하고 파괴하였다고도 볼 수 있습니다. 셋째 자살의 경위에 따라서는 주위와 주변에 대하여 전연 고려함 없이 이기적인 욕구 추구에만 관심이 컸다고 볼 수 있습니다.

이런 점을 종합해 보면 가족적 애정을 무시하거나 이기적 욕망만을 추구하는 행위의 결과는 고독한 환경이 꾸며지고 쓸쓸한 심정이 깃든다는 사실을 족히 알 수 있는 것이지요.

가족적 애정을 소중히 하고 이웃에게 가족적 애정을 항상 줄 수 있는 따뜻하고 친절한 심정이야말로, 우리에게 항상 꽃피는 동산을 제공해 주는 근본이라 볼 수 있습니다. 그리고 아무리 어려운 사정이 있거나 고통이 있더라도 능히 참아가며 가족과 이

웃을 생각하는 견고한 자비심이 얼마나 소중한 것인가도 알게
합니다. 이기심을 버리고 따뜻이 남을 사랑하는, 존중과 봉사하
는 마음 자세는 가까이는 고독과 적막을 몰아내고 행운과 평화
를 불러오는 근원인 것도 함께 알 만합니다.

제2부

가정의 가치, 불교에 묻는다

제1차 구국구세 대법회 때 열 분의 강의와
오래 전 先師께서 설법하신 내용을 찾아 엮었습니다.
다소 학문적인 설명이지만 가정에 대한 전반적인 이해를
도모할 수 있는 필수적인 내용입니다.
그리고 대중을 상대로 강의한 것이기에
현장감이 있습니다.
—엮은이

① 참된 가정을 이루는 불교의 길

금하광덕(金河光德, 1927-1999) _ 스님, 반야바라밀다결사 法主

1. 가정은 반야의 빛이 가장 잘 나타나는 곳

반야는 지혜의 빛을 말합니다. 내 생명에 이미 깃들어 있는 부처님의 광명, 이것이 지혜의 빛이고 반야입니다. 이 지혜의 빛, 반야는 크게 두 가지로 나타납니다.

하나는 허무한 것을 없앱니다. 대립·고난·장애·미움·원망과 같은 허무한 것을 모조리 없앱니다. 바라밀다의 세계, 깨달음의 세계, 부처님의 세계에는 본래 없는 허망한 것들을 쓸어버립니다. 『반야심경』의 말씀에 무안이비설신의(無眼耳鼻舌身意), 무색성향미촉법(無色聲香味觸法)이라고 하신 것과 같이 무무무(無無無)라고 해서 모든 허무한 것은 완전히 없음을 밝히고 있습니다. 우리들이 의식하고 있는 현상세계는 반야에서는 무(無)로 시현(示現)되는 것이고 없는 것이라고 말씀하십니다.

또 하나는 거기엔 그러한 허무한 것이 아예 없을 뿐만 아니라, 없어서 텅 빈 아무것도 없는 것이 아니라, 실로 진리로 충만하고,

부처님의 은혜와 위신력으로 충만하다는 것입니다. 자주 쓰는 비유처럼 구름이 걷히면 태양의 햇살이 가득합니다. 없다는 것은 구름을 말하고, 충만하다는 것은 태양의 햇살을 말합니다. 구름 같은 허망한 것·거짓된 것·나쁜 것·내 마음이나 내 가슴을 가리고 있던 것들을 제거해 버리면 원래부터 있는 진리광명인 태양의 햇살이 나타납니다. 그러므로 이 두 가지를 합해서 한꺼번에 말하면 '텅 빈 충만'입니다.

범부성(凡夫性)이라 하고 중생성(衆生性)이라 하고 업보성(業報性)이라 하는 것들을 반야는 단번에 없애 버리니까, 진리광명이 충만하고 부처님 은혜의 위신력이 충만한 은혜의 세계, 은혜의 덩어리, 그것만 오롯하게 남습니다.

그러한 바라밀다 무량공덕의 세계는 일찍이 우리 생명에 완전히 이루어져 있습니다. 그래서 부처님 은혜의 세계 그것밖에 있을 것이 없습니다. 반야는 이와 같이 해서 우리 생활 가운데서 나쁜 것, 부정한 것들을 모두 소탕하고 그 위에 부처님의 위신력이 가득하게 합니다.

이러한 반야의 빛이 제일 잘 나타나는 곳은, 바로 우리들 자신이며 또 우리의 마음을 좌우하고 직접적으로 지배하는 가정입니다.

설령 아무리 사업이 번창할 시기가 왔다고 하더라도, 그 사람이 속해 있는 가정이 불화하면 아무 일도 되는 것이 없습니다. 마음이 흔들리게 되고 마음이 안정되지 않는 이유는, 어디 밖에 있는 나쁜 사람이나 위압 때문이 아니라 불화한 가정 때문에 그렇게 되는 것입니다. 자기의 생명과 인생을 맡겨 놓고 지내는 가정 내부가 거슬리고 불안하여 뜻대로 되지 않고 자기 마음에 맞지 않아 아픔을 준다면 밖의 성공이 제 것으로 되지 않습니다.

2. 빛은 어두운 곳에서 더 힘을 발휘한다

어떤 분은 "불교는 철학적이며 수행을 하여 도를 깨쳐서 생사를 초월하는 높은 가르침이니 개인 일신의 안녕과 가정의 행복을 말하는 것은 속된 것이고 저질이다"고 말씀하실 지 모릅니다만, 햇빛이 어디 맑고 깨끗하고 높은 곳에만 비친답니까? 햇빛은 좋고 나쁜 곳 높고 낮은 곳 깨끗하고 지저분한 곳 가리지 않고 두루 비춰서 일체를 맑게 하여 거기서 새싹이 움트고 꽃이 피게 되는 것입니다.

이와 같이 햇빛은 원래부터 차별이 없는 것일 뿐만 아니라, 오히려 햇빛은 어두운 곳에서 더 힘을 발휘하는 것입니다. 그럼에도 불법을 믿는 사람, 반야의 가르침을 배우는 사람의 일신과 가정에 진실의 광명이 드러나지 않는다면, 그래서 평화와 기쁨과 번영이 넘쳐나지 않는다면, 그 믿음은 뿌리가 박힌 정착된 믿음이라고 볼 수 없을 것입니다.

만약 불법을 지식으로나 이론, 교양으로만 갖고 있다면, 그것은 겉치레의 장식으로 갖고 있는 불교의 호감이나 이해 정도이지, 생명의 길로서 믿음의 길로서 불법을 받아들이고 있는 것이라고는 말할 수 없겠습니다.

3. 가정은 순수·투명해야

그렇다면 가정에 있어서의 반야의 가르침은 무엇일까요? 본래 반야는 제법(諸法)의 무(無)를 말합니다. 세간적인 대립 상황에서의 무, 세간적인 마음과 고난과 장애에 있어서의 무를 말합니다. 왜냐하면 반야광명, 진리광명에는 대립이나 고난과 장애가 본래부터 없기 때문입니다.

그러니까 반야의 믿음·진리·불법을 순수하게 받아들이는 사람은 그 가슴속의 미움이 없어집니다. 대립심이 없어집니다. 원망하는 마음이 없어집니다. 슬픔이 없어집니다. 그런데 이것은 없애려고 노력해서 없어지는 것이 아닙니다. 본래부터 없는 것을 그대로 믿고 받아들이는 것입니다.

이러한 믿음은 결국 나 자신과 가족 구성원 모두에게 온전히 나타나서, 그 가정을 맑은 물처럼 하나로 화합하고 하나로 엉키어 하나로 움직여 돌아가는 투명한 가정을 만듭니다. 이런 가정을 만드는 것이 반야를 배우고 불법을 믿는 불자들의 삶의 자세입니다. 그러므로 불법을 믿는 사람의 가정은 완전무결하고, 순수·순일하고 투명해야 합니다. 그렇게 만들어 가야 합니다.

거기에는 어떠한 대립도 미움도 원망도 없고, 항상 하나로 엉키는 따뜻함과 공존성(共存性)만이 있게 됩니다. 만약 조금이라도 신뢰하지 않는 부분이 생기면 그것이 아무리 작은 것이어도 바로 미움과 원망이 생기는 종자가 됩니다. 이 점에서 서로간에 깊은 수행이 필요합니다. 그리하여 한 가정의 구성원 모두는 한 생명이라는 순수한 의식이 있어야 합니다. 설령 가족 수가 많고 여러 생명이 함께 크고 있더라도 그것은 어디까지나 가정 단위로서 한 생명입니다. 오직 순수한 한 생명이 되어서 하나로 따뜻하게 엉켜서 커 가는 것이 불법을 믿는 사람들의 가정생활입니다. 거기 남편이 있고 아내가 있고 자녀들이 있고 형제가 있고 부모님이 계셔서, 제각각 하는 일은 다를지라도 가정에 있어서는 순수한 하나일 뿐입니다.

그래서 우월한 자가 따로 없고 못난 자가 따로 없습니다. 완전한 공동자입니다. 밖에서 받아들인 것은 모두 안으로 들어옵니다. 손해도 이익이 되는 것도 모두가 그 집안에 담깁니다. 기쁜 일도 슬픈 일도 그 모두가 집안에서 하나로 엉킵니다. 가정의 힘입니다.

겉으로 보기에는 집안에 대표자가 있고 안주인이 있지만 그것은 본래 하나를 역할에 따라 그렇게 나타낸 것에 불과합니다. 비록 남편은 밖으로 집안을 대표하거나 가장으로서 문패를 대문에 달기도 하겠지만 실지로 집안의 알맹이를 담당하는 이는 아내입니다. 그래서 모성으로서의 아내의 역할과 역량은 대단히 중요한 것입니다. 불교적인 입장에서 본다면 남편·아내는 본래 하나이므로 본래평등(本來平等)인 것입니다.

4. 행복한 가정을 이루는 것

요즘 가정 문제에 대해서 상담을 하게 되고 그로 인해 기도도 같이 하곤 합니다만, 대개의 경우 두 가지로 나눠집니다. 극복하기 힘든 가정 문제와 병고에 관계되는 일들입니다. 이야기를 들어 보면 주로 한 가정으로서 당연히 이루어져 있어야 할 안정된 상태가 되어 있지 않았습니다.

가정이 맑은 물과 같이 투명하게 하나로 합하여 따뜻한 생명의 둥지가 이루어져 있지 않아, 가족이 서로 통하지 않는 것이었습니다. 또 어느 부분은 통하고 어느 부분은 통하지 않아 핵이 각각이기도 했습니다. 핵이 각각이란 말은 가치 기준을 따로 갖고 있다는 뜻입니다.

예를 들면 남편이 어떤 문제를 갖고 의논해 왔을 때, 그 부인이 가정 단위의 깊은 생명동일자(生命同一者)로서의 판단 기준을 갖고 응대하는 것이 아니라, 자기중심적인 판단 기준을 갖고 계산하고 따지고 분석하는 경우입니다. 그렇게 하면 어떤 것은 받아들이고 어떤 것은 받아들이지 않게 됩니다. 여기서 판단 기준이 자기중심적이라는 말은 아집과 고집을 내세운다는 뜻입니다.

이러한 경직된 자세로 인하여, 하찮은 일에서 여러 가지 장애를 가져오는 경우를 많이 보았습니다. 그러나 이질적 요소가 없는 것(無)으로 가정이 하나를 이루고, 이렇게 이룬 화합이야말로 참으로 그 집안의 모든 것을 성장시키고 자녀가 충실하게 커가고 행복이 가득 담아지고 새로운 창조가 이루어지는 깨가 쏟아지는 가정을 이루게 하는 동력이 됩니다.

그러므로 불자 가정은 이질적 요소가 없는 것(無)으로 가정의 신성을 지키고, 가정의 순결을 지키고, 가정의 행복을 지키고, 가정의 밝음을 지켜야 합니다. 이것은 참으로 중대한 일입니다. 그러나 만약 가정의 순결과 행복이 이 무(無)로 지켜지지 않는 한, 그 개인이나 우리 사회나 국가 모두가 크게 흔들려서 멍들고 어두워질 것입니다.

5. 모성(母性)에서 나오는 바라밀다행

근래에는 여성들이 교육을 많이 받고 사회적인 활동을 왕성하게 합니다. 여성들이 갖는 능력이 여러 가지가 있겠지만 근본적인 특징과 장점은 바라밀다 생명의 직접 표현입니다. 즉 유순한 것, 밝은 것, 부드러운 것, 그리고 모두를 받아들이는 너그러움, 모두를 이해해 주는 배려와 자비스러움, 따뜻함 등, 한마디로 말하자면 어머니에게서 발견할 수 있는 힘, 모성애입니다. 이것이 여성의 모성이 갖는 뛰어난 장점이고 특징이며 바라밀다 생명의 직접적인 표현입니다.

설령 어떤 가정에서[남편보다] 부인의 나이가 적고 젊다고 하더라도 여성이 갖는 탁월한 특징과 장점 때문에 그 부인(가정의 중심이요 태양인)은 그 집안 가족을 다 감싸 아픔도 치료해 주고, 밖에서 받은 정신적인 충격도 집안에 들어오면 치유가 되게 합니다. 그리하여 오히려 새로운 희망과 용기를 갖게 하여 한층 성장하게 만듭니다.

이것은 결혼을 하지 않은 여성도 마찬가지입니다. 이 바라밀다적인 여성의 인격은 이 세상 어디를 가든 그곳은 밝고 따뜻하게 하고 무엇이고 이루게 하는 생산적인 토대를 형성합니다. 자녀의 잘못을 끝없이 받아 주고 이해해 주고 감싸주는 어머니의 너그러움과 부드러움, 결국 여성의 그 모성이 집안 식구들의 힘을 재생시키는 것입니다. 이런 집의 가족은 밖에서 하는 일도 잘

되고 성공할 수밖에 없습니다.

6. 여성은 집안의 태양

그런데 이것을 잊어버리거나 저버리고 아내가 기능인으로서만 무장을 하고 모가 나게 자로 재고 분석하고 따진다면, 그것은 집안에 딱딱한 응어리를 만드는 것이 됩니다. 겉으로는 똑 소리 나게 문제가 없는 집같이 보이지만 안으로는 대립과 잡음을 생성시킵니다. 집안엔 싸늘한 바람이 불고 남편은 위축되어 밖에서 움직이는 데 필요한 힘의 재생을 집안에서 얻지 못합니다.

사람은 누구나 집안에 들어와서 완전히 자기를 해방하고 모든 것을 다 털어놓아 재생의 힘을 얻고, 충전해서 희망과 용기를 갖고 밖에 나가 뛰어야 개인이나 가정이나 사회에 생산적인 힘을 발휘하게 되는데, 그런 바라밀다 생명의 모성 장점이 결여된 가정에선 참다운 힘을 회복할 길이 없게 되는 것입니다. 그래서 남편들은 가슴의 응어리를 술집에서 풀든지 도박으로 풀면서 밖으로 돌게 되고 마침내 한눈을 팔고 불건전한 상태에 빠져들게도 됩니다.

가정은 근본적으로 힘의 재생처, 모든 것을 이루는 생산처가 되어야 하겠습니다. 그리고 가정의 내적인 알맹이 관리자가 여성이기에 여성은 자신의 탁월한 특징과 장점을 충분히 발휘하여서 그 집안의 태양이 되어야 하겠습니다.

7. 모성(母性)은 만물을 생성하는 땅

경(經)에는 "어머니는 바로 대지(大地)다"고 하셨습니다. 어머니는 대지이기에 능생(能生), 즉 능히 모든 것을 창출시킨다고 말씀하셨습니다. 이런 점에서 참된 덕성을 갖춘 아내는 자녀를 낳아서 기르는 데 그치지 아니하고 '남편을 만들어 간다'고도 할 수 있을 것입니다. 이 말을 듣고 많은 남편들이 거북하게 생각할지 몰라도, 그 아내의 성격에 따라서 남편의 태도가 바뀌는 것은 사실일 것이고 부인할 수 없는 것입니다.

그러므로 여성은 최고의 생산자입니다. 자녀를 낳아서 키울 뿐만 아니라, 남편도 사업도 집안의 분위기도 다 여성인 아내에 의해서 결정되기에 말입니다. 아내의 힘에 의해 그 집안의 습식이 바뀝니다. 집안의 치장, 장식도 바뀝니다. 집안에서 자라는 아이들의 성격도 바뀝니다. 이처럼 집안의 모든 것이 그 아내의 힘에 의해서 좌우됩니다.

겉으로는 남편이 주인처럼 보이고 대문에 문패도 다는 가장이지만(요즘은 달라지고 있음) 집안의 내실은 아내가 결정합니다. 그렇기 때문에 아내가 여성의 뛰어난 장점을 망각하고 특기가 있다던가 기술이 있다던가 돈벌이에 재능이 있다던가 하는 기능인으로서만 내닫고, 여성으로서의 덕성·너그러움·따뜻함·부드러움을 잊고 산다면 그는 여성을 잃은 여자라고 할 것입니다.

그런 아내는 어디까지나 기능공이지 모성일 수는 없다는 것입니다. 모성이 결여된 그 집안엔 결국 찬바람이 불고 아이들은 정상적으로 크지 못하는 결손가정이 되고 마는 것입니다. 결코 이 말은 모성을 앞세워 여성을 집안에 붙들어 놓기 위한 감언이설이 아닙니다.

8. 존경받는 아내, 존경받는 여성

반야를 통해서 우리들의 마음을 순화하고 그릇된 것들을 비워버렸을 때, 자기 내면에 이미 깃들어 있는 생명의 본 빛이 저절로 쏟아져 나오게 되는 것입니다. 이러한 반야바라밀다 수행을 통해서 한 층 존경받는 아내, 존경받는 여성이 되어야 하겠습니다.

사람의 마음을 훈훈하게 녹여 주고 감싸주는 모성애가 넘치는 그런 따뜻한 아내, 여성이 되어야 하겠습니다. 어느 사회, 어느 때를 막론하고 이러한 여성의 특징과 장점이 키워져야 그 사회는 잘 존속되고 꾸준히 번영하는 것입니다.

그렇지 못하고 여성이 거칠고 싸늘하고 편협하고 타산적이고 외고집이 되면 그 가정 그 사회는 문제의 연속이 될 것입니다. 그런 주부가 있는 집안은 생활도 곤란해집니다. 가정의 주부가 외적으로만 내닫고 기능화로 내달아 그가 지닌 모성의 덕성을 외면하면 자신뿐만 아니라 그 가정의 가족 모두가 함께 불행해집니다. 우선 그런 분위기에서 자라난 아이들은 정신형성 과정이 불건전해지기 때문에 문제아가 되기 십상입니다. 그런 아이들은 후에 교정하기도 힘이 듭니다.

반야를 배우고 부처님 법을 배우는 사람들은 반야를 통해서 마음을 다스리고 가정을 다스려야 합니다. 불법은 진리이기 때문에 믿고 행하는 그 사람과, 그 가정과, 그 사회에 밝음과 기쁨과 생산을 줍니다. 나와 가정을 관리하는 높은 지혜가 내 생명 바닥에서부터 부처님 신력으로서 나오기 때문입니다. 그 힘은 원래부터 내 생명에 있는 것입니다.

—1983년 10월 23일 불광사 보광명당의 설법

---

*『만법과 짝하지 않는 자』 287쪽에서.

금하당광덕대선사(金河堂光德大禪師)

금하당광덕대선사(金河堂光德大禪師, 1927-1999)는 멀리 고려 말 혼란기로부터 비롯된 불교정법 유실과 근세 조선대 500여 년 동안 억불정책의 핍박으로 인한 굴절과 왜곡, 일제강점기의 왜색화된 불교까지, 그 모든 오류와 어긋남을 부처님 정법으로 되돌리고 바로 세워, 한국불교의 정통성을 회복하기 위한 '반야바라밀다결사' 운동을 일으켰다. 그 일은 한국불교를 중흥하는 일일 뿐만 아니라 민족문화의 정체성을 재확립하기 위한 전 불교도적이며 동시에 거족적인 자각운동이다. 반야바라밀다를 숭신, 실천하는 대한민국시대의 불교신앙 결사운동을 위해 대선사는 위법망구(爲法忘軀)의 대의를 시종일관 펼친 현대 한국불교의 반야행원사상 실천가였다.

이러한 대선사는 1927년 4월 4일 경기도 화성에서 출생, 24세가 된 1950년 가을 지병인 폐결핵 요양차 부산 범어사로 입산했다. 그로부터 본원(本願)의 숙연(宿緣)과 발보리심으로 사람의 한계를 넘나드는 위법망구(爲法忘軀)의 고행정진을 통해 마침내 불법을 오득체달(悟得體達, 1954년 부산 동래 금정사)한 뒤, 수년 동안 보임(保任 : 온전하게 간직하여 잃어버리지 않음. 保護任持의 준말)하였다. 이 기간에 지병이었던 폐결핵도 저절로 완치되었으니 이는 세인의 상식과 알음알이로는 이를 수 없는 경지에 들어섰음을 뜻한다. 사실 그 당시만 해도 폐결핵은 죽음에 이르는 무서운 병으로 누구나 두려워했다. 그럼에도 특별한 치료 없이 오직 수행정진만으로 병을 퇴치했다는 것은 불법의 오득과 보임을 통해 부처님의 크나큰 가호와 인도하심의 은혜를 입었음을 말해 주고 있다고 할 것이다.

그 후 대선사는 입산한 지 만 10년만인 1960년 4월에 드디어 동산대종사(東山大宗師)로부터 계를 받았다. 이는 마치 중국 당대 선종(禪宗)의 육조(六祖)인 혜능조사께서 이미 행자시절에 불법의 참 공부를 이루고 수계 후에는 반야바라밀다 법문을 시작으로 줄곧 교화의 길을 걸었던 일과 같다고나 할까. 대선사도 수계 후, 오로지 통합종단인 조계종의 건설과 발전, 동국대학교 건학이념의 구현을 통한 불교학 발전,

대학생불교연합회의 초대 지도법사로서 젊은 재가불자들의 양성을 위해 봉은사 주지를 자담했고, 나아가 봉은사 안에 '대학생구도부'를 설립하여 보현행원을 통한 불교계의 지도자 양성과 출가자들의 올곧은 수행을 함께 하는 '봉은사 결사'를 이루었다. 이 모두는 일찍이 그 유례가 없을 만큼 지극한 보살행으로 오늘의 한국불교 발전의 토대가 되었다.

대선사는 한국불교의 이 두 가지 큰 불사(佛事)의 토대를 마련해 놓은 뒤 거기서도 머무르지 않고 마침내 1974년 9월 '불광회(佛光會)'를 창립하여 동년 11월 월간 '불광'을 창간하여 문서를 매체로 한 반야바라밀다 사상운동을 시작했다. 이어서 다음 해인 1975년 10월 독립운동의 불교계 본거지였던 서울 종로구 봉익동 소재 대각사에서 문서포교를 바탕으로 하여 '불광법회'를 창립, 그야말로 본격적인 반야바라밀다결사 불광운동의 시작을 내외에 다시 천명했다.

대선사의 이 새로운 불교운동은, 교단 내적으로는 고려 말 혼란기의 정법유실과 조선시대 500여 년 동안의 억불정책, 일제강점기의 왜색화로 인한 불교의 심각한 훼손을 복구하여 부처님 본래의 가르침과 한국불교의 정통성을 되찾는 일이었고 외적으로는 민족의 정신문화를 바로 세우는 일대 장거였다.

그것은 오랫동안 본분의 유실, 굴절과 왜곡, 오인과 강제로 인해 불교가 잘못 인식되어 전해지던 한국불교의 신세타령·업타령·한숨타령의 소극적이며 부정적이고 퇴폐적이며 어두운 분위기를 불교 본래의 지혜광명·자비광명의 밝음으로 되돌려 오직 부처님의 참 뜻을 되살리는 데 뜻을 둔 것이다.

대선사는 반야바라밀다의 숭신과 역행, 반야교설에 의한 혁신적인 설법, 획기적인 정법호지(正法護持)의 호법신앙, 불자들의 신앙을 키울 수 있는 새로운 수행 공동체〔법등〕의 결성 등을 통해 수백 년 동안 불교계에 드리워진 어둑한 그늘과 패배주의적인 오류의 어둠을 일거에 걷어내어 모든 무지를 일소하여 일로(一路) 정법(正法)을 현창하는 길로 나갔다.

그러기 위해 우선 불교의식(佛敎儀式)의 한글화, 20여 종에 이르는 경전의 국역과 저술활동, 밝고 적극적인 부처님의 가르침을 담은 찬불가 보급 등을 통해 재가불자들 스스로가 주체적이며 적극적인 수행을 하도록 이끌었다. 그것은 모든 불자들의 자발적인 수행을 바탕으로 하여 한국불교를 부처님 본뜻으로 되돌리려는 획기적인 국가적·민족적인 대 중흥불사였다.

반야바라밀다 사상운동으로 평생을 일관한 대선사는 안으로는 한국불교 미래의 나아갈 길을 열었으며, 후학들에게는 만세의 전범(典範)과 사표(師表)가 되었고, 밖으로는 한국의 정신문화가 뻗어나가야 할 지표(指標)를 제시했으며, 또한 인류의 평화와 번영의 새로운 희망의 등불이 되었다. 이는 바로 대선사가 부처님의 대비구세를 구국구세로 구체화한 위법망구(爲法忘軀)의 보살행을 펼친 현대 한국불교의 사상가였음을 말해 주는 단적인 증거라고 할 것이다.

여러 어려운 여건 속에서도 조금도 물러서지 않고 일평생 저 보현대사(普賢大士)의 교화를 내보인 대선사는 1999년 2월 27일 오후 2시 무렵 법랍 48세, 세수 73세로 서울 불광사에서 사바의 연을 조용히 거두고 대원적(大圓寂)의 무상적멸(無相寂滅)에 들었다.

② 부처님은 가정과 부부를 어떻게 보는가

미산현광(彌山賢光) _ 스님, 중앙승가대 교수

안녕하세요. 반갑습니다. 구국구세 대법회의 첫날 강연을 맡게 된 미산입니다. 광덕 큰스님의 유지를 받들어 구국구세운동을 펼치고 있는 도피안사 송암스님은 이번 법회의 주제를 '가정의 가치 불교에 묻는다'로 정하였습니다. 부처님의 가르침에서 가정의 가치를 발견하고 제반 사회적 문제를 해결하는 답을 찾는 것이 바로 구국구세임을 일깨워 주기 위한 법회라고 생각합니다.

이번 구국구세 대법회는 오늘 저의 강연을 포함해서 총10회에 걸친 강연이 진행될 것입니다. 가정과 가족 문제에 대한 전문가들이 대부분 강연을 해주리라 생각합니다. 사실 저는 가정과 가족 문제에 대한 전문가는 아닙니다. 하지만 불교를 공부하고 수행하면서 평소에 경전에서 보았던 가정과 관련된 자료와 그리고 수행하면서 느꼈던 가정과 가족 문제에 대한 저의 생각을 정리하여 여러분들과 나누는 시간을 가지고자 합니다.

먼저 이 주제의 바탕이 될 수 있는 불교의 핵심 사상인 연기와 중도적 삶의 의미를 간략히 알아보고 일상에서 연기와 중도적 삶을 실천하는 것이 무엇인지를 말할 것입니다. 이를 바탕으로 부처님이 가정과 가족을 어떻게 보시는가? 어떤 것이 바람직한 가족 관계이며 부부 관계인가? 등 매우 현실적인 문제들을 경전 속에서 찾아내 여러분들과 생각해 보도록 하겠습니다. 마지막으로 가정에서의 수행이 왜 중요한지를 강조하려고 합니다.

1. 연기와 중도적 삶의 의미

그러면 먼저 연기(緣起)와 중도(中道)적 삶의 의미와 일상에서의 연기법 수행에 대해서 생각해 봅시다. 불교교리에서 사용하는 용어나 개념은 모두 불교 수행과 연관되어 있습니다. 그 수행은 매일 반복되는 하루의 일과 속에서, 늘 부딪치는 구체적인 일 속에서 실천 가능한 것입니다. 내 집안, 내 일터 등과 같은 내가 처한 환경에서 바로 실천해서 그 효력이 즉각 나타날 수 있어야 합니다. 밥 먹고 화장실 가고 잠자는 일상사 그대로가 수행이 되어야 하는데, 일상사 모두가 수행이 되는 경지에 이르기는 쉽지 않습니다. 그 이유는 수행의 시작이 일상사가 아니었기 때문입니다.

배운 교리와 일상사가 하나가 되지 못하고 물과 기름처럼 따로 놀기 때문에 아무리 불교교리 공부를 오래 해도 불자의 삶에서 수행의 향기가 배어 나오지 않는 것입니다. 그러므로 수행은 처음부터 일상사 그대로가 수행이 되어야 합니다. 언제 어느 때나 누구나 마음만 내면 할 수 있는 것이어야 합니다. 주부가 가정에서 요리나 집안 일을 할 때, 직장인이 직장에서 업무를 볼 때, 학생이 학교에서 공부할 때, 때와 장소를 가리지 않고 수행을 즉각 적용할 수 있어야 합니다.

일상사의 원리를 가만히 살펴보면 모든 것은 연기적으로 이루어짐을 알 수 있습니다. 오늘 구국구세법회에 참석하신 여러분들도 연기적 원리 때문에 오늘 저의 강연을 들을 수 있는 것입니다. 송암스님이 이 법회를 기획하고 「현대불교신문」에서 동참하여 이런 뜻 깊은 강연이 진행되니 모두 오늘 도피안사로 모이자 해서 이렇게 성황리에 강연이 진행되고 있는 것입니다.

이처럼 모든 일이나 사건 등은 원인이 있었고 그에 따른 조건이 있어 그 결과가 지금 일어나고 있는 것입니다. 이 법회를 기획한 송암스님이 원인을 제공했고 강사 섭외, 홍보 등 무수한 조건들이 복합적으로 아우러져 결과인 강연이 있는 것입니다. 이것을 불교에서는 연기적 현상이라 하고 원인과 조건과 결과가 복합적으로 작용하는 원리를 연기법이라 합니다. 우리는 연기법에 의해서 살고 있는데, 다만 미처 알지 못하고 느끼지 못하고 있을 뿐입니다. 그러므로 우리 삶 속에는 연기 아닌 것이 없습니다.

초기경전에 보면 연기법을 간단한 공식으로 정리해 제시하고 있습니다. 연기법은 "이것이 있으므로 저것이 있고, 이것이 생기므로 저것이 생긴다. 이것이 없으면 저것도 없고, 이것이 사라지면 저것도 사라진다"는 존재의 상호 연관성을 나타내는 삶의 근원적 원리입니다. 즉, 존재하는 모든 것들의 있는 그대로의 모습입니다.

강연을 듣는 여러분들이 괴로우면 강연을 하는 저도 괴롭고, 이 강연을 듣고 여러분들이 기쁘고 행복하면 강연을 한 저도 또한 뿌듯하고 행복합니다. 이 맑은 도량에 갑자기 독가스가 퍼지고 있다고 상상해 봅시다. 여기 앉아서 이렇게 편안한 마음으로 강연을 들을 수 있겠습니까? 이처럼 우리는 어느 때 어느 곳에서나 주위 환경과 연기적으로 존재하고 있습니다. 자연 환경이 오염되면 인간도 오염되고, 뭇 생명이 죽으면 인간도 죽습니다. 환경과 생명이 살아나면 인간도 건강하게 살아납니다. 존재의 상호 의존성과 연관성이 연기법의 기본 구조이기 때문입니다. 이 기본 구조를 간략히 요약하면 이렇게 말할 수 있습니다.

'나'라는 존재는 첫째, 시간적으로 나를 낳아 주신 부모와 조부모 등 무수한 조상님들의 연장선상에 있으며 둘째, 공간적으로 지구촌이라고 하는 공간에 더불어 살아가는 것이며 셋째, 외부 세계에서 감각 기관을 통해서 들어온 정보와 의식 공간에 존재하던 기존의 개념, 관념, 가치 등 무수한 심리적 정보들과 결합하여 연기적으로 형성된 '나'입니다. 넷째, 이런 상호 작용을 통해서 생겨난 상대적 개념이 만들어 낸 '나'에는 온갖 종류의 욕망과 집착, 그리고 생각과 앎의 거품이 가득합니다.

이와 같은 '나'는 연기적 존재라는 것을 정확히 인지하는 것이 연기법 수행의 출발이며 상호 관계 속에서의 필요한 역할을 해내는 것이 바로 중도적 삶입니다. 바로 아는 것은 지혜이며 이 안목으로 주저하지 않고 실천하는 것이 동체대비의 중도자비행(中道慈悲行)입니다. 쉽게 말하면, 강연하는 사람은 최선을 다해 강연을 하고 강연을 듣는 사람들은 잘 듣고 증득하는 것이 중도입니다. 즉, 강연하는 사람과 듣는 사람이 시간과 공간의 관계 속에서 가장 적절한 역할을 하는 것이 중도행입니다. 연기에 의해 마련된 이 시간, 이 자리에서 저는 강연을 잘 하고, 여러분은 강연을 잘 듣는 것이 연기, 중도를 실천하는 것입니다.

2. 나는 누구인가

'나'라고 하는 존재는 무엇일까요? 여기에 앉아 있는 여러분은 시간에 의해서 형성된 존재입니다. 시간에 의해서 여기에 있게 된 존재라는 말입니다. 부처님께서 얻으신 깨달음도 '나는 연기적 존재이다'라는 것입니다. 바꾸어 얘기하면 '나는 오온(五蘊, 色·受·想·行·識)으로 연기한 존재이다'입니다. 이 다섯 가지 연기로 있는 존재를 '나'다 '인간'이다라고 하는 것입니다. 이런 연기적 존재인 나를 시간의 관점에서 세심히 살펴보면, 어느 날 갑자기 '나'라는 존재가 지구촌에 툭 떨어져 태어난 것이 아니라, 나를 낳아 주신 부모님과 거슬러 올라가면 조부모님, 그 위의 모든 조상님들이 있었기에 지금 '나'라는 존재가 여기에 있게 된 것입니다.

나로부터 20대만 역사를 거슬러 올라가면 약 2백만 명 이상이, 30대를 소급해서 올라가면 약 21억이 넘는 조상들이 연결되어 있다고 합니다. 엄격히 따져 보면, 30대 앞에 계셨던 21억의 조상님 가운데 한 분만 계시지 않았더라도 지금의 나는 있을 수 없었을 것입니다. 이런 식으로 생각하면, 역사의 모든 인물들이 직·간접적으로 나와 연관되어 있었다고 해도 과언은 아닐 것입니다. 그분들 중에는 부처님과 예수님과 같은 위대한 영적 스승님이 있을 수도 있고, 인류의 문명을 질적으로 변화시킨 많은 성자들이 있을 수 있습니다.

3. 공경과 감사의 생활

이런 연기의 원리를 모르면 일상의 삶에서 남을 존중하고 공경하는 것이 쉬운 일은 아닙니다. '잘 났어 정말!'이라는 어느 코메디언의 말처럼, 우리 개개인 모두가 다 잘났다고 생각하기 때문일 것입니다. 남에게 고개 숙이고 남을 잘 모시기가 참 힘드는 일입니다. 누구나 윗사람으로 대접받고 싶어하지 자신이 상대를 공경하고 대접하려는 사람은 그리 많지 않습니다. 따라서 내 앞에 인사하고 굽신거리는 저 분은 단지 지위가 나보다 못하거나 여건이 어쩔 수 없어 그러한 것일 뿐, 속마음까지 그런 것은 아닐 수도 있습니다. 나 역시 나보다 높은 분들에게 웃는 낯으로 공손하지만, 내 마음까지 상대를 공경해서 그러는 것이 아닐 경우도 있습니다. 참으로 진정 공경심을 일으켜 진솔하게 이웃을 모시기는 이렇게 어려운 일입니다.

그런데 공경에서 명심해야 할 것은, 공경이란 아랫사람이 윗사람에게, 나이 적은 자가 많은 자에게 일방적으로 하는 것이 아

니라는 사실입니다. 이 강연의 후반부에서 얘기하겠지만 경전을
보면 부모와 자녀 관계, 부부 관계 등은 모두 쌍방적으로 이루어
져야 한다고 되어 있습니다. 공경은 신분, 나이, 계급 및 서열의
고하에 관계없이 누구나 서로에게 해야 합니다. 예절은 아이들뿐
만 아니라 어른들도 서로 지켜야 하는 것입니다. 따라서 진정한
웃어른이란, 나이만 많은 거만한 어른이 아니라 자비롭고 지혜로
우며 인자한 마음을 가진 이를 말합니다. 자식이 부모에게만 아
니라 부모도 자식에게, 아우가 형에게만 아니라 형도 아우에게,
제자가 스승에게만 아니라 스승도 제자에게, 부하가 상사에게만
아니라 상사도 부하에게 하는 것이 바로 예의요, 공경입니다.
　우리 가정이나 사회에 갈등이 많은 이유 중의 하나는 서로를
무시하고 인정하지 않기 때문입니다. 우리는 도무지 남의 고통,
남의 처지를 이해해 줄 줄을 모릅니다. 내 입장에서만 생각하여
남을 무시하고 비난하며 심지어 괴롭히기까지 합니다.

　이 세상에서 가장 어려운 것이 무엇이라고 생각하세요? 바로
인간관계입니다. 모든 인간은 관계 속에서 살아갑니다. 모든 관
계 속에서 가장 어려운 것이 인간관계입니다. 인간관계를 쉽고
부드럽게 만드는 윤활유 역할을 하는 것이 바로 공경이며 감사
입니다. 즉, 공경은 만행의 근본이고, 감사는 인간관계, 개인의
성장, 자연과의 친화의 근본입니다. 또한 감사하는 마음은 공경
으로 가는 지름길입니다. 감사하는 마음이 있으면 부처님과 부모
님을 모시듯, 소중한 친구를 대하듯 그 어느 것 하나도 소홀할
수 없고 그 누구도 함부로 대하지 않고 지극한 정성으로 공경하

게 됩니다. 이처럼 내가 지금 여기에 있게 한 모든 분들을 공경하고 생활 속에서 만나는 모든 이들에게 감사한 마음을 갖는 것이 연기법 수행의 첫걸음입니다.

4. 기쁨 가득한 공존의 생활

공경과 감사의 생활로 연기법을 실천하게 되면, 자연히 지금 내가 살고 있는 공간은 공경하고 감사할 대상들로 가득함을 깨닫게 됩니다. 농장의 농부와 산업 현장의 일꾼도, 학교의 선생님과 관공서의 공무원도, 철도나 버스 운전사들도 모두 고맙고 공경해야 할 분임을 알게 됩니다.

또한 물과 공기와 태양도 산과 나무, 강과 들녘도 나를 지탱해주는 중요한 것임을 알 수 있습니다. 우리는 이런 자연 생태계의 덕분에 건강히 살아갈 수 있는 것입니다. 이처럼 연기법을 공간적 관점에서 보면, 동시대의 지구촌에서 살고 있는 우리 모두 더불어 살아가는 존재라는 것입니다. 공경과 감사의 마음으로 더불어 살면, 삶은 항상 환희와 기쁨으로 가득 차게 됩니다. 그래서 연기법 수행의 둘째는 공존의 기쁜 삶을 영위하기 위해 정진하는 것입니다.

사고의 발상을 바꾸어 연기법의 입장에서 본다면, 공존의 삶이 어렵거나 불가능한 일이 아닙니다. 오히려 지금과 같은 네트워크 시대에는 공존의 밀도가 고도화되기 때문에 '나만 혼자 잘 살고 남들은 못 살아도 상관없다'는 구태의연한 태도를 가진 자는 낙오자가 될 수밖에 없다고 합니다. 지능지수를 IQ(Intelligence Quotient)라 하고 감성지수를 EQ(Emotion Quotient)라 하듯이 정보화 사회에서 서로 공존하며 살 수 있는 능력을 공존지수, 즉 NQ(Network Quotient)라 합니다. 공존지수가 정보화 사회의 삶을 영위하는 데 매우 중요한 측면으로 작용한다는 것은, 불교적으로 말하면 지금 우리 인류가 맞이하고 있는 네트워크 시대는 연기법의 응용이 극대화된다는 의미입니다. 농경시대에 사용했던 '사돈이 논을 사면 배가 아프다'는 속담보다는 네트워크 시대에는 '누이 좋고 매부 좋고'란 말이 더 설득력 있고 적합하다는 것입니다. 즉, NQ시대의 생존 전략은 '네가 죽어야 내가 산다'가 아니라 '네가 잘살아야 나도 잘산다'는 공존의 법칙이 유효합니다.

갈수록 복합적인 상호 관계성이 확대되는 사회에서 자기만 잘살겠다고 발버둥치는 사람은 자기 자신의 실패는 물론이고, 자신과 관계된 다른 사람에게도 큰 피해를 입히게 됩니다. 더불어 공존하면 모두가 기쁘고 즐겁지만 남을 이기기 위해 짓밟으면 함께 슬프고 비참해집니다. 그러므로 연기법 수행을 실천하는 이는 큰 것은 물론이고 사소한 것이라 할지라도 함께 기뻐하는 태도를 지녀야 합니다.

한 방울의 물이 모여 바다를 이루고, 북경에 있는 나비의 펄럭이는 날갯짓이 아마존 유역의 태풍의 원인이 된다거나, 미시적 변화가 거시적 변화를 가져온다거나, 옆 집 개가 새끼를 낳아도 기뻐할 일이요, 갑돌이네가 산 주식이 껑충 뛰는 것도 기뻐할 일이고, 앞 집 소녀가장 영희가 그 어려운 환경 속에서도 공부를 잘하여 장학생이 된 것도 기뻐할 일입니다.

이처럼 연기적 관점에서 보면 세상이 온통 기쁨과 환희로 충만해 있음을 깨닫게 됩니다. 이런 연기-중도적 태도로 가정을 일구어 갈 때 행복한 가족 공동체가 되는 것입니다.

5. 행복한 가족 공동체의 붕괴

"가족이란 식구들이 즐거울 때 같이 즐거워하고 괴로울 때 같이 괴로워하고 일할 때 같이 뜻을 모아 일하기 때문에 가족이라 한다." 가족에 대한 정의를 내려놓은 『잡아함경』의 구절입니다.

예로부터 "가족이 화목하면 모든 일이 뜻과 같이 된다(家和萬事成)"고 했습니다. 그런데 요즈음 우리 주위를 둘러보면 불화로 인하여 가족 붕괴 현상이 곳곳에서 나타나고 있습니다. 이유는 여러 가지겠지만 전통적인 가족 중심의 우리 사회가 자기중심적인 사회로 바뀌어 가는 특징이 뚜렷합니다.

저는 이 문제를 주로 세대간 사고방식의 차이에서 기인한다고 봅니다. 우리 사회는 농경 사회에서 산업 사회를 거쳐 첨단 정보화 사회로 접어들었습니다. 정보는 인드라 망 같은 네트워크를 통해서 찰나찰나에 전하고 받을 수 있는 취득의 용이성까지 갖추고 있습니다. 그래서 정보는 누구나 가질 수 있고 공유할 수 있습니다. 이런 시대에 맞게 사고방식, 즉 패러다임이 바뀌지 않으면 시대의 변화에 뒤쳐지고 이로 인하여 많은 문제가 야기됩니다. 이런 패러다임의 차이에서 비롯되는 세대간 갈등은 가정에서도 고스란히 드러나고 있습니다. 이 차이를 극복하고 화목한 가정을 이루는 것이 구국구세의 첩경이라고 할 수 있습니다. 자

이제 화목하고 행복한 가정을 위한 부처님의 가르침을 구체적으
로 알아보도록 하겠습니다.

6. 행복한 가정을 위한 부처님의 가르침

가정사에 대한 가르침이 가장 많이 나오는 한역 경전이 『선생
경(善生經)』 혹은 『육방예경(六方禮經)』입니다.

빨리어 경전은 『시갈로와다 숫따』(Siggalovada Sutta)라 합니다. 『
육방예경』에서는 '육방'의 의미를 이렇게 설명하고 있습니다.

"동방은 부모님께 절을 하는 것이요, 남방은 스승님께 절을 하
는 것이며, 서방은 아내에게 절을 하는 것이고, 북방은 친지들에
게 절을 하는 것이니라. 그리고 하방은 하인에게, 상방은 수행자
들에게 절을 하는 것이니라."

이렇게 아침 일찍 일어나 하루 일과를 시작하기 전에 우주 공
간, 즉 동서남북과 허공의 상하, 6방을 향해 경건하게 절을 하며
다양한 인연들로 만나는 모든 사람들에게 공경과 감사의 마음을
보내는 것입니다.

부처님께서는 육방과 관계된 모든 분들을 어떻게 받들어 모셔
야하는지를 매우 구체적으로 가르치십니다. 아주 친절한 삶의 지
침을 내려 주십니다. 부처님은 자식이라는 존재는 부모의 부속물
이 아니라 부모를 인연으로 태어난 독특한 인격 주체이므로 아
버지의 엄격한 사랑과 어머니의 온화한 보살핌이 잘 조화를 이
루어 자식이 스스로 자립할 수 있을 때까지 가르쳐서 독립시켜

야 한다고 충고하십니다. 다음과 같은 5가지 방식으로 자식에 대한 사랑을 쏟도록 하고 있습니다.

첫째, 악으로부터 보호하고 멀리 벗어나게 한다.
둘째, 선으로 인도해야 한다.
셋째, 학업을 배우게 하고 기예(技藝)를 가르친다.
넷째, 어울리는 짝을 구해 결혼시켜야 한다.
다섯째, 적당한 때에 가산을 상속시켜 주어야 한다.
이것이 부모가 자식에게 해야 할 5가지 덕목입니다.

첫째, 악으로부터 보호하라는 말씀은 자식이 나쁜 일을 하면 올바르게 하도록 꾸짖어야 한다는 것입니다. 우리는 자식은 눈에 넣어도 아프지 않다는 말을 합니다. 그만큼 귀하다는 것이겠지요. 그렇다 하더라도 나쁜 일을 하게 되면 두 번 다시는 그 나쁜 일을 행하지 못하도록 혼을 내라는 것입니다. 현대의 부모들이 새겨들어야 할 말씀입니다. 요즈음 부모들은 아이들을 귀여워만 하지 꼭 필요할 때 엄하게 꾸짖어 올바른 길로 인도하지 못하는 경우가 허다합니다.

둘째, 가르치고 일러주어서 그 착한 것을 보여 주는 것입니다. 착한 일이 무엇이다, 무엇이 착한 일이라는 것을 아이에게 일러 주라는 것입니다.

그리고 나머지는 부모의 사랑이 자식의 뼛속까지 사무치게 하여 바르게 가르치고 아낌없이 주라는 것입니다. 우리는 이 같은 덕목을 통해 진실과 사랑을 가지고 자식이 훌륭한 사회인이 되

도록 돌보아 주어야 할 것입니다. 그리고 이런 것이 바로 부모의
도리인 것입니다.

또한 자식된 자는 5가지 덕목으로써 부모님을 섬겨야 합니다.
첫째, 부모님을 정성껏 봉양해야 한다.
둘째, 부모님을 대신하여 집의 온갖 책임을 다해야 한다.
셋째, 부모님께 순종해야 한다.
넷째, 잘 받들어 편안하고 기쁘게 하여야 한다.
다섯째, 위와 같은 효행을 잘 실천해야 한다.

이는 자식은 부모님을 존중하고 봉양하며, 전통을 계승해야
할 의무가 있다는 것을 강조한 것입니다. 즉, 효행을 권하고 있
지만 단순히 일방적인 것이 아니라 부모의 지중한 은혜를 생각
할 때 부모님을 봉양하는 것은 너무나 당연한 자식의 도리라고
하는 것입니다. 부모와 자식 관계는 쌍방적인 것입니다.

이제 남편이 아내에게 베풀어야 할 덕목에 대해 살펴보겠습니
다.
첫째, 아내를 업신여기지 말고 인격적으로 예우한다.
둘째, 의식주(衣食住)의 걱정이 없게 한다.
셋째, 다른 여인을 사모하지 않는다.
넷째, 아내의 친족을 잘 보살핀다.
다섯째, 아내에게 장신구를 사 준다.

부인은 남편을 다음 다섯 가지로 사랑하라고 했습니다.

첫째, 남편이 밖에서 돌아오면 일어나서 맞이한다.

둘째, 집안을 잘 정리하고 맛있는 음식을 차려 시중을 든다.

셋째, 남편의 의사를 존중하고 재산을 잘 관리한다.

넷째, 다른 남자에 마음을 팔지 말고 남편에게 얼굴을 붉히며 대들지 말아야 한다.

다섯째, 남편이 휴식을 취할 때는 편히 쉴 수 있도록 해주어야 한다.

이 얼마나 자상하고 구체적인 말씀입니까? 오늘날 삶의 현실과 다를 수 있지만 이 말씀 속에 담겨 있는 속뜻은 가감 없이 그대로 적용할 수 있는 덕목들입니다. 불교의 부부 윤리에서 가장 중요시하는 것이 무엇일까요? 바로 부부간의 사랑과 화목과 존중입니다.

부처님께서는 부부를 인생의 길을 가는 도반(道伴)으로서의 동반자로 보았습니다. 그러므로 일방적인 헌신이나 의무를 강요하는 것이 아니라 남편이 아내에 대해, 그리고 아내가 남편에 대해 해야 할 도리를 쌍방적 형식으로 실천하도록 하였습니다.

우리 사회에 만연되어 있는 가족 공동체의 파괴는 바로 부부간의 불화에서 기인한다고 볼 수 있습니다. 특히 일방적 강요나 파괴적인 언어 등에 의해서 가정이 피폐해지는 것입니다. 이것은 직접적으로 자녀들에게 나쁜 영향을 미칩니다. 또한 연쇄적으로 사회의 건전한 발전에 장애 요인이 됩니다.

요즈음 사회문제로 부각되고 있는 학생들 사이의 '왕따' 문제를 예로 들어 봅시다. 왜 자녀들이 학교에 가면 '왕따'를 당합니까? 사회성이 없으니까 '왕따'를 당하게 된다고 답하시겠죠? 맞습니다. 그러나 보다 근본적인 원인을 파악해 보면 부모의 갈등으로 빚어지는 가정 불화에 있음을 알게 될 것입니다. 부모가 자주 싸우거나 가정 폭력이 자행되면 자녀들은 자기도 모르게 소심해지고 비사회적이며, 이기적인 인성과 비정상적인 방어기제를 갖는다는 것입니다. '왕따' 문제는 가족 공동체의 파괴로 인한 부정적 영향의 단편적인 예에 불과합니다. 가족이 파괴되면 사회가 불안하고 심각한 사회문제가 만연됩니다. 이 문제의 근본적인 해법은 가족을 수행 공동체로 만드는 것입니다. 다시 말씀드리면 가정이 수행 공동체가 되어야 구국구세가 가능하다는 말입니다.

7. 가정은 최상의 수행처

가정의 여러 가지 문제들을 해결하는 구체적인 방법은 부처님 말씀대로 살려고 노력하는 수행이 가정에서 행해져야 합니다. 가정은 최상의 수행 공동체임을 명심하고 앞에서 말했듯이 일상에서 수행을 하려고 애써야 부처님의 가르침을 실생활에서 바로 체득할 수 있습니다. 연기법이나 삼법인, 사성제와 팔정도를 이론으로만 알고 있으면 무슨 소용이 있겠습니까? 실제의 삶에서 전혀 적용되지 않는 교리는 한낱 지식에 불과합니다. 가정이 공동체의 최소 단위이지만 가정에서 실천할 수 없으면 직장에서나 학교에서는 더욱 어려워집니다. 어떻게 하면 가정이 최상의 수행처가 될 수 있는지 알아봅시다.

앞에서 말했듯이 불교 수행의 출발점은 연기법을 삶 속에서 실천하는 것입니다. 즉, 가족들에게 늘 감사와 공경의 마음을 가지고 항상 기쁨 가득한 공존의 삶을 살아가는 것입니다. 이런 삶을 실현하기 위한 좀더 구체적인 마음 수행법을 말씀드리겠습니다.

첫째, 가족 구성원들 사이에 존재하는 세대간의 차이나 자란 환경의 차이를 인정하고 받아들여야 합니다. 앞에서 말했듯이 요즈음 부모와 자녀들 간의 세대 차이는 매우 심합니다. 40대 이상의 부모들은 다양한 시대를 경험하고 살아왔습니다. 이들은 농경시대, 산업시대, 그리고 디지털 정보화시대를 경험하였으므로 복합적인 가치관을 가지고 있습니다. 그러나 10대나 20대는 디지털 정보화시대에 태어나 매우 디지털화된 사고 방식을 가지고 살아갑니다. 자녀들은 인터넷이나 핸드폰 문자 메시지, 동영상, 게임, 애니메이션 등 디지털 문화에 매우 익숙합니다. 컴맹인 부모는 물론이고 컴퓨터를 조금 다룰 수 있는 부모들도 디지털 문화에 의해 형성된 자녀들의 정서를 완전히 이해한다는 것은 거의 불가능합니다. 역으로 자녀들이 농경시대 정서가 배어 있는 아날로그식 부모들의 정서와 사고방식을 온전히 받아들인다는 것도 참으로 힘든 일입니다.

이처럼 부부간의 사고방식의 차이도 마찬가지입니다. 자라온 환경이나 타고난 성격이 다른 남남끼리 만나 가정을 이루고 한 지붕 아래서 사는 것이 부부 아닙니까? 그러니 어떻게 생각과 취향이 같을 수 있겠습니까? 당연히 차이가 있을 수밖에 없습니다. 부모와 자녀와의 갈등, 부부간의 불화를 살펴보면 이 당연한 차이를 인정하지 못 하고 자신의 입장에서만 생각하여 자신의 가치관과 인생관을 상대방에게 직·간접적으로 강요합니다. 여기서부터 불화와 갈등이 시작됩니다. 서로의 차이를 솔직히 인정하고 받아들여야 합니다. 불교에서는 이것을 섭수수행(攝受修行)이라고 합니다. 받아들임의 수행, 구체적으로 말하면 보시섭(布施攝), 애어섭(愛語攝), 이행섭(利行攝), 그리고 동사섭(同事攝)입니다.

둘째는 상대를 받아들였으면 자기의 고집과 관념을 놓아버리는 수행입니다. 받아들이고도 부모인 자기의 생각은 정당하고 성숙되어 있으나 자녀의 생각은 부당하고 철없다고 여긴다면 부모와 자녀간의 진실한 대화는 이루어질 수 없습니다. 서로 자기 생각에 대한 집착을 버리거나 비워 버리지 않으면 갈등은 언제 어느 때 다시 생길 줄 모릅니다. 집착이 모든 갈등과 괴로움의 씨앗입니다. 집착을 놓아야 행복하고 화목한 가정을 만들 수 있으며, 집착을 놓는 것, 즉 방하착(放下着)하는 것이 모든 불교 수행의 핵심입니다.

세 번째는 늘 깨어 있는 마음으로 지켜보는 것입니다. 집착의 관성은 자석처럼 반대의 극이 가까이 오면 어김없이 붙어 버립니다. 순간순간 관조하여 자기 마음의 향방을 살피지 않으면 어디에 붙어 갈등과 괴로움을 야기할 줄 모릅니다. 부모가 자녀를 지도할 때 자기 식으로 판단하고 분별하여 자신의 욕구에 미치지 못할 때 자녀에게 강한 압박을 주게 됩니다. 이것은 자기 욕심이며 집착이지 자녀를 위한 사랑이 아닙니다. 그러므로 깨어 있어 늘 관조해야 합니다.

네 번째는 가족 구성원들을 모두 부처님이라고 여기는 것입니다. 부모들은 자녀들을 부처님처럼 보살펴야 합니다. 자녀들 또한 부모님을 부처님으로 받들어 모시는 것입니다. 아내는 남편을 부처님으로 생각하고 존중하고 사랑해야 하며 남편은 아내를 부처님 대하듯 매일매일 정성스러운 마음으로 만나야 합니다. 여기서 바로 가족 구성원들 간에 사랑과 믿음이 싹트고 커 가게 됩니다.

마지막으로 위의 수행 덕목들은 가족들간에 베푸는 마음이 가득할 때 완성됩니다. 가족들이 서로 베푸는 자세로 살아가면 그들의 삶에 불화와 갈등이 끼어 들 수 없습니다. 더 많이 소유하려 하기 때문에 형제간에 싸우고 부모 자식 사이에 금이 가는 것입니다.

위의 수행 덕목들을 간추려서 간단히 말씀드리면, 수(受), 방(放), 관(觀), 불(佛), 시(施)입니다. 섭수, 방하착, 관조, 일체불, 보시라는 말입니다. 우리말로 풀어보면, 받아들이고, 놓아버리며, 비추어 보고, 모든 이들을 부처님으로 여기며, 항상 베푸는 생활을 한다면 맑고 향기로운 가정, 화목하고 행복한 가정이 될 것입니다. 이런 가정들이 도피안사가 있는 안성에서 경기도로, 경기도에서 우리나라 전체로 점점 번져나갈 때 나라가 맑아지고 평화스러워질 것입니다. 이것이 바로 나라를 구하는 것이고 세상을 구하는 것이라 생각합니다.

끝으로, 이 법회가 성황리에 원만회향 될 수 있도록 전문가 선생님들이 하시는 나머지 강연에도 한결같은 마음으로 동참해 주시길 바랍니다. 경청해 주셔서 감사합니다. 성불하십시오.

미산현광 ————————————————

스님. 1972년 백양사로 출가한 이래 선수행과 교학에 전념해 왔다. 봉암사와 백양사 운문선원 등에서 간화선 수행을 하였으며, 인도와 미얀마에서 초기불교 선수행을 했다. 동국대학교 불교대학 선학과를 졸업한 후 스리랑카와 인도에서 불전 언어인 팔리어와 산스크리트어 문헌을 연구하여, 인도 뿌나대학교에서 석사학위를 받았다. 영국 옥스퍼드대학교 동양학부에서 「남방불교의 찰나설의 연구」로 철학박사 학위를 취득한 후, 미국 하버드대학교 세계종교연구소 선임연구원과 대한불교조계종 사회부장을 역임했다. 현재는 중앙승가대학교 교수로 재직하고 있다. 「근본불교수행의 요체와 지성의 발현」, 「남방상좌불교의 심식설과 수행계위」, 「대념처경 주석서에 대한 이해」 등의 수행 관련 논문을 발표했다.

제2장

서양인은 한국의 가정을 어떻게 보는가
―외눈 겹눈―

서명원(Bernard SENECAL) _ 神父, 서강대 종교학과 교수('성철스님의
생애와 저서'로 박사학위 받음)

오늘 제가 여러분께 드릴 말씀은 특별한 이야기가 아닙니다.
제가 외국인이고, 가톨릭 신부이고, 또 대학에서 학생들을 가르
치는 교수라고 해서, 여러분에게 전문적인 이야기를 하지는 않으
려 합니다.

흔히 배운 사람들은 이야기를 할 때 어렵게 말하는 경향이 있
습니다. 그것은 그렇게 이야기해서 사람들이 잘 못 알아들으면
그들 자신이 매우 똑똑하고 유식하다고 생각하는 나쁜 버릇이
있기 때문이라고 봅니다.

하지만 제가 제1차 도피안사의 구국구세 대법회와 한국의 가정
의 달을 맞아 여러분께 말씀드리려는 이야기는 결코 어려운 이야
기가 아닙니다. 외국인인 제가 한국에 와서 제 주변의 일들을 보
고, 듣고, 느낀 점들을 통해 한국 가족 문화의 장단점을 외국인, 특

히 서양인의 눈으로 보고 서양인의 생각과 사고방식으로 짚어 보자는 것입니다.

1. 올바른 희생정신이란

전반적으로 한국의 어머니들은 대단한 희생정신을 가지고 있습니다. 어머니나 아내에게 희생정신이 있다면 아이들이나 남편에게도 그 정신은 심어지기 마련입니다. 이 희생정신은 대대로 여자가 그 핵심적 역할을 해 왔을 뿐만 아니라, 앞으로도 그러하리라 생각하지만, 남자들도 아내나 어머니들의 고귀한 정신〔희생〕의 협력자로서 뜻을 같이해야 좋은 모습이 될 것 같습니다.

어떤 어머니가 '요즘은 자식을 하나밖에 안 두는 집안이 많아져, 자식을 금지옥엽으로 여기다 못해 과잉보호를 하는 경우들이 너무나 많다'고 말씀하시며, 그런 까닭에 대대로 이어져 온 한국 사회의 정신적 동력인 희생정신을 아이에게 전혀 안 가르친다고 몹시 안타까워했습니다.

엄마가 희생을 하되 그 희생의 정신을 자녀한테 가르쳐야 된다는 얘기입니다. 대가족제도에서 살았을 때에는 어쩔 수 없이 희생정신을 지녀야 됐을 것입니다. 하지만 핵가족제도에서는 하나 둘밖에 없는 자녀가 가정의 모든 생활에 중심이 됩니다. 그러니 자연히 희생정신이 많이 약해지고, 결국 그들이 커서 사회생활을 할 적엔 자신밖에 모르게 되는 이기적인 사람으로 전락해 버리고 맙니다.

구체적인 예로, 아이한테 사탕 한 봉지를 주면서 "애야, 너도 엄마의 몫을 주렴, 내 몫을 줘 봐” 하면, 아이가 사탕 봉지를 다 가지려고 하다가도 반 정도는 엄마한테 주어야 한다고 느끼게 되므로, 그렇게 간단하게 희생의 정신을 생활에서 배울 수 있다고 봅니다.

한번은 웃지 못할 경험을 한 적이 있습니다. 제가 서울에서 대전까지 가는 기차 안에서 잠을 자는데, 옆자리에 앉은 젊은 부부의 딸이 제 큰 코를 건드리기 시작했습니다. 저는 그만 잠이 깼죠. 저는 ‘요 녀석, 내 코가 커서 그런 거구나’ 하고 생각하며 그냥 넘기려 했습니다. 그런데 막상 보니까 그 꼬마 아이가 기차의 다른 어른에게도 계속 그러는 겁니다. 코를 골며 자는 어른에게 그 꼬마가 가서 코를 건드리고 있었는데, 아이의 부모들은 그걸 보고 웃고만 있었습니다.

저는 도저히 이해가 안 갔지만, 그냥 참고 다시 잠을 청했습니다. 그런데 똑같은 일을 또 당했습니다. 마침내 이래선 안 되겠다 싶어, 저는 자리에서 일어나 아이를 야단쳤습니다. 그런데 그 젊은 부모들이 “웬 참견이냐”며 흥분했고, 오히려 적반하장으로 제가 야단을 맞아야 했습니다.

제가 말씀드리고자 하는 요지는 자식에 대한 부모의 이런 분별없는 희생정신, 무조건 아이의 기를 살리려는 삐뚤어진 교육 방법들이 서양에서 도입된 것이기 때문에, 실상 굉장히 잘못되어 있다는 겁니다. 자신만 아는 사람들이 사회생활을 하면 반드시 문제를 일으킬 수밖에 없습니다. 제 생각에는 아이들에게 남의 공간, 남의 자유를 존중하는 정신을 빨리 가르치는 게 좋다고 봅니다. 바꿔 말씀드리자면, 나의 자녀 때문에 전체를 보는 눈이 멀어서는 안 된다는 얘깁니다.

다른 구체적인 사례를 들자면, 얼마 전에 제가 교편을 잡고 있는 서강대에서 입시 비리가 있었습니다. 저는 입시 비리에 관련된 두 사람 중에서 한 사람을 알고 있습니다. 그는 나쁜 사람이 전혀 아닙니다. 그런데 학력이 떨어지는 4등급밖에 안 되는 아들이 입시에 우수하게 합격할 수 있도록 그가 울면서 통사정을 했다는 이야기입니다.

그 말을 들은 또 한 사람은 서로 아는 처지라 잘못된 그 부탁을 그만 들어준 겁니다. 이게 안 들킬 수가 있겠습니까? 이 일은 명문 사학이라고 하는 대학의 매우 똑똑한 교수가 자기 자녀만 보느라고 순간 눈이 멀었던 것입니다. 그 양반이 똑똑한 사람이기는 했으나 슬기는 전혀 없었던 겁니다.

절에서 배울 수 있는 것은 진리, 즉 슬기로움이겠지요. 그게 무엇일까요? 즉 불교를 비롯한 종교가 사람들한테 가르쳐야 되는 것은 함께 살 수 있는 방법이지요. 자녀를 키우되 함께 사는 방법을 일러주고 깨닫게 해주는 것입니다.

앞에서 말했던 제가 아는 그분도 자기 자식만 생각지 않고 좀 더 슬기롭게 넓은 시야를 가졌더라면 입시 비리 같은 일은 벌이지 않았을 겁니다. 이것은 진정한 의미의 희생이 아닙니다. 우리는 이 사실을 분명히 깨달아야 합니다. 정말 남을 위해서 희생하려는 큰마음을 부모님들이 가르쳐 줄 수 있어야 한다고 봅니다.

2. 올바른 부부 관계를 생각하며

여기서 제가 사회적 역할을 저버린 남편에 관해 너무 부정적으로 말씀드리는 것은 아닌지 조심스러워집니다. 사실 남편들이 한 집안을 이끌어 나가기 위해 기울이는 노력은 이루 말로 다 할 수 없다고 봅니다. 경쟁이 치열한 한국 사회에서 안정된 자리를 잡고 한 집안을 이끌어 나가기란 여간 힘든 일이 아닙니다. 소위 허리가 휘어질 정도로 힘겨운 일들이 많습니다. 전혀 쉽지 않습니다. 한국 사회 안으로 들어가서 자리를 잡는다는 것은 사납고 억척같아야 가능하다고 말씀드리고 싶을 정도입니다.

그래서 오늘과 같은 어버이날(2005년 5월 8일)엔 한국의 남편들의 노력을 아낌없이 인정해 드리고 싶을 뿐만 아니라, 아내들도 그들의 노력을 인정해 주었으면 하는 바람입니다. 제가 보기로는, 여성들한테는 좀 죄송한 말씀이 되겠지만, 어떤 때는 아내들이 남편이 얼마나 애를 쓰고 있는지, 얼마나 노력하고 있는지 잘 모르는 것 같습니다. 늘 그렇다고 말씀드릴 수는 없겠지만, 남성들이 응당 인정받아야 하는 최소한의 인정도 못 받는 경우들이 너무나 많지 않나 하는 생각을 할 때가 가끔 있습니다. 남자와 여자의 사고방식, 마음, 감수성, 심리 등이 서로 다르기 때문에 서로의 기대가 어긋나고, 서로의 길이 엇갈릴 수 있는 경우들도 많습니다. 그러므로 더욱 섬세한 배려와 이해가 있어야 한다고 생각합니다.

사실 부부 양쪽 이야기를 들으면 양쪽이 다 너무 아름답습니다. 다만 필요한 것은 서로가 대화와 이해의 다리를 놓아야 한다는 것입니다. 다리를 놓아야 서로 화목하게 됩니다. 여자들이 희망하는 것은 거의 사소한 것입니다.

그런데도 남자는 '나는 이렇게 열심히 일하고 있는데, 왜 나의 아내가 행복해하지 않을까? 왜 나에 대해서는 불만밖에 못 느낄까?'라고 생각합니다.

그러나 여자는 작은 것에 희망을 품습니다. 꽃 한 송이를 선물받는 정도의 소박한 생각을 한다는 것이지요. 그러면 남자는 '나는 이것도 저것도 다 해줬는데' 하면서 신경쓰지 않고 더욱 덤덤하게 행동합니다.

그렇게 서로의 기대와 희망이 다르기 때문에 결국은 서로에 대한 불만을 가지게 되고, 마침내 불만이 점점 커 가게 됩니다. 이런 어긋남을 극복하려면 대화와 이해의 다리가 절실하게 필요합니다.

3. 아이를 낳을까 말까

제가 좀 예민한 문제에 대한 이야기를 꺼내려 합니다. 바로 가정에서의 낙태, 임신 중절 문제입니다. 왜 낙태 문제를 이야기해야 되느냐 하면, 현재 한국은 출산율이 세계적으로도 가장 낮고, 반면 낙태율은 가장 높기 때문에 그렇습니다.

제가 알고 있는 한국의 어떤 분이 프랑스의 불교학술회에 참석했을 때, 한국에 대한 기가 막힌 이야기를 들었답니다. 그분은 아주 기분이 상해서 저에게 전화를 걸어 그 상황을 즉시 바로잡아 달라고 명령하듯 말했습니다. 이유인즉, 학술회에서 한 발표자가 한국의 사회 현상을 지적하면서 세계적으로 한국에서 낙태율이 가장 높다고 말하며, 하필이면 불살생의 정신대로 살아야 되는 불교 국가에서 낙태율이 왜 그 정도까지 높은가? 하는 공격적인 질문을 했답니다. 그분은 의당 한국 사람으로서 '우리 한국은 여러 장점도 많은데, 하필이면 왜 그 문제만 꼬집어서 제기하느냐?'는 생각에 몹시 자존심이 상했다는 것입니다.

그런데 생각해 보면, 불교뿐만 아니라 가톨릭에서도 낙태 수술을 인정하지 않고 있습니다. 개신교도 마찬가집니다. 연세대 세브란스 병원에 가서 낙태 수술을 받겠다고 하면 거절당할 겁니다. 인정해 주지 않습니다. 그러니 낙태 문제는 불교의 책임만이 아니라 그리스도교에도 책임이 있고, 나아가 이 사회의 전반적인 공동의 책임이라고 저는 생각합니다. 우리가 절에서 이런 낙태 문제를 거론하기에는 좀 어색하지만, 저는 이 낙태 문제가 모든 종교인들의 공동 책임이라고 말하고 싶습니다.

저는 세 가지의 구체적인 경험을 통해 낙태에 대한 의견을 말씀드리겠습니다. 그러나 제가 확실한 답을 갖고 하는 말씀은 아닙니다. 어떤 때는 낙태가 있을 수밖에 없는 불가피한 상황이 있다고 생각합니다. 저는 분명 무조건주의자가 아닙니다. 비록 가톨릭 사제라고 해서 낙태를 해서는 절대로 안 된다고 고집을 부리지는 않을 겁니다. 바람직한 방법은 아니지만, 어떤 때는 그럴 수밖에 없는 상황도 있을 것이라고 인정합니다. 도저히 다른 방법이 없으니까 말입니다. 그러나 가장 최후의 방법으로 낙태를 인정해야 된다고 생각하지만, 그것이 근본적으로 좋은 해결책은 역시 아니라고 생각합니다.

저와 친한 한국 남자가 있는데 그 부인이 세 번째로 임신을 했습니다. 그런데 그 부인은 세 번째 자식을 전혀 원하지 않았습니다. 그러나 남편은 '나는 당신이 아이를 낳기를 간절히 원하니 낳아야만 된다'는 식으로 나가기 시작했습니다. 그런데 부인의 생각은 너무나 달랐습니다. 줄곧 '피곤하다, 피곤하다'고 얘기를 하면서 말입니다.

그런 어느 날 부인은 자기 언니의 집에 가서 쉬겠다고 말하고는 몰래 낙태 수술을 받았어요. 그리고 집에 돌아왔지만, 결국엔 남편한테 애를 지운 것을 들킬 수밖에 없었습니다. 계속 낙태 사실을 감추거나 남편을 속일 수는 없는 일이었으니까요. 남편은 엄청나게 화가 났습니다. 도저히 그 결과를 받아들일 수가 없었습니다. 이혼을 할까 말까 하다가 커 가고 있는 두 자녀를 생각해 이혼만은 않기로 했습니다.

그러나 이것이 불만거리가 되어, 그 이후 5년 동안 피곤할 때나 지쳐 있을 때는 어김없이 이 주제가 부부의 다툼으로 되돌아왔습니다. 합의하지 않은 낙태 탓에 둘 사이에 대립과 불만이 있었다는 이야기입니다. 이로 인하여 서로가 두고두고 힘들었고 가정이 흔들렸던 겁니다.

하지만 나중에는 화해를 했습니다. 어떻게, 어떻게 하여 부인이 다시 임신해 셋째 아이를 낳으면서부터 말입니다. 두 사람의 일은 반드시 의논하고 합의해서 처리해야 평화와 행복이 온다는 증거이지요.

두 번째 이야기는 마흔이 된 직장 여성 이야기입니다. 피임을 했는데도 그만 임신이 되었습니다. 두 사람의 인생 계획을 다 구상해 됐는데 덜컥 임신이 되었다고 합니다. 그렇지만 여자는 애를 낳아야겠다는 겁니다. 그 여성의 논리는 간단했습니다. 생명이니까 무조건 낳겠다는 것이었죠. 그렇다고 그 여성이 종교인도 아니었습니다. 오히려 그 여성은 종교가 없는 사람이었습니다. 불교도 아니고, 그리스도교도 아니고, 도교도 아니고, 그냥 무종교인이었습니다. 그럼에도 불구하고 그 여성은 생활의 불편과 부담을 무릅쓰고 양심에 떳떳하게 아이를 낳겠다고 했습니다.

사실 남편은 '오래전부터 임신을 희망했는데, 이제 때가 됐구나!' 하면서 아내의 선택을 기쁘게 따라주었습니다. 둘은 아기를 기꺼이 받아들였고, 오히려 아이가 화목한 가정을 이루는 데 플러스가 된다고 믿었습니다. 이미 딸이 둘 있었는데, 운 좋게도 셋째는 아들이었습니다. 그 여성은 아주 행복했고, 애 낳기를 너무 잘했다고 하면서 시어머니의 도움을 받아 애를 잘 키우고 있습니다. 물론 직장 다니는 것은 그만뒀습니다.

끝으로 세 번째 경우입니다. 이 경우도 피임을 했는데도 임신하게 된 마흔 살 여성의 이야깁니다. 잘 아시겠지만, 피임은 완벽하지 않습니다. 어떤 방법을 썼다 해도 생각 외로 임신이 될 수 있는 것 같습니다. 제가 신부가 되기 전, 의대에서 배운 것은 완벽한 피임 방법은 없다는 것이었습니다. 낙태 말고는 완벽한 피임 방법은 없습니다.

그 여성이 저한테 전화하여 어떻게 하면 좋겠느냐고 물었습니다. 저는 왠지 본능적으로 애를 낳는 게 좋을 것 같다는 생각이 들었습니다. 그래서 그대로 말했지요. 그러나 그것은 제가 알아서 대답해야 할 문제가 아니라 남편과 먼저 상의하시되, 되도록 이면 낳는 게 좋겠다고 말했습니다. 그런데 그 여성이 하는 말이 남편이 아이를 낳지 말자고 한다는 겁니다.

그로 인해 두 사람은 3개월 동안 치열하게 싸웠다고 했습니다. 아내는 '애를 낳아야만 된다' 하고, 남편은 반대로 '낳아서는 절대 안 된다. 주말에 함께 병원 가자' 하고 말입니다.

남편이 하도 무섭게 다그쳐 몇 번이나 강제로 병원에 끌려갔다고 합니다. 그런데 병원에서 의사가 남편에게 말하길, 마흔 살이 돼도 애를 낳는 경우가 많고 얼마든지 가능하다고 했답니다.

남편은 의사의 말을 듣고는 발가락부터 머리끝까지 화가 났다고 합니다. 의사가 낙태를 권할 줄 알았는데, 오히려 아내의 편을 들고 아기 낳기를 권하니 자신의 생각과는 다르다는 것이지요. 결국 주변의 설득과 권유로 남편이 물러섰고 양보했습니다. 애를 무사히 낳았습니다. 이미 있는 두 딸에 또 딸이었습니다. 딸부자가 됐습니다. 그런데 지금은 남편이 너무 좋아한답니다. 남편이 한사코 애를 마다했던 이유 중 가장 큰 것은 경제적인 것이었습니다. 40대 후반, 거의 50대인 남자라면 회사에서 조만간 잘릴 수밖에 없고, 잘리지 않더라도 미리 선선히 자리를 내주는 것이 '도둑놈' 소리를 듣지 않는 길인데, 아이가 생기면 어쩌나 하고 부양을 심각하게 고민했던 겁니다. 그런데 결국 여자가 남편의 마음을 움직였고 남편이 그 결과를 기꺼이 받아들이고 나니까, 생의 의욕이 더 왕성하게 생기더라는 겁니다.

보시다시피 이 세 가지 경우를 통해서 임신의 문제를 여러 가지로 생각할 수 있습니다. 어떤 때는 여자가 원하지만 남자가 원하지 않고, 어떤 때는 여자가 원하지 않지만 남자가 원하고, 또 어떤 때는 합의해 함께 원합니다.

한 가지만 더 말씀드리겠습니다. 제가 알고 있는 일들을 통해 보면, 아이를 갖게 되면서 오히려 어려움을 이기고 또 한 아이를 낳게 된 이후로 완전히 달라집니다. 여자도 남자도 완전히 달라진 걸 볼 수 있습니다. 40대라면 인생의 고비죠. 내리막을 걷기 시작하는 출발지죠. 생로병사의 이치가 누구에게나 그렇죠. 그런데 여자는 애를 낳으니까 훨씬 더 젊어진다는 것입니다. 여자가 '나는 힘들다, 늙어빠졌다'라는 심리 상태에서 벗어나, 인생의 방향이 완전히 달라진 셈인 것입니다. 늙어서도 아이를 낳은 분들은 삶을 끌어안으면서 살고 있습니다. 남은 인생을 여행하고 놀면서 보내기보다는 하나의 생명, 자식을 열심히 키우면서 보내기로 하는 걸 바라보면서, 왠지 모르지만 그 여자 분의 몸에서 빛이 나는 느낌이 들 정도였습니다.

저는 프랑스 의대에 다녔을 때 산부인과 수술실에서 애를 받아 보기도 했고, 낙태 수술을 시술하는 모습도 봤습니다. 애를 낳은 여자의 모습과 낙태 수술을 받은 여자의 모습은 하늘과 땅 차이입니다. 애를 지워야 된다면 지워야 되겠지만, 이것이 결코 즐거운 경험일 수는 없다는 것입니다. 이 점을 잊지 않으셨으면 하는 바람입니다.

4. 바람직한 고부 관계

이제 고부지간에 대해 말씀드리겠습니다. 이번에도 구체적인 사례를 말씀드리겠습니다. 미안하지만 어두운 이야기부터 말씀드리겠습니다.

어떤 맏며느리가 시어머니를 모셨다가 너무나 힘들어지니까 나는 더 이상 못 버티겠다고 그 남편에게 선언하며 날카롭게 굴었답니다. 이런 식으로 가다가는 돌아버릴 거라고 하면서 말입니다. 남편이 이런저런 궁리 끝에 다른 형제들끼리 돌아가면서 시어머니를 모시게 했답니다.

이처럼 오늘날 시부모 봉양은 더 이상 맏며느리만의 책임은 아닙니다. 우스갯소리로, 어느 날 시어머니를 모시는 맏며느리가 효도하는 마음에서 한약을 지어 드렸더니, 시어머니가 너무나 힘이 세어져서 고부 갈등이 더욱 심해졌다는 웃지 못할 농담 같은 얘기도 있습니다. 한 사람이 모든 걸 책임지는 것은 매우 큰 어려움입니다. 중요한 것은 대화를 통해 마음이 상하지 않게 서로 배려해야 합니다.

두 번째 역시 약간 어두운 이야기입니다. 제가 아주 잘 알고 있는 주부인데, 명상 생활, 기도 생활, 참선 수행 등 매사를 열심히 하는 분입니다. 이분한테 어떤 일이 생겼냐 하면, 어느 때부턴가 창문 바깥으로 뛰어내리고픈 충동이 일기 시작했답니다. 소위 자살 충동입니다. 맏며느리로서 시어머니를 모시는 그 여성은 그런 갑작스러운 정신적인 심한 충동을 겪고 정신과에 갔습니다. 의사 선생님께서 말씀하시길, 시어머니와 당신 자신 사이에 하나를 택해야 된다고, 양자택일을 하라고 하더랍니다. 어머니를 내보내든지 자신이 죽든지 그 둘 중의 하나를 택하라고 했답니다. 그 말을 전해 들은 저는 그때 뭔가를 하나 발견했습니다. 그 주부가 평소 명상 생활을 열심히 했는데, 그것은 그 주부가 버티기 위한 방법이었다는 사실을 알게 된 것입니다. 버티기 위해서, 시어머니와의 사이에서 무너지지 않고 자신을 버텨 나가려고 명상에 의지했다는 사실을 발견한 것입니다. 그런데 최종적인 결과는 오히려 최악으로 치달은 겁니다. 결국은 남편한테 의논했고, 남편이 상황 파악을 해서 어머니를 다른 데로 모셨다는 겁니다.

현모양처의 정신과 그 이상은 매우 좋습니다. 저는 한국 사회에서 여자가 대대로 열심히 희생해 왔기 때문에 이 나라가 구원을 받았다고 생각합니다. 하지만 어디까지 참아야 하는지가 문제입니다.

우리가 사는 사회는 너무나 많이 달라졌습니다. 이제 하나의 선을 그어야 하는 때가 되었다고 봅니다. 즉 자신의 한계를 알아야 합니다. 영육이 다 망가지기 전에 올바른 판단으로 최악의 사태를 미연에 방지하는 게 좋다고 생각합니다. 제가 말씀드리고 싶은 것은 상황에 맞추어 융통성이 있게 부모님을 모시는 게 가장 좋다는 말씀입니다.

지금까지 몇 가지 주제로 우리 한국의 가족에 대해 이야기하였습니다. 제가 말씀드린 이 가족 이야기는 누구나 말할 수 있고, 누구에게나 해당되며, 또 누구나 지킬 수 있는 것들입니다. 그러나 그렇지 못한 경우가 종종 있어서 가족이 해체되고 무너지고 있습니다. 삶의 가장 기초라고도 할 수 있는 가족과 가정은 그 무엇보다 소중합니다.

여기에 참석하여 제 이야기를 들어주신 여러 불자님들께서는 그렇지 않겠지만, 혹시라도 앞으로 가족과 가정에 문제가 생길

경우, 오늘 제 이야기를 한 번쯤 되새겨도 좋지 않겠나 하는 생
각을 해봅니다. 오랜 시간 경청해 주셔서 감사합니다. 부처님과
주님의 축복을 기원합니다.

서명원 ──────────────

1953년 : 캐나다 몬트리올 출생
1973년─1979년 : 프랑스 보르도(Bordeau) 의과대학 수학
1979년 : 예수회 입회(프랑스)
1990년─1995년 : 프랑스 제7파리대학(문학석사: 한국어와 문명)
2004년 : 박사학위(한국불교 전공)
2005년─현재 : 서강대학교 종교학과 교수

· 사목 경력

1991년─현재 :
프랑스에서 그리스도교-불교 간 대화를 위한 공동체 책임자
선(禪)수행을 겸비한 이냐시오 영성수련에 바탕을 둔 피정지도 및 강의
1994년─현재 :
파리 가톨릭대학. 그리스도교─불교 간 대화를 위한 연구위원으로 활동
프랑스 국립과학연구소 한국분과위원
1998년─현재 :
프랑스, 벨기에 및 캐나다 등 불어권 지역과 한국에서 선과 이냐시오
영성을 겸비한 피정지도를 다양하게 하고 있다.

제3장

오늘날 한국 가족의 모습은 어떠한가

-변화하는 한국의 가족과 가족 정책을 이해하기-

조희금 _ 중앙건강가정지원센터장

1. 강의를 시작하며

저는 소개받은 중앙건강가정지원센터의 센터장이면서 대구대학교의 교수로 있는 조희금입니다. 만나 뵙게 되어 반갑습니다. 송암스님께서 이번에 마련하신 도피안사의 구국구세 대법회에서 가정 문제에 대해 말씀드릴 기회를 가지게 된 것을 기쁘게 생각합니다. 무엇보다 부처님 앞에서 말씀을 드린다고 생각하니 학생들에게 강의하는 것과는 달리 긴장되고 떨립니다.

강의를 시작하기 전에 한 분을 소개해 드리고자 합니다. 가정과 관련된 구국구세 대법회를 마련하시겠다는 송암스님의 요청에 따라 전체적인 프로그램을 구성하신 분은 대한가정학회 회장이신 서울대학교의 이기영 교수님이십니다. 대한가정학회는 가정학을 전공하는 사람들의 가장 큰 모임으로 회원 수가 무려 천여 명이 넘는 큰 단체입니다. 저 또한 이기영 회장님의 명을 받들고 이 프로그램을 맡게 되었습니다. 오늘 이 자리에 함께 나오셨습니다. (박수)

저는 오늘 이곳 도피안사에 와서 광덕 큰스님께 절을 올리면서 감개무량함을 느꼈습니다. 저와 큰스님과의 인연은 벌써 아득한 세월이 흐른 1974년, 서울대학교 가정대학에 입학했을 때였습니다. 저는 그해 여름 친구의 권유로 불교학생회의 여름수련대회에 참석하게 되었습니다.

제가 어렸을 때 집에서 할머니와 어머니께서 절에 다니셨기 때문에 두 분을 따라 절에 가 본 적은 있었습니다. 그 이후로 개신교 계통의 고등학교를 다녔기 때문에 절과는 무관하게 지내고 있던 참이었습니다.

대학 1학년의 첫 여름방학이었기 때문에 다른 프로그램도 많았으나, 그 모두를 다 뿌리치고 부산 범어사에서 하는 하계대학생수련대회에 참가했던 것입니다. 그 수련대회의 지도 법사님이 바로 광덕 큰스님이셨습니다. 일주일 동안 수련대회를 마치고 마지막 날 수계를 받았는데, 그때 큰스님께서 제 법명을 자인행(慈忍行)으로 지어 주셨습니다. 저는 제 법명을 아주 좋아했고, 법명의 뜻에 맞게 살아갈 수 있도록 노력하고 있습니다.

또 하나 큰스님과 관련된 기억은, 그해 11월 1일 서울대학교 불교학생회의 창립 기념일 행사와 관련해서입니다. 1974년은 유신헌법이 선포된 지 얼마 안 되었던 때인데, 우리는 큰스님이 계신 종로의 대각사에서 창립 법회를 하면서 유신헌법의 부당함을 알리는 성명서를 기습적으로 발표하였습니다.

즉시 경찰들이 달려왔고, 저희는 법당 안에서 밤을 새웠는데 날씨가 무척 추웠습니다. 밤새워 법당에서 철야 예불을 드리고 새벽 예불을 마친 뒤 우리는 다 함께 종로경찰서로 연행되었습니다.

그때 큰스님께서 나도 간다고 하시면서 앞장서서 트럭을 타시고 같이 가셨습니다. 그렇게 해서 종로경찰서까지 가서 조사를 받았습니다. 불교학생 단체에서 유신헌법과 관련하여 처음으로 반대를 공표한 사건이라 사회적으로 큰 영향을 미친 사건이었습니다. 그때 큰스님께서 저희들을 따뜻하게 보살펴 주신 것은 지금 생각해 보아도 감회가 무척 새롭습니다.

2. 이제는 가정에 대한 공부를 할 때

제가 오늘 이야기하려는 주제는 '우리나라 가족의 변화 양상을 제대로 이해하자'는 것입니다. 사실 제가 가정이나 가족에 대한 말씀을 드리려고 하면 여러분은 아마 다 아는 이야기라고 생각하실 것입니다. 그 이유는 우리 모두는 가정에서 태어나서 자랐고 가정을 갖고 있으며, 인간은 누구나 가정을 떠나서는 그 존재를 생각할 수 없기 때문입니다. 현재 가정을 갖지 않은 스님들마저도 출가 전에는 가정에서 태어나고 자라셨습니다. 그래서 누구든지 가정에 대해서는 이미 잘 알고, 많이 알고 있다고 쉽게 생각합니다.

가정생활이란 우리가 안 배워도 되고 누구나 잘할 수 있다고 믿어 버리는 것이지요. 그러나 등하불명(燈下不明)이라는 말처럼 생각만큼 많이 알거나 쉽지 않은 것이 또한 가정생활이라고 봅니다.

한번 보세요. 잘 알지 못하고 잘 실천하지 못해서 갈등과 다툼이 생기는 것도 가족들과의 관계가 아닙니까? 특히 학생들을 보면 모르는 정도가 더 심합니다. 요즘 학생들은 가정생활에 대해서 아는 것이 거의 없습니다. 아침 일찍 집을 나와 밤늦게까지 학교에 있기 때문에 가정에 대해서 알 수 있는 기회가 거의 없습니다. 누구나 가정에 대해서 잘 알고 있고 충분히 경험하고 있다고 생각하겠지만, 실제로는 너무도 잘 모르고 있는 것이 가정생활이라고 하겠습니다.

이처럼 각 가정에서 가정생활에 대한 것을 배울 기회가 없기 때문에, 막상 자신이 가정을 가졌을 때는 조그만 문제도 해결하기 어려워 쩔쩔매는 것이 우리의 현실입니다. 그러므로 가정생활에 관한 것들도 철저하게 가르치고 제대로 배워야 합니다.

이번에 불교계에서 처음으로 이런 법회를 마련하신 뜻이 모든 불자님들이 우리 가정에 대한 것을 제대로 알고 거기서 우리가 불자로서 어떻게 생활할 것인가를 생각해 보도록 하는 좋은 기회를 주기 위한 것이라고 저는 알고 있습니다.

이를 위해 먼저 여러분들이 큰 안목으로 우리나라 사회가 어떻게 변화하고 있는지, 현재의 우리들 가정의 실태가 어떠한지에 대해서 아는 것이 필요하다고 생각하여 이에 대해 구체적으로 말씀드려 보고자 합니다.

3. 가정의 변천

우리 가정의 실태를 알기 위해 가정의 모습이 어떻게 변화해 왔는지 살펴보도록 하겠습니다. 지금 우리가 살고 있는 이웃이나 지역사회뿐만 아니라 우리나라 전체가 굉장한 변화를 겪고 있습니다. 사회적인 변화와 함께 우리 가정도 엄청난 변화를 겪고 있는데, 그 변화를 알아볼 수 있는 몇 가지 지표가 있습니다. 이 지표들을 통해서 보면 그동안 우리들 가정이 얼마나 많이 변화했는지 잘 알 수 있습니다.

저출산, 고령화, 이혼율 등이 가정의 변화를 볼 수 있는 대표적인 지표들입니다. 이들 지표들이 나타내는 현상은 현재 우리 사회가 풀어야 할 하나의 커다란 화두라고 말할 수 있습니다.

먼저 '저출산'에 관한 것입니다. 지금 여기 계신 불자님들은 대개 자녀들을 몇이나 두셨는지요? 대답해 보세요 앞에 앉은 분은, 삼남매. 그 옆에 계신 보살님은, 오남매요 그러시군요 저의 형제자매는 육남매입니다. 딸이 넷에 아들이 둘입니다. 제 나이 또래의 친구나 이웃들은 거의 형제자매들이 5, 6명 이상이었어요

이것을 수치로 나타내는데, 여성 1명이 평생 출산하는 아이의 수를 평균하여 합계출산율이라고 합니다. 1960년 우리나라 여성 1명은 평균 자녀를 6명 남짓 낳았습니다. 즉 합계출산율이 6.3이었어요 그때부터 30여 년 간 우리는 아이를 적게 낳자는 가족계획 구호를 귀에 못이 박히게 들어 왔습니다. 예를 들면 '아들 딸

구별 말고 둘만 낳아 잘 기르자', '하나만 낳아도 삼천리는 초만 원'이라고 말입니다.

이렇게 높던 출산율이 계속 줄어들어 1980년 이후에는 급격하게 줄어들어서 2002년에는 여성 1명이 평균 1.17명의 자녀를 낳기에 이르렀습니다. 그 다음해인 2003년에는 1.19명이 되었어요. 예를 들어 보통 가정에서는 남편과 아내가 애를 낳으므로 두 사람이 최소한 자녀 둘을 낳아야 현상이 유지되는 겁니다. 그렇게 낳는다 해도 스님이나 신부님 같은 분들도 계시기 때문에 인구는 줄어들게 되어 있습니다. 그러므로 합계 출산율이 평균 2.1은 되어야 인구가 현상을 유지합니다. 이를 대체출산율이라 합니다.

현재 우리나라의 출산율은 전 세계에서 가장 낮습니다. 그러니까 지금은 아이를 낳지 않거나 낳아도 1명, 많아야 2명을 낳고 있습니다. 이런 상태가 지속되면 우리나라의 인구는 급격히 감소할 것으로 보입니다. 현재 우리나라 인구가 대강 4,800만 명인데, 이런 추세가 지속된다면 2100년에는 1,600만 명 정도로 인구가 줄어들 것으로 예상합니다.

적정한 인구가 몇 명이냐에 대해서는 여러 가지 의견이 있습니다만, 우리나라의 경제 활동 규모 등을 고려할 때 이런 속도로 인구가 줄어들면 국가의 유지 및 존립이 문제가 됩니다. 지금 낮은 출산율 때문에 국가에서는 비상이 걸렸습니다. 대통령, 보건복지부 장관 등이 나서서 어떻게 하면 출산율이 내려가는 것을 막을 수 있을까 고민하고 있다고 합니다.

참고로 우리나라 출산율의 변화를 보여 드리면, 〈그림 1〉과 같습니다.

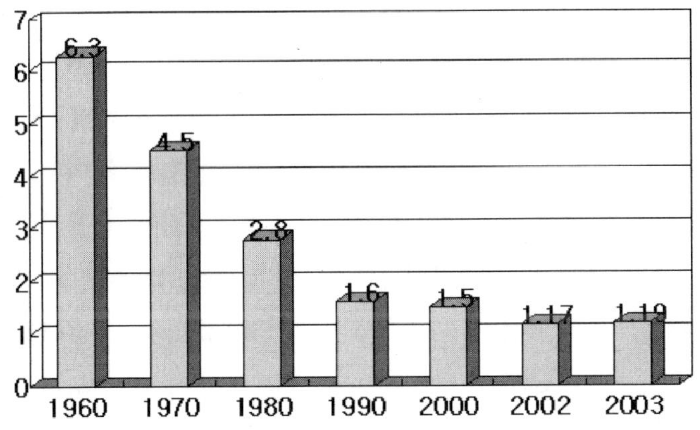

그러면 출산율이 이렇게 낮아지는 이유는 무엇일까요? 애를 적게 낳는다고 알려진 일본이나 프랑스 등 유럽도 1.3 내지 2.0명 정도는 되는데 왜 우리나라가 그보다 훨씬 낮은 수치를 보일까요? 우리나라의 출산율이 낮은 이유를 살펴보면 다음과 같은 이유들이 있습니다. 우선 저출산의 가장 큰 이유는 자녀 양육의 어려움입니다. 자녀 양육의 어려움, 특히 직장을 가진 여성들이 겪는 자녀 양육의 어려움은 여성들이 아이 갖기를 망설이게 합니다. 직장에 다니는 여성들 가운데 아이를 돌볼 여건이 안 되는 젊은 사람들은 결혼은 하지만 자녀는 낳지 않으려고 합니다. 또 자녀를 교육하는 데 드는 비용, 특히 우리나라의 사교육비가 자녀를 여러 명 갖는 것을 불가능하게 합니다. 이런 이유들로 각 가정의 자녀수 자체가 줄어든 것입니다.

또 다른 중요한 이유는 젊은이들이 결혼을 하지 않거나 너무 늦게 하는 것입니다. 우리나라의 혼인율은 10년 전에 비해 놀라울 정도로 떨어졌습니다. 10년 전에는 일 년에 40만 쌍 정도가 결혼을 했습니다만, 작년에는 30만 쌍으로 그 숫자가 대폭 줄어들었습니다. 인구는 늘었는데 결혼은 줄었죠. 또 혼인을 아주 늦게 합니다. 지금 평균적으로 남자의 초혼 연령이 30세 정도이고, 여자의 경우는 27.5세 정도입니다. 특히 경제 위기 이후 청년실업 문제가 결혼에 막대한 영향을 줍니다. 대학을 졸업하고 취직을 해서 직장 생활을 하다 보면 자연 결혼을 늦게 할 수밖에 없습니다. 그런데 여자가 결혼을 늦게 한다고 늦도록 아이를 낳을 수 있는 것은 아니거든요. 이렇게 결혼이 늦다 보니 아이를 낳을 수 있는 기회가 점점 줄어드는 것입니다.

요즈음 가정에서 아이가 얼마나 적은가를 잘 나타내 주는 지표는 한 집에 살고 있는 가구당 가구 인원수의 변화입니다. 자녀 수가 줄어드니 당연히 가구당 인원수가 줄어들게 되는 것이지요. 수치로 보면, 1960년대에는 한 가구당 평균 인원이 6.2명이었는데, 지금은 한 가구당 평균 인원이 3.1명으로 식구 수가 지난 40년 동안 절반으로 뚝 떨어졌어요. 이렇게 가구당 평균 인원수가 줄어든 데는 자녀수가 줄어든 이유도 있지만, 1인 가구, 즉 독거 가구가 많이 늘어났기 때문이기도 합니다. 우리나라의 현재 총 가구 수는 1,400만 가구 정도인데 여기에서 15%가 1인 가구입니다.

1970년의 1인 가구 비율은 3.7% 정도였습니다. 1인 가구가 증가한 모습을 〈그림 2〉에서 볼 수 있습니다. 이러한 1인 가구의 특성은 두 가지로 나누어집니다. 농촌에서는 나이 드신 노인들이

혼자 사는 경우, 도시에서는 미혼의 남녀가 혼자 사는 경우입니다.

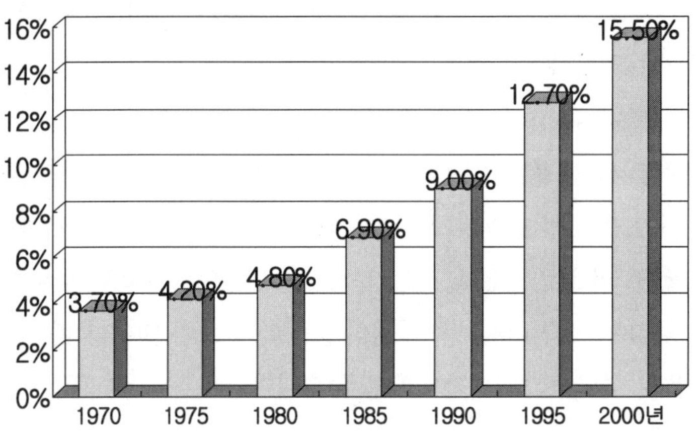

【그림 2】 연도별 1인 가구 비율의 증가 (1970-2000년)

앞으로 지속적인 저출산에 따라 가족의 모습은 그 변화가 급격하게 진행될 것이므로 우리는 가정을 보는 변화된 시각을 가지고 있을 필요가 있습니다.

저출산과 함께 가족의 변화를 나타내는 또 하나의 지표는 고령화입니다. 우리나라는 고령화 속도가 매우 빠릅니다. UN에서는 각 나라의 전체 인구에서 65세 이상 인구가 차지하는 비율에 따라 국가를 나누고 있습니다. 즉 65세 이상 인구가 전체 인구의 7%를 넘어가면 고령화 사회, 14%를 넘어가면 고령 사회, 20%를 넘어가면 초고령 사회라고 분류하고 있습니다.

우리나라는 2000년도에 7%를 넘어섰고요. 지금 이 추세로 간다면 14%가 되는 것이 2019년, 20%가 되는 것은 2026년으로 예측하고 있습니다. 한 나라에서 경제 활동이 가능한 인구를 15세부터 64세까지로 보는데, 이 경제 활동 가능 인구가 15세 미만의 유아나 65세 이상의 노인을 부양해야 합니다. 그런데 65세 이상 인구가 증가한다는 것은 그 부양 비율이 갈수록 높아지고 있다는 것입니다.

지금 세계 최장수 국가가 일본인데요. 일본의 경우에도 고령화 속도가 이렇게 빠르지 않았습니다. 세계에서 우리나라보다 노인 인구 비율이 높은 나라는 많지만, 그 속도가 우리나라만큼 빠른 나라는 없습니다. 우리나라의 고령화 속도가 얼마나 빠른지는 다음의 표에서 보면 잘 알 수 있습니다.

【표 1】 노인 인구 추이 (단위 : 만 명, %)

구분	1995	2000	2005	2010	2019	2026	2030
총인구	4,509	4,701	4,846	4,959	5,068	5,061	5,030
65세 이상	266	339	437	530	731	1,011	1,160
비율	5.9	7.2	9.0	10.7	14.4	20.0	23.1

※ 고령화 사회(노인 인구 비율 7%)→고령 사회(노인 인구 비율 14%)→초고령 사회(노인 인구 비율 20%)로 진입하는 데 걸린 기간 : 프랑스 115년 / 41년, 독일 40년 / 40년, 미국 71년 / 15년, 일본 24년 / 12년, 우리나라 19년 / 7년.

과거에는 많은 분들이 노인이 되면 자녀가 그 부모를 부양하는 것을 당연하게 생각했고, 아마 여기 계신 어른들께서도 여러분의 부모님을 모셨을 것입니다. 그러나 요즈음 부모님을 모시고 사는 자녀들은 많지 않고, 앞으로는 거의 모실 수 없을 것이라고 생각하고 있습니다. 사실 노인이 많다는 것은 장수한다는 의미이기 때문에 나쁜 일은 아닙니다. 다만 건강하고 행복하게 오래 살아야 한다는 것이 중요한 문제입니다. 누구든 노후에는 보살핌이 필요하고, 그렇게 하기 위해서는 개인이나 국가, 사회는 어떤 식으로든 노인을 돌볼 대비를 해야 합니다. 그런데 고령화 속도가 너무 빠르기 때문에 고령화 사회에 대한 대비를 할 시간적 여유가 없다는 점에 문제가 있는 것입니다.

만일 각 가정에서 노인을 모실 형편이 안 된다면 사회나 국가가 노인들을 부양해야 합니다만, 이렇게 빠른 속도로 노인 인구가 증가하면 국가는 이를 대비할 시간적인 여유가 없다는 것이 가장 큰 문제라는 것입니다.

고령화 속도가 이렇게 빠른 이유는 어린아이들이 적게 태어나기 때문이기도 하지만, 노인들이 과거에 비해 더 오래 사시기 때문이기도 합니다. 즉 우리나라 사람의 평균 수명이 매우 길어졌다는 것이죠. 지금은 옛날과 달리 회갑 잔치도 하지 않습니다. 그만큼 평균 수명이 많이 길어졌기 때문입니다. 지난해 여자의 평균 수명은 80세이고, 남자의 평균 수명은 77세입니다. 40여 년 전인 1960년에는 여자의 평균 수명이 63세, 남자의 평균 수명은 59세였습니다. 결국 종합해 보면, 아이는 적게 태어나고 노인들은 늘어나는 것이 우리나라 가정의 현재 모습입니다.

저출산과 고령화만이 아니라 이혼 가족이 많이 늘고 있다는 것도 우리 사회의 가정의 모습을 보여 주는 큰 특징입니다. 이제는 주변에서 누가누가 이혼했다는 소리를 쉽게 들을 수 있습니다. 특히 농촌에는 부모의 이혼 후 할머니 할아버지에게 맡겨진 손자 손녀들이 많이 있습니다. 이혼율의 증가 속도도 전 세계에서 1위입니다. 속도가 워낙 빠르기 때문에 그것에 대하여 개인이나 사회적인 대비를 하기가 어렵다는 것이 또 문제입니다.

이혼의 증가 속도를 보면 1981년 총 이혼 건수는 24,543건이었으나 2003년에는 167,096건으로 증가했습니다. 인구 천 명당 이혼 건수인 조이혼율의 변화를 통해 이혼 증가율을 보면 〈그림 3〉과 같습니다. 1980년 0.5건에 불과하던 조이혼율이 2003년 3.5건으로 증가한 것을 볼 수 있습니다.

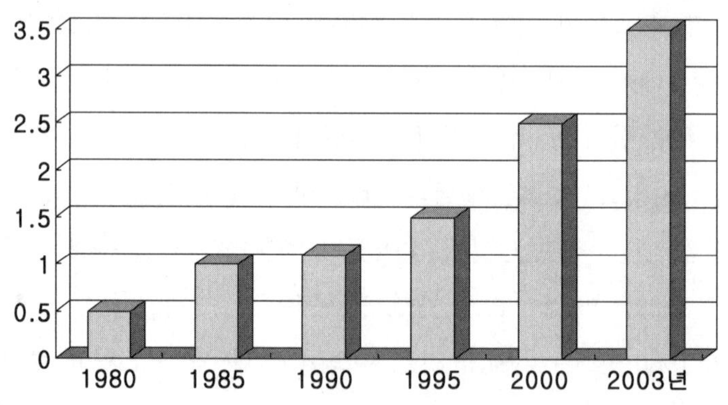

【그림 3】 조이혼율의 연도별 변화

2003년엔 연간 총 혼인 건수가 30만 건이었는데 이혼 건수가 16만 건 정도였습니다. 다시 말하면 우리 주변에 이혼한 모자 가정 또는 부자 가정이 굉장히 많이 있다는 것입니다. 이제 이혼한 가정은 더 이상 특별한 존재가 아니며, 이혼했다고 흉을 보거나 차별할 문제는 더욱 아니라는 것입니다. 이혼이 이렇게 증가하다 보니 재혼도 많이 증가하고 있습니다. 여러분들은 재혼이라고 하면 남자가 재혼이고 여자가 초혼인 경우를 많이 생각하시지만, 오히려 지금은 남자가 초혼이고 여자가 재혼인 경우가 앞의 경우보다 1.5배 정도 됩니다. 물론 둘 다 재혼인 경우가 가장 많습니다. 2003년 총 혼인 건수 중 재혼 비율은 22.3%인데, 둘 다 재혼인 경우가 13%이고, 남자가 초혼이고 여자가 재혼인 경우가 6%, 남자가 재혼이고 여자가 초혼인 경우가 4% 정도입니다.

이혼이나 재혼뿐만 아니라 국제결혼도 상당수 증가하고 있습니다. 길가에 '베트남 처녀와 결혼하세요'라는 현수막을 심심치 않게 볼 수 있습니다. 1990년대부터 결혼 못 한 농촌 총각이 중국의 조선족, 필리핀, 베트남 여성들과 결혼하는 경우가 증가한 것이 국제결혼이 많이 증가한 이유입니다.

과거에는 한국 여자와 외국인 남자의 결혼이 많았으나 요즈음은 외국인 여자와 한국 남자의 결혼이 2배 정도입니다. 1991년 5,012건에 불과하던 국제결혼 건수는 2001년 15,234건으로 3배가량 증가했습니다.

4. 시대에 따라 변화하는 가정

이상에서 살펴본 바와 같이 최근 우리나라 가정은 그 형태나 구조면에서 크게 변화하고 있습니다. 이러한 변화에 대해 열린 태도와 이해하려는 노력이 필요합니다. 또 사회 변화가 점점 더 가속화하고 있는 것을 볼 때 가정의 변화도 앞으로 지속될 것임을 짐작할 수 있습니다. 현재 우리 사회의 변화와 가정의 변화를 제대로 인식하는 것이 가정의 모습을 제대로 파악하는 것이라 하겠습니다.

옛날 우리의 할머니나 어머니들은 우물가나 빨래터에서 서로의 어려움이나 가정 문제 등에 대한 정보를 공유하고 지혜를 나눌 수가 있었습니다. 또 집 가까이에 친척이나 형제자매가 살고 있었기 때문에 가정 문제에 대한 조언을 구할 수 있었습니다. 자식이나 남편이 속을 썩일 때, 이를 털어놓으면 경험 많은 친지 또는 어른이 해결 방안을 일러주기도 했습니다. 자연스럽게 가정 문제에 대한 상담이 이루어진 것이지요.

또 경제적인 어려움도 콩 한쪽을 나누어 먹는 미덕으로 해결할 수 있었습니다. 서로에 대한 이해와 배려, 나눔으로 가정과 마을이 하나의 공동체로 유지되었던 것입니다. 이러한 우리의 전통은 자기 집 자녀가 다른 집 아이와 싸우고 들어오면, 먼저 자신의 아이를 꾸짖었습니다. 그러나 요즈음은 어떻습니까? 오히려 남의 집 아이를 야단치고 자기 아이의 편을 듭니다. 가정에서 자녀에게 인간관계나 삶의 지혜를 가르치는 가정 교육의 기능은 이미 없어졌습니다.

오히려 자녀가 한 가정의 가장 중심에 있습니다. 음식, 여가 등 거의 모든 것이 아이를 중심으로 이루어집니다. 이것은 아이가 중요하지 않다는 이야기가 아니라 아이에게 이기적이고 자기중심적인 생활 습관을 길러 준다는 것입니다. 이렇게 된 데에는 여러 이유가 있을 수 있지만, 옛날과 달리 서로 고립된 아파트 생활 속에서 가정을 꾸려 나가기 때문인 것으로 생각합니다. 가족 간에 갈등이 생겨도 누구에게 조언을 구하기가 쉽지 않고, 그러다 보면 그 갈등이 점점 커져서 결국 가족의 해체까지 이르게 되는 경우도 있습니다.

과거에는 결혼의 주목적이 자식을 얻는 데 있었으며, 자녀는 결혼생활에 꼭 필요하다고 생각하는 분들이 많았습니다. 즉 가족 안에서 부모와 자녀의 관계가 굉장히 중요했습니다. 부부 관계가 소원해도 아이들 바라보고 사는, 자녀 때문에 가정이 유지되는 그런 가정도 많았습니다. 그렇지만 현대 사회는 부부간의 관계가 부모자녀 관계보다도 더욱 중요해지고 있습니다. 60대 이상의 어른들에게 왜 결혼하셨는가 물으면 행복한 삶을 살기 위해서 결혼했다는 답이 많습니다. 그러나 요즘 대학생의 경우에는 사랑 때문에 결혼한다고 대답합니다. 결혼하는 이유 자체가 굉장히 달라졌습니다.

이를 통해 보면 이제부터는 가정에서 부부 관계가 가족 관계의 중심이 되는 방향으로 나아가고 있음을 알 수 있습니다. 즉 부부가 서로 맞지 않으면 자식이 있어도 이혼하고, 자식이 없어도 정답게 사는 부부도 많이 증가하고 있다는 것입니다. 그러니

여러분도 자녀들의 결혼에서 본인들이 싫다고 하는 결혼은 시키지 마십시오

5. 건강가정기본법

지금까지 살펴본 사회의 변화와 가정의 변화 모습을 보면, 가정 문제는 꼭 그 가정에 속한 개인의 문제만은 아니라는 느낌을 가지실 수 있을 것입니다. 아이를 적게 낳는 문제는 국가가 풀어야 하는 중요한 화두가 되었고, 빠른 속도로 고령화하고 이혼율이 증가하는 것은 개인의 문제일 뿐만 아니라 사회가 해결해야 하는 문제가 된 것입니다. 다시 말하면 가정 문제에 대해 국가가 나서서 무엇인가 지원을 해주는 것이 필요하게 되었다는 것입니다.

이런 필요에 의해 2004년 가정 문제를 예방·치료하고 가정의 건강성을 증진하기 위해 국가와 사회가 지원하도록 하는 '건강가정기본법'이 제정되어 올(2005년) 1월 1일부터 시행되고 있습니다. 이 법은 우리나라에서 일반 가정 문제에 대해 국가 지원을 명시한 최초의 법입니다.

저는 바로 이 '건강가정기본법'에 의해 설립된 중앙건강가정센터의 소장을 맡고 있습니다. 올해 5월 15일, 마침 사월 초파일 부처님오신날이었는데요, 이날이 건강가정기본법에서 정한 '가정의 날'입니다. 가정의 날을 아시는 분이 많지는 않겠지만, 5월이 가정의 달인 것은 모두 아실 것입니다.

유엔에서 1994년을 '세계 가정의 해'로 정하고 5월 15일을 가

정의 날로 정했습니다. 우리나라에서도 민간에서는 그간 가정의 날을 기념해 왔습니다만, 법으로 정한 후 첫 번째 가정의 날이었습니다. 그래서 저희 중앙건강가정지원센터에서는 제1회 가정의 날을 기념하기 위하여 여러 모습의 다양한 가정이 건강하게 사는 모습을 보여 주고자 하였습니다. 즉 다양한 가정의 '가족 이야기'를 공모하여 수기집을 발간하였습니다. 그 가운데 대상을 받은 것은 장애인 부인을 극진하게 병간호한 남편과 그 가정의 이야기입니다. 또 입양아를 기르는 가정의 이야기, 재혼하여 아이들과 화해하고 행복하게 사는 가정, 이혼 후 딸과 함께 건강하게 사는 모녀 가정 등 다양한 가정의 이야기들이 수록되어 있습니다. 이들의 이야기를 통해서 보면, 가정의 형태가 우리가 생각하는 전형적인 부모자녀로 이루어진 가족과 달리 다양하다고 해서 그 가정이 잘 유지되지 못하거나 건강하지 않은 것은 아닙니다. 그러므로 우리는 이런 다양한 모습의 가정이 많이 증가하는 현재 가정의 모습을 제대로 이해하고 편견을 갖지 말아야 합니다.

건강가정기본법은 급격한 이혼율 증가, 저출산 문제 그리고 고령화 사회 등에서 발생하는 여러 가지 가정 문제에 대비하고 해결하기 위해 국가 및 지방자치단체가 서비스를 지원하는 법입니다. 나아가 사람들이 좀더 가정에 관심을 가지고 가정 친화적인 사회 환경을 조성하는 데 노력하고자 합니다. 예를 들면 건강가정기본법에는 건강가정교육을 실시하라는 조항이 있고 이 가운데 결혼준비교육이 있습니다.

결혼준비 교육은 결혼하기 전에 결혼생활에 필요한 여러 가지 내용인 부부 상호간의 적응, 가정 내 역할과 인간관계, 경제생활 등에 대해 교육하는 것입니다. 즉 가정생활을 어떻게 해야 하는지를 배워야 한다는 것이죠.

대만 같은 경우는 2002년부터 중고등학교에서 가족생활교육을 필수로 하고 있습니다. 이런 교육을 받게 되면 가정생활에서 나타나는 문제들을 예측할 수 있고, 서로를 이해하는 능력이 생겨 가정생활을 좀더 잘할 수 있겠죠. 요즈음 대학생들은 부모로부터 무조건 받기만 해서 결혼하면 배우자도 부모와 같이 자기에게 모든 것을 주기만 하는 사람일 거라고 기대하고 있습니다. 그러나 부모 같은 배우자는 없지 않습니까? 배우자에게 부모와 같기를 기대하면 그런 기대를 가지는 것이 부부간에 갈등의 시발점이 되죠. 이혼의 이유가 부부간의 성격 차이라고 하는데, 대개는 상대방이 자신에게 어떻게 잘해 주는가만 기대하고 있기 때문인 경우가 많습니다. 그러므로 이들에게 결혼 전 준비교육은 꼭 필요합니다.

우리나라 가정 문제의 큰 원인 중 하나는, 가정 안에서 또 가정 간에 서로 나누고 서로 배려해 주는 덕목이 부족하기 때문입니다. 더 중요한 것은 불자로서 신앙을 가진 사람으로서 불자답게 일상생활을 해야 하는데, 저 자신도 많이 부족해서 부끄럽습니다만, 그렇지 못한 경우가 많다는 것입니다.

제가 하나 확실히 말씀드릴 수 있는 것은 불교만큼 사람의 생명을 소중히 여기는 종교는 없다고 봅니다. 생명을 소중히 여긴다는 것은 사람을 살리는 것을 중요하게 여긴다는 것입니다. 사람을 살린다는 것은 다른 사람을 무시하거나 상처 주지 않고, 다른 사람의 인격을 존중하고 그 사람의 의견을 존중한다는 것을 의미하는 것입니다. 가족의 의견을 서로 존중하여 화목하고, 나아가 이웃에 대한 관심과 배려로 따뜻한 이웃을 만드는 것을 통해 가정 문제를 예방할 수 있을 것이며, 이렇게 하는 것이 불자로서 바른 생활 태도를 갖는 것이라 하겠습니다.

6. 불교의 역할

불교가 가진 생명 존중과 나눔의 가치는 많은 가정을 행복하게 하는 데 중요한 역할을 할 수 있을 것입니다. 그러므로 구체적으로 불교가 건강한 가정을 이루는 데 어떤 도움을 주고 어떤 역할을 할 수 있을지 고민하고 연구할 필요가 있습니다. 그동안 천주교, 개신교에 비해 불교는 가정 문제에 대하여 거의 관심을 두지 않았던 것이 안타깝지만 사실입니다.

아마도 여기 송암스님께서는 불교계도 이제는 가정 문제에 대하여 관심을 가지고 불자들 가정을 지원해야 한다고 생각해서 이와 같은 프로그램을 기획하신 것이라고 알고 있습니다. 이는 매우 의미 있는 일이라고 하겠습니다.

지금까지 가정 문제는 개별 가정에 맡겨져 있었습니다. 가정 문제에 관심을 갖고 다루는 정부 부처는 없었습니다. 그동안 보건복지부에서 저소득, 요보호 가정에 대해서만 복지 서비스를 지원하는 것이 전부였습니다. 이제는 여성부를 여성가족부로 확대 개편해서 가족에 관련된 여러 정책을 주도적으로 처리하고 있습니다. 건강가정기본법은 정부가 이런 일을 하고자 제정한 법이고, 건강가정지원센터는 국민들에게 가정에 대한 지원 서비스를 제공하는 곳입니다. 지금까지는 개인이 알아서 하던 가정 문제들을 국가가 지원해 주고 해결해 나가려는 의지의 표현이죠 아무쪼록 여러분들이 이런 문제에 관심을 많이 가져주시면 저희도 열심히 공부하고 일해 보겠습니다.

오늘 저의 강연을 오랜 시간 경청해 주셔서 감사합니다.

조희금(趙熙今) ─────────────

학력 및 경력

1990. 3-1996. 2 : 경희대학교 대학원 가정관리학과 졸업(가정학 박사)
1980. 3-1982. 8 : 서울대학교 대학원 가정관리학과 졸업(가정학 석사)
1974. 3-1978. 2 : 서울대학교 가정대학 가정관리학과 졸업(가정학사)
1985. 3-2006. 3 현재 : 대구대학교 사회과학대학 가정복지학과 교수
1991. 3-1992. 2 : 일본 奈良女子大學 生活經營學部 訪問敎授
1998. 9-1999. 8 : 미국 University of Utah Dept. of Family and Consumer
　　　　　　　　　　　Studies, Visiting Professor
2001. 3-2001. 8 : 중국 南京大學 社會學科 訪問敎授
1998. 5-2000. 3 : 농림부 농촌여성정책 자문위원
1999. 1-2002. 12 : 대구여성의 전화 운영위원 및 상임이사, 공동대표
2001. 9-현재 : 농업과학기술원 농촌생활연구소 여성복지 전문위원
2003. 1-2003. 2 : 대통령직 인수위원회 사회문화여성분과 자문위원
2003. 5-2003. 12 : 보건복지부 참여복지 기획단 자문위원
2003. 4-현재 : 대구경북여성사회교육원 이사, 부원장
2005. 1-2006. 1 : 여성가족부 위탁 중앙건강가정지원센터 센터장
2005. 7-2006. 3 현재 : 대통령자문 정책기획위원회 위원(사회여성분과)

소속학회 및 학회활동

대한가정학회 평이사 및 사업이사(현재)
한국가정관리학회 상임이사, 편집위원(현재)
한국가족자원경영학회 학술이사(현재)
한국가정과학회 상임이사 및 회원
한국지역사회생활과학회 평이사 및 회원
한국가족학회 회원
한국여성학회 회원
한국가정복지교수협의회 부회장(2001.10-2004.12)
대한가정학회 가정복지특별위원회 위원(2002. 3-2004. 3)

대한가정학회 가정학실천특위 정책개발전문위원장(2004. 4−2004. 12)
대한가정학회 가정학실천특별위원회 위원장(2006. 1−현재)

연구 업적

『건강가정론』, 신정출판사, 2005(공저).
『가정생활복지론』, 신정출판사, 2002(공저).
『현대사회와 여성복지』, 양서원, 2002(공저).
『한국과 일본의 생활시간 비교연구』, 서울대학교 출판부, 2001(공저).
『生活時間と生活意識』, 東京: 光生館, 2001(공저).
『시간의 사용과 관리』, 교문사, 2000(공저) 외.

제4장

모두가 행복할 권리가 있습니다

-다양한 가족 형태에 대한 이해-

옥선화 _ 서울대학교 소비자아동학부 교수

들어가는 말

출가하여 세속을 떠난 주지 스님께서 우리 사회인들의 건강한 가정에 대한 깊은 관심을 가지고 훌륭한 기획을 하신 것을 듣고 저는 정말 감사한 마음을 가지게 되었습니다. 평생을 가족학을 공부하고 학생들에게 가족학을 가르치고 있는 저는 더불어 살아가는 삶의 중심을 가정에 두고 새로운 가정의 가치를 찾는 일이 이 시대의 가장 중요한 과제라고 생각하고 있는데, 저와 같은 생각을 가진 주지 스님을 만나게 된 것은 동지적 만남이고 행운입니다.

그러나 저는 강의를 하려고 이렇게 여러분들 앞에 설 때까지 많은 용기가 필요했습니다. 제가 불자도 아니고 살아온 경험도 여러분보다 많은 것도 아니어서, 과연 무슨 말씀을 드려야 여러분의 소중한 시간을 축내지 않고 작은 도움이나마 드릴 수 있을지 염려가 되었기 때문입니다. 그러나 이런 소중한 기획을 하신 주지 스님을 생각하면서, 또 저처럼 다양한 가족 영역을 공부한 사람의 이야기가 혹시라도 여러분들의 삶에 조금이라도 참고가 되었으면 하는 마음에서 몇 가지 말씀을 드려 보도록 하겠습니다.

처음에 정한 주제를 보니까 '가정의 가치, 불교에 묻는다'로 되어 있고, 모두 열 번의 강의가 있더군요. 사실 '가정의 가치'라는 이 주제는 금년도에 저희가 가장 진지하게 고민하고 있고, 또한 '건강가정' 관련법을 제정하게 된 입법 취지와 맥락을 함께합니다.

한 20년 전에는 전혀 생각을 하지 않았을 법한, 그러나 최근에는 다양하게 발생하고 있는 불안정한 가정의 문제가 이제는 개인의 차원에서 해결될 수만은 없고 사회라든가 다른 집단에서 지원을 해야 해결될 것이라는 생각에서 저희들 가정학자는 가정을 지원하는 법의 제정을 추진해 왔고, 드디어 금년에 '건강가정 기본법'이 제정 시행되기에 이르렀습니다.

제가 오늘 드릴 말씀의 주제는 '모두 다 행복할 권리가 있습니다'입니다. 그러면 본 주제에 들어가기 전에 '행복'이라는 단어와 '모두'라는 단어에 주목해 주십시오. 이제 '행복'과 '모두'라는 단어를 가족에 맞추어 주시면 됩니다. 자, 여러분들의 가족은 '모두' '행복'하십니까?

1. 가족의 유형

모두가 행복한 가족에 대한 이야기를 펼쳐 나가기 전에 우리 주변에는 어떤 모습의 가족이 있는가를 먼저 생각해 보도록 하겠습니다. 여러 가족 형태 중에서 자녀와 부모로만 이루어진 가족 형태를 핵가족이라고 합니다.

우리는 '나의 가족이 핵가족이기 때문에 모든 가족은 다 핵가족이다'고 생각하든가, 아니면 '우리나라 가족은 옛날부터 할머니와 할아버지와 부모와 자녀로 이루어졌다'고 생각하기도 합니다. 현재 살고 있는 가족이 핵가족인 경우에도 마음속으로는 가족이란 3세대가 함께 살아가는 것이라고 생각하시는 분들도 많겠지요.

아무튼 지금부터 가족의 유형에 대해서 좀더 진지하게 생각해 봅시다. 과거에 결손 가정이라고 생각했던, 아버지나 어머니 중에 어느 한쪽이 안 계신 가족을 요즘은 '한 부모 가족'이라고 합니다. 또는 사별이나 이혼으로 인해서 혼자되신 분들이 다시 결혼하는 경향이 늘어나고 있어서 재혼한 가족을 떠올리게 되기도 합니다.

또 한편 매우 슬프게도 우리나라에만 있는 소년소녀가장 가족도 특히 5월 달에는 더 많이 떠올립니다. 해마다 어린이날이 되면 어른 없이 아이들만 사는 가정을 어떻게 지원할 것인가에 대한 이야기를 여기저기에서 많이 하곤 합니다.

그런데 우리나라가 외국의 영향을 많이 받고 있는 현 시점에서 봤을 때 지금 말씀드린 가족들 이외에도 아주 '다양한 가족'

이 존재하고 있습니다. 그런 가족들 중에는 보통 사람들의 생각으로는 인정하기 어려운 형태인 동거 부부, 동성애 부부라든가 또는 공동체 가족이라고 하는 유형의 가족들도 있습니다. 저희는 이러한 가족들을 모두 포함해서 한마디로 '다양한 가족'이라고 합니다.

불과 얼마 전까지만 해도 다양한 가족 중에는 사회적으로 부정적인 생각과 판단이 개입되어, 그러한 삶을 선택하는 것은 바람직하지 않다고 생각한 경우가 많았습니다. 예를 들면 동거 부부라든가 동성애 부부 같은 형태의 가족이지요. 그러나 최근 들어 이러한 형태의 삶도 한 가지 형태의 가족이라고 수용하기에 이르렀습니다.

가족을 공부하는 가족학자의 입장에서는 지금 제가 말씀드린 여러 가지 형태의 가족을 모두 다 가족이라고 생각하고 있지만, 이렇게 공개적인 자리에서 '동거 부부나 동성애 부부도 하나의 가족입니다'라고 말씀드릴 수 있게 된 것은 아주 최근의 일입니다.

2. 가족을 보는 시각

같은 학자라 할지라도 가족을 공부하고 있는 저희들의 입장은 가족 문제에 대해서 좀더 개방적입니다. 왜냐하면 저희가 가족을 연구하는 목적은 사람들이 스스로 선택한 삶을 좀더 행복하게 살아가도록 도움을 주는 방법을 찾고 발견하는 것이기 때문입니다.

우리의 연구 결과가 다른 사람들의 삶에 도움이 되도록 연결하는 방법을 생각하고 찾아가는 게 저희 학자의 본분인데, 만약 특정한 형태의 삶을 거부한다고 하면 그것은 결국 특정한 사람들을 포기하는 것이 되는 것입니다. 우리가 함께 살아가고 있는 이 지구 공동체 안에서 일부가 우리와 다른 삶을 선택했다고 해서 그들을 관심과 지원의 대상에서 제외하게 된다면 그들은 삶에 필요한 도움을 어디에서 찾겠습니까? 그렇기 때문에 우리는 다른 형태의 삶을 선택한 분들도 다 수용하는 태도를 가지고 공부를 하고 있습니다.

그러나 다른 학문을 하는 분들이나 또는 일반 사회 지도층에 계신 분들 중에는 최근의 이러한 변화를 도저히 이해할 수 없는 현상이라고 생각하기도 합니다.

다양한 가족에 대해서 구체적으로 이야기하기 전에 가족학을 공부하는 사람의 입장에서 이론적인 이야기를 잠깐만 하겠습니다.

가족학 학자들은 인간 삶의 기초 단위를 가족이라고 생각합니다. 반면에 인간 발달을 전공하시는 분들은 삶의 기초 단위를 개인이라고 봅니다. 삶의 중심을 바라보는 이러한 시각의 차이는 아주 큰 차이입니다. 삶의 기초 단위를 개인이라고 보는 것은 가족이라고 보는 것보다 대상의 특성을 분석하기가 좀더 쉽습니다. 가족은 다 잘 아시다시피 여러 명으로 구성되어 있고, 또 여러 명으로 구성되어 있다 보니까 그 가족을 한 개의 단어나 하나의 그림으로 그리기가 어렵습니다.

복합적으로 그려 줘야 되므로 저희는 가족을 그리려면 단일

차원으로는 불가능하고 다차원으로 그런다고 말합니다. 사회적인 존재인 우리는 개인으로 살아가지 않고 어떤 단위를 이루어 살아가는 것이 일반적인 속성이라고 생각했을 때, 개인으로 분석하는 것이 용이하다고 해서 개인으로만 접근하는 것은 상호 작용으로 인해서 생긴 어떤 모습을 놓칠 수 있습니다. 그래서 저희들의 입장에서는 개인이 선택한 삶의 단위, 즉 가족을 중심으로 인간 생활을 바라보게 됩니다.

좀더 이론적으로 말씀드리자면, 저희는 가족 생태론에 입각해서 가족을 보고 있기 때문에 개별 가족을 볼 때 가족이 처한 넓은 환경과의 관계를 함께 보게 됩니다. 환경에는 가족과 가까운 환경이 있고 중간 위치에 있는 환경도 있고 그보다 먼 환경도 있습니다. 학문적으로는 미시환경, 거시환경이라는 표현을 쓰는데, 이 거시환경의 개념은 크게 보아서 사회 또는 국가 정도의 단위라고 생각을 하면 되겠습니다.

3. 공적인 제도로서의 가족과 사회 환경

여러분들께서는 대부분 가족이라는 단위의 생활이 사생활이라고 생각하실 겁니다. 가족생활이 사생활이라고 보는 입장은 개별 가족의 삶에 가족 이외의 다른 사람들은 관여하지 않는다는 것을 전제로 하고, 가족은 사회와의 관계에서 폐쇄적이라고 생각하는 경우입니다.

그런데 지금 여러분들의 가정생활은 어떻습니까? 가정이라는 단위는 사람뿐만 아니라 가족이 살아가는 공간, 물자, 이런 것들을 모두 포함하기 때문에 사회적 관계와 격리된 것이 아니라 사회와 상호 작용을 긴밀하게 하고 있습니다. 그러므로 지금의 가정은 사회와 아주 밀접한 관계를 가지고 있으므로 가족은 가까운 환경 또는 먼 환경과 상호 작용을 하는 단위가 되겠습니다.

가족이 처한 환경을 가까운 환경, 중간 환경, 먼 환경이라고 분류했을 때, 현대 가족은 환경의 다양한 요소들이 가족에 아주 잘 침투하는 사회에 살고 있습니다. 그래서 현대 가족을 보는 입장은, 가족과 사회는 밀접한 상호 작용을 하는 단위이기 때문에 가족생활은 사생활이 아니라고 얘기하는 겁니다. 물론 부분적으로 사적인 측면이 없는 것은 아니지만 전반적으로 가족은 사회와 상호 작용하는 개방 체계입니다.

실제로 이러한 이야기는 현대 사회가 변화했기 때문에 처음 이야기되는 것이 아니라 우리나라의 과거 조선시대에도 그랬다고 봅니다. 조선시대부터 가족은 구조화된 제도로 존재했기 때문에 조선시대에도 가족 제도는 역시 공적 제도였습니다. 다만 조선시대는 단순 농경 사회라서 가족은 모두 비슷비슷하다고 생각했던 것이 지금과 좀 다른 점일 뿐이지요.

그러나 지금은 어떻습니까? 가족들이 살아가는 모습은 다양하고, 많은 가족이 좀더 행복한 삶을 살기 위해서는 사회가 가족을 지원하거나 보호해야 되고, 이를 위해서 이미 여러 가지 법도 생겼고 앞으로도 계속 생길 것입니다.

가족의 삶의 단면이 사회에 미치는 영향에 대한 예를 하나 들어 보겠습니다. 최근에 방송에서 보도한 바에 의하면 가정 폭력과 관련된 보고에서 이런 이야기가 있었죠. 혹시 여러분도 들으셨는지 모르겠습니다.

  우울증이 약간 있는 부인이 남편으로부터 폭력을 당할 때마다 동네에 불을 질러서 그 동네는 불이 여러 번 났고, 그래서 동네 사람들은 많은 피해를 입었어요. 결국 그 부인은 잡혀서 구속되었죠. 만약에 그 부인이나 동네 사람들이 가정폭력방지법에 대해서 미리 알고 있었다면 동네에 불이 나서 여러 사람이 피해를 보는 일은 사전에 막을 수도 있었을 것입니다.

  지금 우리나라는 가정폭력방지법이 제정되어 있습니다. 제가 이 법을 제정할 때 보건복지부에 관여를 해서 좀 알고 있는데, 이 법이 제정될 당시만 해도 집에서 아내를 때릴 수도 있고 부모가 자식을 때릴 수도 있다고 생각하는 사람들이 많았어요. 대부분의 사람들이 뭐 그런 것을 가지고 법을 정해야 하느냐고 얘기를 했고, 가정 폭력의 희생자가 아니었던 사람들은 이 법의 제정을 의아하게 생각을 했습니다.

  실제로 법이라는 것은 보통 사람들에게 언제나 적용되는 것은 아니잖아요? 문제가 생겼을 때 적용하기 위해서 법은 있는 겁니다. 그래서 법 같은 거 몰라도 잘 살 수 있는 사람이 대부분이고, 그런 사람이 많을수록 안정된 사회가 되는 거죠.

  법을 잘 알아서 그 법망을 피해 가면서 살아가는 사람이 많거나 처벌을 받는 범법자가 많은 사회는 아주 불안정한 사회인 거지요. 아무튼 대부분의 사람들은 법을 몰라도 살게 되지요. 그래서 가정폭력방지법이 생길 때는 많은 사람들이 의아해했지만, 실제로 가정 폭력에 의해서 많은 피해를 보는 사람들의 경우에는 제정이 꼭 필요한 절실한 법이었습니다.

이제 그 법이 생긴 지도 꽤 되었기 때문에 아는 사람들이 많아졌습니다. 지금은 가정 폭력 피해자가 신고를 하게 되면 적절한 조치를 받을 수 있습니다. 그런데 왜 그 부인은 신고를 안 하고 동네에 불을 질러서 오히려 자신이 방화범의 피의자가 되는 일이 생겼느냐고 얘기를 하는 단계까지 왔습니다.

사실 그 부인도 가정 폭력 신고를 한 번 했답니다. 신고를 했는데 법원에서 남편에게 사회봉사 명령을 내린 거예요. 폭력을 가한 남편에게 사회봉사 명령을 내렸는데, 그 남편은 사회봉사 명령을 안 지켰죠. 가해자가 사회봉사를 안 하면 누가 가해자를 쫓아다니면서 잡아다 시키는 것은 아니란 말입니다.

그런 일이 있고 난 후 남편은 더 아내를 때렸답니다. 아내는 신고해도 아무 소용이 없다는 생각을 하게 되었고, 폭력을 당할 때마다 남의 집에 가서 불을 지르는 어처구니없는 행위를 하게 되었습니다. 그건 우울증의 결과겠죠. 그래서 가정 폭력이 일어나면 전문가가 개입을 하고 피해자는 쉼터로 옮겨서 안전을 유지할 수 있도록 조처하는 제도가 있는 것입니다. 이런 까닭에 가족이라는 제도는 문제가 생겼을 때 공공의 이익과 개인의 이익을 위해서 사회가 개입하는 공적인 제도라고 이야기하게 됩니다.

4. 가족을 이끌어 가는 가치

또 한 가지 말씀드릴 것은 이러한 가족과 사회 전체, 즉 거시 환경의 질서를 잡아 주는 틀이 무엇인가에 대해서 생각을 해봐야 합니다. 그것은 바로 가치입니다. 저는 가족학 중에서도 가족 가치론이 세부 전공입니다. 그래서 가족가치론을 강의해 달라고 하면 어디든지 뛰어가는데, 이번 강의 역시 다양한 가족을 이야기하려면 가치가 개입이 되기 때문에 제가 말씀을 좀 드릴 수 있겠다 싶어서 이렇게 온 겁니다.

개인의 행동에 나침반이 되어 줄 수 있는 정신세계를 지배하는 것이 이데올로기이고, 이데올로기가 거시 환경 속에 존재할 때 가치로서 측정될 수 있습니다. 거시 환경의 이데올로기로서 가족과 관련되는 가치로는 조선시대부터 이어져 온 가족주의 가치를 들 수 있겠습니다. 여기서 가족주의라고 하면 "가족주의, 음 좋지" 하고 생각하는 분도 계실 거고, "그거 옛날이야기야"라고 생각하는 분도 계실 것입니다. 실제로 가족주의라는 것은 집합주의라고도 하며, 서양에서도 아주 오랫동안 지속되어 온 가치입니다.

그런데 우리나라에서는 특히 근세조선을 건국한 태조 이성계가 백성들에게 지지를 받지 못하게 되니까 어떻게 하면 백성들의 지지를 받으면서 통치를 할 수 있을 것인가 고민하던 중에 국가 이데올로기로서 예치주의를 선택한 겁니다. 즉 예치주의를 선택하면서 예의 근본인 가족 안에서의 가치인 삼강오륜을 기본으로 하는 주자의 철학을 통치 철학으로 내세운 겁니다.

그래서 조선시대는 한 200년간에 걸쳐서 아주 철저한 예치주의의 구현을 위한 노력을 집중하게 되었고, 그 결과 세계에서 유례없는 가족주의 국가가 된 겁니다. 우리나라는 그 당시에 농경 사회이면서 집합 문화를 가지고 있었기 때문에, 가족주의 가치는 사회 질서에 문제를 일으키는 충돌하는 가치가 아니었습니다. 오히려 당시의 가부장제 농경 사회에는 아주 잘 맞는 가치였죠. 부계 공동체 삶을 지향하는 그런 시대였기 때문입니다.

그후 일제 강점기를 거쳐 독립이 되면서 미군정 시대를 잠깐 거쳤지요. 우리나라를 통치하게 된 미국 사람들이 자기네와는 살아가는 방식이 너무 다른 이 나라를 통치하는 방법을 가지고 갈등을 많이 했답니다. 그 사람들이 여기 와 보니 우리 한국 사람들이 자기네 미국 사람들하고는 사는 것이 매우 다르거든요. 그들은 우리의 동양 문화를 모르지요. 그러니까 그들은, 식민지에서 독립한 직후 뒤숭숭해진 한국 사회 분위기를 빨리 안정시키려면 한국인 자신들의 고유문화를 존중해 줘서 안심하도록 해야겠구나 하고 생각했답니다. 우리와 다른 문화를 가진 그들이 우리에게 자신들의 문화를 그대로 따르라고 하면 안 따른다는 사실을 안 것이지요.

그래서 우리의 가까운 과거인 조선시대 문화를 일상생활에 그대로 적용하자고 생각했고, 가족과 관련된 효나 조상 숭배 의식이 포함된 가족 중심적인 가치를 그대로 교육에 적용했습니다.

즉 개인과 가족생활에서는 조선시대의 문화를 고스란히 적용하고, 경제 사회 부문에는 산업 자본주의와 사회의 자유 민주주의를 적용했습니다. 소위 이데올로기를 개인 및 가족과 경제 사회를 분리해서 두 개의 차원으로 끌고 나간 거예요. 그래서 우리나라는 세계에서 유례없이 20세기 중반부터 후반까지 집합주의 가치의 하나인 가족주의 가치가 거시 환경 이데올로기로서 생활의 상당 부분을 지배하게 되었습니다.

그런데 아주 최근에 급격한 변동을 일으키게 되었죠. 그것은 소위 세계화라고 얘기하는 겁니다. 지금 여기 계신 분들도 세계화의 영향을 겪고 계시겠지요. 자녀들 중에서 외국인하고 결혼한 경우도 있을 것이고, 외국여행을 가서 보고 들은 것도 많으실 터이고, 다른 나라 말을 배워 보신 분들도 계실 것이고, 이렇게 다양한 방식으로 세계화에 의한 경험을 하고 있고 앞으로도 하실 거예요.

이러한 다양한 경험을 통해 단일 민족으로 가족주의 가치에 의해서 중무장되어 가족을 매우 중요하게 생각하던 문화를 가지고 있었던 우리는, 이제 시대의 변화에 따라 굉장히 심하게 그 문화가 흔들리기 시작했어요.

그것은 아마도 우리가 이제까지 우리의 문화라고 생각했던 문화의 속성들이 인간이 가지고 있었던 본성에 조금씩 어긋남을 느낀 사람들이 늘어났기 때문이라고 생각합니다. 인간의 본성과 우리 문화의 차이를 알게 되었다는 말이지요. 물론 과거 농사만 짓던 시대에는 가족 중심의 공동체 생활이 가장 적합했습니다. 그런데 우리 사회는 이미 20세기 중반 이후부터는 농사를 중심으로 하는 사회가 아니라 산업 사회로 바뀌게 되었지요.

그것은 직업이나 학업을 위해서 거주지 이동이 빈번하게 되고, 같은 성씨끼리 모여 살던 생활 단위가 밑바닥부터 대폭 바뀌게 되었기 때문입니다. 그러면서 세계화의 물결은 우리의 생활 근거지를 한반도에서 세계로 넓혀 나가게 되었습니다. 다른 문화권에서 다양한 생활양식을 경험한 사람들이 차츰 늘어나면서 자연 우리의 생각들도 많이 바뀌게 되었던 것입니다.

5. 행복한 삶으로 가는 길

살아가는 방식 중에서 어떤 것이 나에게 가장 잘 맞는지에 대해서 생각을 많이 한 사람일수록 자기한테 잘 맞는 삶의 양식을 선택하게 될 것이라고 저는 생각합니다. 자기에게 맞는 삶에 대한 생각을 별로 하지 않았거나 다른 사람의 생각을 쫓아다닌 사람들은 자기한테 맞는 삶을 거의 선택할 수가 없습니다. 그래서 저는 학생들을 만나서 진로에 대해 이야기를 나누게 되면 "네가 지금까지 살면서 무엇을 했을 때 가장 행복했는지를 생각해 봐라"고 권유합니다. 그리고 "네가 가장 행복했다고 기억되는 그 일을 평생의 일로 삼아라"고 말합니다.

대부분의 고등학교 선생님들은, 학생이 공부를 잘하면 문과 학생은 무조건 법대, 이과 학생은 무조건 의대를 가라고 말합니다. 사실 그런 말도 안 되는 인권 유린이 어디 있습니까? 그걸 거부하면 학부형이 학교에 불려가서 교장 선생님한테 아주 혼이 납니다. 이건 알고 보면 지독한 인권 유린입니다. 그 아이가 장차 무엇을 하고 살아야 할지, 어떻게 사는 것이 행복할지는 그 아이가 가장 잘 알고 또 그 아이와 함께 살고 있는 가족이 잘 알 수 있습니다. 선생님도 좀 알기야 하겠지만 가족만큼은 아니고, 또 가족도 잘 알기는 하지만 본인만큼은 아닐 것입니다.

그런데 문제는 대부분의 사람들이 잘 알지 못하고 있으면서 아는 것처럼 생각한다는 겁니다. 분명한 인생의 진로는 자기 스스로 생각을 많이 하고, 책을 많이 읽고, 모델을 찾도록 노력해야 알 수 있는데 말입니다. 거듭 말하자면 살아가면서 끊임없이 노력을 하고 탐색을 해야 자신을 알고 진로를 알 수 있다는 겁니다. 막연히 남을 따라가거나 남의 말만으로는 자신을 도저히 알 수 없는 거죠.

남들 따라서 줏대 없이 생각하면 이게 좋은 것 같기도 하고, 저게 좋은 것 같기도 하고, 그러다 보면 자기 판단 없이 처신하게 되는데, 그러면 항상 남의 떡이 더 커 보이게 되죠. 이런 까닭에 자기를 잘 아는 가족과 자기 자신이 노력해서 앞으로 살아갈 방향을 정하는 것이 가장 좋습니다.

6. 가족의 다양성에 대한 정보

가족의 삶은 앞에서 말씀드린 것과 같이 단순히 한두 사람이 모여서 그냥 편의대로 적당하게 살아가는 것이 아니라, 함께 모여 있는 사람 수 이상의 어떤 새로운 가치를 창출하는 것입니다. 가족은 사회의 공적 제도이며 거시 환경〔사회나 국가〕이 지배하는 가치의 영향을 받는다고 말씀드렸습니다. 그런데 좀 전에 말씀드린 것과 같이 사회가 변하고 거기 따라 개인의 선호가 다양해지면서 차츰 다양한 가족들이 출현하기 시작했습니다.

우리 사회에는 다양한 가족이 존재하고, 우리는 그들의 선택을 인정하고 수용해야 합니다. 그러나 실제로 일반인들이 이런 현상을 얼마나 알고 있겠습니까? 일반인들이 사회 변화에 대해 알려면 누군가 정확하게 알려 줘야 하는데 이미 학교를 졸업한 분들은 어디서 정보를 얻습니까? 대체로 언론을 통해서 정보를 수집하게 되겠지요. 신문을 본다든가 인터넷을 검색한다든가……

그래서 저는 일반인이 접촉하는 정보원(情報源)의 실상을 알아보려고 지난 10년간의 신문기사를 분석해 보았습니다. 과거에는 신문을 분석하려면 지난 신문을 일일이 한장 한장 넘겨 가며 찾았지만, 지금은 간단하게 인터넷으로 검색이 됩니다. 그래서 손쉽게 인터넷으로 검색을 해보니 다양한 가족에 대한 신문기사가 등장하기 시작한 게 1990년쯤 되었습니다.

우리나라는 1990년 이전에는 사고의 측면에서는 그렇게 변화가 크지 않은, 물질의 대량 생산과 소비 중심의 산업 사회였다고 말씀드릴 수 있겠습니다. 즉 일반 사람들은 물질적인 측면에서는 굉장히 큰 변화를 경험했어요. 그러나 정신적인 측면에서는 그렇게 큰 변화를 보이지 않았다는 것입니다.

여기서 잠깐 1990년경의 우리 사회의 변화에 대해서 얘기하고 넘어가겠습니다. 실제로 여기 계신 분들은 86아시안게임과 88서울올림픽을 기억하실 겁니다. 86아시안게임과 88서울올림픽을 우리가 개최했다는 뜻은 그만큼 우리의 경제적인 수준이, 혹은 사회적인 수준이 향상되어서 큰손님 맞을 준비가 되었다는 뜻이겠지요.

우리는 86아시안게임을 치르고, 88서울올림픽이라는 세계적인 큰 잔치를 아주 성공적으로 잘 해냈습니다. 이러한 잔치를 하면서 자연스럽게 우리의 경제력을 세계에 알렸고, 대내적으로는 우리 국민들 의식이 달라졌습니다. 그것은 눈이 파랗고 머리가 노랗고 키가 큰 사람도 우리랑 같은 '사람'이라는 사실을 직접 보고 몸으로 느꼈다는 것입니다.

우리는 이미 영화나 신문을 보아서 그런 사람도 사람인 줄은 물론 알고 있었죠. 그런데 수없이 많은 노랑머리들이, 까만 얼굴들이, 키가 장대같이 크고 뚱뚱한 사람들이 우리나라를 휘젓고 다니면서 우리나라 텔레비전에 등장하고, 그런 운동선수가 우리 선수랑 맞붙어 싸워서 이기고 지는 접촉을 통해, 아! 정말 눈이 파래도 잘 보이는구나, 얼굴이 까매도 같은 사람이구나, 이렇게 직접 느끼고 체험하게 된 거예요.

나와 다른 모습의 사람들을 직접 눈으로 보고 몸으로 느낀 겁니다. 몸으로 느낀 것과 마음으로 느끼는 것의 차이점에 대해서는 여러분들도 잘 아실 겁니다. 마음으로 느끼는 것이 몸으로 느끼는 것보다 더 낫다고 생각하는 경우도 있습니다. 그러나 대부분의 보통 사람들은 우선 몸으로 느껴야 더 잘 압니다. 몸으로 느껴서 그것이 나에게 직접 어떤 영향을 줄 때 정말 그 앎이 내 것이 된다고 믿습니다. 자신이 직접 느껴 보지 않으면 "그럴 것이다"고 추측은 할 수 있지만 그렇다는 확신을 가질 수는 없다는 말입니다.

그래서 우리는 직접 다양한 경험을 많이 하면 삶의 질이 높아진다고 말합니다. 삶의 질에 좋은 영향을 주는 경험은 대체로 긍정적인 경험입니다. 그러면 부정적인 경험을 많이 하는 경우는 어떻겠습니까? 대부분의 사람들은 부정적인 경험을 싫어합니다. "그런 부정적인 경험을 내가 왜 해?" 아니면 "나는 되도록 좋은 것만 보고 좋은 경험만 하고 살 거야"라고 생각하지요.

그런데 저희가 공부를 해보니까 꼭 그렇지만은 않아요. 위기에 잘 대처하면서 살아가면 시간이 흐를수록 슬기롭게 극복한 경험이 차곡차곡 쌓이게 되고, 결국은 그게 아주 소중한 자원이 되기도 한다는 것을 알게 되었습니다.

7. 가족 관련 생활 사건

이제까지 다양성을 이해하기 위해서 우리 사회의 경험의 확대에 대한 이야기를 했습니다. 그러면 오늘의 주제인 '다양한 가족'에 가까이 가기 위해서 먼저 결혼이라는 생활 사건부터 생각해 보기로 하겠습니다. 저희 가족학자들은 결혼을 인생의 새로운 시작이며 생활 사건이라고 말합니다. 생활 사건이란 그 사건이 개인에게 긍정적인 사건일 경우에는 행복감을 제공해 주지만 부정적인 사건일 경우에는 슬픔, 스트레스, 위기감을 느끼게 합니다.

그래서 행복하기만 할 것 같은 결혼에도 새로운 생활에 대한 불안감이라든가 경제적·사회적인 갈등 같은 것 때문에 부정적인 경험이 있기에 스트레스 사건이라고 표현하기도 합니다. 아무튼 결혼이라는 것은 굉장히 크고, 중요한 사건임에는 틀림없습니다.

그런데 이러한 사건들은 그 개인이 가지고 있는 어떤 경험이라든가 자원들에 의해서 영향을 받아요. 혹시 언니가 있으면 "애, 결혼하면 다 그런 거야"라든가 엄마가 시집살이를 했으면 "야, 시집살이할 때는 이런 거야"라고 미리 정보들을 제공받거나 전해 줄 수도 있지요. 또 자기가 가족학을 전공했거나 관련되는 과목을 들었다면 교육을 통해서 도움을 받겠죠. 이와 같은 주위의 조언이나 교육 경험은 개인이 살아가는 데 중요한 자원이 되지요. 이러한 자원에 의해서 우리가 경험하는 사건이 스트레스가 될 수도 있고 안 될 수도 있어요.

결혼을 하고 시간이 감에 따라서 또 다른 사건이 생기겠지요. 결혼하여 두 번째 생기는 사건은 뭐라고 생각하세요? 저는 임신이라고 생각합니다. 아기를 가지게 되면 입덧을 아주 심하게 하는 분들도 있지만, 그렇지 않은 분들도 있어요. 그렇지 않은 분들은 사건이라고 생각하지 않을 수도 있을 것입니다. 그러나 임신으로 인한 신체적·심리적인 변화는 분명 적응이 필요한 큰 생활 사건이 됩니다. 한편 남편이 실직을 했다든지 사망했다면, 또는 어떤 범죄자가 됐다면 이것 역시 우리들에게 어려움을 주는 생활 사건이지요.

이렇게 우리가 살아가는 과정 중에 다양한 일, 즉 사건들이 있을 수 있습니다. 아무튼 어려운 일이 있을 때 그것을 잘 이겨 나간 경험이 축적되면 큰 자원이 될 수 있다고 생각합니다. 이렇게 자원이 많아지면 어려움을 해결하는 힘이 더 커지겠죠. 따라서 다양한 사건들을 경험하지 않고 아주 평탄한 삶을 살아온 사람들보다 살아가면서 여러 가지 사건을 경험한 사람들이 위기에 직면했을 때 좀더 지혜롭게 대처할 수 있을 것이라고 가정하고 위기극복이론을 내세운 학자들이 있습니다.

이 이론에 의하면, 현재의 삶이 고달프더라도 그 삶을 잘 극복해 나가면 그렇지 않은 사람보다도 더 역량 있는 사람이 될 수 있다는 생각을 합니다. 이는 젊은 사람들을 교육할 때 굉장히 유용한 이론이 되겠습니다. 긍정적인 경험만이 아니라 부정적인 경험도 그 경험을 어떻게 이해하고 활용하느냐에 따라서 그 경험이 삶에 도움이 되는 지혜가 될 수도 있고, 잘 적응하지 못하고 위기 상황으로 악화시키면 한순간에 그냥 무너져 버릴 수도 있습니다.

얼마 전, 2008학년도부터는 대학 입시에 고등학교의 내신 성적을 많이 반영하는 쪽으로 대학 입학시험 제도가 바뀐다고 발표가 났지요. 그런 내신 성적에 스트레스를 받은 어떤 고1 학생이 중간고사를 망쳤다고 고층 아파트에서 떨어져 죽는 사고가 생겼습니다. 이런 사고가 바로 자기가 직면한 사건을 잘 추스르지 못하고 스스로 위기감에 빠져서 생명까지도 버리게 된 경우입니다.

아이들에게 순간순간의 위기의식을 잘 극복해 나가는 힘을 키워 줘야 하는데, 아직 우리에게는 아이들에게 그런 마음의 여유나 힘을 키워 줄 수 있는 제도적 장치나 환경이 거의 없습니다.

아이들 스스로가 '나는 무엇을 할 때 행복한가'에 대한 책임 있는 생각을 별로 하지 않거나 못 하고, 수동적으로 목적의식 없이 어른들이 시키는 대로 살아왔기 때문에, 그 시킴이 자신에게 유리하게 받아들여지지 않으면 쉽게 포기를 해 버리는 거지요. 그래서 떨어져 죽는 아이가 생기는 겁니다.

만약 이런 문제를 해결하는 방안으로 고층 아파트를 짓지 않으면 될까요? 이건 전혀 효험이 없는 아주 어리석은 방법이 되겠지요. 또한 아이들에게만 건강하게 살아갈 수 있는 힘을 키워 줄 것이 아니라 어른들도 건강한 힘을 키워야 합니다.

저는 지금 우리 사회에 '다양한 가족'에 대한 이해를 넓혀서 편견으로 인해 다른 사람에게 상처를 주거나 삶의 용기를 잃게 하는 일이 없었으면 하고, 또 조금이라도 그런 경우를 덜거나 없애 주어야 한다고 생각합니다.

8. 다양한 경험과 다양한 가족에 대한 생각의 유연성

우리는 사람들의 다양한 외모를 가까이에서 보면서 인간의 다양성에 대한 이해가 쉽게 되었지요. 그것처럼 이제 다양한 가족에 대해서도 가까이서 생각해 보도록 하지요.

불과 얼마 전까지도 가족이란 남자와 여자가 어른이 되면 결혼을 해서 아이를 낳고 사는 것이라고만 생각했는데, 최근에는 독신자도 늘어나고, 결혼도 늦게 하고, 또 결혼해도 아이를 낳지 않는 등 가족의 모습에 새로운 변화가 많이 나타나고 있습니다. 그뿐만 아니라 서양의 다양한 가족생활이 소개되고 개인의 성적인 욕구도 다양하기 때문에, 과거에는 미처 생각하지 못했던 가족의 모습들을 이제는 우리 주변에서 흔히 볼 수 있게 되었습니다.

여러분, 인간이 갖고 있는 성에 대한 욕구는 어떻다고 생각하십니까? 옛날 어른들이 생각하시듯, 일정한 나이가 될 때까지 금욕 생활을 하다가 결혼하기 좋은 나이가 되었다고 인정받으면 그때 결혼을 해서 검은 머리가 파뿌리가 될 때까지 살다가 한쪽이 사망하면 남은 한쪽은 미망인(未亡人), 즉 아직 죽지 않은 사람으로 지내다가 일생을 마감하는 것이 인간의 본성에 가장 가까운 삶의 형태라고 생각하십니까?

그러나 잘 모르시겠죠? 그렇습니다. 그건 누구나 잘 알 수 없

습니다. 아마도 이 문제는 사람에 따라 다르지 않을까 하고 말씀
드릴 수밖에 없을 것 같습니다.

(1) 성의 개방성

성과 관련해서 우리를 놀라게 한 큰 변화 중의 하나는 젊은이
들이 결혼하지 않고 혼전 성생활을 한다든가 동거하는 것을 별
로 저항 없이 받아들이는 경우가 많아진 거지요. 기성세대의 사
람들이 놀라긴 하지만, 사실 이런 현상은 아주 새로운 건 아닙니
다. 과거에도 있었고, 또 소설 속에서는 옛날부터 나오는 얘기잖
아요. 예를 들어 춘향전에서 춘향이는 어디 결혼을 했나요? 사실
야하기로 말하면 춘향전은 지금의 어떤 에로틱한 소설이나 영화
보다도 더하면 더했지 못하지는 않을 것입니다.

아무튼 사람들은 차츰 몸이 커 가면 성적인 욕구도 생기게 되
는데, 예전에는 사회적인 규범에 의해서 억제되고 통제된 생활을
했다고도 볼 수 있어요. 그런데 그 규범이 강한 경우와 약한 경
우에 따라서 사회적인 현상은 다르게 나타나는 겁니다. 특히 다
양성을 인정하는 사회가 되면서 강했던 규범들이 조금씩 약해지
거나 무너지는 거지요.

'사람들이란 모두 다 똑같다' 또는 '절대 가치가 존재한다'고
생각했던 시절에는 변화를 수용하기가 어렵습니다. 어떤 종류의
변화든지 간에 변화는 옳지 않은 것이라고 단순한 흑백 논리에
의해서 보게 되거든요. 그러니까 우리가 개항기(開港期)에는 머
리 노란 서양인은 우리와 같은 사람이 아니라고 생각했는데 지
금은 머리가 노란 사람도 우리랑 다르지 않은 사람이라고 생각

하는 것은, 우리가 가진 사람에 대한 일사불란한 절대 가치가 부분적으로 무너지기 시작했기 때문이지요. 마찬가지로 성에 대해서도 과거의 생각이 무너져 가고 있어요. 그것을 성의 개방성이라고 말할 수 있어요.

(2) 이혼 가족

우리나라는 1990년경부터 언론에서 다양한 가족에 대해 많은 관심을 보였던 것 같습니다. 지난 10년간의 신문기사에 나타난 다양한 가족에 대한 경향을 보니, 가장 많이 다루고 있는 다양한 가족은 역시 이혼 가족이었습니다. 실제로 가족 관련 기사 내용을 분석한 결과, 이혼에 대해서 30% 정도 다루고 있습니다. 이혼을 다루면 자연히 한 부모 가족에 대해서 언급하게 되는데, 사별에 의해서 한 부모 가족이 된 경우에 대한 시각과 이혼으로 인한 한 부모 가족에 대한 시각에는 약간 차이가 있는 것으로 보였습니다.

(3) 동거 가족

그 다음은 동거 가족에 대한 기사가 많았습니다. 동거 가족의 경우는 과거에는 경제적인 문제와 관련이 있었어요. 결혼을 해야 하는데 돈이 없어서 결혼식을 못 한 사람들이 동거 부부로 살아가고 있었지요. 그런데 또 무지해서 혼인 신고를 하지 않고 살았으면 동거 관계에 있는 부부가 되는 거잖아요.

그런데 최근에 나타난 동거 부부는 예전 같은 그런 경우가 아니라, 구속적인 결혼을 하지 않고 이성과 함께 사는 경우를 말하지요. 이러한 동거 부부에 대한 기사가 이혼 다음으로 대략 20% 정도 차지하고 있습니다.

(4) 맞벌이 부부

그 다음이 맞벌이 부부로, 이 맞벌이 부부에 대한 기사는 10% 정도 됩니다. 맞벌이 부부가 다양한 가족으로 얘기되는 것은, 결국은 일반적인 가족의 역할 구조가 남자 역할과 여자 역할로 나누어져 있다고 생각하기 때문이지요. 이러한 생각은 미국에서는 1950년대 생각이고요, 우리나라에서는 최근에 많이 변하기는 했지만 아직도 그렇게 생각하는 경우가 많습니다.

우리는 도대체 언제까지 가족이란 남편은 직장을 가지고 밖에서 일을 하고, 아내는 가사를 돌보며 안에서 일하는 것이라고 생각해야 하는지 모르겠어요. 즉 남편은 도구적인 역할을 하고 부인은 정서적인 역할을 하는 게 일반적인 가족이라고 생각하고 있다는 말입니다.

이러한 생각은 가정 내에서의 역할을 분리하는 입장인데, 서양 사람들은 1950년경까지는 그렇게 생각했고, 1950년대나 1960년 이후가 되면서 생각을 바꾸어 가기 시작했습니다. 그런데 우리나라는 젊은 사람들을 중심으로 생각이 바뀌고 있는 게 아주 최근인 것 같습니다.

(5) 입양, 독신, 동성애, 노인 가족

그 다음에 이야기되는 것이 입양 문제입니다. 우리에게 입양이라고 하면 주로 해외 입양이 언급되는 것이지요. 우리의 해외 입양 문제는 세계적으로 문제가 되는 것이어서, 앞으로는 국내 입양에 대한 생각을 구체적으로 해봐야 합니다. 그래서 입양 가족이 7%, 결혼하지 않고 혼자 살아가려 한다는 독신도 7% 정도로 '다양한 가족'의 범위에서 이야기하고 있고, 그 다음에 여러분들께서 듣기 거북하실 동성애 가족의 문제도 가끔씩 기사로 다루어지고 있습니다.

그리고 나이가 많아지면 어떻게 살아갈 것인가에 대해서 요즘 어른들께 여쭈면 대부분이 자식들 도움 안 받고 스스로 살겠다고 말씀을 하시죠. 또 자식과 함께 살고 싶어도 자식이 원하지 않아서 혹은 여건이 되지 않아서 따로 사는 경우도 많이 있지요. 이러한 경향으로 생기게 된 노인 가족에게는 아주 많은 사회적 지원이 필요합니다. 노인 가족이 자조 자립하기란 매우 어렵기 때문입니다. 그래서 노인 가족에 대한 이야기도 자주 다루어지고 있습니다.

(6) 주말 부부, 기러기 가족, 공동체 가족

기사 출현의 빈도는 그렇게 많지 않지만, 최근에 부쩍 많이 이야기되는 것 중에 주말 부부 가족이라든가 기러기 가족이 있습니다. 또 최근에 기러기 가족같이 새로이 등장한 가족으로 공동체 가족이 있습니다. 혈연관계에 있지 않은 사람들이 하나의 생활 단위를 이루고 사는, 그런 공동체 가족이 기사로 다루어지고 있습니다.

아마도 공동체 가족에 대한 이야기는 들어 보신 분이 계실 것입니다만, 서양으로 보면 이스라엘의 키부츠 농장에 살고 있는 키부츠 가족, 러시아의 집단 농장 콜호스, 이와 약간은 비슷한 형태로 우리나라의 풀무원, 이런 것들이 소위 공동체 가족입니다. 그리고 이곳 도피안사에도 수광원이 있다는 이야기를 들었는데, 수광원 입주자 간에 지속적이고 친밀한 상호 작용이 있으면 이 역시 공동체 가족이라고 말할 수 있습니다. 그러나 입주자 간에 상호 작용이 없으면 공동체 가족이라고 말할 수는 없습니다.

이상의 가족들이 다양한 가족에 대한 기사 내용들입니다. 편부모 가족이라고 하거나 혹은 한 부모 가족이라고 하는 것은 사실은 옛날부터 있었기 때문에 최근의 기사로는 그렇게 많이 다루어지지는 않더군요. 아마 핵가족, 한 세대 가족, 한 부모 가족, 이런 가족 이야기는 이미 다 들어 보셨으리라 봅니다.

(7) 다시 깊이 생각해 봐야 하는 소년소녀가장 가족과 기러기 가족

① 소년소녀가장 가족도 들어 보셨지요? 혹시 여러분들께서는 미성년자인 소년소녀가 하나의 가정 단위를 이루고 산다는 것에 대해서 어떻게 생각하십니까? 여러분들의 평범한 생각에 그것도 역시 가정이라고 생각하십니까? 오늘 여러분들의 생각을 솔직히 한번 말씀해 보세요 소년소녀가장 가족도 하나의 가정이라고 생각하시는 분들이 계시면 부끄러워 마시고 손들어 보세요. 어, 아무도 안 드시네요 쑥스러워서 손을 들지 않겠지만, 속으로는 '그들도 물론 가정이죠'라고 생각하시는 분들이 많을 거라고 생각하는데…… 어디, 그렇습니까? 아, 저기 몇 분 드시는군요. 좋습니다. 이제 내리세요 그러나 반 정도 되시는 분들은 손을 안 드셨어요

"여기 앞에 계시는 어르신, 왜 손을 안 드셨는지 말씀 좀 해보시겠어요? 혹시 저의 태도가 손을 들지 못하도록 했나요?" (아무런 대답이 없으므로) 어쨌거나 아이들만 모여 살면서 스스로 생계를 해결하는 집을 우리는 소년소녀가장 가족이라고 말합니다. 제가 "그런 가정을 과연 가정이라고 말할 수 있겠느냐?"고 여러분들께 여쭤 봤을 때, 여기 모이신 분들 중에서 반 정도만 손을 드셨어요.

저는 아이들만 살면서 스스로 생계를 해결하는 집, 그것을 가정으로 인정해서는 안 된다고 생각합니다. 정상적으로 말해서 하나의 가정은 그 사회에서 개별 가정에 기대하는 권리와 의무를 수행할 수 있어야만 합니다. 그러나 소년소녀는 미성년자를 지칭하는 말입니다. 미성년자는 중요한 의사 결정을 할 책임과 권리가 없습니다. 어디까지나 그들이 건강한 성인으로 자랄 수 있도록 어른들의 보호와 양육이 필요합니다. 즉 소년소녀는 우리가 보호를 해줘야 할 대상이라는 것입니다.

그런데 '소년소녀가장의 가족을 이러이러하게 지원해야 한다'고 말하다니, 도대체 사회가 이렇게 무책임할 수가 있습니까? 안타깝습니다. 제가 보건복지부의 다양한 가족에 관련된 회의에 참석했을 때 그때도 다양한 가족 중에 소년소녀가장 가족이 포함되어 있었습니다. 제가 그걸 보고 "소년소녀가장 가족이라니요? 그거 빼세요"라고 말했더니, 누군가가 "왜 빼요? 원래 있던 건데?"라고 반문했어요. 그럼 원래 있던 거라고 언제까지나 있어야 하는 겁니까? 이치에 맞지 않으면 하루빨리 없애야지요.

열띤 토론 끝에 제가 자문위원으로 참여했던 그 회의 결과로 나온 최종 보고서에서는 다양한 가족 유형 중에서 소년소녀가장 가족이 빠졌습니다. 소년소녀가 가장이어야만 하는 가정이 있다면 이는 일단 사회에서 적극적으로 책임지고 지원해서 그들의 생활 유형을 바꾸어 줘야 합니다.

소년소녀들을 가장이라고 표현하는 것 자체가 문제입니다. 도대체 어떻게 아이들이 삶을 책임집니까? 이들은 반드시 책임질 수 있는 위치에 있는 어른이 보호해 줘야 합니다. 소년소녀가장 가정이 있다는 것은 우리나라의 인권 정책에 사각지대가 있음을 나타내 주는 아주 대표적인 예라고 말씀드릴 수 있습니다. 그들은 가정생활을 할 수 있는 어른[후견인]이 있는 가정을 이루도록 지원해야 하는 대상이지 그들 자체가 하나의 책임을 지닌 가정일 수가 없고 가장일 수가 없습니다.

② 기러기 가족에 대해서도 한 가지 여쭤 볼게요. 제가 지금 말씀드리는 기러기 가족에 대해서는 여러분들께서 어떻게 생각하고 계신지요? 기러기 가족은 최근에 급격히 늘어난 가족 형태인데, 주로 아이들의 공부를 위해서 부인이 아이들을 데리고 캐나다나 호주 등에 가서 따로 살고 있습니다. 거기는 겨울에는 방학이 없으니까 여름방학 동안에 한 달 정도 부인과 아이들이 한국의 집에 와 있습니다.

방학 내내 있지 못하는 이유는 아이들이 방학 동안에도 배워야 될 게 많아서 그렇다고 합니다. 학교에서 하는 캠프도 가야 되고 언어도 추가로 더 배워야 되니까, 여름방학이 석 달쯤 되지만 아내는 방학 내내 남편 곁에 있을 수가 없다고 해요. 그렇기 때문에 한 달쯤 있다가 가는 것입니다.

어떤 아내는 아이들을 데리고 외국에 살고 있고, 의사인 남편은 한국에서 개업의로서 생활을 하고 있습니다. 그런 가족을 우리는 대표적인 기러기 가족이라고 하죠. 그렇다면 이런 기러기 가족도 하나의 가정이라고 할 수 있겠습니까, 없겠습니까?

가정이라고 할 수 있다는 분만 손 한번 들어 보세요. 자, 이번에도 용기를 내어 손들어 주세요. 예, 저기 몇 분이 드셨군요 아무튼 좋습니다. 기러기 가족은 하나의 가정이 일시적으로 별거하고 있으니까 분명 가족이라고 말해야 합니다. 일이나 학업 등 어떠한 목적을 위해서 일시적으로 별거하는 부부는 당연히 부부입니다. 그래서 기러기 가족을 이루고 있는 경우도 아이들이 공부하는 동안 떨어져 살고는 있지만 권리와 의무를 함께 수행하고 있으므로 한 가정입니다.

그런데 기러기 가족 중에 문제가 생기고 있는 경우가 점점 늘고 있습니다. 떨어져 사는 기간이 길어지면서 서로가 잘 모르는 일들이 자꾸만 늘어나게 됩니다. 사실 그렇겠죠 아이들 공부가 한두 해에 끝나는 게 아니니, 별거 기간이 5년이나 10년으로 자꾸 연장되게 마련이지요 부부가 그렇게 오랜 기간 지속적으로 떨어져 살 때, 그런 상태를 과연 부부라고 말할 수 있을까요?

부부라는 게 뭐냐, 가족이라는 게 뭐냐고 저에게 한번 정의를 내려 보라고 하면, '가족이란 혼인한 부부와 혈연관계가 있는, 혹은 입양을 해서 법적인 혈연관계에 있는 사람들로 이루어진 생활 공동체'라고 말씀을 드리겠습니다.

생활 공동체라는 것은 일상생활을 함께한다는 것을 의미합니다. 그런데 앞서 말씀드린 기러기 가족의 남편과 아내, 그리고 아이들은 일상생활을 함께 하지 못 하지요 일 년에 열한 달 동안을 따로 떨어져 살고 한 달만 같이 삽니다. 이렇게 가족이 떨어져서 살아 본 경험이 있는 분들 여기도 계시죠? 실제로 마음은 안 그래도 따로 떨어져 살다 보면 서로 잘 모르는 부분이 자꾸 생기게 됩니다. 일상생활에서 일어나는 잡다한 기쁨, 어려움, 그걸 어떻게 일일이 다 전화나 편지로 이야기합니까? 떨어져 살면서 생기는 여러 일들을 어떻게 다 이야기하고 다 의논합니까? 거의 불가능합니다.

떨어져 사는 동안에는 문제를 각자 해결하는 경우가 많게 되지요. 서로가 경험을 공유하기 위해서 의식적으로 전화도 하고 편지도 쓰고 이메일도 쓰고 하겠지만, 그것도 좀 하다 보면 계속하기가 쉽지 않아요. 그리고 누구나 다 할 수 있는 것도 아니고……. 그래서 따로 떨어져 사는 가족들은 서로 점점 멀어집니다. 점점 멀어지고 멀어지면서 문제가 많이 생깁니다.

가정생활에 대한 가치와 의식이 남자와 여자가 좀 달랐던 과거에는 남자들은 자기네들 생활의 스트레스를 가족 바깥에서 풀었겠지요, 바람을 피운다고 표현할 수도 있겠고 그러나 여자들은 정숙해야 한다는 규범에 얽매여서 과거에는 대부분 안 했는지 못 했는지 무조건 희생해 가며 살았지요.

그런데 지금은 옛날과 사정이 크게 달라졌습니다. 길을 가는 젊은 여자에게 물어보십시오 "만약 남자 친구가 바람피우면 어떻게 하겠느냐?"고 물으면 대번에 "맞바람!" 하고 거침없이 첫마디로 나옵니다. 한 번 더 "바람 못 피우게 해야지, 너의 남자 친구니까”라고 말을 하면 “지가 바람피우는데 나는 왜 못 피워요?”라고 대답해요.

요즘은 결혼한 사람도 그렇게 말했어요. 자료를 수집하기 위해서 30대, 40대 부인들을 면접하면서 “남편이 바람피우면 어떻게 하겠어요?”라고 물으면, “당연히 나도 바람피우죠”라고 말하는 사람이 많아요.

이렇게 세상이 바뀌었습니다. 소위 대도시에 사는 교육 수준이 높은 사람들의 생각이 더 많이 바뀌어서, 앞으로 학생들에게 어떻게 가르칠 것인가 하는 생각이 들기도 합니다. 그래서 변화하는 사회에서 새롭게 등장한 기러기 가족은 사람들의 생각이 변화했기 때문에 굉장히 어려움이 많은 가족입니다.

(8) 동성애 부부와 욕구론

오늘 마지막으로 어렵게 말씀드리려는 것은 동성애 부부입니다. 사람들에게 가족을 이루고 살아가기를 원하는지 아니면 개인으로 살기를 원하는지를 묻게 되면, 그것은 거주 단위에 대한 물음인 것같이 들리지만 실제로는 생활의 모든 면을 생각해 볼 수가 있는 질문입니다.

동성애 부부에 대한 말씀을 드리기 전에, 이미 아시는 분도 계실 것 같지만 한 가지 이론을 간단하게 소개하겠습니다. 저희가 빈번히 서양 학자를 예를 들어서 항상 죄송한 마음이 드는데요, 현대 학문이 우리나라에서 먼저 발달하지 않고 외국에서 발달한 학문을 들여왔기 때문입니다. 양해하시기 바랍니다.

① 욕구론

욕구론이란 심리학자 매슬로우가 발표한, 인간의 욕구에 대한 이론입니다. 인간의 욕구란 살아가는 데 필요한 것인데 가장 기본적인 욕구는 생리적인 욕구입니다. 이게 충족이 되면 안전에 대한 욕구가 생기고, 다음으로는 사랑에 대한 욕구, 다음으로는 자존감에 대한 욕구가 생깁니다. 여기까지가 보통 사람들의 욕구가 되겠죠. 그 다음에 매슬로우가 말하고자 하는 것은, 이런 기본적인 욕구가 충족이 된 후에 사람들은 자기 삶에 대한 목표를 세우고 그 목표를 실현하고자 노력을 한다는 겁니다.

그런데 누구나 자신이 설정한 삶의 목표를 성취할 수 있는 건 아니지요. 자기의 잠재력을 극대화시키고 최대한의 노력을 하고 충분한 여건을 가지고 있을 때, 자기가 설정한 삶의 목표를 성취할 수 있습니다. 이렇게 목표를 성취하면 자아실현을 했다고 말하는 거지요. 즉 자아실현의 욕구가 제일 윗 단계의 욕구인데, 이것은 누구나 다 성취할 수 있는 것은 아니라고 합니다.

사람들은 누구나 이렇게 기본 욕구를 가지고 있고, 적어도 그 기본적인 욕구는 다 성취하기를 원합니다. 특히 인간이면 누구나 다 존중받기를 원하는 자존감의 욕구가 있다는 것은 우리 모두 마음속 깊이 새겨 두어야 할 사항입니다. 사람들은 누구나 너나 할 것 없이 존중받기를 원한다는 것이지요. 스스로 자기 자신이 별 볼일 없다고 생각하거나 말할 때도 더러 있겠지만 진심으로는 자신이 존중받기를 원한다는 거예요.

'나도 사람인데, 나도 생각이 있는데, 나도 존재할 의미가 있는데'라고 누구나 다 생각합니다. 그걸 우리는 '지렁이도 밟으면

꿈틀한다’는 속담을 통해서 서로에게 전달하죠 그러니까 자기보다 못하다고 생각해서, 기대 수준에 못 미친다고 해서 상대를 무시하거나 짓밟으면 안 된다는 거죠.

다음으로 생리적인 욕구와 관련된 말씀을 드리겠습니다. 생리적인 욕구는 기본적인 욕구입니다. 생리적인 욕구는 의, 식생활에 대한 것과 잠자는 것 그리고 거기에 성적인 것이 포함이 되는 겁니다. 이 중에서 성에 대한 욕구에 초점을 맞추어 보겠습니다. 사람은 성적인 욕구가 있고, 성적인 욕구는 개인차가 커서 성 에너지가 높은 사람도 있고 낮은 사람도 있습니다. 성 에너지가 높은 사람은 성과 관련된 욕구 충족을 더 많이 기대하고 낮은 사람은 덜 기대하게 되겠죠.

마치 식사량이 아주 많은 사람도 있고 적은 사람도 있고, 운동을 조금만 해도 땀을 뻘뻘 흘리는 사람이 있고 운동을 많이 해도 땀 한 방울 흘리지 않고 멀쩡한 사람이 있듯이, 성에 관련된 욕구에도 개인차가 있습니다.

② 동성애

우리는 흔히 연애 즉 사랑의 감정은 남녀 사이에만 일어나는 감정이라고 생각합니다. 뿐만 아니라 가족을 애기할 때는 ‘성인 남자 한 명과 성인 여자 한 명이 결합해서……’라고 말하지만, 같은 성끼리 성적인 호감을 갖는 경우도 드물게 있습니다.

이는 ‘다양한 가족’이라는 제목에서 뜨거운 감자 같은 논쟁을 불러일으키는 동성애에 대한 특별한 점입니다. 즉 사람들 중에는 이성에게 호감을 가지고 성적인 욕구를 느끼는 게 아니라, 동성에게 호감을 가지고 성욕을 느끼는 경우도 있다는 겁니다.

'어찌 동성간에 성적인 욕구를 느끼느냐? 아니 그들은 생식 기능을 할 수 없지 않느냐?'고 공박을 하고, 종(種)의 보존이라는 '종의 원리'에 어긋난다고 말합니다. 그렇습니다. 이는 분명 생물계의 원리에 어긋납니다. 모든 생물은 이성이 결합해야 종이 유지되는 거잖아요. 식물에서 동물, 고등 동물인 사람에 이르기까지…….

그런데 왜 동성이 결합을 하려고 하느냐? 일반 사람들이 보기에는 참 이상하긴 하지만, 그건 그들의 성지향성(性指向性)이 그런 것입니다. 그들은 그렇게 타고났다는 말씀을 드리려고 하는 겁니다.

물론 그들의 타고난 성지향성을 이해하는 게 쉽지는 않습니다. 사람들은 대개 남자면 다 100% 남자다울 것이라고 생각하거나 또는 적어도 남자답기를 기대합니다. 여성은 100% 여성성을 가지고 있을 것이라고 기대하고요. 그래서 어릴 때부터 알게 모르게 그런 사회적 분위기에 익숙한 생활을 하면서 자랍니다.

그런데 사람들 중에는 그렇지 않은 사람들이 분명 있고, 그들은 동성과 더 친밀한 성적 관계를 기대합니다. 그래서 그들은 자신의 배우자로 동성을 찾기도 한다는 거지요. 사회적으로 고정관념이 강하게 작용할 때, 그들은 소수자로서 모습을 드러내지 못합니다. 사회적 정형에 위반된다고 해서 비난받을 게 뻔하니까요. 그런데 사회적 규제가 약해지거나 개방적이 되면 자신들을 노출시키고 권리를 찾으려고 합니다.

그들은 남들에게 해를 끼치는 사람들이 아니라 다만 성향이 다른 사람들입니다. 그래서 우리는 그들이 선택한 삶을 존중하고 사회적 소수자로서 보호받을 수 있도록 도와주어야 한다고 봅니다.

그들의 삶을 '종의 원리'에서 본다면 분명 자연스럽지는 않습니다. 그러나 자연스럽지 않은 것은 보통 사람이 정상적이라고 말할 수 있는 이성간에도 많이 있습니다. 예를 들면, 사실 어른들 계신 데서 말씀드리기 죄송하긴 하지만, 나이가 많아져서 성생활 하기 어려우면 그냥 안 하면 되는 겁니다. 자연의 순리대로 살아가는 방법에 의하면 그렇겠지요.

그런데도 살다 보면 성생활을 하지 않을 수가 없어서 치료약으로 나온 비아그라를 노년기의 성생활에 사용하고 있습니다. 사람이란 게 그렇죠. 할 수 없는 것을 어떤 수단을 사용해서 하고자 하고, 또 가지고 있는 것을 놓지 않으려고 합니다.

사람에게는 그런 성향이 있어서 동성끼리도 성 관계를 갖고 싶은데 동성이니까 좀 특이한 방법을 쓰게 되고, 그게 사회문제가 됩니다. 그러면 이 문제를 어떻게 할 거냐? 물론 동성애를 권장할 사항은 아니라고 봅니다. 그렇다고 막을 거냐 하면 막을 상황도 아니라고 봅니다.

③ 가족생활을 지원하는 가족생활 교육 프로그램

제가 앞에서 말씀드렸습니다만, 행복하게 살기 위해서는 자기가 무엇을 어떻게 했을 때 가장 행복한지 알아서 삶의 방향을 결정해야 한다고 봅니다. 자기 자신을 잘 알도록 스스로가 끊임없이 자기한테 질문을 하고 답을 구하는 수밖에 없습니다.

내가 어떤 일을 하고 살아가는 것이 행복할까를 생각하는 것 못지않게 특별한 성지향성도 어릴 때부터 드러난다고 합니다. 그럴 때 부모는 좌절하고 막거나 혼낼 것이 아니라, 끊임없이 관찰하고 그들의 생각이 정말 진솔한 건지 일시적인 판단인지를 끊임없이 지켜봐 주고 당사자 스스로가 바른 방향으로 찾아가도록 적극 도와줘야 합니다.

우리 주변에 흔한 일로 왼손잡이를 억지로 때려서 오른손을 쓰도록 가르치면 말 더듬는다고 하잖아요? 요즘은 왼손잡이는 왼손 쓰게 그냥 내버려두라고 합니다. 남들이 보기에 불편한 거지 그들은 이미 그렇게 태어난 거잖아요. 그러므로 왼손잡이는 왼손 쓰는 게 오히려 당연한 겁니다. 여기까지는 대부분의 사람들이 수용을 해도 동성애를 수용하기는 참으로 어렵습니다.

물론 자기 아들이 게이인 걸 알게 되면 부모는 많이 놀라고 분노합니다. 그리고 미워하고 좌절합니다. 그래서 삶을 포기하고 싶은 생각도 들고, '너 죽고 나 죽자'는 행동을 할 수 있어요. 막상 죽음으로까지 가는 사람은 많지 않아도 대부분 굉장히 좌절을 겪게 되죠. 좌절하고 슬퍼하고, 심지어는 대인 관계를 끊게 되고 그렇습니다. 말하자면 불행한 삶을 살게 되는 거죠.

실제로 모든 부모는 자기 자녀가 게이라는 말을 들었을 때 99.9%가 다 놀랍니다. 저같이 학자로서 이렇게 개인의 성장 특성이 다르고 성지향성이 다르다고 이론적으로 생각하는 사람의 경우에도, 만약 우리 아이가 그런 말을 한다면 아마 기절초풍을 할 것 같습니다. 그러니 일반인들은 어떻겠습니까? 정말 놀라겠죠.

그렇지만 그들을 그냥 둘 수 없다는 것이 가족학자들의 생각입니다. 간혹 이런 이야기를 친구들 모임에 나가서 하게 되면 "너, 그러면 그런 생활을 지지하냐?"는 질문을 받는데, 지지라는 표현은 옳지 않습니다. 다만 그들도 하나의 삶의 형태를 선택했으니 그것을 존중해 줘야 된다는 생각일 뿐입니다.

가족 문제를 연구하는 학자나 가족을 지원하는 실무자들은 그들의 관계가 최악의 상태로 악화되는 것을 그냥 방치해서는 안 된다고 봅니다. 적응 프로그램을 만들어서 적극적으로 교육하고 개입해서 그들의 삶이 편안하게 유지되도록 기획하고 도와줘야 한다고 봅니다.

제가 몇 년 전에 미국에 있을 때 아주 감명 깊은 교육 프로그램 평가회에 참여한 적이 있었습니다. 아들이 게이[남성 동성애자]인 부모를 위한 교육 프로그램 소개와 평가를 하는 시간이었어요.

저희들은 이런 교육 프로그램을 '가족생활 교육 프로그램'이라고 합니다. 프로그램 내용을 보면, 먼저 아들이 게이인 것을 안 부모를 인터뷰하고, 다음 단계로 그들에게 교육 프로그램에 참여하도록 권하고, 이어서 프로그램에 일정한 횟수를 참가하고 난 다음에 마무리를 짓습니다. 프로그램을 통해 서로를 이해하게 해주고, 그 다음에 서로 부둥켜안고 아들의 성지향성을 마음속으로도 받아들이게 유도해 낸 프로그램인데, 저는 이 프로그램의 성공 사례를 보고 듣게 되었습니다.

일반인들은 '일상생활에서 생긴 갈등을 자신들 스스로가 해결할 수 없을 때는 어떻게 해결할 거냐?'는 질문을 받으면, 주로 신뢰하는 전문가에게 상담을 받는다고 대답하지요. 정말 신뢰하는 전문가에게 상담을 받으면 대부분의 문제는 해결됩니다.

그런데 여기서 중요한 것은 그 전문가를 믿어야 됩니다. 믿지 않는 사람한테는 백 번 가도 소용없습니다. 의사 선생님이 주신 약도 의사 선생님을 믿어야 낫지요. 의사 선생님을 안 믿으면 병이 안 나아요. 그런데 더군다나 마음의 병은 어떻겠습니까? 철저하게 믿어야 낫습니다. 그렇겠죠?

그런데 이런 어려운 문제〔동성애〕가 있을 때 어떻게 그들이 나를 믿게 하느냐 하는 것이 중요합니다. 어떻게 해야 그런 어려운 문제에 처해 있는 사람들이 상담자를 믿게 할 수 있을까요?

만약 "너희들, 나를 믿어라. 왜냐하면 너보다 내가 더 잘났으니까!"라는 식으로 해서야 누가 진심으로 믿게 되겠어요? 아무도 안 믿을 것입니다. 그렇다면 어떻게 해야 믿게 될까요? 가장 중요한 것은 상대방을 존중해 주는 겁니다. 나를 존중해 주는 사람은 나의 마음속 깊은 곳에서 추구하고 있는, 가장 중요한 한 가지, 즉 나의 존재 가치를 인정해 주는 사람이기 때문에 믿게 되지요. 그래서 상대방을 존중해 주는 문화를 갖게 된다면 서로가 서로를 다 존중하게 되잖아요. 그럼 결국은 나도 존중받는 거지요. 모든 사람이 다 그렇게 생각하게 된다는 거지요. 이런데도 일방적으로 '나를 믿어라. 존중하라'고 강요한다면 아무리 말해도 소용없을 것입니다.

이런 시각을 가지고 다양한 가족을 봤을 때, 우리는 그들이 어떤 연유로 인해서 그런 삶을 선택했는지를 캐묻기 전에, 그들을 있는 그대로 인정해 주는 태도를 가져야 합니다. 그리고 현재 그들이 상황을 잘못 이해했거나 피치 못해서 그런 상황까지 갔을 때에는 그 상황이 바뀌도록 도와줘야 합니다. 그런데 그들이 정말 잘 선택한 것이라 한다면 그대로 인정을 해주고, 그들의 삶에서 어려움이 있다면 적극 도와줘야 하지요. 어려움이 적은 사람은 어려움이 많은 사람을 도와줘야 한다고 생각합니다.

9. 인간 존중과 봉사 활동을 통해서 모든 가족이 행복한 사회로

(1) 제가 지금 말씀드리는 다양한 가족에 대한 논란의 핵심은 '인간 존중'입니다. 주지스님께서 어떻게 생각을 하시고 다양한 가족에 대한 특별법회 프로그램을 세우셨는지 몰라서 처음에는 고민을 많이 했습니다만, 사실 제 논의의 핵심은 사회와 사람들이 굉장히 변하고 있고, 이렇게 변화하는 시대에 잘 살아가려면 서로가 남을 존중해야 한다는 겁니다.

남을 이해하고 존중한다는 걸 어떤 경우를 예로 들면 아주 어려운 일이 될까요? 재혼한 사람을 인정하라고 하면 요즘 그건 별로 어려운 일이 아니잖아요? 10년 연애하고 결혼한 젊은 부부가 반 년 만에 이혼하겠다고 해도 그들을 인정하는 건 그렇게 어려운 일이 아닙니다. 그런데 동성애자를 이해하고 존중하라고 하면, 이건 아직은 쉬운 일이 아닐 수도 있을 것입니다. 일단은 순리에 어긋난다고 생각하기 때문에 그렇죠. 그러나 제가 말씀드리는 것은 무조건 다 인정하라는 것은 아닙니다. 전제 조건이 있어요. 그들이 그러한 삶을 선택하는 데에 정말 심사숙고했고, 그런 판단에 충분한 근거가 있고, 그래서 선택한 것이라면 인정해야 한다는 거죠.

그런데 사실 우리 사회에서 이런 분위기 형성을 지금 기대하는 것은 매우 비관적입니다. 무엇보다 아이들이 어릴 때부터 그런 선택을 할 수 있도록 키워지지 않고 있어요. 아이들은 너무나 획일적으로 키워지고 있어요. 어른은 또 어른들대로 마찬가지입니다. 어른이기 때문에 어찌 어찌해야 되는 게 아주 많잖아요. 어른일지라도 그렇게 하고 싶지는 않은데도 해야만 하는 경우가 많다는 말이지요.

이렇게 자기의 행복한 삶을 스스로 선택하지 못하는 상황, 그러한 상황인 줄 알면서도 모든 것을 그대로 다 인정하기는 힘들 것입니다. 할 수 없어요. 좀 평가를 해봐야겠죠. 평가를 통해서 우리는 어떻게 하면 다른 사람들이 선택한 삶을 수용해 주고, 그들이 지원을 요구할 때 지원을 해줄 것인가 하는 문제로 다시 돌아오게 됩니다.

그러한 문제를 사회가 담당하고 개인과 가족을 적극적으로 지원하기 위해서 전문가를 양성하고, 이 전문가들이 다른 사람의 삶에 개입할 수 있도록 프로그램을 마련해야 합니다.

2) 생활에 조금 여유가 있는 분들, 시간적으로 혹은 경제적으로 남을 도와줄 수 있다고 생각하는 분들이 좀더 공부를 하고 훈련을 받아서 다른 사람들의 삶을 지원할 수 있도록 봉사활동을 한다면 우리 사회는 아마 빠른 시간 안에 행복지수가 높은 사회가 될 수 있으리라 봅니다.

그런데 아직은 우리 사회가 행복지수가 높은 사회로 가기에는 제약이 많아요. 왜냐하면 봉사를 하시는 분들이 별로 없거든요.

아직 우리 사회의 전반적인 기대는 일을 한 만큼 보수를 받아야한다고 생각합니다. 개인의 경제적 자원이 그리 넉넉하지 않기때문이기도 하지요. 기본 생활을 위한 비용이 너무 많이 드니까,마음의 여유를 가지고 남을 돕고 봉사하는 분위기가 아직은 미약합니다.

가족을 지원하는 정부 예산이 부족하기에 자원봉사를 하는 사람이 많이 있어야 하거든요. 자원봉사 하는 사람들에게 교통비라든가 식사제공 정도는 할 수 있을지 모르겠지만, 일한 것에 대한응분의 보상을 하기에는 우리의 예산이 너무 적습니다. 따라서보수를 받지 않고도 일손을 나눌 수 있는 순수한 의미의 자원봉사자가 필요합니다.

한 가지만 더 예를 들겠습니다. 다양한 가족에 대한 지원을 서비스하는 국가 가운데 아주 성공적인 사례가 캐나다입니다. 제가학회에 참석하기 위해서 캐나다 밴쿠버에 간 적이 있었습니다.이 자리에도 밴쿠버에 다녀오신 분이 계실 것입니다. 밴쿠버에가면 썩세스 프로그램이 있습니다. 영어로 성공이라는 단어의 썩세스입니다. 이 썩세스 프로그램은 노인 시설을 운영하고 있는곳인데, 가 보고 정말 놀라고 부러웠어요.

물론 노인 가족도 다양한 가족에서의 논의 대상이지요. 노인들은 소년소녀가장 가족보다는 조금 나은 조건이라고 볼 수도있지만, 그렇지 않은 경우도 많습니다. 노부부 두 분이 생활에필요한 모든 것을 해결하면서 살아가기에는 어려운 점이 많습니다. 그러다가 한 분이 편찮으시기라도 하면 더 어려워집니다. 노인 단독 가구의 어려움은 이루 말할 수 없지요. 지금 우리는 노인이 되어 생활을 의지하기 위해서 갈 곳이 많지 않아요. 시설이 좀 있기는 하지만 이런저런 불편함으로 망설여지지요.

썩세스 프로그램을 운용하는 기관은 전적으로 노인을 위한 기관인데, 3층 건물로 아주 깨끗하고 상쾌한 환경이었어요. 노인이 몇 분이나 계시냐고 물었더니 모두 101분의 노인이 계신다고 해요. 그런데 어쩜 이렇게 조용하고 깨끗할 수가 있느냐고 물었더니, 시설이 조용하지 않고 깨끗하지 않을 이유가 어디 있느냐고 오히려 되물어요. 그래서 아니 이렇게 100여 명이나 되는 분들이 계시면 좀 지저분하고 여러 어르신을 서비스하는 직원 몇 명이 감당하기에 분주할 텐데 여기는 전혀 그런 것 같지 않다고 했지요. 그래서 직원이 아주 많은가 보다고 했거든요.

그랬더니 그렇지 않다고 하면서 직원은 모두 일곱 명이라고 대답해요. 직원 일곱 명이 100여 분을 돌본대요. 그러니까 제가 더 놀랐죠. 어떻게 그럴 수가 있느냐고 재차 물었더니, 실제로 노인 한분 한분을 돌보는 건 다 자원봉사자로 해결하고 있다는 거예요. 노인 한 분당 자원봉사자 한 명이 있는 거랍니다. 그러니 시끄러울 리가 없죠.

또 우리나라 노인들이 시설에 가는 걸 제일 싫어하는 이유가 노인들끼리 쫙 모여서 밥 먹는 거라고 하시더라고요.

"노인 시설에 가 보면 여기도 노인, 저기도 노인, 노인들이 모여 있는 거, 정말 싫어"라고 하시지 않습니까?

그런데 거기는 전혀 그렇지 않았어요. 노인들이 식사는 어디에서 하시느냐고 물었더니 부엌으로 안내하더군요. 부엌에는 조리 시설과 식품 및 식기장만 있는 거예요. 그리고 건물 이곳저곳에 테이블이 있고 의자가 서너 개나 일곱 여덟 개가 있었어요. 그래서 식당은 도대체 어디냐고 물었더니 "식당이 여기죠"라고 해요. 그러니까 밥 날라다 주는 분이 좀 불편하더라도 노인이 밥을 잡숫고 싶을 때 노인이 사시는 층, 방 가까운 곳에 있는 테이블에 음식을 갖다 드리는 거예요. 노인들이 지키고 싶어하는 최소한의 자존심, 인간다운 대우를 받고 싶다는 소망이 식사하는 방법에서 노출되고 있는 거였어요.

무슨 수용소같이 수십, 수백 명의 사람들이 모두 함께 큰 식당에서 매 끼니를 먹는다는 게 싫으신 거지요. 이런 소박한 소망을 들어 드릴 수 있는 건 노인 한 분당 한 분씩 자원봉사자가 있기에 가능한 일이지요.

이렇게 자원봉사자들이 확보되고 사람들의 봉사정신이 있어야 형편이 어려운 사람도 도와주고 서로 이해해 줄 수 있을 것 같습니다. 모든 일을 다 돈으로만 해결하려고 들면 앞으로도 많은 문제가 해결될 것 같지 않습니다.

나가는 말

우리 사회가 다양성이 존재하는 사회로 변화하고 있음을 이해하고, 나와 똑같은 삶을 사는 것이 정상이고 나와 다른 삶을 사는 것은 비정상이라는 흑백논리에 사로잡혀 있지 않은 사회가 되도록 각자 노력해야 할 것입니다. 그럴 때 비로소 우리 사회가 전체적으로 안정되고 질이 높은 선진 사회가 될 것이라고 생각합니다.

　모두가 행복해지는 지름길은 서로를 존중하고, 스스로 봉사하는 삶의 양식을 터득하고 실천하는 데서 시작된다고 봅니다. 거듭 말씀드리자면 모든 사회 구성원이 행복한 사회가 진정으로 안정되고 발전하는 선진국 사회입니다. 끝까지 경청해 주셔서 감사합니다.

옥선화(玉先花) ─────────

학력 및 경력사항

1983. 3−1989. 2 : 서울대학교 대학원 졸업. 가족학 박사

1972. 3−1974 : 서울대학교 대학원 졸업. 가족학 석사

1968. 3−1972. 2 : 서울대학교 사범대학 가정교육학과 졸업.

2004. 12−현재 : 한국가족학회 이사

2004. 1− 현재 : 한국보건사회연구원 연구자문위원

2003. 12−현재 : 가정을 건강하게 하는 사람들의 모임 이사

2004. 3−2005. 8 : 고령화 및 미래사회위원회 전문위원

2001. 11−2003. 10 : 한국가족관계학회 회장

1997. 7−1999. 6 : 한국가족상담교육연구소 소장

연구 업적

「청소년 자녀기 가족의 레질리언스(Resilience) 척도개발 연구: 척도의
　　타당화연구를 중심으로」, 대한가정학회지 44(1), 150-173, 2006.

「부부관계에 관한 비합리적 신념이 결혼의 질에 미치는 영향」, 한국가
　　정관리학회지 23(6), 155-165, 2005.

「현대 한국인의 가족주의가치에 대한 연구」, 서울대학교 박사학위논
　　문, 1989.

『결혼과 가족』, 도서출판 하우, 2006 개정신판.

『이혼위기부부교육』, 도서출판 하우, 2005.

『생활과학의 이해』, 서울대학교 출판부, 2005.

『가족학이론』, 교문사, 2002.

『가족학』, 도서출판 하우, 1993.

제5장

부부가 된다는 것의 의미는 무엇인가

정현숙 _ 상명대학교 가정복지학과 교수

1. 가족에 대한 신화 극복과 교육의 필요성

연애를 하는 젊은 사람들이나 어린아이를 데리고 있는 젊은 부모를 보면 혹시 어떤 생각이 드세요? 무척 보기 좋고 아름답다는 느낌을 가지세요?

그런 광경을 보면 "즐거워 보이는구나", 혹은 "아름답다" 하는 생각을 하게 되지만, 전철에서나 식당, 혹은 집에서 같이 밥을 먹는 부부들, 특히 중년의 부부들은 별로 말이 없거나, 또는 서로 다른 곳을 바라보거나 덤덤한 것을 볼 수 있습니다.

왜 연애할 때나 어린 자녀들이 있을 때는 너무나 다정하고 사랑스러웠던 사람들이 일단 결혼하여 세월이 좀 지나면 어느새 서로 소원해지고 때로는 원수처럼 여기는지 알 수가 없습니다.

최근에 많은 학자들은, 혹은 언론 매체에서는 가정이 붕괴되고 있다는 염려를 자주 합니다. 가족 구성원이 서로 생각이나 역할을 바꿔야 한다고 이야기하지만, 사실 어떻게 가족을 바꿔야 될 것인가에 대해서는 별로 말하지 않습니다.

그것은 나 아닌 다른 사람의 문제라고 생각하므로, 다른 사람들이 바뀌길 바라는 경우가 많기 때문이라고 봅니다.

그래서 이 강의에서는 어떻게 하면 우리 모두가 연애할 때나 어린아이들을 키울 때처럼 나이가 들어서도 다정하고 아름답고 사랑스런 모습을 오래 간직할 수 있을 것인가를 생각해 보고자 합니다.

저의 전공은 가족복지학입니다. 처음 만나는 사람들이 저에게 전공을 물어 올 때 "가족복지학입니다"라고 답하면 대개 두 가지 반응이 나타납니다.

첫 번째는 "정말 좋은 거 공부하시네요", 아니면 "어유, 그런 것도 대학에서 가르치나요?"라고 합니다. 제가 한 걸음 더 나아가 "그 중에서도 부부 관계가 전공입니다"라고 구체적으로 답하면, 대부분의 사람들은 부부 관계 하면 먼저 성(性)을 생각하고 웃는 경우가 많습니다. 물론 성적(性的)인 부분도 부부 관계에서 중요한 것이기는 하지만, 사실 부부가 하루 종일 손만 붙잡고 있을 수는 없는 일 아니겠어요? 아이들도 돌봐야 하고, 일도 해야 하고, 대화도 해야 되고…….

부부는 각기 다른 여러 가지 일을 해야 됨에도, 사람들은 가족에 대해서 어떤 신화(神話)를 가지고 있는 것 같습니다.

또 한 가지 반응은 "왜 그런 것을 대학에서 배워야 합니까?"

하는 질문을 합니다. 가족 관계라는 것이 그냥 딱 보면 알고, 살다 보면 저절로 다 아는 것인데 굳이 대학까지 가서 그런 것을 배워야 하는가 하고 의아해합니다.

그렇지만 실제로 결혼생활에서 제일 어려운 것이 무엇이냐고 되물어 보면 많은 분들이,

1) 내가 하고 싶은 말을 상대방에게 제대로 하지 못하는 것,

2) 제대로 잘 싸우지 못하는 것,

3) 싸우고 나면 항상 이런 말을 하지 말았을 걸 하는 후회가 앞서는 것 등이 어려운 점이라고 대답합니다.

그렇지요. 그런 면에서 우리는 초등학교에서부터 대학을 졸업할 때까지 거의 한 번도 대화 방법을 누구에게 배운 적이 없었으니까요

기껏해야 부모님들의 행동을 관찰하면서 눈치껏 배웠거나, 아니면 TV나 영화 등 대중매체를 통해 간접적으로 배우는 것이 고작이었습니다. 그렇기 때문에 어떤 것이 옳고 그른가에 대한 가치 판단은 매우 어렵습니다.

실제로 가정생활을 어떻게 해야 하는지에 대해서는 한 번도 제대로 배운 적이 없고, 대부분의 경우 시행착오를 통해 배우는 것이 전부입니다. 그런데 솔직히 말씀드려 시행착오를 통해 배우기에는 인생이 너무 짧아 시간을 허비하게 된다는 것이지요. 거기에 대해 예를 들어 우리가 아이를 세 명 키운다고 했을 때,

첫째는 이미 학교에서 배워 알고 있는 대로 한번 키워 보고,

둘째는 첫째 아이 키울 때 실패했던 경험을 참고하여 다시 해 보고,

셋째는 첫째 둘째를 통해 터득한 지혜로 좀더 여유 있게 자녀

를 키운다고 한다면 도대체 말이나 되겠어요? 왜냐하면 첫째 아이나 둘째 아이는 망쳐도 좋다는 말이 되니까요.

마찬가지로 우리는 가정에 대해서도 배워야 합니다. 성공적인 가정을 이루기 위해 시험공부 하듯이 열심히 배워야 실패하는 가정이 줄어듭니다.

그 중의 하나는 아이들에게 모범이 되는 행동이 무엇인가를 부모가 배워서 실천해야 합니다. 즉 아이들에게 올바른 가족 관계를 보여 줘야 자녀들이 커서 가정생활을 잘할 수 있게 된다는 뜻입니다. 이런 의미에서 가정생활의 가장 중요한 것은 부부 관계입니다.

2. 부부 관계가 왜 중요한가

여러분께서는 가족에 대해서 교육받아야 한다는 말을 하면서 왜 부부 관계를 강조하는가 하는 의문이 생길 것입니다. 그것은 부부가 가정의 중심이기 때문입니다. 가족의 구심점이 부부라는 것이지요.

가정의 중심이 되는 부부는 결혼을 통해서 생기는 역할이며, 또 사람은 결혼을 통해서 자녀를 포함한 다양한 인연들을 만들어 가게 됩니다. 새로운 친인척들도 생기고, 자녀들도 태어나고, 자녀들의 친구들과 인연도 만들게 되는 가장 기초가 되는 관계이며 시작이 부부입니다.

앞에서도 언급했지만 많은 부부들이 아름다운 모습들을 계속 보여 주지 못하기 때문에 사람들이 결혼하면 처음에는 열정적이지만 좀 살다 보면 시큰둥하게 되는 것이 오히려 당연하다고 생각합니다.

부부가 가정의 시작이며 구심점이기 때문에 부부 관계가 중요한 것 외에도, 현대 사회의 특징으로 볼 때도 부부 관계의 중요성은 더 커집니다. 그것은 현대인의 평균 수명이 점점 길어지기 때문입니다. 의학 발달의 수준을 볼 때 앞으로 사람의 수명은 더 길어질 것으로 예측됩니다. (참고 도표 참조)

저의 경우 자녀가 한 명인데, 그는 대학에 갔기 때문에 더 이상 그와 같이 시간을 보내기는 어렵습니다. 저처럼 대부분의 부부들이 자녀를 적게 낳기 때문에, 부부가 이혼이나 사별을 하지 않으면 과거 어느 세대보다 훨씬 더 많은 시간을 부부가 가지게 될 것입니다.

예를 들어 저의 마흔일곱 나이를 생각해 봅시다. 어쩜 좀 많은 나이라고 생각되기도 하지만, 작금의 평균 수명을 생각해 볼 때 이 나이는 지금까지 살아온 날보다 앞으로 살아갈 날이 훨씬 더 많을지도 모르겠습니다.

저는 지금까지 사십 몇 년을 살아왔지만, 그동안 저 자신의 공부와 결혼하여 아이 낳고 키우며, 직장생활 하느라 무엇에 쫓기듯 정말 정신없이 살았습니다. 거의 저 자신을 돌아보지도 못했을 뿐 아니라 부부끼리도 서로 대화 한번 제대로 못 하고 산 기간이었지요. 그러나 앞으로 남은 4, 50년의 세월은 부부 어느 한 쪽이 먼저 죽거나 별일 없으면 두 사람이 함께 살아야 하는 기간이지요.

그렇기 때문에 앞으로 남은 50년은 지금까지 살아온 50년과는 질적으로나 양적으로 달라져야 하는 시기라고 봅니다. 그런데 결혼 후 거의 20년 동안 소원하게 지내 온 부부 관계가 하루아침에 갑자기 달라질 수 있겠습니까?

그동안 자녀를 위해서 모든 것을 희생하는 자녀 중심으로 살아왔는데, 자녀들이 다 자라서 떠났다고 하여 어느 날 갑자기 부부 관계가 달라지느냐 하는 것입니다. 갑자기 부부 관계를 잘하고자 한다고 해서 쉽게 잘 되느냐, 아니 어쩌면 그것은 거의 불가능에 가까운 일인지도 모르겠습니다.

그래서 앞으로 나의 부부 관계를 위해서, 또 나의 자녀들에게 성공적인 부부 관계의 모범을 보여 주기 위해서라도 우리의 부부 관계를 새롭게 정립해야 합니다. 지금 시대는 더 이상 자녀들이 부모의 노후를 돌봐 주지 못합니다. 결코 그들이 불효해서가 아닙니다. 사회가 구조적으로 그렇게 가고 있기 때문입니다. 이 점을 간파하여 미리 대비하여야 하므로 오직 부부밖에 없습니다.

【참고】 연령별 사망확률과 기대여명*

2001년	사망확률 (남자)	기대여명 (남자)	사망확률 (여자)	기대여명 (여자)	2001년	사망확률 (남자)	기대여명 (남자)	사망확률 (여자)	기대여명 (여자)
25세	0.00086	48.91	0.00037	55.90	49세	0.00627	26.86	0.00205	32.79
26세	0.00088	47.95	0.00041	54.93	50세	0.00678	26.03	0.00227	31.86
27세	0.00090	46.99	0.00042	53.95	51세	0.00731	25.20	0.00247	30.93
28세	0.00095	46.03	0.00045	52.97	52세	0.00758	24.39	0.00257	30.00
29세	0.00099	45.08	0.00047	51.99	53세	0.00804	23.57	0.00274	29.08
30세	0.00103	44.12	0.00050	51.02	54세	0.00868	22.76	0.00302	28.16
31세	0.00110	43.16	0.00054	50.04	55세	0.00945	21.95	0.00334	27.24
32세	0.00120	42.21	0.00057	49.07	56세	0.01067	21.16	0.00377	26.33
33세	0.00134	41.26	0.00061	48.10	57세	0.01157	20.38	0.00406	25.43

34세	0.00149	40.32	0.00065	47.13	58세	0.01251	19.61	0.00438	24.53
35세	0.00162	39.38	0.00069	46.16	59세	0.01362	18.85	0.00486	23.64
36세	0.00177	38.44	0.00074	45.19	60세	0.01497	18.11	0.00535	22.75
37세	0.00197	37.51	0.00080	44.22	61세	0.01643	17.37	0.00600	21.87
38세	0.00222	36.58	0.00088	43.26	62세	0.01763	16.66	0.00654	21.00
39세	0.00247	35.66	0.00094	42.29	63세	0.01921	15.95	0.00732	20.13
40세	0.00272	34.75	0.00099	41.33	64세	0.02123	15.25	0.00822	19.28
41세	0.00301	33.84	0.00109	40.37	65세	0.02305	14.57	0.00915	18.43
42세	0.00332	32.94	0.00118	39.42	66세	0.02493	13.90	0.01033	17.60
43세	0.00363	32.05	0.00129	38.46	67세	0.02715	13.24	0.01181	16.78
44세	0.00400	31.16	0.00136	37.51	68세	0.02990	12.60	0.01348	15.97
45세	0.00436	30.29	0.00145	36.56	69세	0.03350	11.97	0.01542	15.18
46세	0.00487	29.42	0.00158	35.61	70세	0.03695	11.37	0.01746	14.41
47세	0.00524	28.56	0.00169	34.67	71세	0.04059	10.78	0.01991	13.66
48세	0.00574	27.71	0.00186	33.73	72세	0.04425	10.22	0.02243	12.93

* 어느 연령에 도달한 사람이 그 이후 몇 년 동안이나 생존할 수 있는가를 계산한 평균 생존 햇수

3. 결혼이란 무엇인가

부부 관계를 새롭게 정립하기 위한 첫 번째 과제는 결혼이 무엇인가부터 생각해 보는 것입니다. 우리 사회에서 결혼은, 중학교 졸업하면 고등학교 가고, 고등학교 졸업 후 대학 가고, 대학 졸업하면 직장 다니고, 그 다음 단계는 결혼하는 것으로, 인생에서 거쳐야 하는 발달 단계 중 하나로 생각합니다.

결혼을 인생의 어떤 단계를 밟아 가는 것이라고 생각하지만, 사실은 결혼이야말로 자기 인생에서 터닝 포인트이며, 아주 중요한 선택 중의 하나입니다.

그렇다면 과거의 결혼은 어떠했는가? 다만 검은 머리가 파뿌

리 되도록 헤어지지 않고 오래 사는 것을 가장 이상적이고 행복한 결혼생활이라고 생각했습니다. 하지만 요즘은 어느 누구도 검은 머리가 파뿌리 되는 것만을 원치 않고, 어떻게 하면 결혼생활이 좀더 재미있을 뿐만 아니라 그런 행복한 삶이 아이들에게도 도움이 될 수 있을 것인가를 생각합니다.

사람에게 결혼은 당연히 하는 것이 아니라 자신이 선택을 해야 하는 것이며, 선택을 했기 때문에 굉장히 많은 책임과 노력이 필요한 것입니다.

요즘 사람들이 즐겨하는 세태의 농담 중 결혼한 부부들에 대한 내용이 많습니다. 부부가 나이 50대가 되면 이사 갈 때 아내가 자신을 버리고 갈까 봐 남편이 운전석 옆에 미리 앉아 있는다는 이야기, 아침에 밥 달라고 하는 간 큰 남자 이야기 등 여러 종류의 고개 숙인 남편들의 이야기가 있습니다.

물론 결혼 후 태도가 돌변한 마누라에 대한 이야기, 별로 아름답지 않은 아내에 대한 이야기도 많습니다. 그래서인지 결혼한 사람들은 독신일 때의 화려함을 꿈꿉니다. 그러나 그들도 처음에는 '사랑하기 때문에', '밤마다 헤어지기 싫어서', 혹은 '더 많은 시간을 함께 보내고 싶어서' 결혼했다고 이야기합니다. 도대체 결혼이 뭐길래 결혼식만 끝나면 이전의 아름다웠던 꿈들이 모두 사라지는 걸까요?

그건 아마도 우리 모두 사랑이나 결혼이라는 단어에 너무나 익숙해 있기 때문이고, 결혼에 대해 누구나 잘 알고 있다고 생각하며, 남들도 다 하니까 나도 한다는 식의 준비 안 된 만남에서 지불해야 하는 아픈 비용이 아닐까요?

결혼을 꿈꾸는 젊은이들에게 왜 결혼하려고 하느냐고 물어보면 한결같이 "사랑하기 때문에"라고 말합니다. 또 많은 젊은이들이 결혼하는 데 무슨 이유가 있느냐고 반문하기도 합니다.

그렇게 모두 다 사랑 때문에 결혼을 한다고 하지만, 또 많은 부부들이 이제는 더 이상 사랑하지 않기 때문에 이혼을 한다고 하고, 또 어떤 부부들은 결혼하고 나니까 연애 시절보다 얼굴 보기가 더 힘들다고 아우성인 이유는 과연 무엇이며, 어디에서 그 원인을 찾아야 할까요?

도대체 사랑이 무엇이기에 결혼도 하게 하고 이혼도 하게 만드는 걸까요? 또 사람들이 결혼을 하면서 정말 염두에 두어야 하는 것은 무엇일까요?

희랍의 철학자 플라톤이 『향연』이라는 책에서 설명했던 '에로스'의 개념에서부터 현대의 '발렌타인데이'의 사랑에 대한 생각에 이르기까지, 우리들은 각자 자신들이 갖고 있는 사랑의 방식이 올바르고 독특하다고 믿어 왔습니다.

또한 우리들은 사랑이나 결혼이라는 단어가 너무나 자주 듣고 말하여 익숙해졌기 때문에 이에 대해 누구나 잘 알고 있다고 생각합니다. 또는 남들도 사랑하고 결혼하니까 나도 한다는 식의, 인생에서 거쳐야 하는 하나의 통과 의례라고만 생각합니다. 마치 관혼상제의 의례처럼 말입니다.

그러나 현대적인 의미의 결혼은 두 사람이 하나 되는 것이 아니라 '서로 사랑하는 성숙한 남녀가 법적인 약속을 통해 개인적인 성장을 이루며, 부부로서의 성장을 이뤄 나가는 것'이라고 생각합니다. 이렇게 봤을 때 결혼에서 가장 중요한 것은 역시 평생의 반려자인 배우자를 선택하는 일이 될 것입니다.

지금은 인간의 평균 수명이 7, 80세 정도이지만 '인간게놈프로젝트'의 진전을 통해 볼 때, 지금의 젊은이들이 20대 후반이나 30대에 결혼해서 배우자와 함께 평생 살아갈 날을 계산해 보면 아마도 6, 70년은 족히 될 것입니다.

그런데도 단지 상대의 외모나 환경적인 조건을 통해서만 배우자를 선택한다면 그 부부의 행복한 삶이 3년이나 갈까요?

사랑은 육체적인 친밀감뿐만 아니라 상대방에 대한 관심과 배려, 자신의 행동에 대한 책임감 및 상대에 대한 존경심과 둘만의 관계에 대한 헌신을 포함하는 복잡한 개념입니다.

많은 사람들이 상대방을 배려하지도 않으면서 사랑한다고 하며, 때때로 바람을 피우면서도 사랑한다고 하며, 자신의 행동에 대해서 책임도 지지 않으면서 사랑한다고 말하고 있습니다. 또는 육체적 쾌락만을 추구하면서도 사랑한다고 말합니다. 이런 것들은 매우 위험하고 잘못된 생각이고 행동입니다. 이런 행태에 속거나 무턱대고 합류해서는 결혼생활이 성공할 수 없습니다. 적어도 이런 기만적인 따위를 사랑이라고 믿지 말아야 하고 결혼의 이유가 되지 말아야 합니다.

4. 백자 항아리 같은 부부 관계

저는 부부 관계가 백자 항아리와 같다고 생각합니다. 물론 청자 항아리 같다고 해도 좋습니다만, 이들은 굉장히 아름답지만 깨지기 쉽습니다. 이런 점에서 백자 항아리와 부부 관계는 몇 가지 공통점이 있습니다.

첫째, 백자나 청자는 처음 빚어 놓으면 굉장히 아름답습니다. 그런 것처럼 결혼 초기의 부부들은 그 자체가 즐겁고 아름답기 때문에 다른 것을 거의 생각하지 않거나 못 합니다. 항아리가 처음 온전한 형태일 때는 물을 담을 수도, 술을 담을 수도, 밀가루를 담을 수도, 그냥 장식품으로 놓을 수도 있는, 그 용도가 무척 다양합니다. 그렇지만 항아리의 특징은 깨지기 쉽다는 것입니다. 깨지면 항아리의 모든 용도는 그 순간 상실됩니다. 이처럼 항상 조심해야 모든 용도가 가능하다는 점에서 결혼생활과 너무나 똑같습니다.

둘째, 청자나 백자는 시간이 지날수록 그 가치가 빛나지만, 조심스럽게 잘 보관하지 않으면 안 됩니다. 물론 깨지기 쉽기 때문이지요. 한번 깨지면 그 다음에는 절대로 다시 붙일 수 없는 것이 항아리입니다. 비록 요즘은 기술이 좋아져서 본드를 사용하거나 철사로 심을 박을 수도 있지만 자국은 남는 것이기에, 한번 깨지면 그 가치나 효용은 처음에 비해 반감되는 것이지요

그렇기 때문에 항상 조심하여 잘 닦고 관리해야 하는 특징이 있습니다. 결혼생활도 항상 조심하고 배려하여 관리가 잘 되어야 합니다. 부부에게 촌수를 부여하지 않았던 것은 우리의 조상들이 이러한 점을 알았기 때문이라는 생각을 해봅니다. 그래서 부부는 이 세상에서 가장 지극한 관계입니다. 단 1촌이라는 간격도 허용하지 못하는 무촌(無寸)의 관계가 부부입니다.

셋째는, 앞에서도 말했지만 항아리는 한번 깨지고 나면 그 가치나 용도가 반감될 뿐만 아니라, 설령 깨진 것을 아무리 잘 보

관해 놓는다 해도 처음에 그것이 가지고 있던 가치와는 비교가 될 수 없습니다. 그렇게 되면 광속에 밀어넣거나 쓰레기통에 버리게 됩니다. 설령 버리지 않고 광속에 밀어넣는다 해도 언제 다시 빛을 보게 될지 모르게 됩니다. 항아리의 이런 여러 가지 특징이 부부 관계와 흡사하다는 것입니다. 항아리가 깨지면 항아리 구실을 못 하듯이 부부의 결혼생활이 깨지면 부부 구실을 못 하니까 처지가 비슷하다는 것입니다.

부부 관계는 처음도 중요하지만 시간이 갈수록 더 조심하고 배려하는 노력이 있어야 합니다. 그야말로 부부 관계는 항아리를 조심해서 다루고 보존하면 '진품명품(珍品名品)'이 되듯이 그처럼 잘 가꾸고 잘 보존해야 합니다. 항아리의 보존 상태가 좋은 것은 언제나 어디서나 좋은 값을 받을 수 있습니다. 자신이 선택한 부부 관계도 항아리처럼 잘 닦고 잘 보존함으로써 세월이 지나갈수록 훨씬 더 많은 효용과 훨씬 더 많은 혜택을 받을 수 있게 되어야 합니다.

이런 면에서 본다면 최근에 결혼 초기 이혼이 무척 증가하고 있는데 이는 매우 안타까운 일입니다. 왜냐하면 오랜 결혼생활을 통해 지극한 효과도 보지 못한 채 처음부터 깨져서 쓰레기통에 처박히는 신세가 되기 때문이지요. 결혼은 여러 조건이나 사랑도 중요하지만 그 밑바탕에는 왕성하고 줄기찬 인내심이 있어야 한다고 봅니다.

청자나 백자는 오래되어야 가치가 더 빛나듯이 결혼도 오래될수록 서로의 이해가 깊어지고 효용 가치가 빛납니다. 그런데도 결혼 초기에 깨져 버리면 상대의 인격이나 결혼생활의 가치를 알 기회를 잃게 됩니다. 사람은 누구나 어느 한순간에 상대의 모든 것을 다 알기는 거의 불가능합니다.

그러므로 일단 여러 가지 신중한 자기 판단과 결정으로 결혼을 했으면, 상대에 대한 폭넓은 이해와 아량과 인내심을 가지고 결혼의 가치를 발견하려는 노력을 지속적으로 기울여야 합니다.

결혼이라는 것은 철저하게 자기가 판단하여 선택한 일이기 때문에 결국 자신이 모든 책임[가정적·사회적]을 다 져야 합니다. 그러므로 부부 관계는 청자나 백자 항아리처럼 잘 가꾸어 가야 하는 노력을 처음부터 끝까지 지속적으로 해야 된다는 사실이 매우 중요합니다.

사실 성공적인 결혼생활을 꾸려 가기 위해서는 어느 한쪽의 노력으로 다 되는 것은 아닙니다. 남편이나 아내, 아내나 남편이 서로 함께 이해하고 참는 노력이 삶의 밑바탕이 되어야 합니다.

또한 자신이 부모 역할을 잘해서 좋은 엄마가 되었다고 하더라도 자신의 아이가 사는 환경은 집안만 있는 것이 아닙니다. 이웃과 사회에 나가서 더 많은 것을 배우게 되고 알게 됩니다. 그렇기 때문에 자신이 혼자 가정생활을 잘하여 가족이 화목하고, 아이를 잘 키운다고 해서 그것만으로 자신의 아이가 잘 클 수 있는 것은 아닙니다.

그래서 저는 여기서 보람 있는 삶을 가지기 위한 여섯 가지 영역에 대해 말씀드리려고 하는데, 결국 이런 것들이 조화를 잘 이룰 수 있어야 한다고 봅니다.

5. 보람 있는 삶을 위한 여섯 가지 영역

사람들의 삶에는 다양한 역할의 영역이 있는데, 아래의 참고 자료와 같이 결혼[배우자와의 관계], 부모 역할, 자신을 돌보기[자기 표현], 사회 참여, 우정[친구], 의미 있는 일 등의 여섯 가지 영역이 있습니다.

사람이 누구나 이들 여섯 영역을 조화롭게 펼쳐 나갈 때 성공적이고 보람 있는 삶이라고 생각합니다.

예를 들어 저는 부부 관계에서는 아내의 역할을, 자녀와의 관계에서는 어머니의 역할을[우리 부모에게는 딸의 역할을 하며], 저 자신을 가꾸기 위한 독서나 취미 생활, 비록 6개월의 짧은 기간이지만 우리 동네 아파트의 삶의 질을 높이기 위해 반장을 맡고 있으며, 친구들에게는 좋은 친구이고, 직장에서는 교수로 있으며, 나름대로 인류 발전을 위해서 의미 있는 일을 하고 있다고 생각합니다.

부부 관계는 이미 살펴보았으므로 부모자녀 관계의 역할을 생각해 보겠습니다. 부모자녀 관계의 영역에서는 주로 두 가지 역할이 요구되는데, 사람은 누구나 딸로서 또는 아들로서 부모님께 어떻게 해야 될 것인가 하는 것과, 자신이 엄마로서 혹은 아버지로서 아이들에게 어떤 일을 해야 될 것인가 하는 것입니다.

저의 경우는 양친께서 다 건강하시고 시어머니도 건강하시기 때문에 제가 딸로서, 아니면 며느리로서 해야 되는 역할이 상대적으로 적지만, 만약 편찮으시거나 다른 일이 생기면 부모에 대한 영역이 훨씬 더 커질 것입니다.

또 아이들이 대학에 들어가면, 상대적으로 부모의 역할은 많이 줄어듭니다. 그렇지 않고 아이들이 어려 유치원생이거나 초등학생이면 부모가 돌봐야 할 영역은 좀더 키우거나 커져야 된다고 봅니다. 그러므로 이때의 아이들은 부모에게 매우 의존적입니다.

그렇지만 대부분의 부모들은 이 시기가 부모 자신의 일에 골몰할 때지요. 집안의 온갖 일과 직장생활의 모든 업무를 처리해야 하므로, 자칫 바쁘다는 사실 때문에 아이를 돌보는 일을 귀찮게 여기면서 지낼 수도 있습니다.

【참고】 '보람 있는 삶'의 구성 요소

결혼〔배우자와의 관계〕	특정한 사람〔부부〕과의 적극적인 애정 표현, 성적 매력의 계발, 즐거움과 고난이 결합된 활기찬 논쟁 관계를 유지하며 인생의 목적을 공유함.
부모 역할	아이들과 시간을 보내며, 아이 키우는 일에 참여함. 때론 능력 밖의 일이지만 즐겁고 자랑스러움. 자녀 양육을 통해 자신의 인생이 풍부해짐.
자기표현〔자신을 돌아보기〕	사색하고, 즐겁게 시간을 보내며, 흥미 있는 것을 찾아보고, 쉬면서 자기 자신을 되돌아볼 수 있는 공간과 시간을 마련함.
사회 참여	다른 사람에게 도움이 되거나 인류에게 중요하다고 생각하는 활동을 함.
우정	오랫동안 우정을 나눈 특별한 친구들이 있음. 이 친구들과 어려움, 즐거움, 꿈 등 인생의 계획을 말하며 편안함을 느낌. 친구를 만날 때 배우자와 아이들과도 함께 어울림.
의미있는 일	자신이 하는 일〔직업〕을 소중히 여기고, 인간의 삶에 기여함.

그리고 또 한 가지 중요한 영역은 힘들고 어려울 때 기댈 수 있는 친구입니다. 부부가 싸우고 나서 제일 필요한 것은 하소연할 친구지요. 부부싸움 끝에 홧김에 집을 나왔는데 막상 갈 곳이 없었을 때, 참 허망하지 않습디까?

이럴 때 절실하게 필요한 것이 친구지요. 사실 친구는 그때만이 중요한 것은 아니지만 내 허물을 덮어 줄 사람이 필요할 때는 절친한 친구밖에 없지요. 그래서 부부도 중요하지만 친구도 인생에 있어서는 매우 중요하다고 봅니다.

그런데 이 친구라는 것은 동년배 친구일 수도 있고, 나이가 많은 친구도 있을 수 있고, 어린 친구도 있을 수 있습니다. 이런저런 모든 차이를 떠나서 친구는 진실해야 합니다. 오랫동안 신의를 가지고 이해와 아량을 가지고 서로 보살펴야 합니다. 그런 친구를 불교에서는 도반이라고 하는 것 같은데 매우 뜻있는 용어라고 봅니다.

인생을 살아갈 때 벗이 되고 위안이 되고 아픔과 기쁨을 함께 나눌 수 있는 진정한 동반자들이 요즘에는 무척 다양합니다. 이성 친구가 있을 수도 있고, 동성 친구가 있을 수도 있습니다. 남편에게, 아내에게 말할 수 없는 이야기를 할 수 있는 이성 친구도 경우에 따라서는 필요한 것이지요.

우리가 결혼하기 전에는 '친구'의 영향력이 크지만 결혼하면 이 부분이 줄어드는데, 너무 줄이는 것보다 삶의 도움이 될 수 있는 중요한 동반자들의 영역을 남겨 놓는 것이 필요하다고 봅니다.

그렇다면 좋은 친구란 무엇인가? 그것은 친구가 원하는 일을 자신이 실천할 때 좋은 친구, 동반자들을 많이 가지게 될 것입니다.

인생의 여섯 가지 영역 중에서 중요한 한 가지 영역은 바로 자신입니다. 이 영역은 다른 어떤 영역보다 중요하다고 볼 수 있습니다. 그것은 자신을 잃어서는 아무 일도 되지 않고 할 수 없기 때문입니다.

그래서 저는 '누구 엄마'로 불리는 것이 싫습니다. 왜냐하면 나는 '누구의 엄마'이기도 하고 '누구의 아내'이기도 하지만, 원래부터 정현숙이기 때문입니다. 그런데 나 자신을 잃어버리고 엄마로서, 아내로서의 '나'만 있다면 어떻게 되겠습니까?

만약 누구의 엄마로만 살게 된다면, 아이가 커서 독립을 하고 나면 나는 갑자기 삶의 희망을 잃게 되고 나의 존재 가치가 없어지게 될 것입니다. 또 만약에 내가 나 자신을 잃고 아내로서의 역할만 갖고 있다면, 남편이 갑자기 어려움을 당하거나 아니면 나보다 일찍 세상을 떠난다면 그때는 또 어떻게 살 것입니까?

내가 없는 아내, 내가 없는 남편만을 주장한다면 반가워할 남편이나 아내는 없을 것입니다. 그러므로 생활비의 일부를 자신을 위해 기꺼이 투자해야 합니다. 결코 무조건 봉사하고 희생하는 것만이 가장 좋은 결과를 낳는다는 위험한 상상을 이제는 버려야 합니다.

우리는 쉽사리 세상에 태어난 의미를 잊곤 합니다. 저는 모든 인간의 탄생은 나름대로의 의미가 충분히 있다고 생각합니다. 부처님의 뜻[진리의 작용]이든 신(神)의 뜻이든 뭔가의 뜻이 있어서 사람은 태어난 것이라고 봅니다.

그런 내가 태어나서 사회 환경에서 자라고 사회적인 교육을 받았다는 것은 그만큼 국가와 사회를 위해 뭔가를 해야 되는 것이지요. 따라서 인간의 보람 있는 삶의 영역에서 또 하나 중요한 역할은 사회를 위한 일을 해야 하는 것입니다. 이 사회에서 내가 할 역할이 분명히 있다는 말이지요.

오늘 스님의 기도 내용 중에서도 "이웃을 사랑하고 국가를 위해서 노력하자"는 말씀을 하셨는데, 바로 나 아닌 남, 사회를 위한 봉사를 실천하자는 것이 아닌가요?

사실 우리 아이만 위할 것이 아니라 모든 아이들의 행복한 삶, 나만 위해서가 아닌 모두를 위한 환경 운동에도 참가해 보자는 말입니다. 거리에 널려 있는 쓰레기 줍기부터 시작한들 어떠하겠습니까?

그러나 우리는 내 아이한테는 너무너무 잘하고 내 남편에게는 너무너무 잘하지만 옆집 아이한테나 이웃에게는 잘하지 못합니다. 따라서 우리 사회에 대한 역할이 이 여섯 가지 영역에서 조화를 이루지 못한다면 우리가 건강한 가족생활, 아니면 건강한 부부 생활을 하기는 어렵다고 봅니다.

많은 사람들이 가정이 변화하고 가족의 생각이 바뀌어야 한다고 말합니다. 혹은 '부부 관계를 잘하자'고 말합니다. 정말 가정이 행복하고 가족이 성숙하려면 이 여섯 가지가 잘 조화를 이루었을 때라고 봅니다. 바꾸어 말하면 여섯 가지 조화가 이루어진 가족은 행복하고 건강한 것이지요. 이 여섯 가지 영역이 조화를 이룰 때 진정한 자아가 발달할 것이므로, 가정의 근간이 되는 부부 관계도 이러한 맥락에서 이루어져야 할 것이라고 봅니다.

6. 행복한 부부 관계를 위한 실천 방안들

그렇다면 말로는 쉽지만 실천하기는 어려운 몇 가지 방안들을 말씀드려 보겠습니다. 이것을 통해 부부 관계, 더 나아가서는 안정된 사회와 부강한 국가를 이룰 수 있을 것입니다.

(1) 인생의 목표를 세우자

우리의 인생이 90세까지라고 보고, 10대부터 20대, 30대, 40대, 50대, 60대, 70대, 80대, 90대를 일직선상에 쭉 그려 놓고 자신의 인생을 한번 돌아봅시다. 이미 지나온 세월도 있고 앞으로 지낼 세월도 있지만, 지난 세월에 대해 어떤 일을 하고 살았던가를 적어 봅시다.

① 2, 30대의 인생 설계

20대까지는 공부를 하면서 자신을 가다듬고 깨닫는 시기입니다. 사실 인생의 중요한 내용들은 살면서 나이와 함께 많이 깨닫게 되지만, 10대나 20대에 풍부한 경험을 한 사람들은 그 이후의 인생 폭이 훨씬 넓어지는 것입니다.

실제로는 그렇지만 우리의 삶은 과연 어떠합니까? 자녀들에게 인생을 경험할 기회를 주지 않고 오직 공부만 하라고 강요합니다. 결국 그런 아이들은 대학에 가면 놀기만 합니다. 제가 한 사람의 교수로서 부모들에게 드리는 부탁은, "제발 아이들을 그렇게 키워서 대학에 보내지 마세요. 무척 골치 아픕니다. 도대체 학생들이 너무나 공부를 하지 않으니, 학문의 전당이라고 할 대학에서 어떤 방법을 써야 합니까?"입니다.

대개 그런 아이들은 두 가지 특징이 있습니다. 하나는 아무 생각이 없다는 것입니다. 또 하나는 아무 생각이 없기 때문에 나타나는 증세로, 하고 싶은 것도 없습니다. 그러나 그런 아이들은 무척 착하기는 합니다.

그 아이들은 지금까지 세상을 경험할 기회가 너무 적었을 뿐만 아니라 자신들이 무엇을 선택해 본 적도 별로 없습니다. 아이들이 많은 꿈을 가지기 위해서는 책도 많이 읽어야 되고 세상 구경도 많이 다녀야 하는데, 죽자 살자 공부만 하다 보니 세상을 볼 수 있는 눈이 좁아져서 대학에 들어갑니다. 이런 아이들에게 자율적인 공부는 고통일 뿐입니다. 지금까지 공부를 너무나 많이 했기 때문에 많이 놀아야 된다는 것이지요.

그러나 이러한 때야말로 또 다른 새로운 인생, 새로운 삶의 기회가 될 수 있으므로 새로운 선택이 필요한 시기입니다. 원하지 않고 적성에 맞지 않는 학과를 선택해서 적응에 어려움을 겪는 학생들에게 "네가 만약 원하지 않는 학과에 왔으면 지금이라도 늦지 않았는데 왜 다시 한 번 해보지 않느냐?"고 이야기합니다.

그들은 막상 새로운 선택을 하고도 교수에게 학과를 바꾼다고 말하는 것에 대해 굉장히 미안해합니다. 그런 결정이 교수님께 불손하다고 생각하는 것이지요. 그러나 그런 학생에게 교수가 격려해 주면서 "마침내 네가 좋아하는 것을 찾았구나. 너 성공하면 나한테 다시 한 번 와"라고 하면 학생들은 새로운 학과에 잘 적응하고 나중에 찾아오는 일도 있습니다.

늦었다고 생각한 그때, 자신이 원하는 것을 찾을 수 있다는 것은 인생에 있어서 얼마나 큰 행복입니까? 이 시기는 자신을 크게 넓혀야 하는 시기입니다. 우리의 부모들이 자녀들에게 선택과 경험의 기회를 주어야 할 때일 뿐 아니라 20대 청년인 자신들도 자기의 인생 계획을 수립해야 할 때입니다.

20대 후반이나 30대에 접어들면 대부분의 사람들은 결혼을 합니다. 결혼을 하면 부부 관계에 관심의 초점을 맞추어서 삶의 지평을 넓혀야 하는데, 문제는 결혼하기 전에는 서로 다정하지만, 일단 결혼만 하고 나면 부부 관계는 그냥 일상화되어 버린 채 아무런 노력도 기울이지 않습니다.

그러면서 이러한 일상화가 마치 올바른 부부 관계인 것처럼 착각한 채 평생 재미없게 사는 길로 나가기 시작합니다. 그렇기 때문에 혹시 여기 결혼을 생각하는 분들이 있다면, 자신의 인생에 아주 중요한 선택과 중대한 책임으로서 결혼을 미리 잘 준비해 줬으면 합니다.

행여나 이 자리에 시집 식구가 되는 입장의 분들이 계시면 섭섭하게 들릴 수도 있겠지만, 저는 결혼을 하여 바로 시댁의 가풍을 배워야 한다고 부모와 함께 사는 것에는 반대합니다. 거의 30년 동안 따로 살던 사람들이 결혼으로 처음 만나 한 살림을 꾸려나가기 때문에 두 사람은 모든 영역에서 어쩔 수 없이 부딪치며 새롭게 적응해 나가야 합니다. 그렇기 때문에 갓 결혼한 두 사람에겐 새로운 삶의 형식을 정립하기 위한 다양한 노력이 필요합니다.

그러나 시댁에 들어가서 함께 살게 된다는 것은 가부장적인 가족 관계를 강화하게 되며, 실질적인 부부 관계를 강화할 수 있는 기회는 상대적으로 부족하게 됩니다. 그래서 처음에는 '한 1년 동안 너희들 마음대로 살다가 들어와라'고 하든지, 더 바람직한 것은 '이제 너희도 성인(成人)이 되었으니 둘이서 잘 살아가거라' 하고 떠나보내는 것이 현명한 처사라고 생각합니다.

부부가 같이 살아서 좋은 것은 무엇인가? 무엇보다 중요한 것은 결혼은 평등이 전제된 인간관계가 확립이 되어야 합니다. 정말 독립적인 존엄한 개체로서 상대를 서로 존중해 주는 것이야말로 결혼을 통한 인간의 성숙일 것입니다.

부부가 같이 살면서 개체로서 인격을 존중해 주면 그것은 아주 바람직한 일이지만, 만약 지금까지 시어머니와 며느리의 고부관계를 경험한 적이 없는 신부가 아무런 준비 없이 무조건 시댁에서 같이 살게 되면 어떤 문제가 발생하겠습니까?

인간은 어쩔 수 없이 친밀한 관계일수록 요구가 많아지고, 기대가 많아지고, 또 기대가 많아지면 실망도 많아질 수밖에 없습니다. 만약 친정어머니에게는 의견이 달라도 "엄마는 왜 그렇게 말해?" 하고 싸우고 나면 끝입니다. 그러나 시어머니에게는 그렇게 못 하지요 으레 처음에는 고분고분하다가 점차 시간이 지날수록 다투거나 대화를 하지 않거나 악화일로를 걷습니다.

저의 친구들을 보면 시댁살이 한 사람들 대부분이 한 10년쯤 되었을 때 크게 싸우고 분가하는 경우가 많습디다. 아무튼 결혼 초기의 젊은이들은 자신의 인생 설계를 해야 하고 미래의 계획을 향해 준비를 해야 하는 시기이고, 반면 부모들은 그들을 독립시켜 떠나보낼 준비를 하는 시기입니다.

② 4, 50대의 인생 설계

저는 이 시기를 인생의 황금기라고 생각합니다. 왜냐하면 이때는 소위 위기의 시기이고, 또한 기회의 시기이기 때문이지요. 대개 40대가 되면 아이들도 떠나기에 이때부터는 부부 관계를 더 잘할 수 있는 시기입니다. 그러나 이때는 너무너무 바쁜 때이기도 합니다.

40대의 직장인들은 위에서는 내리누르고 밑에서는 치고 올라와 스트레스를 가장 많이 받을 때이기도 합니다. 우리나라 40대 남자들의 사망률이 높은 이유도 바로 여기에 있다고 합니다. 그리고 이때는 남편과 아내가 생각하는 것도 많이 다를 때입니다. 아내는 남편이 이제는 나에게 관심을 좀 가져 주었으면 좋겠는데 아직도 일에 매달려 있다고 생각합니다. 반면 우리나라 남편들은 자신이 직장생활에서 받는 여러 고충 어린 마음을 아내에게 표현하는 방법을 잘 모릅니다. 그러므로 자연 아내와의 관계가 원활하지 못하게 됩니다. 서로 위로받고 격려해 주는 것이 부부인데도 말이지요.

이때 남편은 정신적인 안정을 주는 사람을 만나게 되면 그만 외도가 일어납니다. 실제로 우리나라에서 남녀 공히 외도율은 40대가 가장 높다고 합니다. 사실 이 시기부터 남편들은 은퇴를 준비해야 합니다. 다가올 새로운 인생을 미리 준비하고 계획해야 할 매우 중요한 시기이지요.

이렇게 인생의 각 단계마다 요구되는 특성이 있는데, 세상은 나에게 원하는 것을 모두 다 가지라고 하지 않습니다. 내가 어떤 것을 선택하면 다른 것은 분명히 포기해야 될 것이 있습니다.

그렇지만 우리는 어떠한가요? 모든 것을 다 가지려고 욕심을 부리니까 결국은 하나도 못 가지는 결과가 생깁니다.

저는 살아온 인생에서 크게 후회되는 일이 하나 있습니다. 저희 부부는 아이를 데리고 유학을 갔기 때문에 아이가 저녁 9시에 자지 않으면 정말 고달파집니다. 내일 볼 시험 준비도 해야 하고 보고서도 써야 하는데 아이가 저녁 9시까지 자지 않으면 정말 아무 일도 못 하고 말지요.

그래서 우리 내외의 생활 습관 중에서 가장 중요한 것이 아이의 잠자는 시간을 지키는 것이었습니다. 다행히도 아이가 순하고 말을 잘 들어서 저녁 9시가 되면 으레 잠을 잤기에 우리는 그 덕으로 무사히 공부를 마칠 수 있었습니다.

그런데 돌아보면 그 시기의 아이가 가장 예뻤고, 아이의 입장에서는 부모가 가장 필요했던 시기였던 것 같습니다. 그러나 매일매일을 아이가 예쁘다는 느낌보다도 '내일은 어떻게 하나'는 생각만 하고 살았기 때문에 아이를 바라보며 기뻐하거나 즐거워할 시간이 없었습니다.

이제는 제가 좀 여유가 생겨 아이를 가까이하고 싶지만, 이미 대학생이 된 아이는 너무나 바빠 한집에 살면서도 얼굴 보기조차 어렵습니다. 만약 그때 제가 현명했더라면 좀더 아이와 함께하는 시간을 많이 가졌을 것입니다. 다른 것을 양보하거나 포기하든지, 아니면 공부를 1, 2년 늦추거나 미루면 됐을 텐데 말입니다.

90 평생 긴 인생에서 1, 2년 빨리 끝내는 것이 뭐가 그리 중요했던지. 그러나 그때는 다른 사람들에게 이런 이야기를 참고로

들어 본 적도 없고, 저 자신의 인생에 대한 설계도 구체적으로 생각해 보지 않은 채 그저 하루하루 목전의 삶만 열심히 사는 것만 다인 줄 알았는데 지나 놓고 보니 그게 아니었어요.

때문에 각각의 인생 단계에서 해야 될 일들이 많을 때, 그 모든 것을 다 가지려고 하기보다는 중요한 것 몇 가지에만 초점을 맞추어야 된다고 생각합니다.

오늘 강의에 오신 분들 연세로 봐서는 젊은 학생도 몇 분 있지만 거의 중년기나 그 이후의 분들이시기에, 앞으로의 부부 관계를 강조하고 준비해야 되는 시기가 아닌가 하는 생각이 듭니다.

왜냐하면 지금부터 부부는 서로에게 가장 중요한 동반자이고 도반이기 때문입니다. 부부 관계가 왜 그토록 중요한가 하는 것은 이미 충분히 이야기를 했다고 봅니다. 그렇다면 구체적인 방법을 살펴보기로 하겠습니다.

(2) 나를 알고 상대방에게 관심을 가지자. 그리고 내가 원하는 바를 상대방에게 솔직하게 말하자

소크라테스가 '너 자신을 알라'고 했던가요? 사실 나를 모르면서 다른 사람에게 관심을 가져 달라고 하는 것은 매우 어리석은 일이라고 봅니다. 그렇기 때문에 부부 관계를 좋게 하기 위해서는 먼저 자신을 알아야 합니다. '과연 나는 무엇을 좋아하는지, 어떤 것을 싫어하는지, 미래의 나의 꿈은 무엇인지, 내가 이상적으로 생각하는 아내 역할, 남편 역할, 부모 역할은 어떤 것인지?' 등등을 먼저 곰곰이 생각해 보아야 합니다.

사회의 숱한 인간관계를 한번 생각해 봅시다. 혼자서 산에 들어가 조용히 도를 닦으면서 고고히 살 수도 있겠지만, 그러나 세상에 살면서 관계를 전혀 맺지 않고 산다는 것은 불가능합니다.

그러므로 우리가 인생을 살면서 맺게 되는 다양한 사람들과의 인간관계를 생각해 봅시다. 내가 A라는 사람과 관계 맺는 방식과, B라는 사람하고 관계 맺는 방식은 다를 수 있습니다. 즉 내가 사람에 대해 어떤 마음가짐을 갖느냐, 혹은 내 행동에 대해서 상대방이 어떻게 반응하는가에 따라 관계 맺는 방식과 결과는 전혀 달라질 수 있습니다.

연애 시절 데이트 경험을 한번 생각해 봅시다. '나는 같은 사람이었는데 철수와 연애할 때와 민수와 연애할 때 내 행동은 과연 어떻게 달랐는가?' 마찬가지로 내가 어떤 마음가짐을 갖는가에 따라 남편과의 관계도 달라질 수 있습니다. 즉 남편은 같은 사람이지만 내가 어떤 생각을 하느냐에 따라서 '어, 이 사람이 달라졌네' 하고 생각하게도 됩니다. 거기에 따라 남편은 다르게 반응하고, 관계는 다시 변하게 되고 발전하게도 됩니다. 예를 들어 내가 미장원에서 머리를 자르고 집에 갔는데 남편이 "야, 그게 뭐냐?"고 말하면, "아, 이게 어때서"라고 나의 목소리가 자연 커지게 됩니다. 설령 제가 머리를 이상하게 자르고 갔다고 쳐 봅시다. 그러나 한번 자른 머리는 다시 붙일 수 없지 않습니까? 그러므로 남편이 "어, 머리 잘랐네?" 하는 이런 간단한 반응만으로도, 저는 이미 남편의 마음을 충분히 읽을 수 있지요 남편의 관심을 느끼기 때문에 그 다음의 저의 반응과 거기에 따르는 부부 관계는 달라질 수 있지요 이런 예를 들면 많은 분들이 참 재미있다고 반응합니다.

어떤 친구는 "우리 집 남자는 내가 머리를 자르고 가도 잘랐는지 안 잘랐는지 모른다"고 말합니다. 이런 반응은 매우 심각한 부부 관계입니다. 다시 말하면 서로에 대한 관심이 없다는 이야기가 됩니다. 그러나 문제는 내가 나를 모르는데 누가 나를 알아 주겠는가 하는 것입니다. 그래서 부부 관계는 먼저 내가 나 자신을 알고 난 뒤 내가 어떻다는 것을 상대방에게 알려 주는 것부터 시작해야 합니다. 그러니 여러분, 저에게 속는 셈치고 상대방에게 관심을 가져 봅시다.

여러분께서 정말 좋아하는 것은 무엇인가요? 그래서 내가 좋아하는 것, 내가 정말 원하는 것, 나의 미래의 꿈이 무엇인지, 그리고 나의 과거에는 어떤 꿈을 가졌는지 등을 상대방에게 이야기해 줌으로써 부부 관계를 훨씬 더 잘 이끌어 나갈 수 있게 됩니다.

한 가지 쉬운 예를 들어 봅시다. 우리 부모 세대들은 자녀들이 어머니에게 "엄마, 선물 뭐 해 드릴까?"라고 하면, "응, 아무거나"라고 말하곤 합니다. 그래서 정말 아무거나 해주면 "나쁜 녀석, 엄마 마음을 이렇게 몰라주고" 하시면서 매우 속상해하거나 서운한 감정을 갖습니다.

자녀들에게 어머니 자신이 무얼 좋아하는지 말해 주지 않으면서도 자녀들이 알아주길 바라는 것만큼 어리석은 일은 아마 없을 것입니다. 대개 사람들은 '가족끼리 그것도 몰라?'라고 하지만, 아무리 가족이라도 말을 하지 않는데 어떻게 알 수 있겠어요? 방법이 없지요.

또 하나의 예를 들어 보겠습니다. 불고기를 좋아하지 않는 어머니가 있었어요. 불고기를 먹을 때마다 어머니는 "나는 별로 좋아하지 않으니 너희들이나 많이 먹어라"고 말씀하세요. 그래서 아이들은 어머니가 소고기 불고기를 안 좋아하는 줄 알고 자랍니다. 어느 정도 장성하여 어머니 생신을 차릴 때쯤 돼서 "뭐 드시고 싶으세요?" 하고 물으니 그때서야 "불고기가 좋다"고 하시는 겁니다. 그러나 이제 와서야 알게 되었을 때 "아, 우리 엄마가 정말 좋은 엄마구나" 하고 생각하는 자녀들은 생각 밖으로 많지 않다는 것입니다. 그 대신 '나는 엄마처럼 살지 않겠다'고 다짐을 합니다.

이제부터 "나 불고기 좋아해"라고 당당히 말합시다. 재미있는 사실은 자신이 원하는 것을 당당하게 말하는 부모의 아이들은 더 부모를 존중하고 더 가치 있게 여긴다는 것입니다.

이 점은 부부 관계에서도 마찬가지입니다. 희생이 기반이 된 부부 관계는 오래 지속되지도 않을 뿐만 아니라 상대를 존중하는 마음이 없게 됩니다. 제 또래의 부모와 자녀들의 관계를 보면 명백하게 알 수 있습니다. 희생이 기반이 된 일방적인 부모자식 관계는 정말 바람직하지 않습니다. 그러므로 이제 우리는 자신의 의견을 의연하게 말해야 하고 부모와 자식 관계에서도 당당해야 합니다.

'내가 원하는 것이 무엇인가?'를 분명히 인식시킬 수 있는 나를 잃지 않아야 합니다. 분명 내가 있어야 아내가 되고 엄마가 되는 것이지, 나를 잃고 엄마가 되고 아내가 되는 매몰의 관계는 절대 바람직하지 않을 뿐만 아니라 위험하기까지 합니다. 그래서 부부 각자가 정말 좋아하는 것이 무엇인지 생각해 보고 자신의 생각을 상대방에게 분명히 알려 줘야 합니다.

그리고 한 가지 더, 상대방이 관심을 가지고 한 배려를 있는 그대로 받아 주는 것도 매우 중요합니다. 많은 남편들이 길을 가다가 갑자기 옛 생각이 나서 아내의 생일날 모처럼 큰맘 먹고 꽃을 사서 들고 집에 들어갔는데, 아내의 반응이 '돈 아깝게 왜 안 하던 짓을 하느냐?'는 식으로 시큰둥하다면 어떻게 되겠어요? '그 돈이면 뭐도 하고 뭐도 하겠다……' 심지어는 '이 남자가 갑자기 바람이 났나? 왜 이래' 이렇다면요.

가장 바람직한 장면은 아내가 그대로 감격하는 것입니다. 물론 아내의 입장에서는 돈이 아까울 수도 있겠지요. 그러나 그것은 생각하기 나름이지요. 얼마든지 좋게 생각할 수 있다는 것입니다. 아무튼 아내의 그런 시큰둥한 반응으로 남편은 두 번 다시 그런 낭만적인 짓(?)을 하지 않을 것입니다.

저는 부부 관계에서도 대세를 좋아합니다. 대세에 지장이 없다면, 마음속으로 좀 아까워도 딱 눈감아주는 것이 때론 매우 필요합니다.

(3) 긍정적인 사고를 갖고, 감사를 표현하자

암의 원인은 스트레스라고 합니다. 그러나 스트레스 퇴치법은 생각보다 매우 간단합니다. 바로 긍정적인 사고를 갖는 것이지요.

'내가 나를 사랑한다는 거, 나를 존중하고, 긍정적인 사고를 갖는다'는 의미는 무엇인가요? 저의 예를 들어 보고자 합니다. 저는 키가 작아서 학교 강단에 설 때 저도 모르는 사이 약간 발뒤꿈치를 들고 이야기하는 버릇이 있습니다. 그런데 제가 키 작다고 아무리 큰 자책을 하여 스트레스를 심하게 받는다고 해서 키가 커지는 것은 아닐 것입니다. '나는 왜 키가 작을까, 어떻게 하면 키가 클까?'라고 백날 고민해 봤자 결국은 해결되지 않을 것입니다. 그래서 저는 있는 그대로를 받아들여 그것을 사랑하고 거기서 긍정적인 면을 찾는 것이 더 바람직하고 행복한 일이 될 것이라고 생각했습니다.

아무튼 많은 사람들이 저의 키가 작은 것이 단점이라고 했지만, 어릴 때 저는 키가 작았지만 반장 선거에 나가서 "작은 고추가 매운지 안 매운지는 깨물어 봐 주십시오"라는 명언(?)으로 압도적인 지지를 받아 당선된 적도 있습니다.

또 키가 작아서 좋은 점도 있습니다. 좀더 실질적인 것으로 백화점 세일 때 아무리 늦게 가더라도 나에게 맞는 옷은 항상 남아 있다는 것이지요. 또 있습니다. 제가 키가 크면 키 작은 남자와는 춤을 못 추지 않습니까? 그러나 저는 키가 작기 때문에 어떤 키의 남자와도 자유롭게 춤을 출 수도 있지요. 또 키가 작다 보니 이 나이에도 귀엽다는 말을 듣기도 합니다. 이렇게 유리한 점을 말하라면 10가지도 더 이야기할 수 있어요.

제가 가진 신체적 특징을 사랑하고 긍정적인 생각을 해보면 더 당당해질 수 있고 그 힘으로 다른 사람과도 좋은 관계를 맺을 수 있습니다. 만약 키가 작아 불편하거나 단점만을 생각한다면 저의 키가 작기 때문에 키 큰 남자와 결혼도 못 해보고, 높은 것을 잡을 수도 없고 말입니다. 그러나 제가 키 큰 남자와 결혼해 평생 안 어울린다는 이야기를 들을 이유가 어디 있습니까? 그리고 높은 곳은 발판을 놓고 올라가면 되지요. 이렇게 이미 가진 것, 주어진 것에 대해 감사하는 긍정적인 생각을 통해 다른 사람과의 관계도 긍정적으로 시작할 수 있습니다.

그러므로 우리가 언제 어디서나 함께 어울려 살아가면서 주변 사람들의 좋은 점들을 발견하면 이야기해 주어야 합니다. 하늘색 옷을 입어 예쁜 사람에게는 옷이 예쁘다고 이야기해 줍니다. 미소가 아름다운 사람에게는 아름답다고 이야기해 줍니다.

어쩌다가 모임에 가 보면 서로에 대한 비난만 하고 칭찬해 주는 사람은 거의 없습니다. 이제부터는 남 비난하는 그런 사람들은 만나지 말아야 한다고 생각합니다. 좋은 얘기만 해도 살기 힘든 세상에 나쁜 얘기만 하는 사람과 무엇 하러 만나서 아까운 시간 보내고 기분 불쾌해지는 일을 자청하겠습니까? 이제부터 우리는 서로에게 좋은 얘기를 해주는 진실한 사람이 되어야 한다고 봅니다.

얼마 전 TV에서 '사랑한다고 말하기'란 제목의 단막극을 본 적이 있습니다. 자수성가해서 기업의 대표이사 자리까지 오른 한 남자가 삶의 의미를 잃고 방황하다 돌팔이 심리분석가에게 '가족 모두에게 사랑한다고 말하기'란 처방을 받고 가족 관계를 회복하고 우울증을 극복해 가는 모습을 가슴 찡하게 보여 준 드라마였습니다.

주인공은 어려서는 아버지에게 사랑한다, 고맙다는 말을 못했고, 결혼 후에는 부인과 자식에게도 그런 말을 한 적이 없습니다. 그는 오로지 돈 벌어 오는 일이 가장 중요한 가장의 역할이라고 생각했는데, 어느 날 지위나 돈이 다 무의미하고 자신의 인생에 뭔가 빠진 것을 느끼게 됩니다. 아이들과 엄마는 대화도 잘 통하고 서로를 아끼는데 자신은 이방인이 되었다는 것을 새삼스럽게 느끼게 된 것이지요.

거기에서 남편은 아내에게 갑자기 선물을 하고 외식을 시켜 줍니다. 아내는 갑자기 달라진 남편에게 "여자가 생겼느냐?"고 하다가, 갑자기 "당신 암에 걸렸지요?" 하고 울부짖기까지 합니다. 암에 걸리지 않고서야 그럴 수 없다는 아내의 반응에 남편은 어떤 마음이었을까요? 물론 극중이기는 하지만요.

사실 이 주인공 같은 사람들이 우리 주위에는 얼마나 많겠습니까? 우리 주변에는 직장에서나 친구들에게는 너무나 좋은 사람이란 평판을 받지만, 의외로 자신과 가장 가까운 남편이나 아내에게는 무뚝뚝한 사람들을 많이 봅니다. 쑥스럽거나 아니면 가족이 잘해 주는 것은 당연하므로 굳이 표현을 하지 않는다고 합니다. 그러나 심리학자들은 인간의 가장 기본적인 욕구는 다른 사람으로부터 애정과 감사를 주고받는 것이라고 합니다. 가족과 같은 긍정적인 인간관계에서 애정을 주고받는 경험은 소속감을 키워 주고, 이러한 경험은 긍정적인 자아상의 기초가 됩니다.

남편이나 아내에게서 '감사하다'는 인사를 받은 사람들은 자신과 자신이 하고 있는 일에 대해 가치 있음을 배우게 되고, 다른 사람의 '아름다움'을 알게 되며, 자기 스스로도 더욱더 아름다워진다는 사실을 발견하는 것입니다. 그래서인지 사랑하는 사람이나 사랑받는 사람은 훨씬 더 아름다워진다고 합니다.

새삼 부부간에 감사할 일이 무엇이 있느냐고 할지도 모릅니다. 우리는 가족은 서로 희생해야 한다고 생각하기 때문에 가족이 가족을 위해 하는 일은 당연한 일이라고 봅니다.

그러나 가족을 위해 매일 식사를 마련해 주는 아내에게 고맙다고 이야기해 보세요. 남편에게 잔소리한다고 월급이 늘 것도 아닌데, 월급날마다 "뭐, 이게 다야"라고 말하기보다는 힘들게 번 돈을 가져다 줘서 고맙다고 이야기해 봅시다. 집안일을 왜 도와주지 않느냐고 불만을 나타내기보다는 작은 일이라도 해줄 때 고맙다고 이야기해 보세요.

모처럼 나서서 집안일을 해줬는데 그것밖에 못하느냐고 핀잔을 주기보다는 고맙다고 말해 보세요. 같이 살아 줘서 고맙고, 건강해서 고맙고, 든든한 바람막이가 되어 줘서 고맙고, 예쁜 아이를 낳아 줘서 고맙고, 임신 중에 맛있는 것 많이 사다 줘서 고맙고, 생일을 기억해 주고 선물을 사 줘서 고맙고…….

어느 날 갑자기 감사함을 표현하는 것은 매우 어려운 일일지 모릅니다. 감사하기 위해서는 뭔가 감사할 일을 찾아야 합니다. 이를 위해서 '긍정적인 것 강조하기'와 '상대방에게 관심 갖기'부터 시작하는 것은 어떨까요? 즉 상대방의 가치 있는 점을 인정해 주기 위해서는 상대방에게 관심을 가지고 긍정적인 것을 강조하는 태도를 먼저 가져야 합니다.

모처럼 머리 자르고 들어온 아내에게 왜 머리가 그 모양이냐고 말해서 얻는 것은 무엇일까요? 무슨 말을 해도 잘려진 머리카락을 다시 붙일 방법은 없습니다. 심지어 어떤 부인은 머리 자르고 들어와도 자기 남편은 알아차리지 못한다고 말합니다. 자신이 관심을 받고 있으며 상대방이 나를 긍정적으로 인식한다고 느끼면 상대방에게 감사함을 느끼게 되지요.

감사함을 느끼게 되면 그 다음 단계는 당연히 '감사하는 마음을 진지하게 표현'하는 것이며, 상대방은 그 감사를 받아들입니다. 건강한 가족은 이러한 가족 관계를 통해 자연스럽게 만들어지며 성장해 가는 것입니다.

(4) 가족과 시간을 함께 보내자

요즘 신문을 보면 기러기 가족에 대한 보도가 자주 납니다. 물론 과거에도 가족들은 여러 가지 이유로 떨어져 살았습니다. 불과 얼마 전까지만 해도 중동 지역에 많은 근로자가 나갔으며, 자녀의 입대와 유학 등의 이유로, 혹은 남편이나 아내의 타지역 발령에 어쩔 수 없이 가족들은 떨어져 살았습니다.

최근의 기러기 가족은 함께 있어야 할 부부가 자녀 학업을 위해 장기간 떨어져 사는 것을 말합니다. 바로 이 점이 과거의 가족이 떨어져 사는 것과 다른 점이지요. 그러나 이러한 가족의 물리적인 분리보다 더 심각한 문제는 거주를 같이 하는 가족들조차 함께하는 시간이 점점 줄어든다는 것입니다.

이른 출근과 늦은 퇴근으로 인한 남편의 부재뿐만 아니라 학업에 매달려야 하는 자녀들과 그 부모와의 대화가 거의 없어져, 이제는 어느 광고처럼 인터넷을 통해서만 부모와 자녀가 대화하는 지경에 이르렀습니다.

가족은 좋은 점이 많이 있습니다. 예를 들면 가족은 인간관계에서 연속성을 제공합니다. 일단 배우자를 선택하여 자녀를 낳으면, 더 나은 가족생활을 위해 요리를 하거나, 부엌을 새로 꾸미거나, 집을 다시 칠한다거나, 또 좋은 친구를 찾기 위해 노력하는, 이런 일련의 노력은 평생 계속되지요.

또한 가족은 서로 쉽게 접근할 수 있다는 장점도 있습니다. 그래서 도움을 청하기 위해서나 대화를 위해 다른 곳으로 찾아갈 필요가 없습니다. 남편과 아내, 부모와 자녀, 형제나 자매가 바로 내 옆에 있기 때문에 언제나 대화가 가능한 것입니다. 이러한 용이한 접근성이 협동과 의사소통을 촉진하게 되어 가족의 끈끈한 유대를 형성합니다.

무엇보다 가족이 좋은 점은 오래 지속될 수 있는 친밀한 관계를 풍부하게 제공해 준다는 것입니다. 우리 자신의 전 인생을 통하여 가장 가까운 거리에서 나를 지켜보았고 보고 있기 때문에 가족만큼 나를 잘 아는 사람은 거의 없습니다.

그러므로 내가 가장 어려웠을 때나 가장 좋았을 때, 혹은 이기적이거나 협동적이거나, 친절하거나 불친절하거나, 또는 이해심이 있는 경우나 그 반대의 경우에도 가족들은 서로 가까운 위치에서 모두 지켜보게 됩니다. 이런 밀접한 관계는 내가 다른 사람과 원만한 관계를 맺고 순조롭게 적응할 수 있는 기틀을 마련해 주고 있습니다.

그러나 이러한 가족의 많은 좋은 점들이 아무 노력 없이 거저 얻어지는 것은 아닙니다. 가족이 함께 시간을 많이 보냄으로써 얻게 되는 일종의 배당금과 같은 것입니다. 다시 말하면 가족이 함께 시간을 보낸다는 것은 만일을 위해 은행에 저금하는 것과 같다는 말입니다. 저금을 통해 이자와 배당금을 얻는 것과 마찬가지로 가족이 시간을 함께 보냄으로써 가족 공동체 의식, 가족 유대감이라는 이자를 받게 되고, 이를 통해 가족이 서로를 깊이 이해할 수 있게 된다는 것이고, 나아가 이것은 사회생활의 기초가 되는 것이지요. 최근의 급증한 이혼과 가족 구성원 간의 소외는 가족이 물리적으로뿐만 아니라 심리적으로도 분리되어서 나타난 현상으로 볼 수 있습니다.

가족이 함께 시간을 보낸다는 것은 그냥 가족이 함께 우두커니 바라보며 시간을 보내는 것이 아니라 함께 보내는 시간을 어떻게 활용할 것인가에 대해 계획하고 노력하는 것도 포함됩니다. 식사 같이 하기, 외출 함께 하기, 휴가 함께 가기, 장 같이 보기 등등. 이처럼 가족과 시간을 같이 보낼 계획 세우기뿐 아니라 서로의 친구들과 시간을 함께 보내는 것도 포함됩니다. 그러나 우리는 각자의 친구들과는 노래방도 가고 오락실도 가지만 부부가 함께, 혹은 가족이 함께 가는 경우는 드물다고 봅니다. 심지어는 아이들 때문에 결혼 후 부부가 극장 한번 못 갔다는 경우들도 많습니다.

비록 기러기 가족들은 물리적으로 떨어져 있지만 다양한 매체를 통해 가족이 함께 시간을 보내는 것이 중요합니다. 자녀 교육을 마친 부부가 다시 만났을 때 적응이 안 되어 이혼하는 경우도 있다고 합니다. 서로 다른 문화권에서 10년 이상 적응하며 살았기 때문에 삶의 패턴이 바뀌고 달라진 것이지요.

그것을 극복하고 다시 새롭게 적응하는 것은 신혼기보다 더 어려운 과정이 될 수 있습니다. 자녀의 교육을 위해서 부부가 희생한다고 하지만, 과연 그러한 결정이 진정으로 아이들의 장래를 위하는 일인가도 다시 한 번 깊이 생각해 보아야 할 것입니다.

아이들은 십여 년만 지나면 물리적으로 혹은 심리적으로 부모

를 떠나게 되어 있습니다. 뭐니뭐니 해도 늙어서 등 긁어 줄 사
람은 바로 옆에 있는 부부입니다. 그런 부부가 일상적 대화만 하
고 최소한의 시간 보내기만 한다면 정년퇴직 후 남는 시간을 주
체하지 못해 서로 방황하는 것, 결코 이제는 남의 이야기가 아닙
니다. 오늘부터라도 내가 먼저 부부간에, 가족에게 관심을 가지
고 말문을 열도록 노력하고 행동합시다.

미래를 위한 투자라고 생각하고 설령 다소 귀찮아도 꾹 참고
가사도 분담하고, 같이 시간을 보낼 계획도 짜 보고, 좀 일찍 귀
가하려고 노력도 해야 합니다. 그리고 부인, 남편, 아들, 딸의 차
이를 인정하고 대화해야 합니다. 그러면 어느 틈에 가족과의 시
간을 즐기게 됩니다.

(5) 부부싸움을 잘하자

많은 사람들은 행복한 부부들은 싸우지 않는다고 생각합니다.
그래서인지 모임에서 가끔 "우리 부부는 절대 안 싸워요"라고
하는 부부들을 만나게 됩니다. 사실 그것이 가능한 일이고 또한
잘하는 일일까요? 친밀한 관계[부부]에서의 갈등은 어쩌면 당연
한 것인지도 모릅니다. 친하기 때문에 서로에게 기대하고 의지하
는 것은 당연하지요. 또 부부라는 역할에 대한 사회적 기대 때문
에 갈등이 생기기도 하지요. 아주 자연스럽게 부부는 싸움을 합
니다. 이러한 갈등과 싸움을 통해 서로에 대해 깊이 이해하고 자
꾸만 알아 갑니다. 이것이 옛 어른들이 말씀하신 미운 정 고운
정이 쌓이고 깊어 가는 것이지요

그러나 이혼을 결심하였거나 부부간의 갈등이 도를 넘을 정도

로 심각해져서 상담실을 찾아오는 부부들의 경우, 그들을 보면 부부싸움의 내용보다는 부부싸움이 일어났을 때 어떻게 해결하느냐가 부부 관계의 성패를 좌우한다는 것을 알 수 있습니다. 왜냐하면 결혼 기간의 짧고 길고에 상관없이 싸우는 내용은 거의 같기 때문입니다.

부부싸움의 내용은 신혼 때부터 계속되는 것으로 반복됩니다. 처음 싸울 때 원만한 해결을 못 봤기 때문에 싸울 때마다 그 문제가 다시 나타나 결국 감정이 고조되면 그 이유로 이혼까지 하게 되는 것이지요. 따라서 부부 관계에서의 싸움은 싸움의 내용보다는 싸움이 일어났을 때 어떻게 해결하는가, 즉 부부싸움 잘하는 것, 마무리가 더 중요하다는 이야기가 됩니다.

모두들 잘 아시겠지만 부부싸움은 생각보다 아주 사소한 일로 시작되고, 또는 상대방에 대한 존중감이 없거나 예의를 무시할 때 일어나게 됩니다. 계속 불평하고, 묻는 말에 대답하지 않고, 한심하다는 듯이 위아래를 쓱 한번 훑어보면서 무시하면 곧바로 싸움으로 직행할 수 있지요. 또 배우자와 다른 사람을 비교한다거나, 배우자가 중요한 일이라고 한 것을 깜빡 잊는 것도 싸움이 되지요.

항상 타이르고 훈계하기를 좋아하거나, 지극히 보살펴 주는 척하거나, 결혼기념일이나 생일을 그냥 지나치는 것, 이런 것들도 싸움거리가 되지요. 또 신체의 약점을 거론하거나 두 사람을 떠난 시비, "당신네 집 식구들은……", "당신 어머니란 분은 참……"과 같이 모두를 싸잡아 비난한다거나, "웃기시네……" 등과 같이 말을 비아냥조로 하거나 무시하는 말투도 싸움거리가 됩니다.

식사시간이나 출근 시간에 상대가 싫어하는 별명을 부르거나 말을 하며 잔소리를 늘어놓는 것도 싸움거리입니다. 사실 이런 것들은 조금만 주의를 기울이면 금방 알 수 있는 것들이고, 다른 사람에게라면 하지 않을 것들을 무심코 합니다. 부부니까, 친하니까, 아니면 내가 원하는 것 안 해 주니까 불쑥 내뱉는 경우가 많지요.

이러한 행동과 말은 마른 짚에 불을 대듯 순식간에 타오르고 다른 문제로까지 비화되어 큰 싸움으로 발전되는 경향이 있습니다.

따라서 잘 싸우는 첫 번째 비결은 위에서 나열한 것과 같은 사소한 말과 행동을 서로 조심하고 부부로서의 예의를 지키는 것부터 시작해야 합니다.

그 다음 순서는 지금까지 갈등이 일어났을 때 어떤 방식으로 해결했는지를 곰곰이 검토해 보아야 합니다. 우리나라 부부들이 싸움 끝에 화해하기 위해 쓰는 방법은 다음의 몇 가지가 있습니다. 그 중에서 가장 많이 쓰는 방법은 요구/회피입니다.

이 방법은 부부 중의 한 사람이 문제 해결을 시도하기 위해 압력을 가하거나 요구하는 반면, 다른 한 사람은 슬쩍 피하거나 물러서는 것입니다. 경우에 따라서는 둘 다 상황을 회피하는 방법을 쓰기도 하며, 어떤 부부들은 며칠씩 말도 안 하고 지낸다고 합니다.

그런가 하면 어떤 부부들은 부정적 상호 작용 방법을 쓰는데, 싸우는 원인에 대해서나 문제 해결 방식 등에 대한 의논보다는 배우자의 부정적인 의사소통에 대해 다른 배우자가 부정적으로 응답하여 서로의 감정을 격하게 자극합니다. 경우에 따라서는 노골적인 공격성을 드러내어 신체적 폭력을 휘둘러 겉으로 보기에는 갈등이 잠잠해지는 것처럼 보이기도 합니다.

또는 친구나 친인척 등 제3자를 동원해 문제를 더 어렵고 힘들게 만들기도 합니다. 부부 관계는 철저하게 두 사람이 우선적으로 풀어야 하며, 문제가 심각해졌을 때는 상담가 등 외부의 지원이 필요합니다. 그러나 결혼 관계에서 갈등이 당연히 넘어야 할 산이라면, 사소한 갈등이 생겼을 때 이 문제가 더 커지기 전에 잘 싸울 수 있는 방법을 배우는 것이 꼭 필요합니다.

부부싸움을 잘하기 위해서는 말하는 사람과 듣는 사람 간에 부부 관계에 대한 헌신이 있어야 합니다. 부부 관계에 대한 헌신은 기꺼이 부부 관계를 잘 가지려는 태도와 상대를 배려하는 태도를 갖는 것을 말합니다. 또한 대화 중에 발생될 수 있는 변화에 개방적이고 유연하게 대처할 수 있어야 하며, 수용과 양보 및 관용을 베풀 수 있는 비위협적인 환경을 서로가 제공해야 합니다.

이러한 기본적인 조건 하에서 상대방의 욕구나 감정을 이해하면서 자신의 감정, 의견이나 태도를 자세히 상대방에게 이야기하는 것이 중요합니다. 공격적인 사람은 자신의 감정을 표현하는 데 열중하다 보면 다른 사람의 욕구를 완전히 무시하게 됩니다. 이런 경우 자신은 남에게 상처를 준 일이 없다고 생각하지만 상대방은 상처를 입는 경우가 많이 있습니다.

싸움을 잘하는 고수(高手)는 '저 사람은 어떻게 생각할까'를 미리 생각하면서 자신을 자유롭게 표현하는 사람입니다. 이들은 다른 사람의 행동에 대해 비판하기보다는 자신이 관찰한 내용에 대해 설명합니다. 즉 성공적인 싸움은 자신에 대해 많은 부분을 잘 아는 것입니다. 자신을 아는 것이 매우 중요합니다. 그래서 소크라테스도 "너 자신을 알라"고 말했는지도 모르겠습니다. 결국 싸움은 상대에 대한 이해 부족과 나 자신의 욕구를 제대로 이해하지 못하고 나의 관점으로만 상대방을 보기 때문에 일어나는 잘못된 사랑의 방식인 것입니다.

(6) 좋은 부모가 되자

우리나라 부부들에게 '언제 결혼 잘했다고 느끼는가, 결혼생활 중에 언제가 가장 행복한가?'를 물으면, 대부분 '내 아이가 남에게 칭찬을 받을 때, 내 아이가 학교에서 공부를 잘할 때, 혹은 늠름하게 잘 큰 것을 볼 때' 등을 말합니다. 이것은 결혼으로 부부 관계가 이루어지고 그 부부 관계가 가족의 핵심이라고 말은 하지만, 우리나라 부부들에게 결혼생활에서 자녀들이 차지하는 비중이 생각보다 크다는 것을 보여 주는 대답입니다.

최근에는 이 정도도 부족하여 부부 관계보다도 '부모자녀' 관계를 더 중히 여기는 부부들을 많이 보게 됩니다. 고등학교 3년생 부모를 대상으로 한 연구에 의하면, 자녀가 고3이 되면 부부 간 성 관계도 하지 않는 부모들이 많으며, 식사의 식단도 자녀들의 입맛에만 맞게 준비한다고 합니다. 실제로 우리나라의 많은 남편들이 아내로부터 아침밥 얻어먹기가 힘들다고 합니다. 아내가 아이 아침밥은 차려 줘도 자기 아침밥은 안 차려 줘서 자신이 아내에게 왕따당했다고 푸념하는 것을 많이 보았습니다.

아이의 요구는 그렇게 잘 들어주는 남편이 부인 말이라면 들은 척도 안 한다고 푸념하는 부인들도 자주 만납니다. 이렇게 아이들을 귀하게 여기고 정성을 쏟는 것은 다 자식 잘되라고 하는 것이고, 결혼해서 좋은 가족을 이루길 바라기 때문이라고 말들을 합니다. 그러나 그런 집 아이치고 나중에 성공했다거나, 부모님 은혜에 감사했다는 소식을 들은 적은 거의 없습니다. 혹은 그런 부모님을 존경한다고 말하는 아이들도 거의 본 적이 없습니다. 그 이유는 무엇일까요?

그런 가족에서 자란 아이들은 자신의 부모들처럼 모든 것을 희생하며 자신만을 위해 주는 사람이 없는 사회에서 생존하기에는 너무나 힘들고, 홀로 살아 본 경험이 없으며, 자기 스스로 문제를 해결해 나갈 용기도 없습니다. 그래서 오히려 부모가 원망스럽기까지 합니다.

그래서인지 최근에는 우리나라 최고 명문 대학을 다니면서도 과외를 받아야만 학업을 겨우 따라가는 아이들이 등장하고 있다고 합니다. 심지어는 성적이 생각보다 덜 나왔다고 아이가 풀이 죽어 있는 것을 보고 도대체 이럴 수 있느냐고 교수에게 항의 전화를 하는 부모들도 있습니다.

부모는 아버지 어머니이기 이전에 어디까지나 남편과 아내이므로 부부 관계에서 서로의 역할에 대한 인정과 상호 존중이 될 때 건전한 '부모자녀' 관계가 형성되는 것입니다.

자녀들은 성인이 되면 부모의 품을 떠나 자신의 가족을 이룹니다. 그리하여 다시 부부만 남게 되었을 때 갑자기 부부 관계를 강화하고 인생의 동반자로 서로를 돌아보기에는 그동안 너무나 많은 세월이 흘러 버린 것입니다.

이때는 부부의 삶이 기찻길처럼 나란한 것이 아니고 부채꼴의 양끝에 서 있다는 것을 깨닫게 될 것입니다. 늙어서 등 긁어 주고 아침에 잠 안 올 때 이런저런 이야기 나눌 사람은 바로 내 옆에 있는 남편이나 아내입니다.

신기하게도 좋은 부부 관계를 유지하는 부부들은 항상 좋은 부모인 것을 볼 수 있습니다. 이들의 자녀들도 몸과 마음이 항상 건강하게 자랍니다. 이제는 좋은 부부 관계가 좋은 부모가 된다는 사실을 철저하게 깨닫고 인생의 동반자, 서로의 얼굴을 다시 한 번 쳐다보는 것은 어떨까요!

참고자료를 통해 좋은 부모의 역할을 다시 한 번 생각해 봅시다. 부모 역할에서 무엇보다 중요한 것은 부모 스스로가 자신의 인생에 대한 목표와 가치를 명확히 하고, 이를 말로 표현하는 것이 아니라 자녀들에게 몸소 행동으로 보여 주는 것입니다.

성인이 된 자녀들에게서 젊은 시절 자신의 모습을 발견하고 놀란다는 부모들을 많이 만납니다. 정말 자라나는 아이들은 스펀지에 잉크가 스며들듯 부모의 모습을 닮아 간다는 사실을 잊지 말아야 할 것입니다.

오늘 강의의 끝으로 한 가지만 부탁드리고 싶습니다. 얼마 전 입적하신 숭산 큰스님께서 돌아가시기 전에 '아는 것은 남의 일이고, 깨닫는 것이 나의 일이다'는 말씀을 하셨다고 합니다. 진리는 실천해야 된다는 사실을 강조하신 것이라고 생각합니다. 불법을 들으면 많은 분들이 깨달음을 얻고, '아 정말 중요해' 하면서 고개를 끄덕이는데, 고개를 끄덕이는 것은 남의 일이라는 것이지요. 고개를 끄덕인 사실을 실천하는 것만이 나의 일이라는 사실을 굳게 명심해야 되리라 봅니다.

그래서 만약 내가 부부 관계를 잘하는 것이 정말 중요하고, 그것이 곧 국가 발전의 원동력이라고 생각하시면 머뭇거리지 말고 반드시 실천을 해야 할 것입니다. 그러나 절이나 교회나 성당에서는 다 고개 끄덕여 놓고는 문을 나서는 순간 다 잊어버리고 언제 고개 끄덕거렸느냐 한다면 도대체 신앙이 무슨 소용이 있겠습니까?

옛날 유학생들의 농담 중에 다음과 같은 것이 있었습니다. 미국에 있을 때는 남자들이 밥도 잘 짓고 집안일도 잘했는데 김포 공항에 내려서 서울 공기를 마시는 순간 그만 한국의 남자로 돌변한다는 것이었습니다. 아마 인간은 어떤 사회적인 환경을 거스를 수 없다는 이야기도 될 것입니다.

그러나 지금 여기서 이 강의를 듣는 이유가 무엇입니까? 또는 학교에서 학생들을 가르치는 이유는 무엇입니까? 사람들이 배워서 깨닫고 실제로 삶에 적용하기 위해서가 아니겠습니까?

저는 참으로 가족이 잘되어야 사회가 좋아지고, 부강한 국가가 된다고 생각합니다. 우리나라가 부강한 국가가 될 수 있도록, 우리 모두 가정에서부터 바른 삶을 실천하는 것이 저의 간절한 바람입니다. 이 법회의 큰 제목도 구국구세이니까 구국구세는 바로 가정의 중심, 원만한 부부 관계에서부터 시작된다고 보면 될 것입니다. 오랜 시간 끝까지 경청해 주셔서 감사합니다.

정현숙────────────────

학력 및 경력

1982년 : 연세대학교 아동학과 졸업

1984년 : 연세대학교 대학원 아동학과 석사. 가족관계 전공

1990년 : 미국 Ohio State University 가족학 박사

2004년－현재 : e－가족연구소장(www.efamily.or.kr)

1995년－현재 : 상명대학교 가족복지학과 교수

1997년－현재 : 한국가족상담교육연구소 이사

연구 업적

『결혼완전정복』(2004), 『결혼학』(2003), 『가족학이론』(2002), 『부모학』
  (2002), 『아동학』(2002), 『가족관계』(2001) 등.

「부부생활교육 프로그램의 교육 내용」, 2000.

「재혼가족의 실태 및 재혼생활의 질에 대한 연구」, 2000.

「한국형 결혼만족도 척도개발연구」, 2001.

유계숙·정현숙, 「부모됨의 의미와 동기에 대한 청년의 인식」, 2001.

「부모와 자녀의 권리와 의무」, 2002.

「새로운 가족관의 전망과 방향」, 2002.

Korea. *In International Encyclopedia of marriage and the family*, McMillan
  Reference Group, 2003.

「한국 가족환경척도 개발을 위한 기초연구」, 2004.

「결혼전 교육프로그램 개발을 위한 기초연구」, 2004.

「청소년을 위한 가족생활교육」, 2004.

「다양한 가족에서의 청소년 발달」, 2004.

「이혼가족아동의 권리향상 방안」, 2004.

「동북아공동체 형성의 기초로서의 동북아 가족론」, 2004.

*Application and revision of the Kansas Marital satisaffaction scale for use of Korean
  couples*, 2004.

제6장

건강한 '부모와 자녀' 관계, 어떻게 만들어 갈 것인가
−청소년 자녀와 부모에 대해서−

고성혜__자녀 안심하고 학교보내기 운동 연구위원

1. 들어가는 말

여러분들 만나 뵙게 되어서 반갑습니다. 저는 오늘 강의에 앞서 어제 저녁부터 마음이 설레었습니다. 과연 어떤 분들을 뵙게 될지 나름대로 걱정과 기대를 하였답니다.

제가 다루게 되는 주제가 부모와 자녀, 특히 청소년 자녀와 부모에 대한 것입니다. 그러나 여기에는 이미 청소년 자녀를 다 키우신 분들도 계실 것이고, 현재 키우는 분들도 계실 것이기 때문에, 어떻게 강의를 해야 실질적으로 도움을 드릴 수 있을까 하고 줄곧 고민하며 생각했습니다.

하지만 그러한 걱정은 제 욕심에서 비롯되었다는 생각이 듭니다. 왜냐하면 제가 어떤 내용을 이야기하든지, 모든 분들의 상황에 꼭 맞게 이해하고 공감할 수 있는 내용을 골고루 다 갖춘다는 것은 사실상 불가능하기 때문입니다. 그 불가능한 일을 가능할 것으로 욕심을 부려서 불필요한 걱정을 좀 했던 것 같습니다. 그 불필요한 걱정을 제 마음에서 떨구어 내려고, 이곳으로 오는 길 내내 마음다짐을 굳게 했습니다.

제가 현재 하고 있는 일은 비행청소년 상담입니다. 이미 범죄를 저지른 청소년들을 검찰에서 처벌하기 전에 만나고 있습니다. 그들이 하는 비행은 여러 종류가 있습니다. 이를테면 오토바이를 훔쳤거나 친구를 때렸거나 약물을 복용했거나, 성매매나 성범죄, 어른들의 지갑을 훔치는 일과 사기 치는 일 등등.

이와 같은 여러 가지 비행을 저지른 청소년들이 검찰에 오게 되면, 검찰 단계에서 청소년들에게 한번쯤은 자기 삶에 대해서 되돌아볼 수 있게 하는 기회를 제공하기 위해서 상담실에 의뢰합니다. 그리 오래되지는 않았지만, 만 6년 동안 그들을 만나 상담하고 있습니다. 제가 그들을 만나면서 항상 느끼는 점은 우리 사회에 해야 할 일이 너무도 많다는 사실입니다.

그리고 제가 나름대로는 이 분야에 대해서 공부를 조금 했다고는 하지만, 청소년들을 만나면서부터는 그동안 공부한 것, 이론적인 부문은 많이 깨지고 있습니다. 또한 청소년들을 보면서 더더욱 깊이 느끼는 것은, 이 세상에 가정만큼 중요한 것은 없다는 것입니다.

아마 제가 그들과 같은 가정에서 태어났다면 저도 별수 없이 그렇게 절망하며 비행을 하면서 살지 않았겠는가 하는 생각을 할 때가 많습니다. 그들의 가정은 거의 망가져 있습니다. 상담을 하면서 구체적으로 그들의 가족 이야기를 자세히 들어 보면 가슴 아픈 일들이 너무도 많습니다.

그런데 예전 아이들과 요즘 아이들의 반응에는 차이가 있는 것 같습니다. 예전 아이들은 가정이 엄청 망가져도 누군가가 자신의 부모에 대해 비난을 하면 정말 못 참겠다, 가만두지 않겠다고 했습니다. 예전 아이들은 나름대로 가족을 그리워하면서 때로는 자기 행동을 반성하면서 어떤 기회가 오면 좋은 계기로 삼겠다고 했으니까요.

최근의 경우는 그런 아이들보다는 아예 감정 표현을 하지 않는다든지 아니면 부모에 대한 분노로 똘똘 뭉친 아이들, 그리고 그것들을 사회에 대한 분노와 반항, 기성세대, 특히 가진 사람에 대한 불만으로 나타내는 아이들이 많은 것 같아요. 아무튼 그들의 공통점은 어린 시절부터 뭔가 잘못된 환경에서 자라났다는 것입니다.

여러분들이 학창 시절에 공부했던 프로이드 이론에 의하면, 어린 시절, 특히 유치원 이전까지 어떤 경험을 했느냐가 자신의 성격 형성에 매우 중요한 영향을 미친다고 공부하셨을 텐데, 저는 그 아이들을 보면서 지금의 모습은 그들의 책임이 아니라 그 부모들의 그림자라는 생각을 많이 하게 되었습니다.

2. 자식은 부모의 또 다른 모습

사람은 누구나 자신이 어떤 시대, 어떤 가족 환경에 태어나서

젖먹이 때부터 부모가 어떻게 대했는지 잘 모를 것입니다. 그렇지만 그때에 자신도 인식하지 못하는 가운데 부모와의 만남과 그 당시 경험한 부정적이면서도 상처 받은 부문이 일생을 좌우한다는 시각이 지금 많은 사람들로부터 비판을 받고 있는데, 저 또한 그 점에 대해서는 전적으로 동의하지 않습니다.

만약 프로이드가 주장한 대로라면, 인간은 과거의 그림자 속에 갇혀서 계속 그렇게 살아갈 수밖에 없을 것입니다. 과거의 그림자가 어느 정도 존재한다는 것을 인정하지만, 과거에 사로잡혀 사는 사람들보다는 또 다른 자신의 모습을 찾아가는 사람들이 더 많고, 또 많아야 하겠지요.

그런데 제가 만나는 비행청소년들의 경우는, 자기 나름대로의 삶의 목표가 있어도 그것을 달성할 수 있는 수단이 없으니까 과거의 어두운 점을 더욱 인정할 뿐만 아니라, 자신이 노력해 보겠다는 생각보다는 쉽게 할 수 있는 것, 힘으로나 아니면 다소 불법적인 행동을 해서라도 목표를 달성하겠다는 삶의 방식이 생활화되어 있는 것 같았습니다.

그들은 거의 어려서 부모로부터 별로 좋은 경험을 갖지 못했다는 생각이 듭니다. 비록 자신은 다 기억하지 못해도, 태어나서부터 두 살까지 기본적인 욕구 충족이 안 되었던 것 같습니다. 이를테면 배고플 때 밥 주세요, 우유 주세요, 나 오줌 쌌으니 기저귀 갈아 주세요, 나 졸리니 재워 주세요, 나 지금 아프니 돌봐 주세요 등등 여러 가지 표현을 울음으로써 엄마에게 전하는데, 비행청소년들의 부모, 특히 엄마들은 그런 아이들의 표현에 전혀 무관심한 것이지요.

실제로 거기서부터 부모와 자녀 사이의 어긋남이 만들어지고 시작되는 것이라고 봅니다. 우리 인간은 다른 동물과는 다르게 스스로 홀로 서기까지는 절대적인 노력이 필요합니다. 태어날 때부터 부모에게 의지할 수밖에 없는 상태이기에, 기본적인 욕구를 충족시켜 달라는 아이의 호소에 대해 부모들이 얼마만큼 반응하느냐, 거기서부터 부모자녀 관계가 시작된다고 볼 수 있을 것입니다.

그런데 비행청소년 중 다수는 부모의 무관심 속에 살아갑니다. 부모들 스스로 자신에 대해 만족하지 못하고, 부부 관계도 갈등과 불화로 얽혀져 있고, 인간관계에도 많은 장애를 만들어 자신이 낳은 자녀를 돌볼 만한 여력이 없는 경우도 있겠지요. 그러므로 아이들은 쉽게 폭력적인 환경에 노출되어 지내게 되고, 또 부모들 중에는 화풀이 대상으로 아이에게 적대적으로 대하거나 폭언과 폭력을 행사하는 경우가 너무나 많습니다.

그렇기 때문에 아이들은 폭력에 대해 쉽게 무감각해져, 오히려 자연스러운 행동 표현이라고 생각하여 자신도 모르는 사이 폭력적인 행동을 배우게 되고 사용하게 됩니다. 비행청소년들은 부모와의 기본적인 신뢰감이 형성되지 않은 상태에서 자랐기 때문에, 사회에서 선생님이나 동네의 형이나 이웃들에 대해서 신뢰감을 갖기란 여간 어려운 일이 아닙니다.

흔히들 비행청소년에 대해 왜 저런 행동을 할까 궁금하게 여깁니다. 일반적으로는 '정말 이해할 수 없다' 또는 '정말 나와는 다른 사람이다'고 생각하기 쉽습니다. 하지만 비행청소년들의 입장에서 보면 그렇게 살 수밖에 없는 저마다의 이유가 있습니다.

그 이유를 추적해 들어가 보면 원인은 전적으로 그 아이의 부모로부터 시작된다는 것을 발견하게 됩니다.

저 같은 상담자가 아이들에게 접근하려고 해도 그들은 마음을 굳게 닫아 놓고 있습니다. 제가 무슨 말을, 어떤 말을 하든 그들은 일단 믿지 않습니다. 오히려 저를 테스트하지요. '이 선생님이 나한테 정말 관심이 있는 걸까? 우리 엄마 아빠도 나를 버렸는데 어떻게 남이 나를 알겠다고, 이해해 주겠다고 할 수가 있나? 나는 도저히 믿을 수가 없어' 하면서, 계속 이렇게 찔러 보고 저렇게 찔러 보고 몇 번을 찔러 봅니다. 저도 처음에는 그런 아이들의 거짓말에 많이 속았습니다.

그런데 어느 순간 그들이 '아, 이 선생님한테는 내 속 이야기를 좀 털어놓아도 되겠구나' 싶으면, 그때부터는 제가 미처 감당할 수 없을 정도로 아주 강하게 의지해 옵니다. 때로는 '오늘 아이를 만나면 또 이런저런 얘기를 다 들어주어야 하는데 어쩌나' 하고 마음에 부담이 될 정도입니다. 아이는 그렇게 제게 푹 엎어지게 됩니다. 그만큼 외로웠다는 얘기가 되겠죠. 하지만 그 아이들은 자신이 의지해 온 사람의 실수나 무관심에 대해 다른 아이들보다 더 많이 분노하고, 슬퍼하며 내지 마음의 문을 굳게 닫아 버립니다.

그러나 그들이 마음을 주고 의지하는 선생님이나 이웃도 사람이기 때문에 가벼운 실수를 할 수도 있습니다. 만약 제가 누군가에게 사소한 실수를 하였을 때, 상대방 중에서 좋다고 할 사람은 아무도 없을 것이고, 사람에 따라서는 기분이 매우 상할 수도 있으며 툴툴거릴 수도 있습니다. 그렇다고 해서 저와의 관계를 쉽사리 끊지는 않습니다. 인연을 끊지 않는다는 말이지요. 대개의 경우 어느 정도 시간이 지나면 관계가 다시 회복됩니다.

그러나 사랑받지 못하고 사람을 신뢰하지 못하는 아이들의 공통적인 특성은, '내가 그렇게 믿었는데 어떻게 선생님이 나한테 이렇게 할 수가 있어? 여태까지 나한테 보여 줬던 선생님의 관심과 이해와 사랑은 전부 다 거짓이었단 말이야? 그래, 억지로 만들어진 거였어' 하면서, 자신의 잘못된 생각을 진실이라고 믿으면서 마음의 문을 확 닫아 버립니다.

이런 식의 생활이 일상화되면서 그들은 그런 생각을 갖고 있는 다른 아이들과 끼리끼리 뭉치게 됩니다. 제가 그런 아이들을 볼 때마다 갖게 되는 느낌은 '정말 아무리 노력해도 안 되는구나' 하는 절망감입니다.

또 그들은 '선생님, 이번에는 이렇게 할게요'라고 약속해도 실행하지 않습니다. 거짓말하는 아이들이 상당히 많다는 말입니다. 그것은 자기 자신을 통제하지 못해서입니다. 어려서부터 생긴 잘못된 습관들이 평생을 간다고 생각하지는 않지만, 그러나 그것을 고치기에는 너무나 많은 시간과 너무나 많은 사람의 노력이 필요하다는 사실은 통감합니다.

3. 어둠은 어둠을 낳고

제가 만난 많은 아이들 가운데 지금도 잊혀지지 않는 학생이 있습니다. 그는 고3 학생이었고, 아주 순진해 보였습니다. 검정색 뿔테 안경을 끼고 있는 인상이 누가 보면 공부만 하는 아이같이 보였는데, 그 아이의 죄명은 특수절도죄였습니다. 특수절도, 이 말은 듣기만 해도 무섭잖아요. 저 애가 도대체 무슨 절도를 했기에, 거기다 특수가 붙다니?

그 아이와의 상담을 하면서 알게 된 것은, 그 애의 불행은 초등학교 3학년부터 시작되었다는 것입니다, 물론 그 이전부터라고 봐야겠지만요. 엄마 아빠가 이혼을 하게 되면서 부모의 한 사람은 서울에 살고 다른 한 사람은 대구에 살게 되었다고 했습니다. 요즘에 이혼하는 부부들을 보면 아이를 서로 맡으려고 하지 않는데, 이 아이의 엄마 아빠 역시 서로 아이를 맡으려 하지 않아서, 둘이서 서로 약속을 했답니다. 일단 초등학교까지는 엄마가, 그리고 조금 더 크면 애가 선택할 수 있게 하자고 말입니다. 여기까지는 그나마 합리적으로 판단을 했다고 볼 수 있겠지요.

그래서 엄마가 아이를 데리고 대구로 갔는데, 거기서 생활한 지 1년이 지나서 엄마가 재혼을 하게 되었답니다. 그러면서 엄마는 아이에게 ‘결혼식 날 너 나에게 엄마라고 부르면 절대로 안 돼’라고 당부를 했답니다. 참으로 초등학교 아이가 감당하기는 어려운 일이었겠죠.

덩치가 무척 큰 애가 그 얘기를 하면서는 몸을 부들부들 떨면서 엉엉 울었습니다. 그리고 그 다음해에 동생이 태어났다고 합니다. 점점 새아빠 눈치도 보게 되고 엄마 눈총도 느끼게 되었는데, 어느 날 엄마가 ‘너를 더 이상 키울 수가 없으니까 아빠한테 가라’고 했답니다. 이런 말을 하면서 그 아이는 절대 엄마를 용서할 수 없다고 했습니다.

그 당시 그 애의 아빠는 불광동 근처에 살면서 택시 기사를 하

고 있었는데, 아빠가 아이를 데리고 있으면서 '아빠 혼자 살 때
는 괜찮았는데, 네가 있으니까 나도 결혼을 해야겠다. 도저히 아
빠 혼자는 너를 못 키우겠다'고 하시고는 재혼을 했답니다. 이
학생은 엄마에게 들었던 말을 아빠에게 또 듣게 되리라고는 생
각도 못 했는데, 그만 그런 일이 또 벌어진 것입니다. 이 얘기를
하면서 키 180㎝가 넘는 남자 아이가 펑펑 울었습니다.

저는 참으로 가슴이 미어졌고 부모답지 못한 행동을 해서 이
아이에게 씻을 수 없는 큰 상처를 준 그의 부모에 대해서 분노심
도 일었습니다. 저 또한 아이들의 부모로서, 이 사회의 어른으로
서 그 아이에게 부끄러웠습니다. 이렇게 수많은 방황 속에서 살
면서, 또 다른 이복동생이 생기는 가운데 친아빠와의 생활 속에
서도 끝내 자신의 자리를 잡지 못했다고 했습니다.

이제는 아버지도 먼 사람 같고, 생활환경도 예전 같지 않은 가
운데 세월이 흐르면서 하루하루가 그 아이에게는 지옥살이 같았
겠지요. 그는 할머니 집과 큰집으로 옮겨 다니고 쫓겨다니며 외
로움에 찌들고, 감당할 수 없는 분노를 주체할 수 없어서 결국
집을 나오게 되었답니다.

집을 나오고 나니 막상 어디로 가서 잠을 자야 할 지, 또 돈도
없으니 먹을 수도 없고, 그렇다고 다시 집에 들어가기는 죽기보
다 싫었고, 힘든 생활의 연속이었답니다. 심지어는 지하철에서도
자고 교회에 들어가서 자기도 했는데, 배고픈 것만은 해결할 방
법이 없더랍니다. 너무너무 배가 고파서 먹을 것을 찾던 중, 골
목길의 조그만 구멍가게를 발견했답니다.

그 애는 늦은 밤에 열쇠를 부수고, 허술하게 판자로 막아 놓은

것을 끊기 위해 도구를 들고 가게 안으로 들어가게 되었다고 했습니다. 그 애가 구멍가게에서 들고 나온 것은 과자 3봉지였답니다. 배가 고파 도저히 참을 수가 없어 과자를 들고 나오다가 그만 동네 사람한테 붙잡히자 겁이 나서 팔을 휘두르면서 빠져나오려고 탁 쳤는데 동네 아저씨가 넘어지면서 다쳤고, 그 아이는 계속 줄행랑을 치다가 결국 경찰에 잡힌 것입니다.

엄마와 아빠로부터 인정받지 못했을 뿐만 아니라 버림받고 자신이 혼자라고 생각했을 때, 그 아이가 믿고 의지할 데가 어디 있었겠습니까? 나쁜 짓을 하려고 했던 것은 아니었다고 했습니다. 배가 너무 고파서 아무것도 보이지 않고 먹을 것에 대한 생각만 머릿속에 가득했답니다.

이런 아이들을 범죄자로 만드는 우리들 부모, 우리들 가정, 우리들 사회를 생각하면서, 저는 정말 복지 국가의 실현이 가능하며 선진국으로의 도약을 꿈꾸는 나라인가에 대한 회의와 혼란스러움을 많이 겪었습니다.

비행 청소년들을 보면서 많이 느끼는 생각은, 그들이 결손 상태로 오래 커 왔기 때문에 짧은 시간에 심성을 바로잡아 주고 그들이 원하는 것을 일순간에 다 채워 주고 변화시키기는 어렵지만, 그래도 뜻있는 사람들이 정말 오랫동안 인내하고 참아 주고 기다려 주고 옆에서 지원해 주면 변화가 가능하다는 것입니다.

자원봉사로 자원하여 그들을 만날 때, 처음에는 그 아이들이 처한 환경이 너무 가엾고 불쌍하고 안쓰러운 마음에 자신이 할 수 있는 것보다 훨씬 더 많이 해주고 싶고 해주게 됩니다. 그런데 시간이 차츰 지나게 되면 바빠지고 일상에 쫓겨 그들에게 처음만큼 시간을 투자하지 못하게 됩니다. 스스로 감당할 수 없는 정도에 이르게 되는 것이지요. 그러면 그들은 '선생님이 바쁘니까', '나 말고도 또 누구를 도와줘야 되니까'라고 이해하기보다는 굉장히 절망합니다. 선생님이 전에는 나한테 잘해 주었는데, 이제는 사랑이 줄어든 것 같다고 생각하게 되지요. 그들은 그것을 견디지 못하므로, 결국 도와주려고 했던 일이 그들에게는 상처로 돌아가게 됩니다.

그렇기 때문에 우리가 아프거나 피곤하거나 일이 바쁠 때에도 그들과의 약속은 지키려고 노력해야 합니다. 그리고 처음부터 자신이 할 수 있을 만큼 하는 것이 중요합니다. 자신의 상황을 그들에게 이해시키기보다는, 자신이 어떤 상황에 처해 있든지 그들에게 끝까지 할 수 있는 만큼만 하는 것이지요. 행동을 절제하는 것이 때로는 가슴 아파도 그것이 그들을 도와주는 것입니다.

4. 윗물이 맑아야

사실 오늘의 주제는 한국의 '부모와 자녀 관계, 어떻게 만들어 갈 것인가(청소년 자녀를 중심으로)'인데, 제가 먼저 앞의 말씀을 드린 이유는 부모와 자녀 관계가 얼마나 중요한지, 또 부모의 역할이 얼마나 크며, 가족 중에 누가 병들어서 도움을 주어야 할 경우 어떻게 해야 할지에 대한 것을 먼저 말씀드리고 싶어서였습니다.

이미 자녀 양육 경험이 많은 분들 앞에서 제가 부모와 자녀 관계에 대해 이야기드리는 게 마치 공자님 앞에서 문자 쓰는 것 같

아 송구스럽기도 하지만, 혹시 여러분들이 주위 사람들을 이해시
킨다거나 변화시키는 데 도움이 될 수 있을까 싶어서 요즘의 청
소년들, 그리고 부모와의 관계를 말씀드리고자 합니다.

강의에서 채 다루어지지 않은 부문은 '노력하는 건강한 부모
가 아름답습니다'라는 제목의 유인물을 마련했으니까 참고하시
기 바랍니다.

앞서 상담 사례도 그랬지만, 고도의 정보와 과학 기술이 첨단
을 향하고 복지 사회 실현을 위해 국력을 모아 가고 있는 우리
사회에 드러나고 있는 청소년 사건들을 보면, 기성세대의 한 사
람으로서 책임감이 느껴짐과 동시에 암담해질 때도 있습니다. 부
모의 꾸지람과 폭력에 대한 화풀이로 살상을 한 청소년, 엄연히
부모가 있는 자녀인데도 고아 아닌 고아가 되는 사건, 장애아가
될 것이라는 우려로 유아를 굶기는 부모 등, 또 우리의 귀에 너
무도 익숙해져 버린 다양한 가족 폭력 사건, 가족의 동반자살 소
식이나 아이 어른 구별 없는 가출한 사람 등 매스컴을 통해 전해
지는 수많은 사건 사고 등을 보면서, 우리 사회의 가정이 와해되
어 가는 조짐을 느끼게 되며, 우리 사회를 지탱해 주었던 윤리
의식이 쿵쿵 무너져 가는 소리를 듣게 됩니다. 어떻게 하다가 우
리 사회가 이렇게 혼탁해지고 어지러워졌는지 입에 담기조차 어
렵고, 또 우리 아이들이 그런 걸 알게 될까 봐 걱정스럽습니다.

예전에 가정이 경제적으로 힘들다거나 부부 관계가 안 좋을
때에도 부모들은 자식에 대한 애착이랄까 미련이랄까, 좋게 얘기
하자면 책임감 같은 것을 지키려 한 부분이 있었고, 또 아버지가
실직을 한다든지 사업에 실패한 경우에는 온 가족이 허리띠를

졸라매면서 위기를 극복해 보려는 결속력이 참 컸습니다.

이것은 우리나라의 자랑이며 미덕이라고 했지요. 하지만 최근의 경우를 보면 그런 미덕이나 자랑거리도 다 무너져 가는 것 같아요.

아버지가 사업에 실패했다면 엄마는 가출하고, 거기에 따라 아이들도 풍요롭게 살다가 갑자기 경제적으로 곤란을 겪게 되면, 하고 싶은 것이나 놀고 싶은 것 다 못 하게 되니까 쉽게 돈을 벌 수 있는 방법을 모의하여 나쁜 일에 빠져들고, 특히 일부 여자 아이들은 성매매를 하는 경우도 있습니다.

다시 말해 여러 위기 상황 속에서 그것을 극복할 만한 가족 간의 결속력이나 힘을 가진다기보다는 회피하고 도망가 각자 망가지게 됩니다. 이러한 위기 상황에서 제일 약한 사람이 자녀라고 볼 수는 없지만, 어른보다는 취약한 입장에 놓여 있는 것은 분명합니다. 특히 청소년들은 여러 면에서 적응해 나가기 어려운 형편에 처해 있습니다.

청소년기는 감수성이 예민하고 자기 자신의 가능성에 대해 탐색하고, 여러 가지 미래에 대해서 희망을 가지며, 자기 진로에 대해서 고민하는 시기인데, 오직 아이들한테 기대하는 것은 공부, 공부뿐입니다. 마치 공부하는 기계처럼 움직여 주기만을 바랍니다. 부모들은 자녀가 아침 일찍 일어나 학교에 가서 밤늦게 돌아오면 '수고했다'고 말하고, 학교에서 무슨 행동을 했든 학교만 가면 뭐가 되는 줄 알고 있습니다. 또 일요일이나 공휴일에 학교에 안 가고 집에 있으면 불안해지기까지 합니다. 그들이 스트레스를 푼다고 동생과 텔레비전을 보거나 컴퓨터 게임을 하는 것을 보면 기겁을 하며 더더욱 불안해합니다. 자녀가 무조건 자기 방에 들어가 있으면 안전하고 바람직한 것으로 생각하지만, 그것이야말로 참으로 어리석은 생각입니다. 단지 부모의 눈앞에서만 놀지 않으면 된다는 단순한 생각이지요.

아이들에 대한 평가 자체도 대부분의 경우는 성적이니까, 성적이 처지거나 떨어지는 아이들은 학교 밖으로 가정 밖으로 나가려고 합니다. 학교 밖의 삶은 너무나 많이 변해서, 재미있게 놀 거리와 장소도 많고 자극적이고 육감적인 것도 많을 뿐만 아니라, 컴퓨터의 보급으로 인해 온갖 다양한 것을 알게 되고 경험할 수 있기 때문이지요.

게다가 사회 환경 자체가 노는 문화 쪽으로 가고 있어서 자칫하면 거기로 아이들이 끌려 들어가게 됩니다. 장차 무엇이 되고 싶다거나 무엇을 하고 싶다는 목표보다는 우선 놀기 위해 친구를 만나기 위해 학교에 가고, 친구들과 어울려 여기저기 놀러 다니며 거리를 배회합니다. 그러다가 생각이 맞는 여러 명이 모이면 이것저것 한 번씩 해보는 가운데 문제를 일으킵니다. 처음에는 의도적으로 문제를 일으키는 것이 아니라 시간이 많이 있어 심심해서 비행을 저지르게 되는 아이들도 상당히 많다고 합니다.

5. 부모의 마음 비우기―자녀가 성공하는 토대

부모들은 공부 때문에 자녀 걱정이 태산 같은데다 청소년들의 문제 행동을 듣거나, 또 성폭력 발생이 세계적으로 손꼽힌다고 할 정도로 세상이 어수선하고 어지러우니까 자녀 키우는 것이 겁나고 불안해지지요. 이렇게 불안감을 느끼면서 우리 부모들은 더더욱 자녀를 품에 안으려고 합니다. 그래서 부모가 울타리를 딱 쳐 주고 그 안에서 마음껏 행동하라고 합니다.

그런데 그 울타리는 부모만 알고 아이들은 모르는 경우가 많다는 것이지요. 만약 자녀가 그 울타리를 벗어나면 부모들은 깜짝 놀라서 꾸짖지만, 자녀들은 이유나 영문도 모른 채 부모가 자신에게 함부로 대한다는 생각을 갖게 되어 반항심이나 반발심이 일게 됩니다.

자녀는 태어날 때부터 부모에 의존할 수밖에 없고 우리 문화권에서의 부모의 권위는 매우 권위적이고 중요함을 인정받기 때문에, 자녀가 부모의 뜻을 거슬러 반항적인 행동을 한다는 것을 부모가 받아들이기는 매우 어렵습니다.

가장 이상적인 부모자녀 사이는 서로 민주적 관계의 토대에서, 자녀를 인간적으로 존중해 주고 한 사람의 인격체로 인정해 주는 것입니다. 부모의 뜻을 자녀의 눈높이에 맞춰 주는 것, 적당한 선에서 독립할 수 있게 놓아주고 풀어주어야 한다는 것 등입니다. 하지만 이런 것들을 실천하기는 아주 어렵습니다.

부모자녀 관계는 처음부터 수직 구조로 시작되었기에 이것을 수평 구조로 바꾸려 하면 부모로서는 손해를 보는 느낌이 강하게 들지요. 왜냐하면 자녀에게 이미 많은 투자를 했기 때문입니다. 자녀를 뱃속에서 열 달간 키우느라 입덧을 비롯한 온갖 불편을 감수했고, 또 아이를 낳고서도 키우느라 이런저런 병치레와 작고 큰 사고로 가슴 졸인 경험이 있으며, 보다 나은 인생을 살

수 있도록 이것저것 가르치느라 희생에 희생을 거듭한 부모 입장에서 볼 때, 자녀와의 관계를 수평적으로 하고 아이에 대해 더이상의 기대를 갖지 말라는 요구는 받아들이기 쉽지 않은 무척 중대한 일임에 틀림없습니다. 그렇기 때문에 부모가 지독한 결심으로 마음을 비우고 의도적으로 노력하지 않으면 자녀에 대한 강한 미련과 뜨거운 애착으로 시간이 지날수록 서로 힘든 관계가 될 수밖에 없습니다.

어린 자녀는 차츰 성장해 가면서 자꾸만 부모의 곁을 떠나려고 합니다. 부모는 자꾸만 청소년 자녀를 품어 안으려고만 합니다. 그렇지만 자녀들은 기회만 있으면 빠져나가려고 애를 씁니다. 그런 과정에서 부모자녀 간의 마찰이 잦고 또 공감대가 적어지게 됩니다.

발달 특성상 연장자들은 아랫사람과의 거리를 실제 연령차보다 가깝게 인식하지만, 젊은 사람들은 윗사람에 대해 실제의 연령차보다도 더 멀게 지각하기 때문에 서로간에 존재하는 심리적인 거리나 세대 차이는 더 멀고, 더 크게 느껴질 수밖에 없다고 합니다. 부모의 울타리를 벗어나려고 하는 청소년 자녀라 하더라도 사실 덩치만 컸지 부모에게 의지하고 싶은 욕구는 갖고 있습니다. 의존적인 행동을 하는 자녀에게 어머니는 '넌 왜 이렇게 엄마를 귀찮게 하니?', '넌 왜 혼자 스스로 할 줄 아는 게 없니?'라고 하면서도, 한편으로는 자녀가 독립하는 것을 불안해합니다.

그러다 보면 이중적인 메시지를 전달하여 자녀를 매우 혼란스럽게 합니다. '난 네가 독립했으면 좋겠다', '혼자 꿋꿋하게 잘 지내기를 바란다'고 하면서도 속으로는 '아이들이 떠나면 나는 무슨 낙으로 살까?', '저 애들이 나 몰라라 하겠지?'라고 생각합니다.

이런 이중적인 메시지가 생활화되면 자녀는 어디에 어떻게 맞춰서 행동을 해야 될지 모르고 엉거주춤한 상태에서 우유부단한 사람이 되기 쉽습니다. 부모자녀 관계를 수평적 관계로 가져가기 위해서는 일차적으로 부모의 노력과 양보가 절대적으로 필요합니다. 그것은 자녀에 대한 기대를 대폭 줄이고 아이가 홀로 설 수 있는 여건을 마련해 주되 최후의 안전망만 구축해 주어야 한다는 것입니다.

바람직한 부모자녀 관계를 이끌어 가기 위해 꼭 하나 알아두어야 할 것은 요즘 청소년에 대한 이해입니다. 오늘날의 청소년들은 영상 세대이고, 무슨무슨 족(族)이라고 이름하면서 기성세대와 차별화합니다. 모든 아이들이 다 그렇지는 않지만 감각적인 반면 참을성이 없고 재미를 추구하고 모험을 즐기는 행동을 합니다.

이런저런 점에서 부모들이 감당하기 어려운 부분이 참 많습니다. 이렇게 된 여러 가지 이유 중에서 가장 큰 것은 컴퓨터 문화의 영향이라고 봅니다. 컴퓨터는 현대 인류에게 많은 편리함을 주었습니다. 유용한 여러 정보를 아주 빠른 시간 내에 컴퓨터를 통해 쉽게 얻을 수 있습니다. 컴퓨터를 통해서 얻을 수 있는 정보 중에는 음란성이나 폭력성 유해 정보도 적지 않습니다.

컴퓨터의 특성상 글을 썼다가 마음에 들지 않으면 순식간에 전부 지울 수가 있고, 클릭을 한번 하면 순식간에 화면이 변해 버립니다. 도저히 막아낼 수 없는 엄청난 양의 유해 정보와 게임에 노출되면 청소년들은 현실과 가상공간을 잘 구별하지 못하게 됩니다.

얼마 전 중학교 2학년 아이가 자기 동생을 살해했던 사건의 경우, 그 형의 말은 우리 기성세대를 더 큰 충격 속에 빠뜨렸습니다. 컴퓨터 게임을 하면서 정말 똑같이 한번 해보고 싶어서 자신의 동생을 살해했다는 것이었습니다. 동생을 살해한 형은 별로 당황해하지도 않았습니다.

이처럼 청소년 문화의 주류를 이루는 컴퓨터 문화가 청소년들을 감각적인 성향으로 만들어 가고 있으며, 인내심 부족에 대해서도 많은 영향을 끼쳤다고 봅니다.

6. 부모는 인생의 선배가 되어야

지금까지는 부모자녀 관계를 이해하는 데 있어서 주로 청소년을 중심으로 말했지만, 부모 입장을 한번 조망할 필요도 있지요. 청소년 자녀를 둔 부모는 대부분 인생의 중년기에 속합니다. '중년기'라는 말은 달갑고 명쾌한 단어는 아니죠. 중년기의 위기라는 말이 있듯이 여태까지 살아온 삶에 대해서 공허하고 허탈하며 나아가 서글프기까지 합니다.

뭔가 잘못 살아온 것 같은 생각에 휩쓸리게 되는 시기이지요. 보통 사람이 살아갈 재미가 있다거나 살아갈 만하다고 말할 때는 인생에서 희망이 있을 때인데, 중년기가 되면 그렇지 못한 것이 대부분입니다. 중년기가 되어 꾸는 꿈은 자신을 위한 꿈이 아니라 자식과 가족을 위한, 그들과 관련된 꿈입니다.

자신의 꿈을 꾸지 못하고 남의 꿈만 꾸기 때문에 꿈을 꿀 수 있는 장이나 주제가 자연 제한됩니다. 그러다 보니 자신의 실체는 없는 것 같습니다. 또한 자신이 할 수 있는 일은 아무것도 없는 것처럼 느껴집니다. 자연 주위 사람들에게 자신이 그동안 살아온 삶을 알아주기를 은근히 바라고 가까운 사이일수록 인정해 주기를 기대합니다.

만약에 그런 것이 충족되지 않으면 생활하기가 점점 어려워집니다. 그래서 심지어는 청소년 자녀와 그 부모가 나누는 애기를 들어 보면 '야, 너만 힘드냐? 나도 힘들어. 엄마는 더 힘들어'라고 하면서 자녀들과 다투는 모습을 보게 됩니다. 부모도 위로받고 싶다는 표현이겠지요

이러한 이해의 바탕에서 우리들은 지금 어떠한 모습으로 자녀와의 관계를 맺어가고 있는지 한번 되짚어 볼 필요가 있다고 생각합니다. '내가 아이들을 어떻게 이해하고, 어떻게 어른으로서 그 길잡이 노릇을 해야 되는가'를 말입니다.

저는 부모들이 많은 것을 할 수 있다고 생각하지 않습니다. 오히려 많은 것을 하려고 할 때 더 큰 부작용 내지 역작용과 반작용이 일어난다고 생각합니다. 여러분들은 만약 자녀의 앞길에 가시덤불이 있으면 그것을 헤쳐 나갈 수 있는 힘을 자녀들에게 길러 주는 것, 그 역할만 하면 부모로서 충분하다고 생각합니다.

제가 부모님들을 만날 때마다 느끼는 것은 우리 부모들은 자녀들에게 손해를 많이 보고 있다는 것입니다. 아이들에 대해서 지극 정성으로 대하고, 세상의 그 누구보다도 사랑하지요 특히

한국의 어머니는 정말 심하다 싶을 정도로 자기의 생활은 제쳐 두고 희생적으로 삽니다.

손해를 본다는 것이 무엇인가 하면, 정말 부모가 자식을 많이 사랑하는데도 그 대단한 사랑을 아이들이 느끼게 행동과 표현을 못 하는 것입니다. 이왕 사랑을 하시려면 아이가 충분히 느낄 수 있게 행동하라는 겁니다.

부모자식 간의 대화도 마찬가지라고 생각합니다. 부모자녀 간의 대화는 절대적으로 필요하고 매우 중요하다는 사실을 다 알고 있지만, 대화의 방법이 문제가 됩니다. 청소년들에게 선생님이나 부모님하고 대화를 많이 하느냐고 묻습니다. 어떤 아이는 부모인 아버지하고 하루에 단 일 분도 대화하지 않는다고 대답합니다. 그리고 어떤 아이는 "아유 답답해요. 대화해서 더 좋아진 기억이 없어요. 대화하면 오히려 문제가 커지니까 처음부터 안 하는 것이 더 나아요. 뭐라고 할지 뻔해요. 그래서 안 해요"라고 합니다.

자녀가 무슨 말을 하면 부모님이나 선생님은 무조건 잘못을 바로잡고 가르치려고만 했지, 진정으로 자녀들을 이해해 주지 않는다는 것이지요. 아이들이 아주 속상해하는 것 중 하나는, 부모님한테 큰 것을 바라는 것이 아니라 자신이 지쳐서 힘들 때 "힘들지?" 하면서 등 두드려 주는 것 정도나 잠깐 가방 들어 주는 정도만으로도 부모의 마음을 읽을 수가 있다는 것입니다.

사실 부모님은 그런 위로의 행동을 분명히 하는데 그 앞에 단서가 붙거나 교과서적으로 말한다는 것입니다. 예를 들어서 너 지금은 좀 힘들지만 이것만 잘 참으면 어쩌고저쩌고 하는 식으

로 이야기를 하든지, 남자 녀석이 이것도 하나 못 참아서 그러냐
는 식의 등등.

부모 입장에서 자식에게 할 만큼 했다고 하지만 돌이켜보면
아차 싶은 경우도 적지 않게 있을 것입니다. 아이들이 학교 갔다
와서 책가방을 던지고 신발을 문간에서 던져 버리면 부모들은
그런 것을 보고 대뜸 "아니 이 녀석이 어디다 대고 가방을 마구
집어던져?" 또는 "신발 빨리 제자리에 갖다놓지 못해?"라는 말
을 하기 쉽습니다.

부모 입장에서 볼 때는 그런 것이 자녀의 버릇이 되면 안 되니
까 바로잡아야 하고, 가르쳐야 한다는 뜻으로 말하는 것이지만,
아이 입장에서는 자신의 마음을 너무나 몰라주는 인정머리 없는
잔소리로만 들릴 것입니다. 아이는 부모로부터 이해받지 못해 서
글퍼질 것입니다.

아이들이 앞서와 같이 행동을 하는 배경에는 학교에서 뭔가
좋지 않은 일이 있어서 그것을 행동으로 표현했을 것입니다. 그
렇지만 부모가 그런 자녀의 심리 상태를 헤아리거나 확인도 하
지 않고 '인간은 이러면 안 된다. 이렇게 해야 된다'고만 하니,
아이들은 그 순간 마음의 문을 닫아 버리는 것입니다.

거기에서 아이가 방문을 쾅 닫고 들어가 버리면 부모는 따라
들어가서 더 높은 목소리로 아이의 행동을 사정없이 꾸짖습니다.
아이의 입장이나 심리적인 상태를 파악한 뒤에 잘못된 행동이
있으면 바로잡아 주어도 될 텐데 그런 과정은 아예 싹 무시해 버
리는 것입니다.

그러므로 서로간에는 점점 감정적인 행동이 계속될 수밖에 없

는 것입니다. 어른들이 감정이 격해지면 아무 말이나 막 쏟아 붓고 나서 후회하듯이 아이들도 마찬가지입니다. 조금만 기다려 주면 이야기할 여지가 생길 것이고, 그때 이야기를 충분히 들어 보고 위로할 것은 위로하고 타이를 것은 타이르면 아이들은 그것을 계기로 한층 성장할 수도 있을 텐데, 그만 기회를 놓쳐 버리고 말게 됩니다. 기회만 놓치는 것이 아니라 부모와 자녀 간의 간격이 점점 벌어지게 되는 것이지요.

부모든 자녀든 사람은 대개가 현실적으로는 감정 통제가 쉽지 않지요. 여기서 다시 한 번 강조하지만, 아이 행동에 대해 이건 안 되고 저건 잘못되었다는 식의 판단을 먼저 해서 거기에 가르침을 주려고 하면 부모자녀 간의 대화는 단절되기 쉽습니다.

동시에 부모자녀 관계에서 유의할 것은 아이들이 부모가 자신들을 감정적으로 보듬어 주는 것만을 원치 않는다는 것입니다. 때로는 부모님들이 어른답게 자녀가 잘못된 것에 대해서 또는 자녀가 고민하고 갈등하고 있는 문제에 대해서 어떻게 하는 것이 가장 현명한 판단인지 결정을 내리는 데 지침을 내려 주기를 바라고 있습니다. 일방적인 부모의 지시가 아니라, 자녀가 판단할 수 있는 기회를 갖도록 자꾸 질문을 던져 주는 것이 필요하다는 것입니다.

어떤 부모님들은 감정적으로 아이의 심리 상태를 읽어 주지요. 부모 입장에서는 잘해 보려고 한 것이지만 결과는 의도와는 다르게 나타날 수 있습니다. 자녀가 갖고 있는 고민에 대해 "애 얼마나 답답하겠니, 내가 너라도 눈앞이 캄캄해지겠다"라고 말하는 부모님들이 있습니다.

아이의 상태를 무시하는 부모보다 몇 배 낫겠지만 이런 얘기만 연속 듣고 있는 아이는 한마디 할 것입니다. "엄마, 정말 짜증나"라고 말입니다. 자녀가 원하는 것은 그런 이해 정도의 수준만은 아니라는 것입니다. 물론 아이의 상태와 요구를 잘 읽어서 적절한 눈높이로 대해 준다는 것은 정말 어렵고 힘들지만, 때로는 아이의 감정을 보듬어 주고 때로는 아이가 힘들어하는 문제가 과연 무엇인가 알아내어 그것을 해결할 수 있는 방법이 무엇인지를 같이 고민해 봐야 합니다.

부모도 사람이기 때문에 살다 보면 자녀에 대해서 실수를 하게 됩니다. 그런데 우리 한국 사회에서 중요시하는 체면 문화 때문에 부모는 아이한테 실수했다거나 잘못했다는 말을 쉽게 하지 못합니다. 자녀에게 자신의 실수를 감추려고 궁색한 변명이나 이유를 늘어놓으며 전전긍긍합니다. 때로는 말로 하지는 않지만 멋쩍고 어색하게 내가 너한테 미안해하고 있으니 그것을 알아 달라는 제스추어를 슬쩍 보이기도 합니다. 이에 대해 아이들의 반응은 부모가 그렇게 숨기려 하지만 오히려 다 보인다고 하며 그런 부모를 유치하다거나 어른답지 못하다거나 비겁하다고 합니다.

아이들은 솔직하게 부모가 사과하거나 실수를 인정하기를 바라고 그것을 더 멋지고 어른답다고 생각합니다.

7. 밝은 생각, 적극적인 삶

제가 지금 말씀드리는 것이 평소에 실천하고 계신 분들에게는 해당되지 않겠지만 그렇지 못한 분들의 경우, 갑자기 부모가 어디서 무슨 좋은 이야기나 도움 되는 얘기를 듣고 아이들을 대하면 아이들은 대뜸 이렇게 말합니다. "엄마, 평소대로 하세요, 너무 보여요." 하지만 그래도 용기를 가지고 천천히 한 가지씩 해 보는 것은 매우 중요합니다. 갑작스럽게 부모의 노력하는 모습이 자녀들에게 아름다워 보일 수도 있을 것입니다.

사실 우리 사회는 자식 자랑이나 칭찬하는 문화가 아니기 때문에 남한테도 칭찬을 못 하고 남이 칭찬해 주어도 받아들이기를 거북해합니다. 그러나 인간은 누구나 모든 일을 다 잘할 수는 없습니다. 잘하는 일도 있고, 못하는 일도 있기 마련입니다. 이렇게 생각하면 좋은데, 다 잘하려고만 하니 어디 다 잘할 수가 있나요? 그러니 자연 자신에 대해서나 남에 대해서 칭찬은 인색하고 제대로 할 줄도 모르지요.

제가 앞에서 프로이드 학설을 인용하면서 어린 시절의 경험이 성격 형성에 영향을 준다고 했는데, 그것이 일부 사실이기는 하지만 그것이 전부는 아니거든요. 저는 막내딸로 태어나 자랐는데 부모님이 굉장히 과보호하고 기대를 많이 하셨습니다. 그리고 저를 엄청 사랑하셨죠. 그런 저는 그저 부모님의 뜻에 따라 살려고 아주 노력을 많이 했는데, 부모님으로부터 과보호를 받다 보니까 나중에는 제가 무슨 일이든 자신 있게 하기가 두려웠습니다.

낯선 사람들 앞에서는 우선 부끄럽고 또 불안해지고, 누가 혹시 제게 관심을 보이면 부담스러워서 얼굴이 빨개지고 얼른 피하고 싶어서 쥐구멍에라도 들어가고픈 심정이었습니다. 나중에 대학 생활을 할 때도 무척 힘들었습니다. 저도 분명 무언가를 할 수 있다고 생각은 하는데 혹시 잘못 할까 봐 이것저것 따지면서 움츠러들어 주저했습니다. 스스로의 장벽을 넘지 못해 망설이면서도 남이 날 알아주지 않는다고 슬퍼하는 저 자신의 모습이 너무나 한심하다는 생각을 했습니다.

또 저는 스스로 자신을 사랑하지 않고 자신의 권리마저도 포기하며 산다고 생각했습니다. 이런 나약한 삶을 살기 싫으면 결국 저 스스로 변화하지 않으면 안 된다고 생각했지요. 자라 온 과거를 탓하고 있기에는 이미 어른이 되어 가고 이제 자신의 행동에 책임을 져야 하니, 지금부터 나는 과거의 그림자를 인정하고 거기서 다른 나의 모습을 만들어 가야 한다는 생각을 하게 되었습니다.

이것은 인본주의 심리학에서 인간에 대해 이야기하고 있는 것입니다. 인간에게는 가능성이 있다는 거예요. 뭔가 최선의 노력을 하면, 우리는 그 최선의 상태로 다가갈 수 있는 존재라는 것입니다. 합리적으로 사고하고 개방적인 사고를 하면서 자신의 장단점을 받아들일 줄 아는 존재라는 것이지요. 저는 여기서 힘을 얻어서 변화되었으며, 앞으로도 변화될 거라고 믿고 있습니다.

그렇기 때문에 지금은 어색하고 낯설어도 해보려는 시도를 포기할 필요가 없습니다. 자녀에 대해 더 적극적으로 부모님이 먼저 노력을 해야 합니다. 아이들한테는 칭찬을 많이 해주는 것이 좋다는 것을 모르는 분은 없겠지요. 어떤 분은 그러십니다. 칭찬해 줄 것이 하나도 없는데 무얼, 어떻게 칭찬해 주느냐고 물으세요. 정말 잘하는 것이 하나도 없는 아이가 있을까요? 사고뭉치 아이들은 칭찬할 게 하나도 없다고 딱 잘라서 이야기하시는 경우도 있지만 말입니다.

칭찬을 너무 거창하게 생각해서 그렇게 말씀하는 것은 아닐까요? 예를 들어 어느 날 자녀를 보니 자녀의 얼굴 표정이 환해졌다면 그것도 칭찬거리고, 목소리가 우렁차고 씩씩하게 들린다면 그것도 칭찬거리가 될 수 있습니다. 또 다른 것은 못해도 정리 정돈을 잘한다면 그것도 칭찬거리가 됩니다. 큰 것이 아니라 작은 행동 하나에 대해 칭찬하는 습관을 들여야 자연스럽게 칭찬할 수 있게 됩니다. 이러한 작은 격려와 관심은 덩치 커 가는 아이에게 분명 커다란 힘이 될 수 있을 것입니다. 무엇보다 좋은 영양소인 비타민이 될 수 있을 것입니다.

청소년 자녀와 부모와의 관계에서 저는 부모님에게 부탁드리고 싶은 이야기가 있습니다. 그것은 청소년, 고등학생 정도가 되면 그들은 이미 본인 스스로의 진로에 대해서 윤곽을 설정하고 있다고 봐야 한다는 것입니다.

부모님들이 자식에 대한 기대를 낮추기가 쉽지 않겠지요. 기대를 갖지 않겠다고 스스로 생각하면서도 어느새 어떻게 하면 되겠거니 하고 계속 미련을 갖고 있습니다. 그것은 단지 부모의 바람이나 희망, 심하게 말하면 욕심에 불과합니다. 해서 자녀에 대한 기대를 갖지 말라는 것이 아니고 현실적으로 조정해 가는 것이 필요하다는 겁니다.

불가능한 부분에 대해서 계속 부모님들이 아이한테 강요하거나 거기에 집착하지 말고, 말씀드린 대로 자녀들에게 새로운 경험의 세계, 새로운 자신의 모습을 발견할 수 있도록 기회를 주면서 아이들 자신의 진로를 향상시켜 나가거나 개선시켜 가도록 돕는 현실적인 역할을 해주셨으면 좋겠습니다.

또한 진정으로 자녀를 위한다면 정말 자제해야 할 행동도 적지 않습니다. 부모님들은 자녀들이 공부한다는 이유로 많은 것들에 대해 면죄부를 주고 특혜를 주는데 이 점도 냉정하게 생각해야 할 필요가 있습니다. 무엇보다 부모의 자식에 대한 애착의 절제가 필요하다고 봅니다. 공부만 열심히 하면 다른 것은 소홀해도 되고 몰라도 된다는 식의 자녀 교육 방법으로 인해 요즘 아이들의 문제 중에는 자기 행동에 대한 책임감이 없다는 것입니다.

자신에게 주어진 책임을 다하기보다는 피하거나 모면해 보려는 나약한 생각을 가지고 있습니다. 그것은 전적으로 부모의 책임입니다. 왜냐하면 자녀들이 마땅히 해야 할 일인데도 부모가 나서서 다 해주는 경우가 많기 때문입니다. 그렇게 성장하다 보니까 다 큰 대학생이 되어서도 스스로의 인생에 대해서 앞으로 어떻게 진로를 개척해야 될지 몰라 그저 부모님만 바라보고 있는 유아적인 청년이 많습니다.

제가 여러 차례 말씀드렸지만 자녀의 행동에 대해 성급하게 단정하지 말고, 특히 다른 아이들과의 비교는 절대 금물이라는 사실을 명심해서 자녀의 마음에 상처를 주는 일이 없어야 하겠습니다. 굳이 비교하려면 자녀 자신의 어린 시절과 현재를 말하여 거울 역할을 해주는 것은 좋다고 봅니다. 그것은 자녀의 성장에 긍정적으로 작용하고 약이 될 것입니다. 자녀를 다른 아이들과 비교하는 일은 깊이 유의하실 필요가 있음을 거듭 강조합니다.

8. 청소년은 무한한 가능성

여러분들도 완전하지 않고 저 또한 완전하지 않습니다. 그렇기 때문에 우리가 모든 것을 다 잘할 수 없습니다. 그 점에 있어서 저는 늘 이렇게 생각합니다. '모든 사람에게 다 인정받고 모든 사람에게 다 사랑받는다는 것은 불가능하다. 그런데도 모든 사람에게 다 사랑받고 인정받으려면, 그때그때 대하는 개개인 모두에게 온갖 아부를 떨면서 사랑과 인정을 구해야 될 것이다. 그러다 보면 내 모습은 어디로 사라져 버릴 것이고, 내 모습이 뭔지 모르게 될 것이다. 또 시간이 좀 지나면 지쳐 떨어질 것이고, 내가 그토록 갈구했던 사랑과 인정은 아무런 의미도 없어지게 될 것이다. 그러니 생각을 이렇게 바꾸어 보자. 내가 언제나 최선의 노력을 기울이면 된다. 그래서도 안 되는 일은 뭔가 분명한 이유가 있을 터이니 다음에는 실수하지 말고 잘하도록 노력하면 되지 않겠는가?'라고 말입니다. 이런 식의 사고를 갖자고 말씀드리지만 말은 쉬워도 실천하기란 여간 어려운 것이 아닙니다.

아이에 대해서도 '너 끝장이야'라든지 '너 이렇게 하면 실패야' 하는 식의 절대적인 기준의 잣대를 아이에게 들이대지 말고, 아이를 볼 때 '우리 아이가 이렇게 행동하는 데는 그만한 이유가 있을 것이고 그 결과 이렇게밖에 안 되었구나. 하지만 그 나머지를 아이와 어떻게 풀어 갈까?' 하는 식의 여유와 아량을 가지면 좋을 것 같습니다.

그 외에 하나 더 말씀드린다면, 청소년은 누구나 다 일탈(벗어남)하고 싶은 욕구가 있다고 했습니다. 어떤 규정이나 규범에서 벗어나서 사고를 친다든지 한번 멋지게 놀아 본다든지 아니면 무슨 큰일을 내 보고 싶은 충동이 다 있다는 거지요. 하지만 어떤 아이는 그것을 행동으로 옮기고 어떤 아이는 행동으로 옮기지 못합니다. 누구든 일탈하고 싶고 비행하고 싶고 문제 행동을 일으키고 싶은 때가 있지만 못 하는 이유는 바로 부모와의 관계 때문이라는 것입니다.

부모와의 관계에 신뢰감이 있고 안정적인 애정이 형성되면 사고를 치고 싶다가도 부모님 생각을 해서 최소한의 것들은 지켜야겠다는 생각을 한다는 것입니다. 부모와의 긍정적 관계는 자기 행동의 통제력을 갖는 원천이 된다는 것을 기억할 필요가 있습니다.

9. 맺음말

아이들 행동을 이해하실 때 밖으로 드러난 행동만을 보고 꾸짖다 보면 자녀와의 심리적 거리는 점점 멀어질 수밖에 없습니다. 명절 때 가족들이 다 모이면 재미 삼아 윷놀이나 화투를 치는데, 아이들은 이에 관심을 보이지 않고 컴퓨터 앞에 옹기종기 붙어 있거나 만화책 빌릴 생각만 해요.

그런 아이들은 윷놀이나 화투를 하는 어른들의 모습이 참 이상해 보일 것입니다. 저게 뭐 재미있다고 할까? 하지만 어른 눈에는 컴퓨터 게임에 사로잡혀 있는 아이들의 행동이 한심해 보일 수 있을 것입니다. 이렇게 밖으로 드러난 행동은 서로 다르지만 어른이나 아이들이 제각기 하는 이유는 비슷하다는 것입니다.

재미를 추구하고 가족 또는 친족간의 우의를 하나의 행동으로 보여 주고 강화시키는 결속 문화이지요.

여기에서 제가 말씀드리고자 하는 것은 밖으로 드러난 행동을 가지고 이렇다 저렇다 얘기를 하는 것도 사실 상당히 위험할 수 있다는 것입니다. 인간은 아무런 이유도 없이 행동하는 경우는 거의 없다고 합니다. 어떤 행동을 했을 때에는 그 사람이 무엇을 하고 싶다거나 뭐가 부족하다는 표현일 수 있습니다. 그러니까 우리가 아이들의 행동을 이해할 때에는 그러한 밖으로 드러난 행동만을 보지 말고 행동의 바닥에 깔려 있는 욕구를 먼저 이해해 준 다음에 무엇인가를 가르쳐 줘도 늦지 않는다는 것을 말씀 드리고 싶습니다.

이제 시간이 많이 지나서 강의를 정리해야 할 것 같은데, 제가 좋아하는 글귀가 있어서 여러분들께 읽어 드리면서 끝맺음을 하겠습니다. 제 아이를 키우면서, 다른 아이들 만나면서 우울할 때 읽는 글입니다.

나를 너무 귀하게 여겨 버릇없이 기르지 마십시오. 내가 원하는 것을 다 가질 수는 없다는 것을 잘 알고 있지만, 나는 오직 부모님을 한번 시험해 보고 있을 뿐입니다.

나에게 엄격하게 대하는 것을 두려워 마십시오. 나도 그것을 좋아합니다. 그것은 나에게 오히려 안전한 느낌을 줍니다.

효과 있는 꾸중을 하시려면 남몰래 조용히 말씀해 주세요. 그러면 더 깊이 생각하게 된답니다.

나에게 사과하는 것을 부모님의 수치나 실패로 여기지 마십시오. 정직한 사과는 나에게 따뜻함을 줍니다.

부모는 완전무결하다는 것을 보여 주려고 애쓰지 마십시오. 나의 실수가 죄악이라고 느끼게 하지 마십시오. 그러면 나의 가치관이 왜곡될 수 있습니다.

나의 정직을 너무 강조하지 마십시오. 그러면 위협에 질려 거짓말을 하게 됩니다.

성가시도록 많은 말을 하지 마십시오. 귀먹은 체하면서 딴전을 부리게 됩니다.

갑작스럽고 깊은 생각도 없이 약속을 하지 마십시오. 만약 그 약속을 어기게 되면 낙심하게 됩니다.

나는 이해 있는 사랑을 받아야 올바로 자랄 수 있음을 잊지 마세요. 그러나 이것은 말할 필요가 없습니다. 부모님이 먼저 아시니까요.

우리가 좀더 눈을 넓게 떠서 우리 주위에 있는 청소년들이 내 자식이라는 생각을 한다면 오늘날 이렇게 어지러운 청소년 문제는 발생하지 않을 것입니다.

여러분 제가 정말 두서없이 이런저런 이야기를 드렸습니다. 힘드신 데 열심히 들어주셔서 정말 감사합니다. 여러분들이 이렇게 듣는 것에 익숙하시면 집에 가셔서도 아이들의 이야기를 열심히 잘 들어주실 거라고 생각합니다. 여러분들 만나 뵙게 되어서 정말 반가웠습니다. 감사합니다.

고성혜(高性蕙) ———————

학력 및 경력

1985. 3－1992. 2 : 서울대학교 대학원 졸업(문학박사)

1980. 3－1982. 2 : 서울대학교 대학원 졸업(석사)

1976. 3－1980. 2 : 서울대학교 가정관리학과 졸업(가정관리학사)

1983. 3－1999. 8 : 숙대, 덕성여대, 서울대, 중앙대대학원, 상명여대대
학원, 경희대, 경희대대학원 시간강사

2002. 3－2003. 2 : 서울특별시 교육청 상담지원단 상담위원

1999. 12－2005. 12 : 자녀안심하고 학교보내기운동 국민재단 서울협의
회 연구위원

2002. 3－2006 현재 : 경희대학교 아동가족주거학부 겸임교수

2004. 9－2006 현재 : 한국아동학대예방협의회 이사

2005. 4－2006 현재 : 교육인적자원부 학교폭력대책반 위원

2006. 1－현재 : 청소년위원회 정책기획분과 자문위원

2006. 4－현재 : 청소년 희망재단 상임이사

연구 업적

「아동이 평가한 부모의 정서적 아동학대에 관한 예비연구」, 대한가정
학회지 제27권 3호, 1989.

「아동학대 개념규정 및 아동학대에 대한 모·자녀의 지각성향」, 서울
대학교 박사학위논문, 1992.

「서울시 아파트거주 중년기 가정의 생활실태와 문제」ⅠⅡⅢⅣⅤ, 대
한가정학회지 제33권 3호-34권3호, 1995-1996.

「자녀의 문화적 감수성 함양을 위한 부모의 역할」, IMF 시대의 극복과
미래를 위한 청소년정책 세미나 자료집(서울시·천운청소년육성회),
1998.

「청소년문제와 청소년상담」, 한국가정생활개선회 심포지엄 자료집(보
건복지부·한국가정생활개선회), 1999.

『증보산림경제』(공역), 정민사, 1983.

『아동양육의 이론과 실제』(공역), 정민사, 1983.

『청소년기 가족문제 연구』, 한국청소년개발원, 1994.

『청소년의 행동유형에 관한 연구』, 한국청소년개발원, 1996.

『청소년 문제행동의 이해와 지도』, 한국청소년개발원, 1997.

『청소년 지도사 연수교재 개발을 위한 기초연구』, 한국청소년개발원,
    1997.

『알아두면 편리한 청소년지침』, 한국가정생활개선진흥회, 1998.

『비행억제요인에 관한 연구』, 한국청소년개발원, 1999.

『비행청소년 상담연구』, 자녀안심운동 서울협의회, 2000.

『생활지도교사가 본 학교폭력』, 자녀안심운동 서울협의회, 2001.

『사랑이 있는 학교를 만듭시다』, 서울시교육청, 2001.

『폭력없는 학교만들기』, 자녀안심운동 서울협의회, 2002.

『청소년 성의식 조사』, 자녀안심운동 서울협의회, 2004.

『학교폭력집단에 대한 실태조사』, 자녀안심운동 서울협의회, 2005.

제7장

건강한 '부모와 자녀' 관계, 어떻게 만들어 갈 것인가
—성인 자녀와 노부모에 대해서—

최혜경 _ 이화여대 소비자인간발달학과 교수

강의에 들어가며

안녕하세요. 방금 소개받은 이화여자대학교에 있는 최혜경입니다. 서울에서 이곳까지 오는 꼬불꼬불한 길을 지나는 동안 길 양쪽에 있는 나무와 꽃과 풀들을 바라보면서 어린 시절에 누렸던 행복을 다시 떠올리며, 여기 오시는 분들은 매주 한 번씩 이런 자연과의 만남을 통해 마음을 순화시키겠구나 하는 생각을 했습니다.

저는 불자는 아닙니다만 여러분들께서 불교의식을 하는 엄숙한 모습을 대하면서 종교생활을 하는 마음이나 태도는 다 같겠구나 하고 느꼈습니다. 여러분들이 보현행자의 서원을 읽을 때 저도 같이 읽어 봤더니 '사람 사는 도리가 여기 다 있구나' 하는 느낌을 받았습니다.

여러분들은 이렇게 사람 사는 도리에 대해서 매일 읽고 생각하고 또 설법을 들으실 텐데 제가 무슨 말을 더 할 필요가 있겠는가 하는 생각도 들었습니다. 그러나 생활에 직접적으로 연관된 여러 사례와 설명을 통해 평소의 생각들이 잘 정리되실 것으로 보고 용기를 내어 말씀드리도록 하겠습니다.

여기 와서 청중들을 뵈니까 젊은 분들도 가끔 보이지만 대부분 중년층이신 것 같군요. 저보다 조금 위인 분, 좀 아래인 분들이라는 생각이 듭니다. 아무튼 이 중년층이 애매한 세대라고 합니다.

예전에는 수명이 짧아서 중년이 되면 거의 부모님들이 계시지 않았지요. 그러나 오늘날에는 거의 부모님들이 생존해 계십니다. 같이 살거나 떨어져 살거나 부모님들에 대해서 항상 관심을 가지고 살아야 하지요. 또 자녀를 키우는 문제도 보통 일이 아닙니다. 예전에는 어른들이 '자식은 지가 먹을 것은 다 가지고 나온다'고 했는데 요즘은 전혀 그렇지 않아요. 세상이 확 바뀌었습니다. 무서울 정도로 말입니다.

부모 노릇 잘하기 위해서는 좀더 알아야 하고 좀더 배워야 합니다. 또 오늘은 노부모의 삶에 대해서, 그분들의 마음은 어떤지를 배우려고 이렇게 모이신 것입니다. 그리고 단순하게 부모만을 위해서가 아닙니다. 이제 우리가 노년이 되었을 때를 대비하는 것이기도 합니다.

그러니까 지금의 중년들은 부모님 모셔야 하고 자녀 키워야 하는 소위 샌드위치 세대라고 합니다.

1. 새로운 '성인 자녀-노부모' 관계 정립의 필요성

금세기에 한국 사회는 성인기 자녀와 노부모 간의 관계에 영향을 미치는 몇 가지 변화들을 겪어 왔습니다.

첫째로 노인 인구가 증가한 것을 들 수 있습니다. 한국 사회는 지난 2000년에 노인이 전체 인구의 7% 정도에 달하는 고령화 사회(Aging Society)로 진입하였고, 오는 2019년에는 14.4%에 달하는 고령 사회(Aged Society)가 되고, 2032년에는 20%가 넘는 초고령 사회가 될 것으로 예측하고 있습니다(통계청, 2002).

특히 한국은 노인 인구가 고령화 사회에서 고령 사회로 도달하는 데에 22년밖에 걸리지 않았는데, 이러한 노인 인구의 증가 속도는 수십 년 내지 백여 년이 걸린 서구의 선진국에 비해 유례 없이 빠른 속도로서, 사회적으로는 노인 인구의 증가에 그리고 가족 내에서는 예전보다 확장된 노부모기에 대한 대처를 준비할 만한 기간이 충분하지 않다는 데에 심각한 문제가 있습니다.

둘째로 가족 가치가 변화하였습니다. 한국인들은 그동안 유교적 이데올로기를 기반으로 한 가족주의를 발달시켜 왔습니다. 유교에서는 군사부(君師父)의 일체를 내세워, 가족이 안정되어야 사회가 안정되고 국가가 안정된다고 보았던 것이지요. 그리고 가족이 안정되기 위해서는 가족의 질서가 있어야 하므로, 가족 내에서 가장 연장자인 남성에게 가족의 모든 것을 통솔하고 안녕을 유지할 수 있도록 가장권을 부여하게 되었습니다.

자연 가장을 중심으로 한 가족 내의 수직적 관계를 중시하면서 부모 세대에 대한 자녀 세대의 절대적인 공경, 즉 효의 개념이 강조되었고, 이를 군주에 대한 절대적인 공경인 충(忠)의 개념과 연결시켰습니다. 여자는 가장인 남자[三從之禮—아버지, 남편, 아들]에게 종속되면서 남자는 사회적 역할을, 여자는 가족 내의 역할을 맡는 성 역할 구분의 원칙을 지켜왔습니다(신수진, 1998).

그러므로 이러한 효의 개념이나 성 역할 구분의 원칙은 성인 자녀와 노부모 관계를 규정하는 중요한 기반이 되어 왔던 것이지요.

하지만 한국 사회에서 산업화가 진전되면서 가족이 정치, 경제, 사회, 문화 등 사회 체계의 전반에서 중심이 되던 전통 사회의 원리가 붕괴되고, 이에 따라 효의 개념과 성 역할 구분에 근거하는 가족 가치관도 흔들리게 되었습니다.

효보다는 세대간의 독립을 더 바람직한 현상으로 인식하게 되었으며, 기존의 성 역할에 대한 개념도 차츰 완화되기 시작하였지요. 특히 노부모에 대한 부양자 역할을 하던 여성의 지위와 역할에 대한 태도가 변화하였습니다. 한국 사회에서 여성의 취업 욕구가 증가할 뿐 아니라 실제로 취업과 사회 참여 활동이 계속 증가하여 왔고, 앞으로도 빠른 속도로 증가되는 추세입니다.

여성들은 순수한 경제적 이익 때문에, 또는 사회 활동을 통해 얻는 사회적 만족감 등 여러 가지 이유로 취업을 적극 희망하고 있습니다. 그리고 결혼이나 출산 및 육아나 노부모 부양 등의 이유로 취업을 포기하지 않고 있습니다.

이러한 가족 가치관의 변화가 일어나는 속도는 성과 연령에 따라 차이가 있습니다(박부진, 1996). 가족은 서로 다른 성과 연령의 사람들로 이루어진 집단이기에 가족 내에서 노부모와의 관계와 관련하여 남녀간에, 세대간에 가치관이 서로 다를 가능성이 있으므로, 이로 인한 가족원간의 갈등이 심화될 수도 있겠지요.

셋째는 노인들의 가족 구조 변화입니다. 인구의 고령화는 개인의 수명이 증가하고 출산율은 감소하는 것을 의미합니다. 출산율이 감소하므로 가족에서 각 세대 내의 성원 수는 점차적으로 감소하는 반면 개인의 수명은 증가하므로 생존해 있는 세대의 수는 증가하지요.

이를 가족 구조의 수직화라고 하는데, 수직화된 가족 구조 속에서 노인들은 수평적인 가족 관계보다는 수직적인 관계를 주로 지니게 될 것입니다. 즉 소수의 자녀와 더 오랜 기간을 함께 생존하게 되는데, 이로써 형제자매의 같은 세대 내 가족 관계보다는 '부모-자녀', '조부모-손자녀' 관계 같은 세대간 관계가 더 다양해지고 많아질 것입니다.

그러나 한국 사회에서는 핵가족을 더 선호하는 경향이 있으므로, 가족 구조가 수직화되어 다세대를 포함한다 하더라도 다세대 가구가 증가하기보다는 여러 세대가 각기 핵가족을 구성하여 독립하는 형태를 더 많이 보일 것이라고 봅니다.

이렇게 같은 세대 내 구성원의 수는 감소하고 핵가족은 보편화됨으로써 노인 세대는 자녀 가족으로부터 소외될 가능성이 더 커지게 됩니다. 최근에 자녀와 동거하는 노인보다는 부부 또는 단독으로 생활하는 노인의 비율이 증가하는 경향은 이러한 추세를 잘 반영하고 있는 것이지요(통계청, 1998).

요약하자면, 한국 사회에서는 첫째, 인구의 고령화로 예전보다

확장된 노부모기를 경험해야 하는 증가하는 노인들의 변화와 그 욕구에 대처해야 하고, 둘째, 효의 개념과 성 역할 구분에 근거하는 가족 가치관의 붕괴로 성인 자녀와 노부모 관계를 규정하는 규범을 재정의할 필요성이 있으며, 셋째, 세대 내 구성원의 수는 감소하는 한편 핵가족이 보편화됨으로써 노인 세대가 자녀 세대의 가족으로부터 물리적·심리적으로 소외될 가능성이 증가함에 따라 성인 자녀와 노부모 간의 관계를 증진시킬 수 있는 방안을 모색할 것이 요구된다고 할 수 있겠습니다.

오늘 강연에서는 노부모를 이해하고 노부모와의 건강한 관계를 정립하기 위한 노력을 모색해 보고자 하는 것으로 진행하겠습니다. 노부모와의 건강한 관계는 먼저 노부모가 경험하는 노화의 과정을 건강하게 지켜 갈 수 있도록 돕는 것에서부터 시작한다고 봐야 합니다.

2. 건강하게 나이 먹기

(1) 신체적 건강

우리는 나이를 먹어 가는 것을 신체와 행동이 쇠퇴하는 것과 같다고 봅니다. 그러나 신체적 노화가 이루어지는 메커니즘을 잘 살펴보면 이러한 견해는 일부는 사실이지만, 많은 부분에서는 잘못된 생각을 반영한다는 사실을 알 수 있습니다.

신체적 노화는 대개 세 가지로 구분할 수 있습니다. 일차적 노화란 우리 모두가 나이와 관련하여 경험하는 변화를 의미하고 있습니다. 생명체는 종(種)마다 고유의 유전적 프로그램이 있는

데, 사람은 나이를 먹어 가면서 자연스럽게 이 유전적 프로그램에 따라 성장하고 발달하기도 하고 감소와 퇴화를 겪기도 합니다.

일차적 노화에는 머리가 희어진다든지, 움직임이 느려진다든지, 시력이나 청력이 약해진다든지 하는 눈에 보이는 현상이 벌어집니다. 또한 면역체계의 효율성이 떨어진다든지 온도 변화에 대한 반응이 느려진다든지 하는 눈에 보이지 않는 현상도 진행되지요. 그러나 모두가 같은 속도로 노화하는 것은 아닙니다. 예를 들어, 심장은 유난히 튼튼한데 소화 기능은 동년배의 다른 사람들보나 약할 수 있다는 것이지요.

이차적 노화는 역시 연령과 관련해서 대부분의 사람이 경험하는 노화이기는 하지만, 일차적 노화처럼 유전적으로 정해졌다거나 불가피한 것은 아닌 것입니다. 이차적 노화는 주로 질병이나, 무절제한 생활에서 비롯된다고 보면 됩니다. 질병을 겪으면 우리의 몸은 저항력이 약해지면서 외형과 기능이 더 빨리 감퇴하게 됩니다.

크게 앓은 사람을 보면 유난히 늙어 보이는 것이 바로 이러한 이유에서입니다. 또 무절제한 생활은 지나치게 게으르거나 몸에 해로운 행동을 하는 생활이라고 보면 됩니다. 운동 부족은 근육을 쇠퇴시키고, 쇠퇴한 근육으로 인해 사람은 운동을 더 힘들게 여겨 신체적 노화를 점점 촉진시키지요. 또한 과음, 흡연, 과식, 영양결핍 등의 행동도 몸의 저항력을 약화시켜 노화를 초래할 수 있지요.

우리가 일차적 노화를 방지하거나 막기는 어렵지만, 이차적 노화는 지연시키거나 심지어는 역전시킬 수도 있습니다. 예를 들어, 70대 남녀 노인들에게 규칙적 운동과 식이요법에 관련한 26일간의 프로그램을 실시하였더니 노인들의 건강과 작업 능력이 향상된 것을 볼 수 있었다는 연구 결과도 있습니다.

삼차적 노화는 생의 마지막을 알리는 최후의 급속한 쇠퇴가 되겠습니다. 생의 마지막이 다가오면서 건강, 인지, 사회적 능력에 급속한 변화가 오는데, 그 변화들은 양적·질적으로 정상적 노화의 변화와는 매우 다릅니다. 질병을 피할 수 있는 능력이 사라지며, 대부분의 시간을 누워 있거나 잠을 자며 보내게 됩니다. 그러다가 짧게는 몇 달 이내에 길게는 몇 년 후에 죽음을 맞이하게 됩니다.

신체적 노화의 이 세 가지 유형을 고려할 때 신체적으로 건강한 삶을 유지하기 위해서는 이차적 노화를 최소한으로 줄이기 위한 노력이 필요하다는 사실을 알 수 있겠습니다. 가장 이상적으로는 생의 마지막까지 질병 없이 비교적 독립적으로 생활을 하다가 마치 잠을 자듯이 사망하는 것을 생각할 수 있겠습니다.

이러한 이상적인 삶은 건강한 식사와 규칙적인 운동을 하고, 흡연과 폭음을 피하며, 자신의 주변 환경에 대한 절제와 통제감을 행사함으로써 성취할 수 있을 것이라고 봅니다. 가끔 장수 지역으로 알려진 곳의 노인들을 보면 나이에도 불구하고 여전히 활동적이고 자신의 삶을 엄격하게 유지하는 것을 볼 수 있습니다. 그분들은 저열량의 지방이 적은 음식을 먹고, 술과 담배는 적당히 하며, 열심히 활동하는 모습을 공통적으로 보여 주고 있습니다.

(2) 심리적 성숙

융(Jung)은 인간에게는 자녀 돌보기와 같이 생의 후반기까지 지속되는 어떤 삶의 목표가 있다고 보았습니다. 그러나 이것이 달성된 후에는 삶의 목적이 무엇인가를 생각하며 노년기 삶의 목표에 대해 생각해야 된다고 합니다. 융은 원시 사회에서는 노인들이 지혜의 근원이며, '부족의 문화유산을 표현하는 법과 진리의 수호자'인 반면, 오늘날의 서구 사회에서는 더 이상 노년기의 목적이나 의미가 존재하지 않는다고 보았습니다.

그래서 서구인들은 생의 전반기에 매우 집착하고, 미래를 바라보는 대신 젊음에 매달린다는 것입니다. 융은 생의 뒤를 돌아보는 것, 젊음에 매달리는 것은 매우 '치명적'이라고 보았어요. 그리고 그는 앞날의 죽음을 수용하는 것이 더 중요하다고 강조하고 있습니다. 사람이 죽음이라는 상황 속에서 삶의 목표를 발견하는 것은 심리학적으로 긍정적인 반면, 이를 회피하는 것은 후반기의 삶으로부터 그 목표를 박탈하는 것이니만큼 불건전하고 비정상적인 것이라고 하였습니다.

그는 삶의 후반기에 개인의 관심이 내부로 향하며, 이러한 내부 탐색은 개인에게 삶의 의미와 전체성을 발견하도록 도와줌으로써 죽음을 받아들일 수 있도록 해준다고 강조하였습니다 (Perlmutter & Hall, 1985).

에릭슨(Erikson)은 노년기 삶의 과업을 생산성과 통합감의 성취로 설명하였습니다(Perlmutter & Hall, 1985). 사람은 중년기 이후부터는 부모가 됨, 혹은 직업적 성취를 통해서 자신보다 더 오래 지속되는 무엇인가를 생산함으로써 자신의 징표를 남기는 데

의의를 찾을 수 있다고 하였습니다.

즉 자신과 자기 세대의 이익이나 번영에만 관심을 쏟는 것이 아니라 자손들 세대, 인류의 미래를 위해 보다 나은 세상을 만드는 데 헌신할 필요가 있다는 것이지요. 생산성을 향한 노력은 '보호(care)'의 미덕으로 표현됩니다. 보호란 사랑으로, 필요에 의해서, 또는 우연히 생성된 것들에 대한 폭넓은 관심을 의미하고 있습니다.

반대로 이러한 생산성을 이룩하지 못한 사람들은 오로지 자신의 이익과 편리, 당대의 쾌락만을 추구하며 자아 탐닉에 빠져서, 보호의 행동을 전혀 보이지 않는다는 것입니다.

그것은 나이를 점점 더 먹어 가면서 삶의 유한성과 임박한 죽음에 대한 인식이 증가하면서 시작되는 것이지요. 이때의 결정적인 과업은 자신의 생애와 업적을 평가하는 것입니다.

통합감은 자신의 생애가 역사적으로 의미 있는 모험들로 가득 찼다는 평가를 반영합니다. 통합감은 그런 대로 만족스럽고 최선을 다해 노력해 온 의미 있는 일생이었다는 느낌을 가질 때, 달성하지 못한 일보다 이룩해 놓은 일과 행운에 대해 감사한 자세를 가질 때 생기는 것입니다.

그리고 삶에 대한 '지혜(wisdom)'가 산출됩니다. 지혜는 죽음에 직면하여, 삶에 대해 관망하면서도 적극적인 관심을 보이고 신체적·정신적인 쇠퇴에도 불구하고 자신의 경험들을 통합하여 보유하고 전수하는 것을 의미합니다.

반대로 자신의 존재가 무의미하고 자신이 쓸모없는 인생을 살아왔으며, 다시 시작하기에는 이미 늦었다고 생각할 때 절망을 느끼게 되어 삶에 대한 자신의 지식과 경험을 바탕으로 가치 있는 지혜를 생성해 내지 못하게 됩니다.

결국 사람은 평생에 걸친 삶의 목표가 있고 생의 각 단계마다 요구되는 발달 과업을 성취하면서 심리적 성숙을 이뤄 간다고 봐야 합니다. 그러므로 노년기 삶의 과업은 생산성과 통합감을 성취하는 데 있습니다.

자신과 자기 세대의 이익이나 번영에만 관심을 쏟는 것이 아니라, 사랑을 바탕으로 한 관심과 배려를 보이는 보호 행동을 통해 자손들 세대인 인류의 미래를 위해 보다 나은 세상을 만드는 데 헌신하는 것이 필요하다는 것이지요.

그리고 생을 마무리지으면서 자기 생애에서 의미와 만족을 찾고 자신의 경험들을 통합하여 보유하고 전수하는 지혜로운 행동을 보이는 것이 진정한 의미의 심리적으로 성숙한 노화입니다.

3. 건강한 관계를 만들어 가기

수명이 길어지고 출산율이 저하되는 현상은 가족 구조의 수직화를 가져온다는 사실은 이미 말씀드렸습니다. 이렇게 수직적 가족 구조 속에서 노부모들은 소수의 자녀와 더 오래 살게 되고, 세대간의 가족 구성원으로서 역할을 수행하면서 보내는 시간이 더 길어졌습니다. 세대간의 가족 구성원으로서 역할은 부모자녀 관계가 중심이며, 성인기 자녀가 노부모와 맺게 되는 관계는 다각적으로 이루어집니다.

(1) 결속으로서의 부모자녀 관계

성인기 자녀가 노부모와 얼마나 결속이 되어 있는가도 노부모와의 관계를 이해하는 데 매우 중요합니다. 성인기 자녀와 노부모 간의 결속은 몇 가지 차원으로 구분하여 볼 수 있습니다. 관계의 특성에 따라 각 차원의 결속도가 고루 높을 수도 있고, 특정 차원의 결속도만 높을 수도 있습니다(Bengtson & Kuypers, 1985).

연합적 결속(associational solidarity)은 성인 자녀가 노부모와 얼마나 상호 작용을 빈번하게 하는가로 알 수 있습니다. 일반적으로 노부모들은 자녀가 결혼 후 분가를 하거나, 직업 때문에 다른 지역으로 이사하게 될 때, 자녀와의 접촉이 적게 됩니다. 그리고 한국의 전통적인 가치에서 기대하는 바와는 달리 아들과의 접촉이 딸과의 접촉보다 더 적게 되기도 합니다.

정서적 결속(affectual solidarity)은 성인 자녀와 노부모 간에 서로 가깝다고 느끼는 정도, 상호 작용에 대해 만족하는 정도를 나타냅니다. 일반적으로 노부모와 성인 자녀 간의 정서적 결속은 매우 높은 수준이나, 노부모가 신체적으로나 심리적으로나 경제적으로 자녀에게 의존하게 될 때 자녀의 부담이 증가하면서 감소하게 됩니다.

가치 내지 믿음에 대한 갈등과 교감의 정도를 나타내는 교감적 결속(consensual solidarity)은 부모자녀 관계에 중요한 영향을 미칩니다. 종교, 성, 그리고 정치적 이상과 관련한 가치는 어려서는 부모가 자녀에게 더 많은 영향을 미치지만, 부모가 나이가 들면서는 자녀로부터 받는 영향이 더 커집니다.

기능적 결속(functional solidarity)은 성인 자녀와 노부모가 서로 도움을 주고받는 정도를 나타냅니다. 일반적으로 노부모가 성인 자녀에게 의존하며 도움을 더 많이 받는 것으로 알고 있지만, 사실상 노부모가 자녀에게 주는 경우가 더 빈번합니다.

규범적 결속(normative solidarity)은 세대간에 얼마나 접촉하고 애정을 가지며 서로 도와줘야 하는지에 관한 가족주의 규범을 반영하는 것으로, 이러한 규범은 강요받거나 제재받는 것입니다. 특히 자식으로서 책임에 관한 규범은 가족 구성원의 행동을 이끄는 동인(動因)이 되는데, 최근에는 노인들 스스로 자녀로부터의 지원과 관련하여 낮은 기대를 갖는 경향이 나타나고 있습니다.

점차 연합적 결속이나 교감적 결속, 기능적 결속, 규범적 결속은 약해지고 있는 추세이지만 성인 자녀와 노부모 관계에서의 정서적 결속은 여전히 높은 수준을 보이고 있고, 이에 대한 양 세대의 기대와 가치도 큽니다. 그러나 정서적 결속은 자칫 심리적 의존과 혼동될 가능성이 있습니다. 심리적 의존은 나 자신은 물론 상대방의 자율성과 발전을 해칠 수 있으므로 건강한 정서적 결속이 어떤 것인지를 알아 둘 필요가 있습니다.

(2) 정서적 측면에서 본 부모자녀 관계

다른 사람과의 정서적 관계를 나타내는 개념에는 융합과 친밀의 두 가지가 있습니다. 융합이나 친밀 모두 다른 사람과의 가까운 관계를 나타내는 개념입니다.

서로 가까우면서도 자신과 상대방이 별개의 욕구를 지닌 존재라는 사실을 인식하고 서로를 존중하면서 관계를 발전시키는 상태를 친밀이라고 합니다. 반면 상대방을 독립된 욕구와 생각을 가진 존재로 인정하지 못하고 자신의 욕구를 충족시키기 위해 상대방에 의존하는 상태가 융합입니다.

융합의 상태에서는 관계가 충분히 만족스럽지 못하고 그 관계에 속한 개인들의 성장과 발달이 지체되는 병리적인 현상을 보이게 됩니다. 융합은 상대방과의 관계에 지나치게 몰입하여 다른 일을 생각지 못한다거나, 상대방이 자신의 요구를 충분히 받아들이지 않는다고 해서 상대방을 원망하고 거부하는 양극단의 모습으로 나타납니다.

예를 들어, 엄마의 의견에 자신의 주관 없이 의존하는 마마보이는 융합의 대표적인 한 형태입니다. 반면 부모와의 갈등 때문에 의절(義絶)하여 홀로 지내는 것도 융합의 또 다른 형태인 것이지요.

이처럼 성인 자녀와 노부모 간의 세대 관계에서도 정서적 가까움을 융합과 친밀의 두 개념을 사용하여 구분할 수 있습니다. 성인 자녀와 노부모 간의 융합된 관계는 자녀의 결혼 전에 부모나 자녀가 서로 정서적으로 독립하지 못한 상태에서 결혼한 경우에 주로 많이 나타납니다. 결혼은 부모 세대와 자녀 세대 간의 새로운 관계를 정립해야 하는 과제를 부여합니다. 그러하기 때문에 정서적으로 독립하지 못한 융합의 형태에서 결혼은 갈등의 소지도 많게 됩니다.

그런 경우의 자녀는 결혼 후에도 여전히 부모에게 의존하면서 중요한 의사 결정이나 위안을 배우자보다는 부모에게서 구합니다. 또 부모가 의존적인 경우에는 자녀의 결혼 후에도 결혼 전과 같은 형태로 왕래하려 함으로써 자녀 부부의 생활에 자주 간섭하게 됩니다.

한국 사회에서 성인 자녀와 노부모 관계의 융합 형태는 주로 어머니가 아들에게 정서적으로 집착을 함으로써 나타나는 고부 갈등으로 발생하곤 합니다. 부계 중심적 가족의 전통을 가지고 있는 한국 사회에서 결혼은 남성의 가계 속에 여성이 혼입해 들어가는 형태를 취하게 됩니다. 남성은 시어머니의 자궁 가족의 일원이기에, 결혼은 시어머니 자궁 가족의 기존 질서를 재편성할 필요성을 증대시키므로 시어머니와 며느리 간의 고부 관계에는 본질적으로 갈등이 잠재할 수밖에 없게 됩니다.

시어머니에게 아들은 자궁 가족, 즉 자기 권한의 기초가 됩니다. 그래서 아들은 시어머니의 삶의 의미이자 목표였습니다. 그런 만큼 시어머니는 아들과의 애정을 통해 그것을 보상받고자 합니다. 따라서 아들의 아내, 며느리에 대해서는 애정 관계로 질투를 하게 됩니다. 반면 며느리는 당연히 남편의 애정을 독점하려는 경향이 생기며, 그것은 고부간의 문제로 등장합니다.

반대로 부모와 자녀 세대간에 갈등이 심화된 상태에서 그 갈등을 해결하지 못하고 결혼하는 사람들의 경우에도 문제가 될 수 있습니다. 자녀는 결혼을 통해 부모로부터 도피하고자 하였기 때문에, 아예 결혼 전에 가족과 정서적으로 단절하고, 아무에게도 알리지 않고 결혼하는 사람들의 경우도 있습니다.

이러한 자녀들은 부모와 자신과의 독립성을 어느 선에서 설정할 것인가에 대한 확신이 없기 때문에 극단적인 단절을 택한 것입니다. 그러므로 결혼 후에도 부부 관계나 부모와의 관계에서 죄의식, 불분명한 경계를 계속 보이게 되어, 결혼생활에서 다른 문제에 봉착할 가능성이 매우 큽니다.

이상적인 성인 자녀와 노부모 간의 정서적 관계는 친밀한 관계로서 자녀가 성인이 되면서 부모와 자녀가 서로의 독립성을 확보하고 그러면서도 서로 친밀하고 돌보는 연대를 유지하는 것이 아주 바람직합니다. 이런 경우에는 자녀가 결혼한 후에도 부부 관계와 부모자녀 관계 사이에 원만한 조정과 적응이 이루어지기 때문에 시어머니와 며느리 간의 갈등이나 장모와 사위 간의 갈등은 그만큼 줄어들 수 있습니다.

(3) 경제적 측면에서 본 부모자녀 관계

성인 자녀와 노부모 간의 관계에서 정서적인 측면이 중요하기는 하지만 두 세대간에 누가 파워를 갖는가는 서로에게 줄 수 있는 경제적 자원에 의해 결정됩니다. 경제적 자원에 따라 세대간 파워가 형성되는 과정은 복합적입니다(Scanzoni & Scanzoni, 1988).

우선 부모가 자녀에게 줄 만한 자원이 있으면 부모는 자녀에 대해 파워를 갖게 됩니다. 만약 자녀가 부모에게 줄 수 있는 것보다 더 많은 이득을 부모가 자녀에게 준다면, 부모는 자녀에 대한 파워를 지니게 됩니다. 과거에 부모는 자녀보다 더 많은 자원을 가졌기 때문에 부모의 힘이 컸습니다. 유산이나 사회적 지위 등을 통해 자녀로 하여금 부모의 뜻에 따르도록 하였지요.

특히 부모가 자녀에 대해 갖는 경제적 자원은 주로 유산 상속의 형태로 나타났습니다. 그래서 부모는 자녀에 대한 파워를 지니기 위해 유산을 적절하게 활용하기도 합니다. 즉 부모가 자녀를 자신이 원하는 대로 움직이기 위해 전략적으로 유산을 물려주는 경우라고 볼 수 있습니다. 그것을 전략적 유산 상속이라고 할 수 있는데, 부모가 자녀에 대한 파워를 행사할 수 있는 자원으로서 유산 상속의 기능을 의식하고 행사하는 것으로 봅니다. 부모가 자신에 대한 자녀들의 서비스 대가로 자신의 소유 자산을 서로 교환할 수 있다는 것이지요.

그러나 자녀가 다른 데서 부모가 주는 것과 동등하거나 더 나은 보상을 받을 수 있다면, 부모는 자녀에 대한 파워를 잃게 됩니다. 부모가 가지는 파워는 자녀가 다른 곳에서 이득을 얻을 수 있을 때 줄어들게 됩니다. 사회가 현대화되면서 젊은 사람들은 부모 외의 다른 곳에서 이익을 얻을 가능성이 커졌기 때문에 부모의 파워가 과거보다 줄어들었다고 볼 수 있겠지요.

자녀가 부모가 주는 유산을 원치 않는 경우에도 부모는 파워를 잃게 됩니다. 현대 사회에서 부모와 자녀의 가치관, 직업이나 생활방식이 서로 다르기 때문에 부모가 주는 자원을 자녀가 필요로 하지 않는 경우가 종종 있습니다. 이런 상황에서 부모가 줄 수 있는 이득을 자녀가 원치 않거나 거부하게 됨으로써 부모의 파워는 저절로 약해집니다.

자녀가 부모의 자원을 원해도 자녀가 부모의 마음을 바꿀 수 있다면 부모의 파워가 약해집니다. 부모가 자녀에게 줄 수 있는 것이 많고 자녀가 그것을 필요로 하는 경우에 자녀는 자신이 원하는 것을 얻기 위해 논의, 타협, 협박, 강압 등의 방법을 사용하여 부모를 설득하려고 애쓸 것입니다. 이때 자녀가 부모를 설득할 수 있다면 부모의 자녀에 대한 파워가 줄어들게 되지요.

　그러므로 부모의 경제적 자원을 어떻게 활용하는가는 성인 자녀와 노부모 관계에서 매우 중요한 이슈입니다. 부모든 자녀든 어느 한쪽이 지나친 파워를 가지고 행사할 때 다른 한쪽은 불만을 가지게 되고, 이것이 장기화되면 관계에 부정적인 영향을 미치게 됩니다. 부모는 경제적 자원을 파워를 행사하기 위한 도구로 사용하지 않고, 자녀는 부모의 경제적 자원을 욕심내지 않도록 해야 합니다.

　4. 건강한 부모자녀 관계를 통해 나의 노후를 준비하자

　한국 사회의 인구 고령화, 가족 가치관의 붕괴, 노인 세대의 구조적 소외와 같은 현상은 오늘을 살아가는 우리에게 노부모와의 건강한 관계를 증진시킬 필요성을 시사합니다.

　노부모와의 건강한 관계는 먼저 노부모가 경험하는 노화의 과정을 건강하게 지켜 갈 수 있도록 돕는 것에서 시작합니다. 먼저 신체적 노화의 세 가지 유형을 고려할 때 신체적으로 건강한 삶을 유지하기 위해서는 이차적 노화를 최소한으로 줄이기 위한 노력이 꼭 필요합니다. 건강한 식사와 규칙적인 운동, 적당한 술과 흡연, 자신의 주변 환경에 대한 통제감을 행사할 수 있도록 격려해 줄 필요가 있습니다.

　심리적으로는 노년기에 요구되는 발달 과업을 잘 수행함으로써 삶에 대한 목표 의식을 잃지 않도록 돕는 것이지요. 자기 자신을 넘어서 자손들에게, 자손들을 넘어서 자손들 세대의 인류

미래에 대한 사랑을 바탕으로 한 관심과 배려를 표현하면서 보다 나은 세상을 만드는 데 헌신하는 생활의 중요성을 강조해 줄 수 있습니다.

그리고 노부모의 삶과 경험을 존중하여 지혜를 구함으로써 그분의 생애에서 의미와 만족을 찾을 수 있도록 해야 합니다. 노부모와의 정서적인 관계는 융합이 아닌 친밀한 관계를 유지하도록 애써야 합니다. 자녀는 부모로부터, 부모는 자녀로부터 정서적으로 독립성을 유지할 수 있도록 하며 의존하지 않으면서도 서로 가깝고 돌보는 연대를 유지하는 것이 매우 중요합니다.

그리고 부모는 경제적 자원을 파워를 행사하기 위한 도구로 사용하지 않고, 자녀는 부모의 경제적 자원을 욕심내지 않도록 해야 하는 것도 당연히 중요합니다.

이러한 건강한 관계를 위한 노력은 노부모의 복지를 증진시키는 효과도 있지만, 우리 자신의 노후에 우리의 자녀와 바람직한 관계를 형성할 수 있는 기초가 되어 줄 것이라는 사실을 알아야 합니다.

5. 부부간의 정서적 유대를 강화한다

가족 내 정서적 유대는 노년기의 가족에게 가장 중요한 만족 요인이 됩니다. 노년기에는 자녀들이 성장하여 독립한 상태에 있으므로, 노년기의 가족 관계는 자연 부부 관계를 중심으로 이루어진다고 할 수 있습니다. 배우자가 있는 노인들이 홀로 사는 노인들보다 사회심리적 적응이 높고, 사망률이나 자살 또는 정신질

환이 적게 나타납니다(Morgan, 1976).

그리고 부부간에 의무로서가 아니라 관심과 애정을 교류하고 상호작용을 빈번히 할 때 노년기의 생활 적응에 긍정적인 영향을 미치게 됩니다(Perlmutter & hall, 1985).

부모자녀 간의 정서적 관계에 대한 고찰에서 볼 때, 부부 관계는 부모자녀 관계로부터 영향을 받게 됩니다. 그것은 부모와 자녀가 서로 정서적으로 독립이 되지 못한 상태에서 결혼한 경우, 부모의 지나친 간섭이 있거나 배우자보다 부모에게 정서적인 위안과 조언을 구함으로써 부부 관계에 갈등이 생기고 소원해질 수 있습니다. 노년기의 부부 관계는 젊었을 때의 부부 관계에 의해 결정된다고 해도 과언이 아닙니다.

젊은 시절부터 좋은 관계를 유지해 왔던 부부들은 은퇴 이후나 병약해졌을 때에도 서로 좋은 관계를 유지하는 반면, 서로 함께 있을 기회가 없었던 부부는 은퇴 후 경제 문제나 시간, 부부 간 상호 작용 문제로 긴장 관계가 나타납니다. 이런 점은 한국 노인들도 마찬가지입니다.

변화순(1999)은 한국 노인들의 부부 관계를 가부장적 부부 관계, 수정된 가부장적 부부 관계, 평등한 부부 관계의 세 가지 유형으로 구분하고 있습니다.

가부장적 부부 관계에서는 남편의 가부장권이 절대적이고 부인은 젊어서부터 매사에 인내하고 살아온 관계를 말합니다. 그러나 자녀의 교육이 어느 정도 끝나고 생활의 안정이 보이기 시작하면 부인의 위치가 점점 확고해지면서 노년기의 부부 관계가 악화되거나 냉랭한 관계로 유지되는 경향이 있습니다.

　수정된 가부장적 부부 관계는 결혼 초에는 가부장적 부부 관계였으나, 역할 수행 및 의사 결정에 있어서 남편이 융통성과 이해를 보이고 어려울 때 협조적이어서 부인이 남편을 신뢰하고 감사하게 되는 관계를 말합니다. 노인이 되어서 부부밖에 없다는 것을 인식하게 됨에 따라 노후에는 가사 역할, 취미 생활을 함께 하게 되고, 더욱 친밀하고, 사랑하는 관계가 됩니다.

　평등한 부부 관계는 가사 역할의 분담, 의사소통, 의사 결정에 있어 결혼 초부터 서로 상의하며 협조하면서 부부간의 애정을 확인해 온 관계로서, 이를 일생 유지함으로써 노년기의 부부 관계를 확고하게 만들어 줍니다.

　그러므로 지금 노부모와의 관계에서 정서적으로나 경제적으로 독립적이면서도 서로 배려하는 건강한 관계를 설정하는 것은 노부모의 건강한 삶을 위한 것만은 아닙니다. 나의 현재의 부부 관계를 원만하게 유지하도록 돕고, 노후에 정서적으로 유대가 큰 부부 관계를 이뤄 가는 데 도움이 된다는 것을 말해 주고 있습니다.

6. 젊어서부터 친족 관계에 투자한다

　사람들은 세대를 걸쳐 전수되어 나타나는 가족 정체감을 가지며, 가족 결속은 친족망(親族網)의 유지를 통해 많은 전략을 걸쳐 발전하게 됩니다. 이러한 것은 가족 의식, 가족 모임, 선물 교환, 카드 보내기, 가족사와 족보 유지하기, 가족 이야기도 포함됩니다.

　친족 관계에서 수행하는 역할에는 몇 가지가 있는데, 그 중 노년기의 소외를 줄이고 서로 다른 세대간의 유대를 강화할 수 있는 역할이 있습니다.

우선은 친척유지자(kin keeper) 역할이 있는데, 이는 친족들이 서로 접촉할 수 있도록 열심히 조력하는 사람입니다. 경조사에 서로 연락을 해준다든지, 모임이나 행사에 내 가족을 대표하여 참석해 줌으로써 나와 가족이 친족 관계에서 확실한 지위를 갖도록 돕는 것입니다. 주로 여성들이 이 역할을 하는데, 친척유지자 역할을 계속한 여성들은 나이가 들어서도 자녀를 비롯한 친족 내 아래 세대들의 구성원들과도 긴밀한 유대를 지닙니다.

다음은 위안자(comforter) 또는 재정조력자(financial advisor)의 역할이 있습니다. 친족 중에 문제를 경험하는 사람에게 충고나 위안을 해줄 수도 있고, 직업을 구해 줄 수도 있고, 재정적으로 여유가 있는 경우에는 경제적인 도움을 주기도 합니다. 이러한 역할은 친척유지자처럼 왕래가 빈번하지는 않아도 감사와 존중의 마음을 상대방에게 심어 주기 때문에 친족 관계에서 존경을 받는 위치에 놓이게 됩니다.

7. 친구를 많이 사귀고 오래 관계를 유지한다

프란시스(Francis, 1984)라는 학자는 미국과 영국의 유태인 노인촌에 사는 노인들을 인터뷰하여 노인을 세 부류의 유형으로 구분하였습니다.

우선 전통적인 부모형이 있는데, 이 노인들은 전통적인 부모의 역할을 고수하고 자녀와 타협을 거의 하지 않는 경우입니다.

오래된 친구나 이웃이 별로 없이 가끔 다니는 교회나 단체에서만 사회생활을 하는 편입니다. 자신의 자녀에 대해 거짓으로 허풍을 잘 떨고 종종 다른 사람들과 다투기도 합니다.

적응적 부모형에 속하는 노인들은 전통적인 부모라는 직접적인 역할보다는 자녀에 대해 보다 간접적이고 지지적인 역할을 유지합니다. 오래된 친구와 계속 관계를 유지하는데, 이러한 오랜 친구 관계를 통해 자신의 가족 관계의 내부를 현실적으로 보게 되는 것이지요. 변화된 위치에 항상 만족하는 것은 아니지만, 새로운 위치를 수용하고 재정의하려고 노력합니다.

마지막으로 불만족한 부모형은 동네 미장원이나 식료품점 등에서 만나는 이웃과의 관계가 주이며, 자녀들의 관심이 부족하다고 불평하는 한편 자녀의 성공을 자랑하여 이웃과의 관계도 그리 좋지 않습니다.

이상에서 볼 때, 노년기의 친구와의 관계는 나 자신의 만족에도 좋지만 자녀와의 변화하는 관계를 직시하고 재정립하는 데에도 도움을 줍니다. 노년에 자신의 이상화된 기대에 재적응하고, 역할 혼돈과 모호함, 거부된 감정에 적응하는 능력은 가까운 친구를 유지시키고 상호 작용함으로써 자신을 키울 수 있습니다. 즉 오래된 친구를 통해서 자신의 현실적인 위치를 더 잘 깨닫게 되고 자녀에 대한 기대와 자신의 행동에 적응하는 법을 배우게 된다는 것이지요.

강의를 끝내며

오늘 줄곧 이론적으로 다소 딱딱하게 말씀드렸는데, 정리하는 뜻에서 저의 집안 이야기 하나 하면서 오늘 강의를 끝맺으려고 합니다. 저의 할아버지는 이북에서 넘어오셨어요. 할머니와도 생이별을 하셨는데, 할머니는 할아버지와 가족들이 남쪽으로 넘어가다가 다 죽은 것으로 알고 살다가 돌아가셨다고 합니다. 나중에 넘어오신 분에게 소식을 들었던 것이지요.

할아버지는 계속 혼자 사셨어요. 딸들 결혼시키고 아들 결혼시켰는데 며느리에게 무엇을 어떻게 해줘야 하는지를 모르셨던 것 같아요. 그러니까 임신한 며느리에게 서울에서 공부해야 하는 시누이 맡긴다든지, 며느리가 아이를 낳고 몸조리를 해야 되는데 아래층 온돌방에서 2층 침대방으로 올라가라고 하셨다든지 당신도 미처 모르고 죄를 지은 게 많아요.

저희 어머니는 속이 많이 상했겠지요. 지금 제가 어릴 때 어머니로부터 들었던 이야기를 가만히 생각해 보면 할아버지는 남자분이라 무엇을 모르셨던 것 같아요. 만약 할머니가 함께 계셨더라면 그렇게 하지 않으셨을 텐데 말입니다.

나중에 어머니는 할아버지 산소에 갈 때 늘 뿌리 있는 꽃나무를 사 가지고 가서 산소 주변에 심어요. 갈 때마다 심으니까 산소 주변이 온통 꽃밭이 되었지요. 어느 때도 꽃을 사서 산소 주변에 심고 돌아오는 차 안에서 어머니가 이런 말씀을 하세요.

제가 어렸을 때 남동생과 함께 방학 때마다 할아버지에게 보냈답니다. 어머니가 방학이 되면 우리를 한 달 내내 할아버지 댁으로 보내 버린 거지요. 할아버지가 보내라 마라 아무런 말씀도 하지 않으셨는데도 어머니가 으레 보내 버리는 것이었습니다. 거기에다 제 또래의 이종사촌들까지 한꺼번에 딸려 보내기도 했답니다.

물론 일할 사람이 있긴 해도 할아버지는 혼자 사셨어요. 어느 날 그런 집 사정을 어머니의 동네 친구들에게 꺼냈더니, "아니, 노인네 혼자 사시는데 아이들을 제대로 먹이기나 하겠어요" 하고 자기 일처럼 걱정을 하더랍니다.

그 말을 들은 어머니는 할아버지 혼자 사시는 걱정은 까맣게 잊고 당신 아이들 굶을까봐 걱정이 되어서 그 다음날로 닭 한 마리를 사 들고 쏜살같이 달려갔답니다. 그때만 해도 닭이라고 하면 펄펄 살아 돌아다니는 닭이지 않습니까? 요즘처럼 가지고 가서 끓이기만 하면 되는 닭이 아니라 펄펄 산 닭을 안고 탈탈거리는 시골 버스를 타고 먼지를 뽀얗게 덮어쓴 채 간 것이지요. 굶어 영양실조에 걸려 있을 자식들을 생각하며 앞만 보고 달려갔다는 것입니다.

웬걸, 할아버지 댁 마당에 들어서니 아이들 얼굴이 뽀얗게 살이 올라서 웅덩이에서 물놀이를 하고 있더랍니다. 어머니는 그만 맥이 탁 풀려서 어쩔 줄 모르고 서 있는데 할아버지께서 "웬일이야!"라고 물으시더랍니다. 저희 어머니는 막내딸로 자라서 무척 솔직하세요 "혹시 애들 굶을까 봐 닭이라도 고아 주려고 닭 한 마리 사 들고 왔습니다"라고 그대로 말했답니다.

할아버지는 "그러냐? 애들 잘 먹고 있다. 온 김에 쉬었다 가라"고 대답하시곤 하시던 일을 계속하시더랍니다. 어머니는 그렇게 말을 해 놓고도 얼마나 가슴이 콩닥콩닥했는지 어쩔 줄 몰랐답니다. 시아버지가 며느리를 속으로 얼마나 야단을 치실까, 또 고모들은 그냥 넘어갈까, 친척들은 뭐라고 수근거릴까, 걱정이 한두 가지가 아니었겠지요.

홀로 사는 시아버지 생각은 눈곱만큼도 하지 않고 지 새끼 굶을 걱정만 하여 산 닭을 안고 달려갔으니 말입니다. 어머니가 스스로 생각해 봐도 느껴지는 것이 없었겠어요? 그 이후 할아버지는 거기에 대해 두 번 다시 아무런 말씀이 없으셨고 주위에서도 평소처럼 잠잠하더랍니다. 그렇게 일없이 조용히 지나갔답니다. 어머니는 그 이야기를 끝내면서 "나의 시아버지, 아니 너희들 할아버지, 그분 참 양반이셨어. 철없는 며느리 내쫓지 않고 그렇게 잘 봐주셨으니"라고 하셨습니다.

어머니는 할아버지 돌아가실 무렵에야 할아버지의 깊은 마음을 깨닫게 되더랍니다. 젊은 시절에는 시아버지를 거의 알지 못하여 오히려 섭섭한 마음이 앞서곤 했는데, 나이가 들면서 조금씩 조금씩 시아버지의 깊은 심중을 알아지게 되더랍니다. 어머니의 연세가 들수록 할아버지의 모습이 어머니의 가슴에서 되살아났던 것이지요.

어머니는 세월이 흘러갈수록 시아버지의 좋은 점만 먼저 생각이 난다고 저희들에게 말씀하셨어요. 누구나 인생이 다 그런 것 같아요. 어머니처럼 사람은 나이를 먹어 가면서 삶에 대한 지혜가 생기고 그걸 통해서 관계를 긍정적으로 받아들여 결과적으로 아름다운 인생을 꾸미는 것이라고 봅니다.

사실 우리 한국의 전통적인 인간관계에는 많은 것을 깨닫게 해주는 것이 있습니다. 인생 선배이신 부모들의 삶 속에는 많은 뜻이 담겨 있다고 봅니다. 오늘 이야기의 결론을 우리들의 전통적인 이야기로 맺겠습니다.

아무쪼록 여러분들 모시고 성인 자녀와 노부모 관계를 말씀드리게 되어 매우 뜻 깊은 시간이 되었습니다. 감사합니다.

참고문헌

박부진, 「가족 구성의 변화와 전망」, 정신문화연구, 한국정신문화연구원, 1996.

변화순, 「여성 노인의 부부 관계」, '99 유엔이 정한 세계 노인의 해 기념세미나', 1999.

신수진, 「한국의 가족주의 전통과 그 변화」, 이화여대 박사학위 논문, 1998.

Bengtson, V. L. & Kuypers, J. A., The family support cycle : Psychosocial issues in the aging family. In J. M. A. Munnichs, P. Mussen & E. lbrich(Eds.), Life-span and chang in a gerontological perspective(pp.1-77). New York : Academic Press, 1985.

Frances, D., Will you still need me, will you still feed me? Bloomington: Indiana University Press, 1984.

Morgan, L. A., A re-examination of widowhood and morale, Journal of Gerontology, 31, 692-710, 1976.

Perlmutter, M. & Hall, E., Adult Development and Aging, NY : John Wiley & Sons, Inc, 1985.

Scanzoni, L. D. & Scanzoni, J, Men, Women and Change, NY : McGraw-hill Book Co, 1988.

최혜경 ————————————

이화여자대학교 소비자인간발달학과 및 미국 Cornell University 인간발달 및 가족학과를 졸업하였다.(Ph.D) 현재 이화여자대학교 소비자인간발달학과 부교수로 재직중이다.
주요 저서 및 논문에 「한국 중산층의 생활문화」(2000), 「가족생활교육」(1998), 「부양 서비스가 노인과 부양자에게 미치는 영향」(1999), 「치매노인가족의 부양 서비스 및 스트레스에 관한 연구」(1998) 등이 있다.

제8장

불자 가정의 자녀 교육

원성 김종서(圓成 金宗西) __ 서울대 명예교수·조계종 중앙신도회 고문

1. 금하효행상 시상식

만선(萬善)의 근본인 효행

조금 전에 금하효행상(金河孝行賞) 시상식이 있었습니다. 상 받으신 분께 축하의 말씀보다는 존경의 말씀을 드려야겠습니다. 왜냐하면 효행이라는 일이 점차적으로 자취를 감추어 가고 있는데 효행상을 받았다는 것은 여간 드문 일이 아니기 때문입니다.

우리 사회에서는 어느 때부턴가 노인들의 지위가 점차적으로 하락하기 시작했습니다. 그것은 도시화 현상에 따라서 핵가족이 발달하여 부부와 자녀 중심이 되어 노인들이 설 곳이 없어졌기 때문일 것입니다. 그리고 고도 산업화로 인해서 할 일이 줄어들거나 없게 된 것도 한 원인이 될 수 있을 것입니다. 농사일만 하더라도 기계화가 되기 전에는 그래도 노인들이 할 만한 일이 있었고 지도할 일이 있었습니다만 기계화가 되면서부터는 노인들

의 할 일이 아예 없어졌습니다.

그러나 여자 노인들은 어느 정도 쓸모가 있는데, 거기에 비해 남자 노인들은 정말 쓸모가 없어졌습니다. 또 한 가지, 효를 중심으로 하는 유교사상이 퇴보하기 시작하면서 노인들의 지위가 점차적으로 하락하기 시작했지요. 과거에는 노인을 공경한다고 해서 경로(敬老)사상이 있었습니다. 요즘은 그것이 가벼울 경(輕)자가 되어 노인을 가볍게 생각한다는 웃지 못할 이야기로 되어 가고 있습니다. 아니, 일각에는 그 도를 지나쳐서 천로(賤老)사상, 노인을 천시하는 사회가 되어 가고 있습니다.

과거에는 노인이라 할 것 같으면 마을의 지도자, 사회의 지도자로 모든 일의 중심에 우뚝 섰습니다. 큰일이 있을 때나 잘 모르는 일이 있으면 으레 노인들의 지혜를 빌렸습니다. 이제는 노인들이 사회의 급격한 변화에 따라서 그러한 지위를 박탈당했습니다. 주변 사람이 되었다는 말이지요. 노인이 중심에 우뚝 서 있을 때는 똑똑히 볼 수 있었는데, 이제는 노인을 보려면 망원경을 쓰고 봐야 보일까 말까 합니다. 이것이 오늘날 노인의 모습입니다. 이러한 때에 나이 많은 부모님을 공경하여 효행상을 받았다는 것은 이만저만 큰일이 아닐 수 없습니다.

저는 우리 사회가 아무리 변해도 절대로 변해서는 안 되는 일이 분명히 있다고 생각합니다. 그 중의 가장 중요한 것이 부모를 모시고 조부모를 모시는 효행이라고 생각합니다. 오늘날 우리 사회가 유지되고 생을 영위할 수 있는 것은 바로 부모님이 계시기 때문입니다. 만약 부모님이 안 계신다면 본인의 삶을 영위할 수 없는 것은 물론이거니와 사회의 발전도 이룩할 수 없습니다. 이런 뜻에서 부모님께 효행을 했다는 것 자체는 이만저만 소중한 일이 아닐 뿐만 아니라, 바로 이것이 우리 사회가 아무리 변해도 변해서는 안 되는 첫 번째 일〔불변의 가치〕이라고 생각합니다.

그렇지만 안타깝게도 변해서는 안 되는 가치가 점차적으로 변해 가고 있다는 것입니다. 그 변해 간다는 사실을 저는 지하철을 타면 절실히 느낍니다. 과거에는 지하철에 서 있으면 어떤 사람이 잡아당깁니다. "할아버지, 여기 앉으세요" 돌아보면 20대 청년입니다. 불과 얼마 전까지만 해도 이런 사람이 많았습니다. 요즘은 거의 그런 사람이 없습니다.

제가 지하철을 타 보면 여러 부류의 젊은 사람들을 만나게 됩니다. 첫 번째 부류는 내가 앞에 서 있을 것 같으면 앉아 있던 사람이 일어납니다. 또 한 부류는 내가 앞으로 가면 눈을 감고 말아요. 금세 졸음이 그렇게 오는지는 모르겠어요. 눈감는 사람들도 여러 부류가 있습니다. 첫 번째 부류는 눈감고 3, 4분이 지나면 벌떡 일어나 저리로 가 버려요. 아마 눈감고 고민하다 도저히 안 되어서 일어선 것 같아요. 둘째 부류는 끝내 눈뜨지 않는 부류입니다. 또 한 부류는 눈을 빤히 뜨고 말똥말똥 쳐다보면서도 꼼짝하지 않는 부류입니다. 요즘은 눈을 빤히 뜨고 꼼짝하지 않는 부류들이 점점 늘어나는 메마른 세상으로 빨리 달려가고 있습니다.

이러한 때, 부모님이나 나이 많으신 분들께 효행을 했다는 것, 그것은 마땅히 우리 모든 사람들이 본받아야 하고, 또 그분들이야말로 부처님의 가르침을 올바로 행하고 있다고 믿기에, 저는 축하의 말씀보다는 존경의 말씀을 드립니다. 따라서 오늘 효행상을 받은 분에게만 저의 존경의 인사가 한정되는 것이 아니라, 우리 사회의 숨은 효행자들에게도 저의 존경심이 널리 전하여져, 그로 인해 효자 효부가 많이 태어나 보다 안정된 사회, 보다 행복한 사회가 이룩되었으면 합니다.

스승을 섬김

저는 금하효행상을 제정한 여기 도피안사의 주지 송암스님을 존경합니다. 임금에게 충성을 다 하면 충신이라고 합니다. 부모님께 정성을 다하여 모시면 효자라고 합니다. 그런데 스승님을 존경하고 스승님을 위하여 온 힘을 다한 분을 무엇이라 불러야 합니까? 제가 국어국문학자에게 물어보았습니다. "충신이나 효자라는 말은 있는데, 스승을 공경하는 사람은 무엇이라 불러야 합니까?" 돌아온 대답은 "그런 말은 아직 없습니다"였습니다.

도대체 그런 말이 왜 없는지 제 나름대로 생각해 보니, 그런 사람이 극히 드물기 때문이 아니었나 하는 결론을 내려 봤습니다. 그런데 여기 앉아 계시는 송암스님은 스승이신 광덕 큰스님을 존경하고 받들기가 우리 대한민국에서 제일인자요, 전 세계적으로 보아도 찾아보기 힘든 분으로 저는 알고 있습니다.

오늘 이 상의 명칭도 '금하효행상'이라고 합니다. 아시다시피 금하(金河)가 광덕 큰스님의 법호(法號)가 아닙니까? 송암스님이 스승인 광덕 큰스님을 지극히 존경한 나머지, 스승께서 생전에 효행이 지극하신 점을 기려, 스승의 법호를 따서 '금하효행상'이라고 제정했다고 합니다. 이런 일련의 과정을 살펴보면 매우 드문 일일 뿐만 아니라, 앞으로도 거의 유례를 찾아보기 힘든 일일 것입니다.

여기 모인 여러분들께서도 다 잘 아시다시피 '광덕스님 시봉일기'가 지금까지 모두 일곱 권이 나오지 않았습니까? 앞으로도 세 권이 더 나와 총 10권이 된다고 합니다. 생각해 보십시오 이 일은 누구나 할 수 있는 흔한 일이 아닙니다. 책 한 권 내기도 어려운데 무려 10권을 낸다고 하는 것은 상상도 못 할 일입니다. 송암스님은 책을 내기 위해 1,000일 기도를 입재하여, 스스로 발을 묶어 두문불출로 기도하면서 글 쓰고, 글 쓰면서 기도한 참으로 유례가 드문 신념과 각오로 전념했습니다. 10권을 완간하면 우리 한국불교 이천 년 역사에 시금석이 될 것입니다.

이렇게 스승을 존경하는 송암스님에 대한 소식을 듣고는 있었지만, 따로 시간을 내어 방문하지는 못했습니다. 다른 일로 지나는 길에 잠깐 방문한 적은 있었지만, 오늘 이렇게 법당에서 뵙게 되고, 또한 여러분과 인연을 함께하니 말할 수 없는 감동을 느낍니다.

또 제가 오늘 여기에서 이렇게 말씀드리기에 거북한 점이 하나 있습니다. 저기 대중 가운데 박세일 교수께서 앉아 계시기 때문입니다. 참 대단한 분입니다. 서울대 법과대학 교수로 오래 계셨고, 대통령비서실 수석으로도 있었습니다. 그때 제가 교육개혁위원회 위원장으로 있으면서 박세일 선생님의 지도를 많이 받았는데 저보다 학식이 훨씬 높고 말씀도 매우 잘하십니다. 그리고 최근에는 정치에 몸담았다가 다시 학교로 돌아가셨다는 소식은 듣고 있었는데, 여기 계실 줄은 몰랐습니다. 저는 방금 청중을 살펴보다가 저기에 앉아 계시는 것을 보고 깜짝 놀랐습니다. 그래서 제가 마음놓고 말씀드리기가 상당히 거북합니다. 혹시 제가 잘못 말하더라도 나중에 지도해 주시기를 부탁합니다.

2. 불자 가정의 자녀 교육

그럼 오늘 강의를 시작하겠습니다. 나누어 드린 유인물을 보아 주시기 바랍니다. 저는 강의하는 방식이 일반적인 경우와는 조금 다릅니다. 그것은 저 혼자 말하는 것이 아니라 여러분과 함께 강의를 진행합니다. 드린 유인물 1번을 다 함께 읽어보아 주시기 바랍니다.

(1) 부모는 고도 산업사회의 역기능인 비인간화 경향을 극복하는 데 역점을 둔다

과학기술의 발달, 물질 위주의 사상사, 관능적 향락, 인간 소외 현상은 인간성 함양의 필요성을 부각시키고 있다.

① 과학 기술의 발달과 인간성 발전의 불균형

오늘날의 사회는 과학기술이 매우 빠른 속도로 발달하고 있습니다. 그 예를 유전공학, 컴퓨터의 발달에서 볼 수 있습니다. 제가 어릴 때만 해도 컴퓨터란 얘기는 들어 본 적도 없습니다. 그런데 오늘날 컴퓨터의 발달은 이만저만 빠른 것이 아닙니다. 개인적인 취향의 프로그램에서부터 사회 전체를 움직이는 프로그램까지 거의 모든 정보가 그 속에 가득 들어 있습니다.

만약의 경우 컴퓨터가 10분만 작동을 하지 않으면 아마도 이

지구는 멸망의 길을 걸을지도 모를 일입니다. 인간의 편의를 위해 인간이 발명해 낸 컴퓨터가 이제는 인간을 지배하게 되었습니다. 자 보세요. 컴퓨터 속에 은행이 없습니까? 상점이 없습니까? 오락이 없습니까? 학술이 없습니까? 국제적인 여러 가지 정보가 없습니까? 그 속에 모든 것이 다 들어 있습니다. 그렇기 때문에 인간은 컴퓨터에 의해서 지배당하고 있는 것이지요. 이것이 바로 오늘 우리들의 모습입니다.

요즘 유전공학의 여러 문제가 상당히 빠르게 논의되고 있습니다. 어저께 언론을 통해 개를 복제했다는 소식이 발표되었지요. 지금부터 10여 년 전에 슈퍼 송아지라는 것이 있었습니다. 그것은 체질이 좋은 황소와 우유의 양이 많은 암소를 인공 수정시켜 태어난 송아지, 그 송아지를 복제하여 복제송아지를 만들기 시작했습니다. 그러면 보통 송아지가 커서 생산하는 젖의 양보다 거의 배 정도의 젖을 더 생산한다고 합니다.

그 이후 고양이가 복제되고 염소가 복제되고 이제 개까지 복제되었습니다. 만약 인간마저 복제되기 시작한다면 인간 사회가 어떤 사회가 될까 하고 호기심 많은 분들은 궁금해할 수도 있겠지만, 염려가 더 큽니다. 그때는 아마 우수한 인간이 복제될 것입니다. 예를 들면 아인슈타인 같은 천재의 체세포와 마릴린 먼로 같은 미인의 난자를 수정시켜 태어난 사람을 복제할지도 모릅니다. 그렇게 되면 자연적으로 태어나는 사람들은 복제된 인간에 비해서 훨씬 아래로 처질 것입니다. 그러면 이 사회를 지배하고 역사를 만들어 가는 것은 복제된 인간들이 할 것입니다. 그러면 인간 사회는 과연 어떻게 될 것인지 미리 생각해 보지 않을 수 없습니다.

과학이 발달하여 고도 산업화가 되어 여러 가지 문제가 연속으로 나타나고 있습니다. 과학 기술은 비약적으로 발달해 가지만, 이런 것을 극복할 사람 됨됨이는 이에 발맞춰 발달하지 못하고 있을 뿐만 아니라 오히려 뒷걸음치고 있습니다.

예를 들어 3, 40년 전의 안성과 지금의 안성시를 비교해볼 때, 거리가 넓고 깨끗해지고, 높은 건물이 많아졌겠지만, 사람 됨됨이가 거기에 맞춰 좋아졌는지 한번 생각해 보세요. 분명 3, 40년 전에 비해 과학기술은 많이 발달했지만, 거기에 따라 사람 됨됨이가 발맞춰 발달하지 못했다면 과학기술과 고도 산업화는 결국 인간을 멸망시키고 말 것입니다.

② 물질 위주의 사상사

그리고 또 물질 위주의 사상이 도도히 흐르고 있습니다. 직업의 순서도 돈으로 결정됩니다. 돈벌이 잘 되는 직업은 좋은 직업이고 돈벌이가 덜 되거나 안 되는 직업은, 말하자면 안 좋은 직업입니다. 대학 진학도 좋은 학과는 돈벌이와 관계가 있습니다. 이처럼 모든 것이 물질 위주입니다. 심지어 효도도 돈으로 하려는 경향이 나타난 지 오랩니다. 부모가 돈이 많으면 효자, 효부가 많이 나옵니다. 그러나 부모가 돈이 없으면 어느 집에서 환영하겠습니까? 나는 효도(孝道)가 아니라 돈도〔錢道〕라고 말합니다.

그런데 오늘 금하효행상 받은 분들은 이런 것들과는 아무런 관계없이 항구적인 가치, 변하지 않는 가치를 추구해 온 훌륭한 분들이기에 앞서도 말씀드린 것처럼 존경해 마지않습니다.

③ 관능적인 향락

우리 사회에 관능적인 향락이 횡행하고 있습니다. 관능적인 향락은 부처님께서 말씀하신 안(眼)·이(耳)·비(鼻)·설(舌)·신(身)·의(意)에 의한 쾌락을 수반하는 것입니다. 눈의 쾌락, 귀의 쾌락, 냄새의 쾌락, 맛의 쾌락, 접촉의 쾌락 그리고 사회에서 흔히 얘기하는 명예나 지위를 추구하는 쾌락 등, 사람들은 너나 할 것 없이 모두 이 육근의 쾌락을 태어나면서부터 죽을 때까지 쫓아다니고 있습니다.

간혹 저는 다방에 들어가면 곤혹을 치릅니다. 음악을 틀어 놓았는데 그 소리가 무엇이 깨지고 찢어지는 것 같아요. 꽝꽝 울려서 도저히 견딜 수가 없어 다방 종사자를 불러 "볼륨 좀 줄일 수 없겠느냐"고 말하면, "여기는 젊은 사람이 들어오는 다방입니다"라고 말해요. 곧 나보고 나가라는 말이지요.

자극은 점점 더 강한 자극을 요구해요. 예를 들어 텔레비전을 보세요. 도대체 저럴 수가 있나 하면서도 오히려 그쪽만 보고 있어요. 이런 관능적인 향락이 점차적으로 강도를 더해 가는데, 향락의 요구가 어디까지 가게 될까 염려가 앞서지요. 지금은 그래도 이런 요란한 소리와 현란한 불빛이 다방의 분위기이겠지만, 조금 더 지나면 이 자극 가지고는 안 될 것입니다. 더 강한 자극을 주기 위해 사람을 채용해서 손님의 다리를 막 꼬집든지 무슨 특별한 수를 써야 할지도 모를 일이지요. 강한 자극의 요구는 끝이 없는 것이 속성입니다.

『불설비유경』에는 다음과 같은 예화가 있습니다.

어떤 사람이 광야에서 놀고 있었는데, 갑자기 악한 코끼리가 나타나 쫓기게 되었으나 숨을 곳이 없었다. 마침 낡은 우물을 발견하여 거기에 드리워진 나무덩굴을 붙잡고 우물 안으로 들어가 몸을 피했다. 잠시 후, 정신을 차린 그는 주위를 둘러보았다. 먼저 우물 위를 올려다보니 흰쥐와 검은 쥐 두 마리가 그가 매달린 나무덩굴을 갉아먹고 있었으며, 또 옆을 보니 독사 네 마리가 그를 물려 하고 있고, 아래를 내려다보니 큰 구렁이 한 마리가 똬리를 틀고 머리를 치켜들고 혀를 날름거렸다.

그는 악한 코끼리가 무서워 밖으로 나갈 수도 없고, 우물 안에 있자니 구렁이와 독사에 물릴까 두렵고, 또 매달린 나무덩굴이 끊어질까 봐 공포감에 휩싸였다. 그때 머리에 뭔가 떨어지는 것 같아 보니 꿀물이었다. 매달린 채로 위를 바라보니 벌집에서 꿀물이 한 방울씩 떨어지고 있었던 것이다. 그는 곧 공포심을 잊은 채 입을 벌려 꿀물을 한 방울 두 방울 받아먹기 시작했다.」

이 비유에서 '어떤 사람'이란 바로 우리 자신의 모습입니다. 코끼리는 무상(無常)의 바람이며, 우물 속은 인간세계를 말합니다. 그리고 흰쥐와 검은 쥐는 낮과 밤, 즉 세월의 흐름을 뜻하며, 네 마리의 독사는 우리 몸의 구성 요소인 지수화풍(地水火風)을 말하고, 매달려 있는 나무덩굴은 우리의 생명이고, 구렁이는 죽음을 상징하며, 꿀은 관능적 향락을 가리킵니다.

④ 인간 소외 현상

인간 소외 현상이 나타납니다. 인간 소외 현상이란, 인간의 행복에 기여하기 위하여 만들어진 제도, 조직, 기계가 인간으로부터 독립하여 인간을 지배하게 됨으로써 인간이 고독해지는 현상을 말하는 것입니다. 인간 소외 현상의 극단적인 예를 들어 보겠습니다.

제가 미국에서 공부할 때, 도살장 구경을 간 적이 있습니다. 트럭으로 돼지를 실어 날라, 운동장처럼 넓은 곳에 돼지가 가득 찼어요. 어떤 사람이 거기서 돼지를 몰고 있어요. 그 중에서 어떤 돼지가 벨트에 걸립니다. 그렇게 차례차례로 벨트에 걸린 돼지가 딸려 올라가면 그 다음 사람은 한 칸에 돼지가 한 마리씩 들어가게 칸을 막는 일을 하고 있습니다. 또 그 다음 사람은 전기를 넣어 돼지를 죽이는 일을 합니다. 칸에 전기를 넣으면 돼지가 컥 하고 소리를 내며 죽고 맙니다. 그는 하루 종일 돼지만 죽입니다.

기계는 고상해 보이고 기계의 명령에 따라 일하는 사람의 모습은 추하게 보였습니다. 그는 왜 하루 종일 돼지만 죽이고 살아야 하는지 말입니다. 이것이 45년 전 일입니다. 너무 극단적인 예를 든 것 같습니다만 오늘날 인간 소외의 모습입니다. 내가 누구냐, 내가 왜 사느냐, 전혀 알지 못합니다.

여기 오신 분들은 모두 부처님 가르침을 믿기 위해서 스스로 모였습니다. 그렇지요? 부처님 말씀처럼 인간이 중심이 되고, 언제나 주인이 되어야 하는데도 불구하고 제도, 조직, 기계의 노예가 된 것이 작금 우리 인간의 모습입니다. 과연 우리는 어떻게 살아야 하나요?

그러나 인간 소외 현상은 다른 것에 비해 그렇게 몸에 착 달라붙게 느껴진다는 생각이 안 듭니다. 인간 소외 현상은 이미 말씀드렸지만 인간 행복에 기여하기 위해서 만들어진 제도, 조직, 기계가 오히려 인간을 지배하게 됨으로써 인간이 고독해지는 현상을 말합니다. 그 대표적인 것이 화폐제도라고 말합니다.

화폐는 인간 행복에 기여하기 위해서 만들어진 여러 제도 중의 하나입니다. 인간을 위해서 만들었는데, 이제 독립을 해서 거꾸로 화폐가 인간을 지배하게 되었습니다. 그래서 돈 앞에서는 형제도 없고 부모도 없고 친구도 없습니다. 사회가 혼탁한 모습을 나타낼 정도로, 돈으로 온갖 추태를 보여 주고 있는 것이 오늘날 사람들의 모습입니다.

화폐 때문에 사람의 됨됨이를 잃어 가고 있습니다. 돈이라는 것 때문에 거짓말도 서슴지 않고, 심지어는 사람 죽이는 것도 서슴지 않고, 인간성 자체가 송두리째 매몰되어 가는 것, 바로 이것이 인간 소외 현상이라고 말씀드릴 수 있습니다.

저는 80여 년의 세월을 살아오면서, 특히 요즘 느끼는 것은 마치 무엇한테 홀려서 사는 것 같습니다. 그래서 내가 누군지 도대체 모르겠어요. 제도한테 홀리고, 조직한테 홀리고, 기계한테 홀리고, 그 누구한테 홀리고, 온통 홀려서 사는 것 같습니다. 내 정신으로 사는 것이 아니라는 말씀이지요. 그렇다고 여기 와서 강연하는 것마저 홀려서 온 것은 아닙니다. 송암스님에게 홀려서 온 것이 아니라 어디까지나 저 스스로 왔습니다. (웃음)

숭산스님 열반하셨을 때, 장례식 만장 중에서 영어로 된 만장을 여러분들이 텔레비전에서 보셨을 것입니다. 'Who am I(나는 누군가)?'입니다. 여러분들도 생각해 보셨어요, '내가 누군지?' 내가 누군지 모르겠어요? 거 보세요, 뭔가에 끌려다니고 있어요 그러나 여러분들이 여기 오신 것은 결코 끌려오거나 홀려서 온 것이 아닙니다. 『임제록(臨濟錄)』의 '수처작주 입처개진(隨處作主立處皆眞)'의 말씀처럼 가는 곳마다 내가 주인이 되어야 합니다. 어떠한 일을 해도 '내가 과연 주인으로서 하느냐'를 항상 생각해야 합니다.

최근에 컴퓨터의 발달로 인간 소외 현상은 더 두드러지게 나타나고 있습니다. 전에는 편지를 받아도 연필로 쓴 편지를 받았기에 정다웠고 사람 냄새가 났지요. 즉 친구가 편지를 보냈으면 편지에 친구 냄새가 났다는 말입니다. 그렇지만 요즘 컴퓨터로 쓴 편지가 무슨 사람 냄새가 납니까? 인간적일 수 없지요. 그렇지 않습니까? 아무튼 컴퓨터의 발달로 사람의 됨됨이가 점점 오그라들고 있는 것은 부정할 수가 없습니다. 우리의 교육 중심은, 특히 불자들의 자녀 교육 중심은 철저하게 인간성 교육에 둬야 된다는 것을 다시 말씀드립니다.

⑤ 사람 됨됨이 교육

그러므로 오늘날 교육에서 제일 중요한 것은 사람 됨됨이를 교육하는 것입니다. 그러나 모두들 자녀나 손자가 공부 잘하느냐에만 관심을 가집니다. 과거에는 공부를 왜 잘해야 했느냐 하면 먹고살기 위해서였습니다. 이제 먹고사는 것이 인생의 전부였던 시대는 지나가고 있으므로, 따라서 학교 시절에 공부를 얼마나 잘하느냐 못하느냐 하는 것도 점차적으로 지나가고 있습니다.

그런 것보다는 사람 됨됨이를 우선 형성해야 합니다. 현재 자식들의 사람 됨됨이를 제대로 형성시키지 못하면 그들이 여러분을 배반할 것입니다. 효행하는 사람이 한 명도 나오지 않을 것이라는 말입니다. 사람 됨됨이를 교육하는 것이 오늘날 교육에서 가장 큰 문제이며 중요한 문제임을 말씀드리고자 합니다.

저는 역설적으로 이런 생각을 합니다. 우리들 자녀 중에서 공부를 잘 못하는 애들이 있어도 괜찮다고 봅니다. 오늘날 개념으로 보면 전문대학에 겨우 들어갈까 말까 할 실력, IQ가 100을 넘을까 말까 하는 애들이 행복해질 것이라고 봅니다.

분주한 엘리트와 한가한 대중이 있습니다. 이 두 부류의 사람들 중에서 엘리트는 좋은 대학 나오고 박사 학위를 두세 개 가졌지만, 평생 고생합니다. 그런 반면에 머리가 조금 나쁘고 대중적인 일을 하는 사람은 일주일에 사나흘만 일해도 충분히 먹고삽니다.

그러므로 자녀가 공부를 잘하면 그 나름대로 좋습니다만, 만약 공부를 못하면 애가 행복한 생활을 할 징조가 나타나기 시작했구나 하고 생각하세요. 여러분께서 자녀와 평생 동안 좋은 관계를 유지하려면 자식에게 사람 됨됨이 교육을 강조하는 것이 무엇보다 중요하다고 봅니다.

⑥ 마무리 지으며

오늘날 고도 산업화가 이룩되고 나서 교육에서 가장 중요한 것은 인간성 교육입니다. 즉 사람 됨됨이를 제대로 형성해야 된다는 말씀을 앞에서 드렸습니다. 과학 기술이 발달하고 그리고 물질 위주의 사상사, 관능적인 향락, 인간 소외 현상이 강물처럼 도도하게 흐르고 있다는 것을 말씀드렸습니다.

(2) 부모는 자녀에 대한 교육관을 학교 교육에서 평생 교육으로 바꾸어야 한다

지식 정보화 사회에서의 지식, 기술의 급진적 증가는 교육을 학교에서 독점할 수 없게 만들었으며, 그러므로 학교 교육은 평생 교육의 기반을 구축하는 데 불과하다.

① 교육관을 바꿔야 한다

우리들의 자녀에 대한 교육관을 바꾸어야 합니다. 전에는 교육이라고 하면 주로 학교 교육관이었어요. 즉 좋은 학교 나오고, 학교에서 공부 잘하면 됐지요. 그러나 이제는 그런 교육관이 통하지 않습니다. 과거의 교육은 거의 지식 교육이었어요. 그렇지만 지금은 지식이 급진적으로 증가하고 달라지기 시작했습니다. 그렇기 때문에 학교에서 배운 것을 평생 써먹는 시대는 지났습니다. 교육을 학교에서 독점하던 시대는 지났다는 말입니다. 이제 누구든 태아에서 무덤에 이르기까지 학생 신분을 유지해야 성공할 수 있습니다.

그러므로 자녀가 학교에서 성적이 좋지 않다고 하더라도 학교 교육은 평생 교육을 구축하는 기반에 불과하다고 생각하여, 보다 더 긴 안목으로 대해야 합니다. 평생 동안 얼마나 더 열심히 새로운 것을 흡수할 것인가에 주된 관심을 가지고 자녀를 대해야 한다는 말씀을 드리고 싶습니다.

② 평생 교육이란

「평생 교육은 삶의 질 향상이라는 이념 실현을 위해 태아에서 무덤에 이르기까지의 교육의 수직적 통합과 가정 교육, 사회 교육, 학교 교육의 수평적 통합을 통하여 학습 사회를 건설함으로써 최대한의 자아실현과 사회 발전 능력을 함양함을 그 목적으로 합니다.」

평생 교육의 개념적 특성은 다음과 같습니다.

③ 삶의 질을 향상시킴─더 나은 사람(向上一路)이 되기 위해

평생 교육이란 삶의 질 향상이라고 말씀드렸습니다. 저는 삶의 질 향상에서 맨 먼저 생각나는 분이 공자님입니다. 그분은 나이가 들면 들수록 삶의 질이 향상된 분입니다. 즉 15세에 지우학(志于學)하고, 30세에 이립(而立)이요, 40세에 불혹(不惑)하고, 50세에 지천명(知天命)이요, 60세에 이순(耳順)하고, 70세에 종심소욕 불유구(從心所欲不踰矩)라고 하셨습니다. 풀어서 말씀드리면 15세보다 30세에 훨씬 나은 사람이 되었고, 30세보다 40세가 되어 더 차원이 높은 사람이 되었으며, 40세보다 50세, 60세보다 70세, 갈수록 인품이 발전하여 마지막에는 종심소욕 불유구(從心所欲不踰矩), 마음먹은 대로 어떤 행동을 해도 법도에 어긋나는 것이 전혀 없는 경지에 올랐습니다. 참으로 자유인이 되었지요.

자, 여러분 절에 왜 나옵니까? 불교를 왜 믿습니까? 좀 나은 사람이 되기 위해서가 아닙니까? 그렇다면 우리 크게 반성합시다. 절에 나오기 전보다 현재 좀더 나은 사람이 되었느냐? 삶의 질이 향상되었느냐? 이렇게 진지하게 반성하여 평생 교육이 이

루어지고 있는지 점검해 봅시다.

삶의 질은 지적 측면뿐만 아니라 사회적·정서적·신체적인 측면까지 모두 포함합니다. 불과 3, 4년 전에는 한 달에 책 한 권씩 읽었는데 최근에는 한 권도 읽지 못한다면 이유야 어쨌든 평생 교육의 낙오자입니다. 또 3, 4년 전에는 친구와의 사귐에 있어서 별 문제가 없었는데 요즘 갈등이 생기기 시작했다면, 이 역시 평생 교육의 낙오자입니다. 4, 5년 전에는 가정에서 나 때문에 문제가 생긴 적이 없었는데 요즘은 나 때문에 문제가 생기기 시작했다면, 마찬가지로 평생 교육의 낙오자입니다. 특히 젊은 사람에게 비판받는 중년, 노년들이라면 평생 교육의 낙오자입니다. 나이가 들면 들수록 보다 더 원숙한 인간이 되어 가는 것이 바로 평생 교육의 이념입니다.

저는 팔십이 좀 지났지만 삶의 질을 향상시키기 위해서 나름대로 노력하고 있습니다. 작년의 나보다 금년의 내가 조금 더 나아졌느냐? 예를 들어, 작년에 내가 절에 가서 참선을 한 달에 20일 동안 했다면, 최근에는 그보다 나아졌느냐? 하고 수없이 되돌아보며 노력을 기울입니다.

그러나 어느덧 저도 기억력이 우둔해지고 판단력이 저하되고 추리력이 모호해지기 시작했습니다. 그렇지만 그런 것을 다 무시하고 어제보다 오늘, 오늘보다 내일이 더 나은 사람이 되기 위해 노력하고 있습니다. 제가 불교를 믿는 이유도 좀더 나은 사람이 되기 위해서입니다.

저는 참선을 하고 있습니다. 서울 성북동에 길상사가 있는데,

전에는 대원각이라는 요정이었지요. 주인 할머니가 법정스님에게 기증해서 길상사라는 절이 되었습니다. 길상사가 생긴 지 8년 가량 되었습니다만 저는 길상사가 생기기 전, 준비위원일 때부터 그곳에 있는 시민선방에 나가기 시작해서 오늘에 이르고 있습니다. 지금까지 8년 동안 거의 빠지지 않고 매일 나가고 있습니다. 아침에 길상사로 참선 출근했다가 저녁에 퇴근하는 제2의 직장 생활(?)을 계속하고 있습니다. 오직 더 나은 사람이 되기 위해서 말입니다.

저의 집 거실에 향상일로(向上一路)라고 쓴 붓글씨가 있습니다. 월정사의 탄허 큰스님께서 써 주신 붓글씨입니다. 불자로서 향상일로의 길을 걷는 것, 여러분 가족 중에 '우리 부모님이나 할아버지, 할머니가 절에 나가시더니 달라지셨다'는 말을 할 수 있어야 합니다. 아무튼 저 또한 우리 가족에게 훌륭해졌다는 평을 들을 수 있도록 노력하고 있습니다. 향상일로는 끊임없는 노력이지 어떤 지점이 아닙니다. 앞에서 말씀드린 공자님의 일생도 불교식으로 말하면 향상일로라고 할 수 있겠지요.

④ 교육의 수직적 통합

우선 수직적인 통합에 대해서 말씀드려 보겠습니다. 태아에서 무덤까지 갖는 교육이 수직적인 통합입니다. 흔히 평생 교육을 이야기할 때 대부분의 사람들은 요람에서 무덤까지라고 이야기합니다. 그러나 저는 어머니 태에서부터 무덤까지라고 말합니다. 왜냐하면 태교를 보면 아주 합리적이고 이치가 깊기 때문입니다. 여러분께서는 혹 어떻게 생각하실지 모르겠지만, 사람의 나이를 셈하는 것이 있지 않습니까? 유식한 체하는 사람이, 이 아이는 3년 7개월, 5년 2개월 하면서 아이의 나이를 셈하는데, 태교의 입장에서 보면 아주 무식한 사람입니다. 그들은 소위 서양식 나이 셈하는 법을 무턱대고 맞는 것으로 신봉하는 사람들입니다. 한국식 나이 셈 방식은 틀린 것처럼 생각하는 부류들이지요. 그러나 사실은 우리 한국 사람 나이 셈하는 법이 아주 과학적이고 이치에 맞는 겁니다.

서양식 나이 셈 법은 아이가 뱃속에 있는 기간은 빼고 어머니로부터 이탈, 독립했을 때부터 셈하는 것이지요. 그러나 왜 뱃속의 나이는 빼야 합니까? 어느 모로 보나 분명히 잘못된 것이지요. 한국의 나이는 뱃속의 나이까지 다 칩니다. 뱃속의 나이까지 친다는 것은 이미 교육은 태교에서부터 시작되었다는 뜻이기도 합니다. 그래서 저는 평생 교육을 정의할 때, 항상 태아에서 무덤까지로 이야기를 합니다.

수직적인 통합에는 두 가지 개념이 있습니다. 하나는 '발달 과업'이라는 개념이 있고, 다른 하나는 '항구적인 가치'라는 개념이 있습니다. 발달 과업이라는 개념은 발달의 각 단계마다 반드시 배워야 할 과업이 있다는 것이지요. 만약 이것을 배우는 데 소홀히 하면 다음 발달에 지장이 옵니다. 그뿐만 아니라 개인적인 불행, 사회적 부적응이 나타납니다.

그 예를 청년기에서 두 가지를 들어 드리겠습니다.

첫째로 청년기의 발달 과업 중에서 가장 으뜸가는 것이 이성 간의 건전한 관계를 말합니다. 이것이 청년기의 발달 과업입니다. 청년기에는 이 과업을 제대로 배우고 거쳐야 합니다. 청년기에 배워야 할 것은 반드시 청년기에 배워야 다음 단계가 순조롭습니다. 만약 청년기에 배워야 할 것을 소홀히 하든지 잘못 배우면 다음 단계에서 금방 여러 가지 문제가 발생합니다.

구체적인 예를 들면, 제가 서울대학교에 있을 때, 지도교수로서 가르치고 있는 학생들이 있었습니다. 그 당시에는 지도교수라고 해서 교수 한 사람이 7, 8명의 학생을 맡아서 전적으로 지도하는 교육시책이 있었습니다. 그때 제가 맡은 학생 중에 4학년 학생이 있었는데, 그는 참 얌전한 학생이었습니다. 그 당시에는 데모가 한창이었는데, 그 학생은 전혀 데모를 하지 않았습니다. 그는 학교와 도서관, 교실, 집밖에 모르는 학생이었습니다. 그렇게도 얌전할 수가 없었어요.

그런데 하루는 그 학생이 저한테 찾아왔어요. 표정이 아주 심각했어요. 저는 "표정이 왜 그렇게 심각한가? 혹시 무슨 일이 있나?"고 물었어요. "그렇지 않아도 교수님께 드릴 말씀이 있어서 왔습니다." "그래, 무슨 이야긴데?" 그의 말인즉 대학 4학년 동안 여자하고 한 번도 미팅을 해본 적이 없다고 했습니다. 물론 데이트도 해본 적이 없었겠지요.

그런데 하루는 아침에 학교를 오는데 어떤 여학생이 자기를 쳐다보더랍니다. 그 순간 서로 눈이 마주쳤는데, 그때 그녀의 눈이 자기 가슴속으로 쏙 들어왔답니다. 그 이후로 밥 먹을 때도 그녀의 눈이 왔다 갔다 하고, 잠잘 때도 그녀의 눈이 왔다 갔다 하고, 하루 스물네 시간 줄곧 그녀의 눈이 왔다 갔다 해서 도저히 견딜 수가 없다는 것이었습니다. "교수님, 제발 제 가슴속에

박혀 있는 그 여학생의 눈을 좀 빼 주십시오” 참, 제가 어떻게 남의 가슴속에 있는 여학생의 눈을 뺍니까? 결국 그 학생은 정신병 환자가 되고 말았어요. 지금은 그 학생이 미국에 있다는 소식을 들었어요. 이 사례를 보더라도 청년기에 이성과 건전하게 사귈 때는 사귀어야 합니다. 건전하게 말입니다. 그것이 청년기의 발달 과업입니다.

둘째로 청년기의 발달 과업을 말씀드리자면 자기 신체를 받아들이는 것입니다. 아마도 인간은 청년기에 거울을 가장 많이 볼 겁니다. 그리고는 왜 나의 키가 조그마하냐, 왜 코가 낮은가, 왜 이러냐 저러냐 하면서 결국은 성형외과에 가는 수가 많습니다. 그렇지만 사실은 자기 신체를 그대로 받아들여야 합니다.

코가 잘생겼다고, 눈맵시가 좋다고, 입이 잘생겼다고 해서 특별히 행복하게 사는 것은 아니기 때문입니다. 키가 크다고 해서 달라지는 것도 아닙니다. 그런 것은 행복과는 전적으로 별개의 문제입니다. 아무튼 사람은 누구나 자기 신체를 마음속으로 인정하고 받아들여야 하는데, 만약 그렇지 못하고 자기 신체를 거부하는 경우, 그때 여러 가지 문제가 나타납니다. 그게 바로 발달 과업의 장애입니다.

중년기의 발달 과업은 무엇일까? 중년기에 들어서 꼭 배워야 할 것은 무엇인가?

첫째가 부부 관계를 새롭게 맺어야 합니다. 종래 부부 관계를 가지고서는 계속 싸움만 합니다. 왜냐하면 종래 부부 관계라는 것은 부창부수(夫唱婦隨)입니다. 남자가 정한 일에 여자들이 따라하는 것이 보통인데, 여성도 30대, 40대가 되면 내가 왜 이렇게 인생을 사느냐, 나도 하나의 인간인데, 내가 지금까지 살면서 남편 뒤치다꺼리와 자식 뒷바라지하는 것으로 인생을 살았는데, 이것이 과연 내 인생이냐? 하는 데서 회의를 가지게 됩니다.

이때는 여성의 자기 주장이 나타나기 때문에 남편과의 관계를 새로 맺어야 합니다. 이런 것은 여기 여성 불자들께만 드리는 말씀이 아니라, 남성 불자들께도 말씀드려야 할 사항입니다. 만약 부부 관계를 재조정하지 않고 종래와 마찬가지의 관계를 유지하려고만 한다면 자칫 가정 파탄까지 갈 수도 있습니다. 조심하고 주의해야 할 중요한 일입니다. 물론 사람마다 그런 것은 아니라고 해도 말입니다. 그리고 아내가 요구한다고 해서 마지못해 바꾸거나, 요구가 없다고 해서 안 바꿀 일이 아니라, 미리 조정하면 이후의 부부 관계가 매우 순조로울 것입니다.

둘째가 자녀 교육입니다. 이 자녀 교육에 온 정신을 다 쏟기에 제가 군이 말씀드리지 않아도 잘 아시리라 봅니다.

셋째가 늙으신 부모 모시는 것입니다. 부모님들이 대개 자식들이 중년기에 들어가면 늙습니다. 그 부모님을 어떻게 모실 것이냐? 깊이 생각해 봐야 할 문제지요. 하지만 노부모를 모시는데, 그분들의 가치관과 생활 태도를 바꾸려고 해서는 안 됩니다. 왜냐하면 이미 노인들은 몸과 마음이 굳어져 있습니다. 거의 바뀌지 않는다고 보면 됩니다. 그러므로 조금이라도 젊은 자식인 내가 바뀌어야 합니다. 내가 부모 곁으로 가야지, 부모를 내 곁으로 잡아당겨서는 안 됩니다. 이것이 노인이 된 늙으신 부모를 모시는 길입니다.

아무쪼록 내가 나이 드신 분, 부모 곁으로 다가가서 그분의 가치관을 이해하고 그분의 행동을 이해하면서 그분의 마음에 들도록 행동하는 것, 이것이 바로 중년기에 가져야 하는 발달 과업의 하나라는 것입니다. 그리고 또 있습니다. 이 중년기의 발달 과업이 여성 불자님들과 관계가 있겠지만, 생리적인 변화에 적응하는 겁니다. 생리적인 변화를 중심으로 했을 때, 그 기간 동안 피부가 거칠어집니다. 따라서 화장에 더 신경을 써야 됩니다. 깨끗하고 단정하게 몸을 가꾸어야 합니다. 생리적인 변화가 나타난 후에는 젊을 때보다 더 미용에 관심을 기울여야 합니다. 이런 것도 중요한 발달 과업입니다.

노인기의 발달 과업은 무엇이냐? 첫째가 쇠퇴해 가는 몸에 적응하고 건강을 유지하는 일입니다. 노인들은 대개 병 하나둘은 거의 가지고 있습니다. 골다공증이 있거나 관절염이 있거나 고혈압이 있거나 당뇨가 있거나 뭐든지 하나씩은 다 가지고 있다고 보면 됩니다.

이 노인병을 어떻게 극복할 것이냐, 참으로 중대한 과제입니다. 저는 약 40년 전부터 아침에 운동을 합니다. 물론 오늘 아침에도 운동을 했습니다. 저의 집이 서울 구반포아파트인데, 바로 국립묘지 근처입니다. 그래서 하루에 대개 110분씩 국립묘지의 산을 걷습니다. 하루도 쉬지 않습니다. 비가 오면 우산을 쓰고, 영하 15도의 추위가 되면 중무장하고 눈만 내놓은 채 노년기의 발달 과업을 수행합니다. 하루도 쉬지 않으려고 노력합니다. 이처럼 노인은 스스로 건강을 지키기 위해서 반드시 무언가를 해야 합니다.

또 있습니다. 동년배와 친구 맺기입니다. 노인이 되면 무척 고독해집니다. 이 고독이란 아주 무섭습니다. 그래서 혹시 젊은 사람이 오면 붙들고 놓아주지 않습니다. 그때 젊은 사람은 죽을 지경입니다. 빨리 자리를 모면했으면 하는데 노인이 놔줘야 말이죠. 그래서 노인이 말하면 제대로 듣지도 않고 건성으로 대답만 합니다.

젊은 사람들 붙들지 마세요. 노인은 노인끼리 놀아야 합니다. 특히 이렇게 절에 나와서 여러분들과 같이 지내는 것은 대단히 큰 뜻이 있다고 생각합니다. 발달 과업적인 측면에서 아주 훌륭합니다. 아무튼 노인에게 고독이라는 것은 너무 무섭습니다. 제 친구 중에 한 명은 혼자 살고 있습니다. 부인이 일찍 돌아갔기 때문입니다. 제가 친구에게 물어봤습니다. "당신, 제일 고통스러운 게 뭔가?" 그는 고독이라고 대답했습니다. 고독은 노년에게는 가장 큰 고통이라는 겁니다. 따라서 노년기에 이 고독을 어떻게 극복할 것이냐? 이것을 미리 배우거나 마음의 준비를 해 두는 게 매우 중요합니다.

또 있습니다. 좀 슬픈 이야기지만 배우자의 사망 이야기입니다. 부부는 결혼해서 4, 50년, 5, 60년 줄곧 같이 살지요. 그러나 아무리 오래 산다 해도 한날한시에 같이 죽을 수는 없습니다. 누군가 먼저 간다 해도 죽은 다음에 남는 사람은 어떻게 살 것이냐? 이것도 준비해 두라는 겁니다.

제 친구가 부인이 먼저 돌아갔는데 혼자 사는 방법을 몰라요. 심지어 밥할 줄도 모르고 세탁기 쓸 줄도 몰라 쩔쩔매다가 결국 그 나이에 다 배웠어요. 무척 힘들었겠지요. 앞에서도 잠깐 말씀 드렸지만 그래도 여성들은 늙어도 어느 정도 쓸모가 있습니다.

그러나 남자는 정말 쓸모없습니다. 그래서인지 남자는 부인이 먼저 돌아가면 대개 얼마 안 가서 따라서 죽는 사람이 있습니다. 그러나 여성은 강합니다. 남자가 죽었다고 해도 따라 죽지 않을 뿐만 아니라 오히려 오래 살아요. 그렇기 때문에 배우자의 사망에 따르는 마음의 준비는 여성보다 남성에게 더 긴요한 일이 될 것입니다.

이렇게 평생 교육이라는 것은 교육의 수직적인 통합인데, 수직적인 통합은 '발달 과업'의 개념과 '항구적인 가치'를 추구한다는 두 가지 개념이 있다고 말씀을 드렸습니다. 그러면 항구성의 가치가 무엇이냐? 성실한 것, 정직한 것인가요? 그러나 이것은 발달 과업하고 상관없습니다. 어린애들도 성실해야 되고 노인도 성실해야 되고 어린애들도 정직해야 되고 노인도 정직해야 되므로, 이것을 통합해서 교육하는 것이 평생 교육이라고 말할 수 있습니다.

⑤ 교육의 수평적 통합

그리고 교육의 수평적인 통합이라는 것은, 현재의 학교 교육, 가정 교육, 사회 교육들이 각각 따로 분리되어 있어요 그뿐만 아니라 서로 모순되는 측면도 많습니다. 이것을 어떻게 통합할 것이냐? 상호 보완해서 하나의 인간을 만들어 나가자는 것이 바로 평생 교육의 기본 제도라고 보면 됩니다.

⑥ 학습 사회를 건설하자

평생 교육에서 학습 사회를 건설하라는 말을 설명해 드리겠습니다. 제가 아는 것이 무척 많은 사람입니다. 혹시 여러분들 중에서 저의 집사람 이름 아는 분 있으면 손 좀 들어 보세요 (아무도 손들지 않자) 저는 압니다. 제 집사람 이름을 학교에서 배우지 않지요. 일생 동안 살아오면서 아는 것은 엄청 많은데, 그 중에서 학교에서 배운 것은 아주 미미합니다. 이처럼 평생 교육의 관점에서 볼 것 같으면 학교교육의 한계성이라는 것은 분명히 드러나기 시작하고, 교육을 학교에서 독점할 수 없다는 것을 절실하게 느끼실 줄 압니다. 바로 이 점이 학습 사회 건설의 필요성이자 당연한 요구입니다.

⑦ 마무리 지으며

이제 우리는 너나없이 모두 교육관을 바꿔야 합니다. 학교 교육관에서 평생 교육관으로 하루 바삐 바꿔야 된다는 것을 재삼 강조하여 말씀드리고 싶습니다. 과학 기술의 급진적인 증가와 사회의 급변에 의해서 학교 교육의 한계성이 드러난 지가 이미 오래입니다. 다만 학교에서 배운 것은 평생 교육의 기초가 될 뿐입니다. 과거에는 학교에서 배운 것으로 평생을 써먹었습니다. 그러나 지금은 그런 시기가 아닐 뿐만 아니라 이미 그런 시대는 지났다는 것을 강조하여 말씀드리고 싶습니다.

(3) 부모는 가소성(可塑性)이 큰 어릴 때의 교육이 가장 중요함을 인식하고, 교육적·불교적 환경 구성에 노력한다

1) 가소성이라 함은, 인간의 선천적 행동 경향이 후천적 환경의 영향을 받아 달라질 가능성이 있음을 말한다.

① 어린이의 가소성

인간의 가소성은 어릴 때일수록 큽니다. 인간은 세상에 태어날 때 말할 수 있는 능력, 걸을 수 있는 능력, 합리적으로 생각할 수 있는 능력을 가지고 태어납니다. 말을 잘하느냐, 얼마나 잘 걸을 수 있느냐, 합리적으로 잘 생각하느냐 하는 것은 후천적인 환경에 의해서 달라집니다.

인간과 동물의 큰 차이는 이 가소성입니다. 동물은 태어나자마자 바로 걸을 수 있습니다. 병아리는 걸으면서 모이를 쪼아 먹습니다. 그렇지만 인간은 갓난아이와 어른의 차이가 굉장합니다. 이 간격이 크다는 것은 무엇을 의미하느냐? 달라질 가능성이 크다는 것을 뜻합니다.

한 60년 전 인도의 늑대굴 속에서 어린이 둘을 찾아냈습니다. 한 명은 '아마라'라고 이름 짓고 다른 한 명은 '카마라'라고 이름 지었습니다. 발견했을 때 아마라는 두 살 정도이고 카마라는 일곱 살쯤 되었습니다. 두 살짜리는 1년 후에 죽고, 일곱 살짜리는 그 후 9년 더 살았습니다.

늑대굴에서 그 아이들을 처음 발견하여 데리고 나왔을 때, 그들은 걷지 못하고 기더랍니다. 태어날 때 걸을 수 있는 능력을 가지고 태어났는데 주위 환경이 기게 되면 기는 것이지요. 그리고 낮에는 잠을 자고 밤에는 소리를 지르고 돌아다니는데 사람 소리도 아니고 늑대 소리도 아니더랍니다. 옷을 입혀 주었더니 옷을 갈갈이 찢어 버리면서 늑대와 같은 행동을 하는 것이지요. 사람도 태어나서 바로 늑대굴에서 자랄 것 같으면 늑대가 된다는 사실입니다.

그러나 개는 아무리 사람 속에서 오래 살아도 결코 사람이 되지 못합니다. 왜냐하면 가소성이 없기 때문입니다. 인간이 환경의 여하에 따라서 사람 됨됨이가 그렇게 변한다는 것은 교육의 큰 힘으로 작용하고 있습니다.

아무튼 인간은 어렸을 때 가장 많이, 가장 크게 환경의 영향을 받습니다. 인간의 선천성은 환경의 영향을 받아서 달라지는 경향이 크고 많다는 말입니다. 인도의 늑대굴 속에서 두 어린이를 찾아냈는데 늑대와 같은 행동을 한다고 앞에서 말씀드렸습니다. 그러기 때문에 어렸을 때의 환경의 중요성은 아무리 강조해도 넘치지 않고 부족합니다. 사람들을 불자로 만드는 보증수표는 바로 이 유아 시절 불교에 관하여 견문을 많이 갖도록 하고, 가능한 한 불교적인 환경에서 자라도록 배려해 주는 것입니다.

절에 어린이 놀이터를 만드는 일도 이에 해당합니다. 또 불자들의 가정에 불교적인 환경을 꾸미는 것도 중요합니다. 개신교 믿는 사람들을 보면 크리스마스 때 크리스마스트리를 반드시 만듭니다. 만들 때는 부모들이 아이들과 같이 만들어요. 여러분, 사월 초파일에 연등을 아이들과 같이 만든 경험이 있습니까? 아이들과 연등을 같이 만든 경험이 있으면, 그 아이는 커서 반드시 불자가 될 것입니다.

제가 이런 질문을 하면, 당신 집은 어떠냐고 여러분들이 되물을 것입니다. 제가 서울대에 있을 때, 저의 연구실에는 큰 연등이 365일 달려 있었습니다. 지금 저의 집에도 연등이 달려 있습니다. 그리고 구산스님이 쓰신 '佛'이라는 붓글씨가 있고, 탄허스님이 쓰신 '向上一路'라는 붓글씨도 거실에 걸려 있습니다. 누구나 우리 집에 들어오면 "아, 이 집은 불자 집이로구나!" 하면서 불교적인 분위기에 젖어듭니다. 거실에만 들어가도 불자라는 냄새가 물씬 풍겨야 합니다. 그 속에서 아이들이 자랄 때, 평생 불자가 될 가능성이 높습니다.

② 어릴 때의 불교 교육

어렸을 때 습관은 평생 동안 지속되는 경향이 있습니다. 교육학에서는 제일 중요한 교육은 어렸을 때의 교육이라고 말합니다. 따라서 불교에서도 불자를 많이 확보하려면 어렸을 때, 어린이 중심의 법회〔교육〕를 많이 하는 것이 대단히 중요하다는 말씀을 드립니다. 저는 기회 있을 때마다 스님들에게 말씀드립니다. "스님, 절에 어린이 놀이터 만드십시오 애들이 절에 와서 조용히 있으라고 해도 조용히 있지 못합니다."

그전에는 애들을 절에 데려오면 스님들이 시끄럽다고 야단치고 다음에는 아이들 데려오지 말라고 합니다. 그러나 절에 어린이 놀이터를 만들면 아이들은 너무 좋아합니다. 지금 여기 오신 신도들도 그런 분들이 많을 줄 압니다만, 대개 불교 신도들은 어릴 때 할머니의 손을 잡고 절에 다닌 분들이 많으실 것입니다. 어릴 때의 경험, 특히 불교에 대한 경험은 평생을 걸쳐서 그대로 지속이 됩니다. 다시 말하면 어린이에 대한 불교 교육이라는 것은 특별한 것이 아니라 절에 한 번이라도 와서 바람을 쐬게 하면 불교 신도가 될 수 있습니다. 이것은 확실한 보증수표입니다.

저의 집안 말씀을 한 가지 드립니다. 양해하시기 바랍니다. 제 막내 손자손녀는 길상사에서 수련대회에 참가했습니다. 손자는 중학교 2학년이고 손녀는 초등학교 6학년인데, 제가 얘기하지 않았는데도 불구하고 저에게 "할아버지, 수련대회 참여하겠어요" 라고 합니다. "그래, 참여해 봐라." 손자손녀는 그때 불교 신도 보증수표가 된 것입니다. 특히 중학교 2학년생은 손목에 단주를 꼭 차고 다닙니다. 제가 "너희 학교에서 단주 찬 아이가 몇 명이 나 되냐?"고 물어보았어요. 자기 한 명이라고 합디다. 대부분 개신교나 천주교 신자랍니다. 그러나 그 아이는 당당합니다. 부처님 제자라는 자부심이 대단합니다. 저는 그 두 녀석은 평생 불자가 되었다고 보증합니다.

어릴 때의 경험이 얼마나 중요한지 예를 하나 더 들겠습니다. 제 고향은 황해도입니다. 저는 일제 강점기에 학교를 다녔습니다. 1945년 그 이전부터 서울에서 유학을 했습니다. 그래서 고향 친구들이 별로 없어요. 친구는 서울 친구들이 대부분인데, 하루는 초등학교 동기 동창회를 하여 나가 보니 한 두서너 명은 접촉이 있었기 때문에 잘 아는 사이고 나머지는 이름도 생각이 안 나고 얼굴도 다 잊어버렸어요. 저녁을 먹으면서 옛날얘기를 하니 그때야 어렴풋이 생각이 나는데, 어렸을 때 까불던 친구는 나이 팔십이 된 지금까지도 까불고 있어요.

젊은 사람이 노인들을 만나 뵈면 노인은 '너 달라지지 않았구나. 어릴 때와 똑같애'라고 말씀하시지 않습니까? 이처럼 어릴 때 교육이 대단히 중요합니다. 그러므로 우리 불교에서 유아 교육에 더 많은 관심을 가져야 하고, 동시에 여러분들이 절에 갈 때 반드시 아이들을 데리고 가야 합니다. 그것이 가장 좋은 불교 교육입니다. 만약 애들이 절에 안 가려고 하면 "절에 갔다 오면

피자 사 줄 거야"라고 하며 어린이가 좋아하는 음식이나 장난감을 보상으로 주어서라도 절에 가는 경험을 쌓는 것이 중요합니다.

왜냐하면 어린이들에게는 가소성이 크기 때문입니다. 인간의 선천적인 경향이라는 것은 환경의 영향을 받아 달라질 가능성이 많습니다. 특히 부처님께서 말씀하신 인간의 강한 선천적인 중심체 중의 하나가 일체중생 개유불성(一切衆生皆有佛性)이지 않습니까? 불성을 모두 다 가지고 있다는 것입니다. 어린애 때부터 불성을 기르고 배양하고 북돋아 주어야만 비로소 불자로서 제 모습을 나타냅니다. 그러니 절에 올 때 어린애들 손잡고 꼭 데리고 오세요. 그들이 법당에 들어오지 않더라도 절에 와서 바람만 쐬어도 충분하다고 말씀드리고 싶습니다. 이런 항구적인 가치관은 어릴 때 이루어진다는 말씀을 다시 한 번 강조합니다.

2) 인생관은 가소성이 큰 어린 시절에 자기충족예언에 의해 형성되는 수가 많다.

자기충족예언은 자성예언(自成豫言, self fulfiling prophecy)이라고도 합니다. 자기충족예언은 '인간이 어떤 기대의 제시를 받고 이를 믿으면 제시된 기대에 알맞은 행동'을 하게 됨을 말하며, 이러한 예언은 어릴 때일수록 맞을 확률이 큽니다.

예를 들면 어린이에게 주위에서 "너는 부자 되기는 틀렸어. 세끼 밥 굶지 않으면 천만 다행이야"라고 빈번히 말하면 이를 받아들이고 확신하게 되며, 평생 동안 가난하게 살 확률이 큰 것을 말합니다. 자기충족예언을 부처님께서는 일체유심조(一切唯心造)

라고 말씀하셨습니다.

자기충족예언은 어린이의 인생관, 세계관을 형성하기도 합니다. 어린이가 낙관적이고 긍정적인 기대를 받고 이를 확신하면 낙관적·긍정적인 인생관, 세계관을 형성하게 됩니다. 이 점은 근세조선의 태조와 무학대사와의 대화에서 엿볼 수 있습니다.

태조가 말하되, "내가 본 대사의 모습은 굶주린 개가 뒷간을 바라보는 모습이며, 산돼지가 눈을 흘기며 산모퉁이를 돌아가는 모습 같소." 대사가 이에 답하여 아뢰되, "제가 본 임금님의 모습은 부처님 같습니다." 태조가 말하되, "왜 다투려 하지 않고 못난 체를 하시오?" 대사가 아뢰되, "부처님 눈으로 보면 모두 부처님 같고, 용의 눈으로 보면 모두 용같이 보입니다."

(4) 부모는 최강의 교육자이며 가정은 최초이며 평생의 학교이다

여기 계신 여러분은 스스로가 학교 선생님과 마찬가지로 교육자입니다. 누구의 교육자냐? 내 자식, 내 손자의 교육자입니다. 오늘 제가 말씀드린 것을 다 잊어버려도 '나는 교육자다. 내 자식, 내 손자의 교육자다'는 생각은 잊어버리지 마세요 부모나 할아버지 이상으로 강력한 힘을 가진 교육자는 이 지구 위 그 어디에도 없습니다. 그런데도 불구하고 자신이 교육자라는 사실을 망각하고 함부로 아이들을 다룹니다.

어디선가 이런 글을 읽었습니다. 대학의 교수가 야단칩니다. "고등학교에서 무엇을 배웠나?" 그러면 고등학교 선생님이 야단을 칩니다. "중학교 선생은 엉터리구나, 너 같은 것이 고등학교

들어왔으니 말이다” 하고 또 중학교 선생님이 야단칩니다. “초등학교에서 기본적인 문제도 안 가르쳤구나. 네가 이렇게 무식할 줄 몰랐다” 하면, 초등학교 선생님이 야단칩니다. “도리가 없어. 너를 보면 너의 어머니가 대개 어떤지 알겠구나” 하고 말합니다. 어머니가 야단칩니다. “너는 고칠 수 없는 존재야. 너의 아버지의 핏줄 혈통이 그렇기 때문이야” 라고 합니다. 다들 이렇게 책임 회피를 하고 있습니다. 그러나 자기 자식 교육에 있어서는 어떤 책임 회피도 해서는 안 됩니다. 철저하게 내 자식은 내가 책임지고 내가 가르쳐야 합니다.

일본의 요코하마 옆에 가와사키라는 도시가 있습니다. 제가 가 본 적이 있습니다. 거기에 모임이 하나 있는데 그 모임 이름이 이다카노카이입니다. 우리말로 ‘있었느냐’의 뜻을 가진 모임이지요. 그 이름이 하도 이상해서 물어보았습니다. 그랬더니 대답이, 이 모임의 회원은 자식을 둔 아버지라야 합니다. 물론 그럴 만한 까닭이 있지요. 어느 날 어떤 아버지가 집에 있었는데 아래층에서 어머니와 아들이 여러 가지 토론을 하더래요 2층에서 그 소리를 듣고 있다가 아래층으로 내려왔더니, 애가 “아빠 집에 있었어?” 하고 부인이 “당신 집에 있었어?”라고 하더랍니다. 그 소리를 듣고 은근히 화가 나서 친구들끼리 의논하여 자식 교육을 위한 ‘있었느냐’의 모임을 가졌답니다. 가사가 많아도 어머니는 자식 교육에 관심을 갖는 데 비해 아버지는 자식 교육에 거의 관심을 갖지 않습니다. 그리고 교육은 어머니가 하는 것으로 생각합니다.

일본에도 우리나라의 전경련 같은 경단련이라는 곳이 있는데,

거기에서 내놓은 교육 개혁에 관한 문서에서 가장 중요한 것이 '아버지가 교육에 관심을 가져라'입니다. 이처럼 우리들 가정에서도 '아버지가 교육에 관하여 관심을 가져라'고 집에 가시면 꼭 전하세요.

(5) 부모는 자녀(아동)의 심리적 발달의 특징을 이해하고 흥미를 존중하며 이에 알맞은 교육을 한다

① 어린이답게 키워야 한다

산시산 수시수(山是山水是水)의 법문에서 인용을 한다면 어른은 어른이고 어린이는 어린이다워야 하는데, 아이들을 어른스럽게 키우지 마세요. 즉 애늙은이로 키우지 말라는 이야깁니다. 댁의 자녀를 뱃속에 영감이 들어 있는 흉측한 어린이로 키우지 말라는 뜻입니다. 어디까지나 어린이는 어린이다워야 합니다. 그리고 어른은 어른다워야 합니다.

② 어린이의 흥미 존중

어린이의 흥미를 존중함으로써 동기를 유발하는 문제에 대해 『법화경』 삼계화택(三界火宅)에서는 다음과 같은 예를 들고 있습니다.

어떤 마을에 큰 장자가 있었으며, 그의 저택은 광대하여 그 안에 수백 명이 살고 있었으나 건물은 오래되어 썩고 낡았다. 어느 날 갑자기 그 건물에 불이 났는데, 그 안에서 놀고 있던 자녀들은 불이 난 줄도 모르고 놀이에만 열중하고 있었다. 이때 집주인 장자는 자녀들에게, 지금 놀이에 빠져 있는 아이들에게 무슨 말을 하여도 믿지 않을 것이라 생각하여 방편을 썼다. 장자는 아이들에게 "너희들이 좋아하는 양수레, 사슴수레, 소수레가 문밖에 있는데 빨리 나와서 이 수레를 가지고 놀아라. 빨리 나오면 너희들에게 모두 줄 것이다"라고 소리쳤다. 그러자 자녀들은 하나밖에 없는 문으로 앞다투어 뛰어나왔다.

③ 때를 맞춰라―결정적 시기

무엇보다 아동기에 있는 어린아이들의 심리적 발달에 알맞도록 지도를 해야 합니다. 그래서 삼계화택(三界火宅)의 부처님 말씀을 여기다 적어 놓았습니다. 다시 말씀드리면 아이들의 흥미가 어디에 있으며, 관심이 어디에 있느냐 하는 것입니다. 거기에 따라 교육을 해야 한다는 것을 말씀드리고 싶습니다. 이것을 흔히 결정적인 시기라고 말합니다.

『벽암록』에는 줄탁동시(啐啄同時)라는 말이 있습니다. 병아리가 부화하는 것은 어미 닭이 밖에서 쪼고, 병아리 자신이 안에서 쪼아 서로 동시에 입질이 맞아떨어져야 비로소 병아리가 되어 밖으로 나온다는 이야기입니다. 어린이의 심리 상태가 무르익고 그것을 옆에서 부모가 도와줄 때, 어린아이들은 정상적으로 자라나는 것입니다.

저는 전에 할아버지가 손자를 데리고 걸어가는 것을 보면 매우 부러웠습니다. 평화스럽고 행복해 보였어요 제 손자는 다 컸기 때문에 이미 옛날이야기가 되었습니다만, 손자가 아주 어렸을 때 며느리가 와서, "아버님, 아이 좀 봐 주세요 저 볼일이 좀 있

어서 나갔다 오겠습니다" 하면 "그래, 나한테 맡겨. 내가 이래
봐도 교육학자야" 하며 승낙을 했습니다. 그런데 아이들 보는 일
이 그렇게 힘든 일인 줄 미처 몰랐어요. 아이는 잠시도 가만히
있지 않아요. 계속 움직이는데 뒤따라가자니 얼마나 힘드는지요.
또 나이 든 할아버지가 손자 앞에서 재롱까지 피워야 합니다.

아이 보는 일이 그렇게 힘든 일인 줄 정말 몰랐어요. 아이가
워낙 심하게 움직이면 야단을 쳐 봅니다. "좀, 조용히 있어?",
"가만히 못 있어?", "내가 책 보고 있어." 그러나 아무런 소용이
없습니다. 달래고 겁을 주고 재롱을 부려 봐도 아이의 움직임은
그치지를 않아요. 그러나 어린아이들이 조용할 때가 있습니다.
잠잘 때와 열이 40도 이상 올라가면 조용해집니다.

움직여야 하는 아이들을 왜 못 움직이게 합니까? 저는 손자들
이 집에 오면 마음껏 움직이게 둡니다. 며느리는 아이에게 미리
말합니다. "떠들면 할아버지한테 야단맞아, 할머니에게 야단맞
아."

아이들의 움직이는 속성을 아는 입장에서 미리 준비하면 됩니
다. 사실 아이가 부숴 봤자 얼마나 부수겠어요? 나는 손자가 오
는 날이면 미리 부서질 것은 손닿지 않는 곳에 올려놓습니다. 그
리고는 마음대로 뛰어 놀아라 합니다. 아이들은 신이 나지요. 그
이후부터는 아이들이 할아버지 할머니 집에 가자고 조른답니다.
자기 집에서는 꼼짝 못하게 하는데 우리 집에서는 자유롭거든요.
아무튼 움직이기를 좋아하는 아이들을 움직이지 못하게 하면 안
됩니다.

④ 아이들을 마음껏 뛰어 놀게 하라

좀 오래되었지만 초등학교 교장실에서 밖을 내다본 적이 있습니다. 아마 4월쯤이었을까, 입학식을 하고 얼마 안 된 때로 기억납니다. 1학년 입학식을 끝낸 아이들이 운동장에서 막 뛰어 놀고 있었습니다. 그 중에서 불쌍한 얼굴 하나가 눈에 들어왔습니다. 여자 어린아이였습니다. 흰 양말 신고, 흰옷 입고, 가슴에는 리본 하나 딱 달고 있었어요. 다른 또래들은 다 뛰놀고 있는데 그 아이는 뛰어 놀지 못하고, 병아리가 어미 닭 주위를 빙빙 돌듯이 또래들이 노는 것만 쳐다보고 있었어요.

아마 그 아이는 집에 가면 엄마에게 칭찬받을 겁니다. "너, 참 착하다. 빨랫감 만들지 않아서 얌전하구나" 하고 말입니다. 그러나 어렸을 때 빨랫감 하나 만들지 않는 아이가 어떻게 이 세상을 뚫고 나갑니까? 못 뚫고 나갑니다. 빨랫감 만들어야 합니다. 물론 정도가 지나치면 문제겠지만, 알맞은 빨랫감 만드는 아이들이 정상적으로 크는 아이입니다.

⑤ 호기심을 유발하라

또 만 4, 5세가 되면 아이들은 자꾸 묻습니다. 그런데 아이가 묻는데 대답을 못 하는 경우가 있어요. 몰라서 못 하는 경우도 있고, 알면서도 뭐라고 대답해야 할지 마땅하지가 않아서 못 할 때도 있어요. "엄마, 나 어디서 생겨났어?" 분명히 알죠. 그런데 무엇이라고 이야기합니까? 제대로 얘기할 수도 없고 안 할 수도 없고 해서 불쑥 나온 말이, "너 다리 밑에서 주워 왔어"입니다. 그런데 아이가 다리 밑을 봤더니 무척 더럽거든요. 이 일로 아이

에게는 열등감이 생기기 시작하죠

아이가 질문을 계속합니다. 비행기 안에서 어떤 젊은 부인이 어린아이를 데리고 있었어요. 제가 옆에서 보니까 그 어린아이가 엄마한테 질문을 합디다. "엄마, 귀가 아파. 왜 이렇게 귀가 아픈 거야?" 비행기를 타면 당연히 귀가 아프죠. 저는 그 아이의 엄마가 무엇이라고 대답하는지 가만히 듣고 있었어요. "아, 그건 기압 때문에 그래. 기압이 달라져서 말이야."

대여섯 살 먹은 아이가 기압이 무엇인지 어떻게 압니까? 이런 상황을 어떻게 표현해야 할지 모르겠습니다. 여하튼 아이의 질문이 있으면, 부모는 아이의 질문에 하나하나 성실하게 답해 줘야 합니다. 제가 아는 사람의 아이들이 초등학교 3학년과 5학년입니다. 그는 어린아이들 질문에 성실하게 대답합니다. 무엇을 물어보면, "글쎄, 그것은 지금 잘 모르겠는데" 하고 수첩을 꺼내 들어요. 아이가 질문한 것을 적습니다. 알아서 다음에 알려 준다고 합디다. 나는 거기서 부모가 자식 키우는 정성과 따뜻한 마음을 알 수 있게 되었습니다.

그 광경을 지켜보고 있다가 제가 물어봤어요. "애들 공부 잘하죠?" "예, 공부 잘합니다." 그렇지요. 공부 잘할 수밖에 없지요. 이처럼 어린아이들 질문 하나라도 소홀히 하면 안 됩니다. 성심성의껏 대답해 주는 부모가 참으로 바람직한 부모입니다.

부모가 집안을 깨끗이 치워 놓으면 아이들은 어지럽혀 놓고, 또 깨끗이 치워 놓으면 어지럽혀 놓습니다. 마치 숨바꼭질하듯 부모와 아이는 자신이 하던 일을 계속합니다. 마침내 부모가 화가 나서, "깨끗이 치워 놓았는데 이게 뭐냐?"고 하면서 야단을 치고 아이들 물건을 집어던집니다. 저는 그때 이렇게 말하고 싶습니다. '어른이라는 강력한 힘을 이용해서 어린이의 재산을 함부로 뺏는다'고 말입니다.

아이들이 이것저것 주워 모아 놓으면 부모는 더 갖다 줘야 합니다. 다만 위험한 것, 좋지 않은 것은 바꿔 줘야 하겠지요. 그리고는 계속 이것도 재미있지, 저것도 재미있지 하면서 자꾸 아이들 살림살이를 늘려 줘야 합니다. 그렇게 하면서 아이들에게 분류 방식을 가르치고 공통점과 차이점을 가르쳐 주는 것이 바로 교육이라고 볼 수 있습니다.

부처님의 말씀처럼 교육해야 합니다. 부처님은 참으로 훌륭한 교육자이시며, 인류 최고의 선생님이십니다. 옛 어른들이 말씀한 대로 삼계도사(三界導師)이시고, 사생자부(四生慈父)이십니다. 자녀 교육에 있어서도 부처님처럼 부모들이 아이들의 흥미 유발을 시켜야 합니다. 양수레, 사슴수레, 소수레가 잔뜩 있을 때, '너희들 마음대로 가져라'고 해야 합니다. 아이들은 좋아하면서 불타는 집을 뛰쳐나올 것입니다. 흥미와 호기심 중심의 결정적인 시기, 그때에 알맞은 교육을 해야만 아이들은 정상적으로 성장할 수 있습니다.

(6) 부모는 자녀(청소년기)의 감정 불안과 동요가 심하지 않도록 지도해야 하며 이를 위해 참선에 의한 EQ(정서지수) 향상에 노력한다

① 청년기의 심리적 특징

이 청년기는 아동기와 성인기의 중간에 놓인 단계입니다. 마치 아동기라는 따뜻한 공기와 성인기라는 찬 공기가 부딪치는 때가 바로 청년기입니다. 날씨를 봐도 따뜻한 공기와 찬 공기가 부딪칠 것 같으면 불연속성이 나타나서 흐렸다 개였다 변동이 심해집니다. 마찬가지로 청년기에는 따뜻한 아동기라는 공기와 차디찬 성인기라는 공기가 맞부딪치는 시기이기 때문에 감정이 크게 동요합니다. 금세 웃다가 금세 울고, 금세 반항하다가 금세 순종합니다.

청년들이 순종하지 않는다고 생각하겠지만, 청년들이 순종하는 모습을 보면 매우 놀랍습니다. 예를 들어서, 그들이 이념에 순종하는 모습을 보면 우리의 상상을 초월할 정도입니다. 지금 저 중동 지역에서 자살폭탄 테러가 가능하지 않습니까? 청년이기에 자살폭탄이 가능합니다. 종교의 가르침에 순종하고 나라가 발전한다는 생각 때문에 자살폭탄이 가능한 것입니다.

반항에는 두 가지가 있습니다. 하나는 양적인 반항이고, 다른 하나는 음적인 반항입니다. 양적인 반항이라는 것은 정면에서 대드는 것입니다. 이거는 괜찮습니다. 그런데 음적인 반항은 아버지한테 혼날 것 같으면, 그냥 아버지 신발을 탁 차는 것입니다. 수학 선생님한테 혼나면 수학노트를 갈기갈기 찢어 버립니다. 이게 음적인 반항입니다.

이것을 '히로트라타스'적 반항이라고 말합니다. 이게 무슨 말이냐 하면, '히로트라타'라는 희랍의 청년이 있었습니다. 그는 자기 이름을 역사에 남기고 싶은데 남길 도리가 없었어요. 여러 가지 궁리 끝에, 신을 모시는 신전에 불을 지르기로 했어요. 그는 계획한 대로 신전에 방화를 했고, 예상한 대로 나라가 발칵 뒤집혔습니다.

'누가 방화를 했느냐?' 흥분하여 잡고 보니 바로 그 젊은이였습니다. 그때 그가 뭐라고 말했느냐 하면, "내 이름을 역사에 남기기 위해서 불을 질렀다"고 했습니다. 그는 계획한 대로 목적을 달성해서 지금까지도 이름이 남게 되었습니다. 이것이 음적인 반항입니다.

음적인 반항을 잘 살펴야 합니다. 담배 피우는 것은 음적인 반항입니다. 청소년 스스로가 생각하기를 '내가 어른이 되었는데도 아무도 인정해 주지 않는다' 해서, 한 모금 빨면 하늘이 노랗게 되고 정신이 팽팽 도는데도 그 고통을 참으면서 담배를 피웁니다. 다시 말해 담배를 피우는 까닭은 '나도 이제 어른이 되었으니 인정해 달라'는 음적인 반항입니다.

또 양성 감정을 볼 것 같으면 자기비하 감정과 자기존중 감정이 서로 교차합니다. 어떤 때는 거울을 봐도 자신이 그렇게 못생길 수가 없어요. 하다못해 길거리의 거지도 자기보다 위대해 보여, 자신이 이 세상에서 가장 못난 사람처럼 보여요.

이런 기간이 좀 지나가면 그 다음에는 반대의 현상이 나타납니다. 이 세상에서 제일 잘난 사람은 오직 자기예요. 거울을 보면서 이만큼 생겼으면 최고로 잘생겼구나 하고 흐뭇해합니다. 군수, 대통령, 탤런트 등 그까짓 것 다 나보다 못생겼고 시시한데 무엇을 더 바라느냐는 맹랑한 생각이 들지요. 하지만 이런 생각들이 주기적으로 빙빙 돕니다. 자기 잘난 감정과 자기비하 감정이 수시로 빙빙 돌고 있습니다.

자기 잘난 감정에 사로잡혔을 때, 야단치는 것은 문제가 안 됩니다. 자기 비하 감정이었을 때 야단치든지 때리든지 하면 자칫

자살할 가능성도 있어요. 그러므로 야단칠 때도 잘 보아서 야단쳐야 합니다. 아무튼 이때는 양성 감정을 쓰고 있습니다. 그래서 중요한 것은 자기 마음을 통제하는 것입니다. 요즘 EQ라는 말을 쓰고 있습니다. 감정지수입니다. IQ는 지능지수인데, EQ는 감정지수입니다.

② EQ의 향상

EQ(Emotional Quotient)란 감정의 통제 및 조절 능력을 말한다 이것도 부처님께서 옛날에 다 말씀하셨어요. 일찍이 부처님을 조어장부(調御丈夫 : 마음을 조복하고 제어하는 장부라는 뜻)라고 부르지 않았습니까? 스스로 마음을 제어할 줄 아는 장부라는 뜻입니다. 내 마음을 내 마음대로 제어한다는 뜻입니다. EQ라는 것은 자기 감정을 통제하는 능력을 말합니다.

그런데 젊은 사람들은 자기 마음을 스스로 통제하는 방법을 전혀 모르고 있어요. 그렇기 때문에 그들에게 자기 마음을 통제하는 방법을 가르치기 위해 참선을 시킵니다. 참선도 그렇게 길게 할 필요가 없습니다. 그리고 어려운 화두 같은 거 들지 않아도 돼요 「"난 누구냐?" 그것만 한번 생각해 봐라. 5분도 좋고 10분도 좋다.」 그래서 참선 방법을 써서 EQ의 지수를 향상시켜야 합니다. 서양 사람들이 EQ라는 말은 썼지만 실제로 EQ를 향상시키는 방법은 제시하지 못했어요. 부처님께서는 '마음을 항복받는다', '마음을 제어한다'고 말씀하셨어요. 그래서 마음을 항복받고 제어하는 것이 EQ라고 말씀드릴 수도 있겠습니다.

(7) 부모는 사회의 급변에 따라 나타나는 자녀의 가치관을 이해하고 새로운 자녀관(사회의 후보자관에서 사회의 구성원관으로)을 형성하며, 특히 항구적 가치관 형성에 노력한다

우리가 청소년을 볼 때 두 가지로 봅니다. 하나는 사회의 후보자관의 관점으로 보는 겁니다. 청소년 후보자관이라는 것이 사회의 후보자관입니다. 예를 들어 '너희들이 장차 커서 이 나라의 주인이 된다' 이것입니다. 이에 반해서 사회의 구성원관이라는 것이 있습니다. 사회 구성원관이라고 하는 것은, 이 사회는 유년, 소년, 청년, 장년, 노년 등으로 구성이 된다는 것입니다.

사회의 후보자관에서는 항상 청소년들이 문제가 됩니다. 성인의 입장에서 청년들은 장차 이 나라를 짊어지고 갈 사람들인데도, 성인의 입장에서 보면 아주 형편없습니다. '요새 젊은 놈들은 사람이 덜 됐습니다.' 한마디로 젊은 놈들입니다. 이런 유형이 사회의 후보자관들입니다. 그리고 성인들은 근심 걱정들을 많이 하고 있습니다. 그러나 청소년들을 문제시하는 것은 요즘의 일이 아닙니다. '젊은 놈들'이라고 욕하기 시작한 것은 무려 2,000년이 되었답니다. 그 2,000년 전에도 '이 젊은 놈들,' 제가 어렸을 때도 '이 젊은 놈들', 마을 어른들이 젊은 사람을 봤을 때도 '이 젊은 놈들' 하는 것 등등, 이것이 바로 사회의 후보자관입니다.

성인의 가치관과 성인의 생활양식을 기준으로 해서 청소년들을 보면 눈에 차지 않는 것이 많습니다. 사회의 구성원관이라는 것은, 이 사회를 이루는 구성원들이 모두 행복한 삶을 살 때 비로소 이 사회를 이상적인 사회라고 볼 수 있습니다. 어린이는 어린이답게 행복하게 살고, 청년은 청년답게 행복하게 살고, 장년은 장년답게 행복하게 살고, 노인은 노인답게 행복하게 사는 것입니다. 현재는 성인이 중심이 되어 있고, 아동·청년·노인은 성인들의 왕국에 속국이 되어 있습니다. 노인들은 성인에게 대접받지 못합니다. 그리고 어린이, 청년들도 대접받지 못합니다. 성인 왕국에 노인 속국, 청년 속국, 아동 속국이 바로 오늘의 모습입니다.

그런데 이제는 사회가 급변했으므로 우리의 생각의 형태도 달라져야 합니다. 그것은 성인은 성인 나름으로 행복해야 되겠고, 노인은 노인 나름으로 행복해야 된다는 말입니다. 지금은 주로 청년 문화가 형성되어 있습니다. 그런데 청년과 성인의 생활양식에는 괴리가 큽니다. 아무튼 우리 사회에는 청년의 생활양식이 있고, 성인의 생활양식이 있고, 노인의 생활양식이 있습니다. 옷차림을 보아도 유니섹스, 남녀의 차이가 없는 옷을 입는다든지 하여 젊은 사람들의 옷차림을 성인들이 이해하지 못하는 것이 많고, 심지어는 눈에 거슬리는 것도 한두 가지가 아닙니다.

그렇지만 그런 것이 과연 무슨 문제가 될까요? 옷차림이 이상하다고 하여 사람이 이상해진 것은 아닙니다. 예를 들어 보면, 제가 지하철을 타고 가는데 바로 앞에 다섯 명의 젊은 여성이 앉아 있었어요. 옷을 깨끗이 입고 화장을 단정히 했어요. 그런데 그 중의 한 명이 아주 눈에 거슬리는 옷차림을 하고 있었어요. 거기다 머리도 헝클어져 있고, 입고 있는 청바지는 너덜너덜 찢어져 있었어요. 저는 내심 못마땅해서 그만 눈살을 찌푸렸지요. 그런데 그 아가씨가 "할아버지, 여기 앉으세요" 하면서 선뜻 일어나 자리를 양보했어요. 바로 청바지를 입은 그 문제의 여성이 말입니다. 화장 깨끗이 하고 옷 깨끗이 입은 다른 네 명의 여성들은 꼼짝도 하지 않고 빤히 쳐다보고만 있는데 말입니다. 여기서 옷이 무슨 문제입니까? 이처럼 우리는 외모를 문제 삼고 있습니다. 외모에 속아 사는 것입니다. 비슷한 일화가 있습니다.

『삼국유사』에 나와 있는 이야기입니다. 어느 유명한 고승이 초대를 받아 갔는데, 남루한 옷차림을 보고 문지기가 들여보내 주지 않았어요. 그 고승은 돌아가서 좋은 옷을 입고 다시 갔습니다. 그때서야 문지기가 굽신거리며 안으로 모셔 가는 것이었어요. 음식상을 잘 차려 받은 고승은 먹지 않고 맛난 음식을 차례차례 옷에다 쏟아 붓고 있었어요. 그 광경을 지켜본 주위 사람들이 물어봤겠지요. 고승의 말인즉, 옷차림 덕분에 여기 오게 되었으니 당연히 옷이 맛난 음식을 먹어야 된다는 대답이었어요. 오늘날 우리 사회에 시사하는 바가 큰 이야깁니다.

어느덧 한 4, 5년 전의 얘기입니다. 제 손자가 대학에 들어갔어요. 두 명이 같이 대학에 들어갔는데, 할아버지인 저는 대학교수의 경험이 많았습니다. 두 손자가 할아버지인 저에게 물어 왔어요. "할아버지, 대학에 들어가자마자 머리에 물들이는 것 어떻게 생각하십니까?" 둘 다 남자 아이들입니다. 저는 "염색하고 염색하지 않는 것이 문제되는 것이 아니라, 얼마나 성실하고 정직한가가 문제이고, 또 얼마나 부모에게 효도하는가가 문제라고 생각한다"고 대답했지요.

손자들이 대학에 입학한 뒤, 며느리가 전화를 해서 "아버님께서 애들한테 머리에 염색해도 된다고 말씀하셨어요?"라고 물었습니다. "왜 그러냐?"고 했더니, 아이들이 머리를 노랗게 물들이고 와서는 할아버지께 허락을 받았다고 하더랍니다. 나중에 손자들을 보았더니 과연 머리에 노랗게 물을 들였어요. 기분이 과히 좋지 않더군요. 저는 그들에게, "내가 언제 너희들에게 머리 물들이라고 했냐? 물들이고 들이지 않고보다는, 사람이 성실하고 정직하고 부모에게 효도해야 된다고 하지 않았느냐? 그것이 더 중요하다고 하지 않았느냐? 이제부터 더 잘해라"고 했더니, 그날부터 더 열심히 부모에게 효도를 했나 봐요. 부모들이 아주 좋아하더군요. 한 번 머리 염색을 해보고 다시는 하지 않았습니다.

도대체 머리에 물들인 것이 무슨 큰 문제가 됩니까? 하지만 우리는 너무나 겉모습만 보고 있습니다. 제가 어렸을 때의 일인데 지금도 기억이 선명합니다. 저는 어떤 여성의 뒤를 따라다닌 적이 있어요. 그 여성이 미친 여자라고 생각했어요. 왜냐하면 단발머리였기 때문이지요. 그때는 단발머리를 상상도 못 했어요. 그런데 서울에서 온 여자가 단발머리를 했는데, 마치 저기 미친 여자가 나타났다고 하는 것처럼 사람들이 쳐다보았어요. 이게 200년, 300년 전의 일이 아니고 불과 수십 년 전의 일이지요.

지금 애들이 찢어진 청바지를 입고, 머리 물들인 모습으로 20, 30년 뒤에 나타나면 모르긴 해도 골동품이 될 것입니다. 중요한 문제는 청소년들에게 겉모습보다는, 사람이 보다 더 근면하고 성실하고, 보다 더 인간으로서 지켜야 할 항구적인 가치를 얼마나 지녀야 하는 것인가를 문제 삼아야 합니다.

(8) 부모는 자녀의 잠재적(내재적) 능력이 최대한 실현될 수 있도록 도

와준다

① 대학 진학의 목적과 적성

각 개인에게는 잠재적인 능력이 있습니다. 이것을 개발하여 적극 키워 주어야 합니다. 대학에 가는 목적에는 대개 세 가지가 있습니다. 첫째가 귀속적인 목적, 둘째가 실용적 목적, 셋째가 내재적인 목적입니다.

첫째, 귀속적인 목적이란 어떤 배경에 개인을 귀속시키는 것입니다. 좋은 학벌이라는 배경에 개인을 귀속시킵니다. 대학에 왜 가느냐? 일류 대학에 일류 학과를 나왔다는 것을 항상 걸머지기 위해서 대학을 간다면 이것은 귀속적 목적입니다. 쉽게 말해서 간판을 위해서 대학을 가는 것입니다. 좋은 간판을 얻어야 본인뿐만 아니라 가족도 간판을 걸머지고 다닙니다. 얼마 전에 어떤 모임에 갔어요. 10여 명의 주부들이 둘러앉아 있는데, 그 가운데 어떤 주부가 저한테 물어봅니다. "선생님, 제 아들이 이번에 대학에 들어갔는데 어떤 대학, 어느 학과에 들어갔는지 아세요?" "제가 알 리가 있습니까?" 제법 큰소리로 "서울대 법과 대학에 들어갔어요." 그것을 누가 물어보았나요? 이처럼 가족들도 간판을 걸머지고 다녀요.

또 좋은 집에 태어났다는 문벌에 개인을 귀속시킵니다. 그래서 문벌 자랑을 합니다. 자기 집이 부자라는 것, 돈 많다는 것에 개인을 귀속시켜 부자라는 것을 자랑하며 다니고 있습니다. 그러나 이제 그런 시기는 다 지났습니다.

둘째, 최근에는 실용적인 목적을 강조하고 있습니다. 실용적 목적에서는 대학을 정치적 권력, 사회적 지위, 경제적 부를 획득

하는 수단이나 통로로 생각합니다. 즉 대학은 인기도 높은 직업을 얻는 통로로 여겨지며, 그 대학, 그 학과를 졸업하면 어떤 직업에 종사할 수 있는가를 문제 삼습니다. 그러나 이러한 시기도 또한 지나고 있습니다. 왜냐하면 직종의 변화와 직종의 분화가 너무나 급속도로 이루어지기 때문입니다.

오늘의 인기 직업은 내일의 사양 직업이 되며, 있었던 직종이 없어지고 새로이 나타나는 현 사회에서는 실용적 목적을 위하여 대학의 학과를 선택할 수는 없게 되었습니다.

세 번째는 내재적 목적에 의한 진학 지도입니다. 개인이 지니고 있는 잠재적 능력을 최대한으로 나타낼 수 있는 학과를 선택하게 하는 것입니다. 즉 적성을 고려한 진학 지도입니다.

자기 하고 싶은 것, 잠재적인 능력 계발이 중요한 시대입니다. 여기서 저 개인의 이야기를 한 가지 더 하겠습니다. 양해하시기 바랍니다. 저는 강의는 좋아합니다만 손재주가 너무 없습니다. 공과적인 적성이 없습니다. 쉽게 말하면 기계치(機械癡)입니다. 집에서 늘 사용하는 전화기가 있습니다. 저의 집에 있는 무선 전화기가 고장이 나서 가까운 가전제품 점에 전화를 했더니 전화기 몸통을 다 가지고 오라는 거예요. 가서 봤더니 전화기가 off로 되어 있었던 것입니다. 젊은 사람들에게 그동안 on, off도 모르고 살았던 저의 삶이 탄로가 났습니다. 또 그 뒤 얼마 있다가 리모컨이 고장이 났어요. 갑자기 안 되는 것입니다. 건전지가 다 된 줄 알고 바꾸었어요. 그래도 안 되는 것입니다. 그래서 자식들이 왔기에 주면서 이것 좀 어떻게 해보라고 했더니 다른 새 전지를 가지고 와서 바꿔 끼웠더니 깨끗이 되는 것입니다.

원, 세상에 이런 바보가 또 어디 있습니까? 제가 만약 등 떠밀려서 공과 쪽으로 갔다면 기를 쓰고 노력을 해도 잘 되어야 미장보조나 되었을지 모를 일이지요. 도대체 못 하나 제대로 박지 못하니 어디에 쓸모가 있겠어요? 그러나 제가 학자로서 연구하고 강의하는 데는 조금 쓸모가 있지 않습니까? 이처럼 제각기 자기 나름대로의 특징이 있습니다. 교육이 착안해야 할 점이라고 생각합니다.

② 과거세의 업과 적성

부처님께서는 『화엄경』 도솔천궁게찬품에서, "여러 중생들은 과거세에서 지은 업에 따라 각양각색이며 서로 같지 않음을 나타낸다"고 말씀하셨습니다.

부처님의 가르침으로 살펴보면, 저는 전생에 공과(工科) 쪽에 종사하지 않았던 것으로 생각이 됩니다. 흔히 이런 말이 있지 않습니까? 금생에 많이 닦아야 그것을 내세에 많이 가지고 간다. 그렇기 때문에 적성이라는 것은 우연히 생기는 것이 아니라 오랫동안 닦아 온 업입니다.

저번에 어떤 부인이 물어봐요. 아들이 고3인데, 전자 계통에 취미가 굉장하답니다. 그런데 집에서는 한사코 반대입니다. 의과대학 가라고 말이지요. 부인도 아들에게 전자 계통은 절대 안 된다고 했답니다. 그래서 제가 이렇게 말씀드렸습니다. "보살님은 불자이신데, 부처님 가르침을 소중하게 생각하지요? 그 아이가 전생에 의사가 아니라, 전자 계통이나 공과 쪽에 종사하였으므로, 공과대학으로 보내는 것이 좋을 것입니다"라고 이 때문에 잠재적인 능력은 바로 전생의 업입니다. 그러므로 아이들을 잘 살핀 뒤, 대학 진학의 방향을 결정하는 것이 매우 중요하다고 생각합니다.

(9) 부모는 자녀의 인격을 존중(인간 존엄성)함으로써 긍정적 자아 개념을 형성한다(天上天下唯我獨尊)

저는 부처님 가르침에 두 가지 큰 흐름이 있다고 생각합니다. 하나는 사회 혁신입니다. 그런데 불교를 사회 혁신과 연결시켜서 생각하는 사람들은 드뭅니다. 다른 하나는 수도를 해서 열반에 이르는 길입니다. 그러면 사회 혁신이라는 것은 무엇인가? 부처님께서 탄생하시자 천상천하 유아독존이라고 하셨어요. 당시 인도 사회에서 가장 문제가 되었던 것은 계급 제도입니다. 그것은 지금까지도 사라지지 않았습니다. 그들은 부처님 가르침을 신봉하지 않았기 때문이지요. 아무튼 그 당시 부처님께서 계급을 타파해야 한다고 생각하여 천상천하 유아독존이라고 한 것은 사회 혁신입니다. 말하자면 거지도, 노예도, 그 누구도 절대적인 존재라는 것이지요.

몇 가지 예를 들어 보겠습니다.

여기 보살님들, 대답해 보세요. 보살님 자신과 자식 중에서 누가 더 소중합니까? 아마 대부분의 보살님들은 자신보다도 자식이 더 소중하다고 답할 것입니다. 그런데 그것은 거짓말입니다. 증거를 들어 볼까요? 여행을 가거나 가족들 행사가 있으면 가족 모두 모여서 사진 찍지요. 사진이 나오면 제일 먼저 누구 얼굴부터 봅니까? 자식, 남편입니까? 아닙니다. 자기 얼굴부터 봅니다.

자식이 소중하다고 해서 자식 얼굴 본 뒤 자기 얼굴 보는 사람 있습니까? 그 누구도 없습니다.

또 묻겠습니다. 바보가 왜 천재보다 못합니까? 한 개인 개인은 누구와도 바꿀 수 없는 절대적인 존재입니다. 그럼에도 불구하고 우리는 공부 잘하는 사람과 못하는 사람을 비교합니다. 공부 잘한다 못한다는 것은 비교 개념입니다. 제가 청소년 교육 세미나에 간 적이 있는데, 학생들이 가장 싫어하는 부모가 다른 학생과 자기를 비교하는 부모라고 했습니다. 자기 자신과 자신의 친구를 비교하는 부모 말입니다. 비교하지 말라는 거지요. 비교하려면 그 학생의 과거와 현재가 얼마나 달라졌는지를 비교해야 되겠지요.

제 글씨가 형편없습니다. 소위 대학의 총장까지 지낸 사람이 어떻게 글씨가 이리 형편없느냐고 할 정도입니다. 왜 형편없느냐 하면, 제가 초등학교, 중학교 다닐 때 서예 시간이 있었습니다. 그때는 성적을 갑, 을, 병으로 냈어요. 잘하면 갑, 못하면 병을 주는데, 저는 졸업할 때까지 서예 성적은 언제나 병이었어요.

선생님들이 저의 글씨를 다른 학생과 비교할 것이 아니라, 제가 3개월 전에 쓴 글씨와 현재의 글씨를 비교하면서 얼마나 글씨가 달라졌느냐, 이 정도로 달라지면 앞으로 서예가도 될 수 있겠다고 칭찬을 했으면 아마도 글씨를 잘 쓸 수 있었겠지요.

집에서도 그렇지 않습니까? 남편을 다른 집 남편과 비교하지 마세요. 아무개 아빠는 청소도 잘 도와준다고 하면 남자들은 여간 기분 나쁘지 않아요. 마찬가지로 부인을 다른 집 부인과 비교하지 마세요. 부디 다른 사람과 비교하지 마시고, 비교하려면 당사자의 전과 후를 비교하세요. 모든 사람은 누구나 다 천상천하 유아독존입니다. 부처님 가르침에 충실한 불자들은 앞으로 절대로 자식이나 남편 또는 아내를 다른 사람과 비교하지 마세요. UN인권선언 제1조에 부처님 말씀이 나옵니다. '인간은 누구나 존엄한 존재이다'라고.

(10) 부모는 자녀의 개성을 파악하고 이에 적합한 교육을 한다

부처님의 가르침을 팔만 사천 법문이라고 합니다. 이것은 중생들의 능력, 성격, 소질에 따라서 법문 내용을 달리함을 말합니다. 팔만 사천이라고 하는 수치는 '수없이 많음'을 의미한다고 볼 때, 개인차에 알맞은 교육 방법의 제시라고 볼 수도 있습니다. 흔히 "너는 아직 어리기 때문에 불법을 가르칠 수 없다", "너는 머리가 나쁘기 때문에 불법을 이해할 수 없을 것이다", "너는 돈을 너무 밝히는 성질이 있으므로 불법을 모를 것이다" 하는 등의 이유는 성립되지 않습니다. 부처님은 분명히 개인의 특성에 따라 다르게 가르쳐야 함을 말씀하셨습니다. 즉 대기설법(對機說法)을 실천하셨습니다.

사람은 각 개인마다 다른 모습입니다. 이것은 앞의 적성에서도 말씀드렸죠. 농경 사회에서는 소품종 소량 생산입니다. 산업 사회에서는 소품종 대량 생산입니다. 오늘날 정보화 사회에서는 다품종 소량 생산입니다. 예를 들어서 말씀드리면, 오늘날 라면은 다품종 소량 생산입니다. 저는 라면의 종류가 그렇게 많은지 몰랐습니다. 대략 4, 50여 종류가 되는 것 같았습니다. 오늘날 교육도 마찬가지입니다. 모든 것이 무척 다양한 시대입니다. 옛날에 축구만 잘한다고 해서 생활할 수 있었습니까? 그러나 지금은 축구만 잘해도 얼마든지 잘 살 수 있습니다. 이처럼 오늘날은 직업이나 삶 모두 다양한 사회입니다.

우리 교육계에서 저지른 잘못 중에 가장 큰 잘못은 평균이라는 개념을 들여온 것입니다. 음악이 90점이고, 체육이 80점입니다. 그래서 평균이 85점이라는 것인데, 세상에 이런 계산법이 어디 있습니까? 이것은 마치 (90g+80cm)/2와 같은 계산법입니다. 체육과 음악을 어떻게 합칩니까? 정말 말도 안 되는 소립니다. 오늘날의 사회는 다양화된 사회이기 때문에 이제부터는 평균 개념을 버려야 합니다. 어느 측면, 어느 쪽에서도 성공할 수 있는 길이 얼마든지 열려 있는 사회입니다. 다양화 사회에서는 여러 개의 줄이 있습니다.

『법화경』에는 다음과 같은 비유가 있습니다.

두터운 구름이 하늘 가득히 펼쳐져 있어서 삼천대천세계를 구석구석 덮어, 동시에 비를 골고루 내려 모든 초목, 총림, 약초의 작은 뿌리, 줄기, 가지, 잎을 가진 것, 중간 정도의 뿌리, 줄기, 가지, 잎을 가진 것을 적신다. 많은 수목의 큰 것, 작은 것은 그 성질에 따라 저마다 받아들이는 물기가 달라서 동일한 구름에 의하여 비를 맞지만 각각의 종류, 성질에 적합하게 자랄 수 있다.

(11) 부모는 자녀의 행동 표준을 세우고 일관성 있는 지도를 함으로써 가치관 및 기본적인 생활 습관을 형성한다

제가 교수로 있을 때, 어느 날 강의실에서 교수인 제가 안에서 밖으로 나가고, 학생이 밖에서 안으로 들어왔어요. 부딪히면 늙은 제가 손해입니다. 그래서 제가 피했더니, 학생이 기다렸다는 듯이 쑥 들어왔어요. 제가 "학생 이리 와. 네가 들어오는 데 내가 피해 줬는데, 어떻게 생각하나?" 그랬더니 학생이 죄송하다고 했어요. 부모가 너무 가르치지 않았어요. 가르칠 것은 철저히 가르쳐야 해요.

예를 들면 어머니가 좋아하는 접시를 아이가 깼어요. 화가 몹시 난 어머니가 야단을 치고 혼을 냈지요. 아이가 울면서 아버지한테 갔더니 "괜찮아, 괜찮아" 했어요. 아이들의 가치관에 혼란이 옵니다. 도덕 발전이 이루어지지 않아요. 한쪽에서 야단을 쳤으면 다른 한쪽에서도 똑같이 야단을 쳐야 합니다. 일관성 있는 지도를 해야 도덕관이 형성되는 것이지, 갈등과 혼란 상태에서는 도덕관이 형성되지 않습니다.

(12) 부모는 자녀와의 대화기법을 익혀야 하며, 특히 사고력을 신장시키는 대화를 해야 한다

여러분들 자녀와 어떤 대화를 하는지 모르겠어요. 예를 들죠. 전화가 와서 주부가 부엌에서 일을 하다 전화를 받으러 갑니다. 전화 옆에서 어린아이가 왕왕 소리를 내며 떠들고 있어요. 시끄러우니까 지나가면서 한 대 치고 갑니다. 애가 그것이 무슨 뜻인지 알아요. 하도 맞아 봐서요. 이게 단순 대화입니다. 이것으로는 사고의 발달이나 지능의 발전이 오지 않습니다.

그 어린아이 옆에 가서 "네가 떠들면 어머니가 전화 받을 수 있겠니? 그러면 네가 어떻게 해야 하겠니?" 하는 것이 사고력을 신장시키는 대화입니다. 사고력을 신장시키는 대화가 필요합니다.

(13) 부모는 자녀의 창의력 계발 및 성취동기 육성에 힘쓴다

오늘날의 사회는 창의력이 없으면 못 삽니다. 현대그룹의 명예회장이었던 정주영 씨는 창의력이 대단한 분입니다. 그분이 젊은 시절에 집을 나와서 인천 부둣가에서 일을 하고 있는데, 밤만 되면 빈대 때문에 잠을 잘 수가 없더랍니다. 그래서 책상을 구해서 그 위에서 잤더니 처음 며칠은 괜찮았는데, 곧 빈대가 책상으로 기어 올라와서 또 잠을 잘 수 없더랍니다. 그래서 세숫대야에 물을 받아서 책상다리를 넣었더니 빈대가 못 올라와서 한동안 잠을 잤는데, 또 좀 있다가 다시 빈대가 물더랍니다. 도대체 빈대가 어떻게 올라왔나를 가만히 살펴봤더니 벽을 타고 천장으로 올라간 뒤, 거기에서 침상으로 낙하를 하더라는 겁니다.

정주영 씨가 생각하길, 빈대도 자신의 목적을 위해서 저렇게까지 애를 쓰는데 사람으로 태어나서 빈대보다도 못할 수야 있겠느냐고 했다는 것입니다. 이것이 정주영 씨의 그 유명한 빈대 철학입니다.

또 울산에서 조선공장을 짓는데 돈이 있어야지요. 영국의 어느 은행에 돈을 빌리러 갔답니다. 영국의 은행장이 처음부터 돈 빌려줄 생각이 없어서, 인사치레나 면피용으로 조선공장이 얼마나 진척되어 있는지 사진을 보여 달라고 지나는 말로 하더랍니다. 사진에는 아무것도 없는 허허벌판 모래사장뿐이죠. 다시 그 은행장이 묻기를 "당신 나라에서 배를 만든 경험이 있느냐?"고

하였답니다. 그때 정주영 씨가 호주머니에서 우리나라 돈을 꺼내더랍니다. 옛날 지폐 500원짜리에 거북선이 있었지요. 정주영 씨가 그 거북선을 보여 주면서, "우리나라에는 돈에도 배 그림이 있다. 당신 나라 돈에 배 그림이 있으면 보여 달라"고 하더랍니다. 은행장은 그 기지와 창의력에 감탄해서 처음 마음을 바꿔 돈을 빌려주었다고 합니다.

지금 고3 학생들은 삼당사락(三當四落)이라고 합니다. 세 시간만 자야 대학 간다는 말이죠. 이렇게까지 세계적으로 공부 많이 하는 학생들이 있겠어요? 그런데 학문적인 측면에서는 아직 노벨상이 나오지 않았어요. 그것은 창의력 계발이 우리나라 교육에서 결여되어 있기 때문일 것입니다.

(14) 부모는 자녀에게 전통적 문화를 전수함으로써 세계화 시대에 있어서의 국가 정체성을 함양하도록 한다

우리나라 전통 문화는 불교 문화입니다. 개신교 문화에 무슨 전통이 있습니까? 이 전통이라는 것은 참으로 무서운 힘을 가진 것인데, 안타깝게도 우리는 이것을 너무나도 소홀히 생각하는 경향이 있습니다. 인도네시아 발리 섬에서는 남자들이 치마를 입는데, 팬티를 입지 않고 바로 입어요. 저도 그곳에 갔을 때 바지 입고 다니다가 너무 더워서 발리 섬 남자들처럼 팬티를 입지 않고 치마를 입어 보았어요. 그랬더니 시원하고 활동하기가 이루 말할 수 없이 편한 것을 느꼈어요. 그들이 팬티를 입지 않았다고 흉보지 말자는 것입니다. 그것은 어디까지나 그들의 문화이고 전통입니다.

마찬가지로 우리는 우리의 전통이 있고 문화가 있습니다. 흔히 우리 불교를 호국 불교라고 말합니다. 불교를 철저히 믿는 것이 전통을 보호하고 사랑하는 사람이고, 나아가 나라를 사랑하는 사람입니다. 왜냐하면 이 나라의 전통 문화는 불교 문화이기 때문입니다.

오늘 강의 들으신 여러분, 앞으로 보다 더 불심이 깊어지는 불자가 되시기를 기원합니다. 감사합니다.

김종서 ——————————————

학력 및 경력

1924년 7월 5일 황해도 장연에서 출생하여 서울대학교 사범대학 교육
학과를 나와 미국 죠지 피바디 사범대학에서 문학석사(교육학), 서울
대학교 대학원 문학박사(교육학) 학위를 받았다.

서울대학교 사범대학 교수·학장, 서울대학교부설 한국방송통신대학
장, 덕성여자대학교 총장, 한국교육학회 회장, 한국사회교육협회장, 교
육개혁위원회 위원장, 한국교육개발원 이사장을 지냈다. 현재 서울대
학교 명예교수.

한국교수불자연합회 고문, 우리는 선우 고문, 대한불자예술인연합회
고문, 한국불교언론인회 고문, 길상사 자문위원으로 활동하고 있다.

한국일보 출판문화상, 서울시 문화상, 천원교육상, 국민훈장 모란장,
국민훈장 무궁화장 등을 받았다.

연구 업적

『잠재적 교육과정의 이론과 실재』 외 24권(공저포함)이 있으며, 「평생
교육의 발전과정」 외 54편(공동연구 포함)의 논문이 있다.

제9장

불자 가족의 가정관리, 어떻게 할 것인가

김외숙 _ 한국방송통신대학교 가정학과 교수

강의에 들어가며

여러분 반갑습니다. 소개받은 방송통신대학의 김외숙입니다. 도피안사에는 예전에 광덕 큰스님께서 계실 때 몇 번 참배한 적이 있었는데, 오늘 다시 와서 보니 그때의 감회가 새롭고, 또 송암스님의 원력이 얼마나 큰지 알 수 있겠습니다.

사실 '불자 가족의 가정관리'란 주제에 대해서는 이 자리에 앉아 계시는 여러분이 더 잘 알고 계시지 않을까 하는 생각도 듭니다. 저는 불자라고는 하지만 겨우 주말법회에 참석하거나 집에서 가끔 경을 읽는 정도이고, 본격적으로 불교를 공부한 적이 없어서 부족한 점이 많습니다. 또 절에 가면 여러분과 마찬가지로 앉아서 법문을 듣는 입장이었는데, 오늘 이 자리에 서게 되니 한편으로는 영광스러우면서도 또 다른 한편으로는 걱정이 앞섭니다.

강의에 들어가기에 앞서 '가정관리'란 무엇인지 그 의미를 간단히 말씀드리겠습니다. 그 다음 가정관리에서 중요한 개념인 '욕구'와 '자원'에 대해 설명드린 후, '행복한 삶을 위하여 가정관리에서 유의해야 할 과제가 무엇인가'에 대해 말씀드리겠습니다.

저는 불교학자가 아닌 가정관리학을 전공하는 사회과학자이기 때문에 가정관리 이론을 중심으로 말씀드리면서 저 나름으로 불교적 교리와 입장을 접목시켜 보겠습니다. 저는 지난 30여 년간 가정관리를 공부해 오면서 전공 영역과 불교교리를 접목시키는 연구를 해야겠다고 늘 생각하면서도 그동안 실천을 못 했습니다. 이번 강의를 그러한 연구를 시작하는 기회로 삼기로 하고 미숙한 채로 강의를 시작하겠습니다.

우리 모두 같은 불자의 입장에서 가정관리를 어떻게 하는 것이 바람직할지 함께 고민하는 자리가 되면 좋겠습니다.

1. 가정관리란 무엇인가

그러면 먼저 '가정관리'란 용어에 대해서 생각해 봅시다. 우리는 일상생활에서 관리라는 말을 자주 사용합니다. 인사관리, 재무관리, 주택관리 등이 모두 익숙한 말입니다. 일반적으로 관리라고 하는 것은 어떤 목표가 있고, 그 목표를 달성해 가는 활동, 즉 목표에 맞추어 가는 활동을 말합니다. 합목적적(合目的的) 활동이라고 할 수 있습니다. 이렇게 볼 때 가정관리는 '가족의 목표를 세우고, 가족이 가진 자원을 사용해서 가족의 목표에 맞도록 이끌어 가는 활동'이라고 보면 되겠습니다.

개인생활과 마찬가지로 가정생활을 하는 데도 여러 가지 방법이 있습니다. 대충 되는대로 하루하루 살아갈 수도 있고, 장기적인 전망에서 가족의 목표를 설정하고, 그러한 목표를 달성하기 위한 방법을 강구하면서 생활할 수도 있습니다. 가족이라는 집단이 장기적으로 안정되고 건강한 삶을 유지하기 위해서는 가정생활의 목표를 세우고, 자원 사용을 통해 그 목표를 달성해 가는 관리 활동이 필요합니다.

여러분이 지금 여기에 와 계신 것은 법회에 참석하고, 강의를 듣는 것이 중요하다고 생각했기 때문입니다. 그렇지 않고 다른 어떤 것이 더 중요하다고 생각하셨다면 이곳에 오시지 않았을 것입니다. 이처럼 하루 24시간을 배분하는 데도 나름대로의 중요성에 따라 의사 결정을 하듯이, 살아가면서 하고 싶은 것을 다 하고 갖고 싶은 것을 다 가질 수는 없기 때문에, 어떤 목표를 가지고 어떤 자원을 어떻게 배분할지 결정하는 일이 중요합니다.

우리들은 하고 싶은 것, 갖고 싶은 것이 참 많습니다. 그것은 우리 인간의 기본적인 본성으로서 '욕구의 무한성'이라고 표현할 수 있겠습니다. 예를 들면 배고픈 것을 충족시키고 나면 그 다음에는 '맛있는 것을 먹고 싶다', '아름다운 음악을 듣고 싶다', '여행을 하고 싶다' 등과 같은 새로운 욕구가 생깁니다. 이처럼 욕구는 무한정으로 확대됩니다. 그런데 어느 누구도 그런 욕구를 모두 충족시킬 수 있을 만큼 충분한 자원을 가질 수는 없습니다. '자원의 유한성'이라고 하겠습니다.

만일 우리가 하고 싶은 것, 갖고 싶은 것을 모두 하고, 모두 가질 수 있다면 가정관리학이라는 학문은 발생하지 않았을 것입니다. 왜냐하면 하고 싶은 대로 다 할 수 있는데, 굳이 그것을 연구하고 교육할 필요가 없기 때문이지요. 그런데 왜 그런 학문이 발달했는가 하면 인간의 욕구는 무한한 데 비하여 욕구를 충족시킬 수 있는 자원은 유한하다는 점 때문입니다. 바로 이 두 가지 조건에서 경제 문제가 발생합니다. 가정생활에 초점을 두고 이러한 경제 문제를 해결하고자 하는 것이 가정관리라고 볼 수 있습니다.

실제 가정생활을 보면 가족 구성원은 서로 다릅니다. 세대도 다르고, 성별도 다르며, 욕구도 다릅니다. 한 가정에 같이 사는 가족이지만 각기 다른 욕구를 가지고 있습니다. 같은 사람도 시기에 따라 욕구가 변합니다. 그리고 가족 전체로서 달성해야 하는 목표도 있습니다. 거기에 비해서 가족이 가진 자원은 제한되어 있습니다. 따라서 '어떤 가족 구성원의 어떤 욕구를 먼저 충족시킬 것인가', 또는 '어떤 수단을 이용하여 어떻게 충족시킬 것인가'라는 것이 중요한 결정이 될 수밖에 없습니다.

2. 욕구

그럼 이제 욕구에 대한 이론을 좀 살펴보고, 그것이 불교교리와 어떻게 접목되는지 말씀드리겠습니다. 욕구와 관련해서는 주로 심리학자 매슬로우(A. H. Maslow)의 '욕구단계설'을 많이 인용합니다. 행동의 동기를 부여하는 욕구에는 단계가 있고, 아래 단계의 욕구가 충족되면 다음 단계의 욕구가 발생한다는 주장입니다. 그의 견해에 따르면 욕구 단계의 가장 아래에는 생리적 욕구가 있고,

그 위로 안전의 욕구, 애정 및 소속감의 욕구, 자기 존중의 욕구가 차례로 위치하고, 가장 위쪽에 자아실현의 욕구가 있습니다. 실증적 연구에서 그의 주장이 증명되지는 않았지만 욕구의 다양성을 이해하기 위해서는 매우 적절한 이론이라고 봅니다.

예를 들어 여러분이 현재 '생리적 욕구'인 수면이 절대적으로 부족하다거나 배가 많이 고프다면 이런 강의를 듣고 싶을까요? 그렇지 않겠지요? 생명 유지를 위한 생리적인 욕구는 모든 생명체의 근본이라고 볼 수 있습니다.

그런데 오늘 당장 배가 부르고 시원하다고 그것으로 모든 것이 충족되는가 하면 그렇지 않습니다. 내일이 기약되지 않으면 불안합니다. 계속 안정적으로 살고 싶다는 안전의 욕구는 생리적인 욕구가 충족되면 다음 단계로 일어납니다. 미국에 사는 교포들 사이에 이런 얘기가 있습니다. 남미에서 미국으로 이주해 온 사람들은 당장 저녁거리가 없어도 춤추며 파티를 즐기는데 비해 우리 교포들은 자기 세대만이 아니라 자녀 세대까지 먹고살도록 되어 있어도 안심을 못 한다는 것입니다. 불안했던 역사적 경험이나 빈곤한 천연자원 때문에 미래의 안정성을 확보하고자 하는 욕구가 더욱 강한지 모르겠습니다.

그렇다면 생리적인 욕구와 안전의 욕구만 충족되면 그것으로 끝일까요? 아닙니다. 남에게 사랑을 받고 싶고, 나도 누군가를 사랑하고 싶고, 어딘가에 소속되고 싶고, 지위를 갖고 싶다는 애정과 소속의 욕구, 다른 말로 하면 사회적 욕구가 나타나게 됩니다.

사회적 욕구 다음으로 자기 존경의 욕구가 나타나고, 맨 마지막에 자아실현의 욕구가 있습니다. 자신이 가진 모든 것을 실현한다는 것이지요. 불교에서 말하는 해탈이란 자아의식까지 뛰어넘은 자아실현이라고 할 수 있겠습니다.

욕구라고 하더라도 이처럼 단계가 많기 때문에 어느 단계의 욕구를 얘기하느냐에 따라 차이가 있을 수 있습니다. 일상적인 용어로 욕구 또는 욕망이라고 할 때에는 저차원의 욕구들을 칭하는 경향이 있습니다.

(1) 불교에서 보는 욕구

그러면 불교에서는 이런 욕구에 대해서 어떻게 접근하고 있을까요? 일반적으로 욕구 충족 또는 욕망 추구에 대하여 불교에서는 굉장히 금기시하는 것으로 잘못 알려져 있다고 저는 생각합니다. 불교에서는 욕망을 키우라고 강조하지는 않지만, 욕구 충족 자체를 죄악시하는 것은 아닙니다. 간단한 예를 들면 부처님께서 고행을 하시다가 우유죽을 드신 일화가 있지 않습니까? 부처님께서는 금욕 그 자체를 가치로 인정하신 것이 아니라 중도(中道)를 취하신 것입니다. 말하자면 금욕주의와 자기중심적인 욕망에 탐닉하는 양극단을 거부한 것입니다. 물질에 대한 집착도 바람직하지 않지만, 무조건 욕구를 금기시하는 것도 바람직하지 않다는 말씀입니다. 이런 측면에서 어떤 욕구를 어느 수준으로 충족시킬지가 중요한 의사 결정의 과제라고 할 수 있습니다.

(2) 목표 설정의 중요성

가정관리가 단순한 가사 처리가 아니고 '가족이 원하는 바를 가족이 사용할 수 있는 자원을 통해서 달성해 가는 활동'이라고 할 때 가장 중요한 점은 '어떤 목표를 설정하는가'입니다. 우리가 여행을 갈 때도 목적지를 정하고 갑니다. 교통수단은 여러 가지가 있지요. 비행기를 탈 수도 있고, KTX를 이용할 수도 있습니다. 고속버스를 이용할 수도 있고, 직접 운전을 하면서 갈 수도 있습니다. 목적지가 분명하다면 어떤 수단을 택하든 바르게 갈 수 있을 것입니다. 만약 목적지가 불분명하다면, 빨리 간다고 비행기를 타고 제주도로 가야 할 사람이 부산으로 가는 일이 생길 수도 있습니다. 너무나 빠르게 효율적으로 갔지만 목적지와는 다른 곳으로 가 있는 것입니다.

목표 설정의 중요성을 비유할 때 사다리 예도 많이 듭니다. 담을 넘어서 원하는 곳으로 가기 위해 사다리를 이용한다고 생각해 보십시오. 많은 사람들이 관심을 갖는 것은 빨리 그 사다리를 올라가야 되겠다는 점입니다. 그런데 열심히 올라가서 보니 사다리가 원하는 위치에 놓여 있지 않다면 어떻게 되겠어요? 아주 빨리 올라갔지만 자기가 원하는 목적지가 아닌 엉뚱한 곳에 가 있는 것이 되겠지요.

여행을 할 때 어디로 갈 것인가 목적지를 뚜렷이 정하고 그 방향으로 가다 보면 천천히 가거나 중간에 다른 일이 있어 쉬게 되더라도 결국은 그곳으로 가게 됩니다. 사다리를 놓을 때 시간을 두고 잘 살펴서 제자리에 놓으면 조금 늦어도 결국 원하는 곳으로 올라가게 되어 있습니다. 우리 문화가 빨리 하는 데 많은 가치를 두다 보니 '정말 바르게 하는가, 정말 옳은 방향인가' 하는 점을 생각할 여유를 갖지 못하는 경우가 많이 있습니다. 불자로서 가정생활을 할 때 목표를 어디에 두고 어떤 욕구를 어느 정도 충족시킬 것인지 방향을 잡으면서 생활하는 것이 무엇보다 중요하다고 봅니다.

이미 여러분의 강의를 통하여 가족이 억겁의 인연으로 가장 가까운 인연이 모인 집단이라는 점, 그리고 가족원이 함께 생활하는 가정이 수행 공동체로 매우 중요하다는 점에 대해 충분히 들으셨을 것입니다. 가족이 인생 수행의 길을 함께 가는 도반이고 가정을 수행의 터전이라고 볼 때, 불자 가족의 가정관리에 있어서 궁극적 목표는 모든 가족원의 해탈, 견성, 즉 인격 완성이라고 할 수 있을 것입니다. 다만 성도(成道)를 목표로 집을 떠난 출가자와는 달리 가정생활을 하는 재가 신도의 경우 궁극적 목표와 함께 일상생활을 위한 장·단기 목표도 명확하게 설정하는 일이 중요하겠습니다.

3. 자원

(1) 자원의 개념 : 효용성

어떤 목표를 달성하려고 하면 그것을 가능하게 하는 수단이 있어야 합니다. 그 수단을 자원이라고 부릅니다. 자원은 꼭 개인이나 가족이 소유해야 하는 것은 아니고 사용할 수만 있으면 됩니다. 아무리 좋은 목표를 세워도 자원이 없으면 실현이 불가능하기 때문에 자원은 매우 중요합니다.

자원에 대하여 깊게 이해하기 위해서는 여러 가지 개념을 알 필요가 있지만, 저는 이 자리에서 한 가지만 강조하고 싶습니다.

바로 '효용성'입니다. '유효성'이라고도 합니다. 이것은 자원의 정의에서 알 수 있듯이 자원이란 목표를 달성하기 위해 유효한 효용을 가져야 한다는 뜻입니다.

보통 자원이라고 하면 제일 먼저 떠오르는 것이 화폐, 즉 돈입니다. 돈으로 많은 재화와 용역을 교환할 수 있기 때문입니다. 원하는 것, 갖고 싶은 것을 돈을 통하여 얻을 수 있으니까 오늘날과 같은 사회에서 돈이 필요하지 않다거나 중요하지 않다고 하는 것은 비현실적입니다. 그러면 돈은 항상 가장 중요한 자원일까요?

자원이란 '목표를 달성할 수 있는 수단'이기 때문에 목표와의 관계 속에서 자원인가 아닌가가 결정됩니다. 예를 들어 부모가 많은 재산을 가지고 있어서 그 자녀가 부모의 재산을 믿고 독립적으로 무엇인가를 성취하고자 하는 욕구를 갖지 못하게 된다면, 이런 경우 부모의 재산은 자녀의 독립적인 성장 발달이라는 목표에 비춰 볼 때는 자원이 아닌 장애가 됩니다. 이처럼 자원이라는 것은 존재 자체가 아니라 목표와의 관계 속에서, 어떤 목표를 달성하려고 하느냐에 따라 그 의미가 달라집니다.

우리 불자들이 익숙하게 듣는 비유 중에 '똑같은 물이라도 뱀이 먹으면 독이 되고, 소가 먹으면 우유가 된다'는 말이 있습니다. 물이 독이 되느냐, 우유가 되느냐는 누가 사용했는가에 달려 있습니다. 나아가 독은 장애물이고 우유는 자원이라는 것도 인간의 입장에서 본 평가일 뿐입니다. 만약 길가에 돌멩이가 하나 있는데 그것이 언덕길에서 자동차 바퀴를 받치는 역할을 하면 그것은 자원으로 작용합니다. 그러나 그 돌멩이가 길을 가는 사람의 발부리에 부딪쳐 상처를 내게 한다면 장애가 됩니다. 즉 어떤 존재 자체를 자원이라고 할 수 있는 것이 아니라 어떠한 목표에 어떤 작용을 하는가에 따라 자원 여부가 결정됩니다.

저는 '보왕삼매론'을 연구실 벽에 붙여 놓고 자주 봅니다. '몸에 병 없기를 바라지 마라', '억울한 일을 당해도 밝히려 하지 마라' ……. 부정의 부정을 통한 긍정, 막히는 데서 도리어 통하는 길을 찾고, 통함만을 구하는 것이 도리어 막히는 것을 가르치는 말씀입니다. 부정적인 상황을 반대로 되돌리면 장애가 오히려 자원이 되는 점을 설명하고 있습니다. 대학생 시절에 그 글을 읽고 큰 감명을 받았던 기억이 있습니다.

세상에 병 있기를 바라는 사람이 어디 있겠습니까? 일반적으로 누구나 건강을 최고로 여기지 않습니까? 건강과 관련된 이야기를 한마디 더 할까요? 요즘 드라마 '이순신'을 많이 보시나요? 제 주위의 어떤 분이 이순신의 '난중일기'를 읽은 후 첫마디가 "난중일기를 읽고 나니 희망이 보이네"였습니다. 저는 얼핏 이순신 장군의 훌륭한 면모를 연상했는데, 이유는 그것이 아니었습니다. 이순신 장군의 건강이 좋지 않았다는 것입니다. 저도 가끔 그 프로그램을 봤는데 텔레비전에서는 몸이 아픈 장면을 보지 못했습니다. 그런데 '난중일기'를 보면 자주 병치레하는 내용이 나옵니다. 특히 복통을 자주 앓으셨어요 '등청하지 못하고 하루 종일 누워 있었다……' 이런 글귀가 가끔 나옵니다. 이순신 장군도 건강한 체질이 아니었고 자주 배탈이 나서 고생하셨던 것 같습니다. 그러나 우리가 텔레비전 프로에서 보듯이 그분은 대단한 전승을 거두고 있지 않습니까?

우리가 꼭 신체적으로 건강해야만 크게 성취할 수 있는 것은 아닙니다. 오히려 건강이 나쁜 것을 양약으로 삼아 아픈 중에 겸손한 마음을 가질 수 있고, 그런 겸손한 마음으로 많은 사람들을 이해하고 수용하게 되면 오히려 인생을 살찌울 수 있습니다. 병 때문에 신체적 활동을 못 하면서 깊은 사색을 하게 된 경우도 많이 볼 수 있습니다.

자원을 생각할 때 그 존재 자체가 아니라 어떤 목표를 성취하고자 하는가의 잣대로 본다면, 우리가 불자로서 가정관리를 할 때 어떠한 목표를 세우느냐에 따라서 우리가 이용할 수 있는 여러 여건이 자원이 될 수도 있고 장애가 될 수도 있습니다. 우리가 불교를 믿는다는 것이 얼마나 훌륭한 자원을 가지고 있는 것인지에 대해서는 조금 뒤에 말씀드리겠습니다.

일반적으로 자원이라고 하면 주로 경제적 자원을 연상합니다. 그렇지만 목표를 달성할 수 있는 수단이 자원이라고 할 때 경제적 자원 외에 비경제적인 자원도 얼마든지 있습니다. 가정관리학에서는 자원을 간단하게 분류할 때 인적 자원과 비인적 자원으로 나눕니다. 이때 인적 자원이란 인간과 직접 관련된 자원을 말합니다. 이 인적 자원에는 지식이나 태도, 시간과 같이 개개인에 속하는 개인적 자원뿐만 아니라 타인과의 긍정적 상호 작용에 의해 생기는 협동심, 사랑, 신뢰 등과 같은 대인적(對人的) 자원도 있습니다. 비인적 자원이란 인간 외부에 존재하는 것으로 인간에 의해 통제되고 사용되는 자원을 말합니다. 화폐, 상품, 재산, 사회 시설 등이 그 예가 됩니다.

우리는 보통 몸과 말과 뜻을 '신구의(身口意) 3업'이라고 해서 부정적인 의미로 많이 사용하는데, 이들이 모두 우리가 생활할 때 활용 가능한 중요한 자원입니다. 여러분 주위에 많은 도반들이 계시지요. 이들 역시 정말 귀중한 자원입니다. 또 우리는 사람뿐만 아니라 사회적·자연적 환경 속에서 생활하게 되는데, 거기에서 어떤 자원을 끌어내 활용할 수 있느냐 하는 것은 결국 자원을 어떻게 인식하고 어떤 목표를 세우느냐에 달려 있습니다.

⑵ 불자가 가지는 인적 자원 : 불성(佛性)에 대한 믿음

그러면 우리가 불자로서 어떤 자원을 활용할 수 있을까요? 또 어떤 것이 중요한 자원일까요? 불자에게 있어서 중요한 자원은 불교라는 종교입니다. 저는 불교를 믿는 그 자체가 너무나 중요한 자원이라고 생각합니다. 그렇다면 불교를 믿는다는 것은 무엇일까요? 불교는 부처님의 가르침입니다. 부처님의 가르침 모두가 생활에 있어 중요한 자원이 될 수 있다는 말입니다. 그 부처님의 많은 가르침 중 가장 중요한 자원은 무엇일까요? '모든 생명체는 불성을 가지고 있다'는 그 믿음, 나 스스로뿐 아니라 옆에 있는 가족, 주위의 모든 사람들, 나아가 모든 미물도 불성을 가지고 있다는 그 믿음이 엄청난 자원이라고 생각합니다.

예전에 광덕 큰스님께서 법문을 하시면서 햇빛 이야기를 하시곤 하셨습니다. "아무리 구름이 드리워도 그 위에는 태양이 항상 빛나고 있다. 불성이란 그런 것이다. 우리가 인식을 하거나 하지 못하거나 관계없이 우리에게는 항상 불성이 갖추어져 있다." 이렇게 햇빛을 자주 예로 들면서 법문을 하셨습니다.

제가 비행기를 처음 탔을 때는 밤이라 그랬는지 몰랐다가, 두 번째 비행기를 타면서 실제 경험을 하게 되었습니다. 비행기가 구름 위로 올라가고, 그 밑에 하얗게 구름이 깔려 있는 위로 햇빛이 정말 찬란하게 빛나고 있는 광경을 보면서 광덕 큰스님의 그 법문을 생생하게 느꼈습니다. 태양은 없어지지 않잖아요? 구름이 낄 때도 있고, 비가 올 때도 있고……. 날씨가 어떤 변덕을 부리더라도 햇빛은 항상 존재합니다. 그리고 우리 지구는 그 해를 중심으로 돌아가고 있습니다.

이것이 만고의 진리이듯이 인간에게는 불성이 갖추어져 있습니다. 그 불성이 드러나지 않을 뿐, 모든 사람에게는 불성이 있습니다. 저는 이 믿음이 가장 중요한 자원이라고 생각합니다. 왜 이것이 중요한 자원일까요?

우리는 일상생활을 하면서 이런저런 좋지 못한 경험을 하거나 상대에게 실망하는 경우가 있습니다. 상대에 대해서는 물론이고 스스로에 대해서도 실망하는 경우가 많이 있습니다. 이때 드러난 행동으로 상대나 자신을 평가 절하하는 것이 아니고, 우리 인간이 가진 절대적인 불성을 믿고 드러난 잘못은 구름이나 파도에 해당할 뿐이라고 인식한다면 인간에 대한 신뢰가 가능하게 됩니다. 이와 같은 신뢰는 가정생활의 중요한 자원이 됩니다.

특히 청소년 자녀의 경우는 변화의 폭이 큽니다. 그 시기를 '질풍노도의 시기'라고도 하지 않습니까? 신체적 발달과 정서적·사회적 발달 등 영역 간의 발달 수준이 불일치하기 때문에 청소년 스스로도 굉장히 힘든 시기입니다. 그러다 보니 엉뚱한 일, 부모를 실망시키는 일, 반사회적인 일도 할 수 있는 시기가 바로 청소년 시기입니다. 잘못된 행동을 할 때 '잠깐 햇빛이 가렸구나', '큰 바다에서 파도가 몰아치는구나'라고 받아들이고, 부모는 구름 위에 있는 변함없는 햇빛을 믿듯이 자녀의 행동 너머에 있는 진실을 믿어야 합니다. 잘못된 행동을 그 사람과 동일시하고 사람 자체를 문제시하면 그르치게 됩니다. 물론 잘못된 행동을 그냥 두라는 의미는 아닙니다.

이것은 비단 자녀에 대해서뿐만이 아니라 남편, 부모, 이웃 모두에게 적용되는 것입니다. 스스로에 대해서도 마찬가지입니다. 내가 잘못했을 때, 남편이 잘못했을 때, 부모님이 잘못하셨을 때, 자녀가 잘못했을 때, 그것을 받아들이고 수용할 수 있는 근거는 우리가 불성을 가지고 있는 존재이고, 개선될 수 있다는 인간 진실에 대한 믿음입니다. 즉 우리 모두는 불성을 가진 인간이므로 한때의 실수를 할 수는 있지만 충분히 개선될 수 있다는 기본적인 믿음을 갖는 것과 그런 믿음이 없는 것은 매우 다릅니다.

모든 생명체에 불성이 있다는 가르침 자체가 생활을 하는 데 중요한 자원이듯이, 모든 것이 변한다는 가르침도 중요한 자원이라고 봅니다. 불교에서 '제행무상(諸行無常)'이라고 하니 불교를 잘못 이해하는 사람들은 이것을 허무라고 오해하기도 합니다. 제행무상이란 말은 불교의 진리를 그대로 나타내고 있습니다. '모든 것은 항상(恒常)하지 않다.' 이 말은 바꾸어 말하면 '모든 것은 변화한다'는 것입니다. 예를 들어 설명하면, 고집멸도(苦集滅道)라고 할 때 그 고(苦)의 근원은 모든 것이 변하는 데서 옵니다. 태어나고, 병들고, 죽는다는 것 등등 말입니다.

열렬하게 연애를 한다든가 어떤 사람을 좋아한다는 것이 평생 갈 것 같지만, 열렬한 연애 감정도 뇌 측정에 의하면 수십 개월

내에 바뀐다는 사실이 밝혀지고 있듯이 모든 감정은 변화합니다. 감정 상태만 변하는 것이 아닙니다. 우리 모두 처음에는 아기로 이 세상에 태어났습니다. 아기였다가 점점 성장해서 지금의 상태까지 왔습니다. 좀더 나이가 들면 더 늙고 마침내 죽겠지요.

가족도 마찬가지로 점점 변화해 갑니다. 좋은 방향이든 나쁜 방향이든 변화하고 있습니다. 여러 사람이 함께 모여서 생활하다 보니 변화의 요소가 개인보다 더욱 많은 것은 당연합니다. 그런데 이런 변화에 좋은 것만 있을 수는 없습니다.

'모든 것은 변한다'는 믿음을 가진다면, 어떤 어려움이 닥쳤을 때 '모든 것은 변하기 마련이니 지금 나쁘다면 앞으로는 좋아질 수밖에 없다'는 생각으로 용기를 가질 수 있습니다. 만약 지금이 좋다면 그대로 둘 때는 나빠질 수 있으니 지금의 좋은 상태를 유지하도록 노력하겠지요. 그렇지만 노력과 달리 상황이 악화되더라도 받아들일 수가 있게 됩니다. 포용력이 클 수밖에 없습니다.

따라서 경제적 자원 외에도 우리들이 활용할 수 있는 자원이 다양함을 인식하고 가족의 목표를 달성하기 위해서 어떤 자원을 사용할 수 있으며, 어떤 자원을 어떻게 활용할 것인지 명확하게 하는 일이 필요합니다. 명확하게 하는 방법의 하나로서 기록을 권하고 싶습니다. 앞에서 말씀드린 목표도 명확하게 하는 방법은 마찬가지입니다. 살아가면서 무엇을 성취하고 싶은지 머릿속으로 생각만 하면 항상 그 수준에서 맴돌게 됩니다. 생각나는 것이 있으면 그때그때 기록을 하도록 습관화하는 것이 좋습니다.

4. 행복한 삶을 위한 가정관리의 과제

지금까지 가정관리의 정의로부터 목표 및 자원의 중요성을 강조했는데, 이제부터는 오늘날의 가정관리에서 특별히 유의해야 할 과제를 몇 가지 말씀드리도록 하겠습니다. 최근 우리 사회는 굉장히 큰 변화를 겪고 있습니다. 특히 저출산, 고령화, 이혼의 증가, 여성 취업의 증가, 가구원 수의 감소 등 인구학적인 변화뿐만 아니라 생활수준의 향상이나 가사 노동의 사회화 등에 따라 가족의 생활양식에 있어서도 급속한 변화가 일어나고 있습니다. 이렇게 변화하는 사회에서 어떤 태도로, 어떻게 가정관리를 해야 할까요?

(1) 과제 1. 가족의 전인격적 발달 도모 : 불성(佛性)

부부나 부모자녀는 억겁의 인연이 쌓여 만난 특별히 가까운 관계입니다. 따라서 가장 가까운 인연에게 감사, 공경, 애어(愛語)하고 매일의 생활에서 기도, 염불, 독경 등을 수행하면서 가정을 수행 공동체로 가꾸어 나가야 할 것입니다. 구체적으로 어떻게 해야 할까요? 일생을 길게 보고, ‘젊을 때는 열심히 애들 키우고 일하다가 어느 정도 나이 들면 그때부터 공부도 하고 도도 닦아야겠다……’ 이렇게 생각할 수도 있겠지만, 사실은 일상생활에서 항상 조금씩이라도 하는 것이 더 중요하다고 생각합니다. 매우 바쁜 일상생활 중에서도 매일 잠시라도 나를 돌이켜보고, 자신을 정비하는 구체적인 활동을 하는 것이 필요하다는 뜻입니다.

어떤 성취를 목표로 세우고, 자칫 거기에만 매달려서 자기 수양과 자기 계발을 하지 않는 문제를 다음과 같이 비유할 수 있습니다. 큰 나무를 베는 것이 목표라면, 그 목표를 성취하기 위해 열심히 톱질을 하겠지요. 그런데 그 톱이 무디어서 제 기능을 못한다고 생각해 보십시오. 아무리 열심히 힘들여 톱질을 한다 해도 그 나무를 벨 수가 없습니다. 그러나 하던 일을 잠시 멈추고 톱날을 잘 세워서 베면 어떨까요? 톱날을 세우는 만큼 시간이 들겠지만, 날이 잘 선 톱으로 나무를 베면 어떻게 되겠습니까? 큰 나무가 쉽게 넘어갑니다. 즉 목표가 달성되는 것입니다.

이처럼 개인 생활이나 가정생활에서도 마찬가지입니다. '바쁘다', '할 일이 많다' 그렇게 생각하면서 자신을 되돌아보고 참회하는 시간을 갖지 않는다면 잘 들지 않는 톱으로 나무를 베려는 상황이 될 수밖에 없습니다. 마음을 가라앉히고 자신을 되돌아보며 수행하는 시간을 최소한 하루에 1번, 적어도 1시간 정도는 확보하는 것이 바람직하다고 봅니다. 그것도 안 될 때는 최소한 자기 전에 절 세 번[三拜]만이라도 하기를 권합니다. 정신없이 인사불성으로 쓰러져 자는 것보다는 잠자리도 편하고, 의식이 정리되어 머리가 더 맑아질 것입니다. 다음날 잠자리에서 일어났을 때 보다 명석하고 정리된 상태로 생각할 수 있고 생활할 수 있게 되어 일의 능률도 올릴 수 있으며, 바른 판단을 할 수 있을 것입니다.

⑵ 과제 2. 사회적 연대의 확대와 공동체적 삶 : 연기(緣起)

다음으로 말씀드리고 싶은 점은 가정관리를 할 때 많은 분들이 혈연가족만을 중심으로 생각해서 내 자식, 내 남편, 내 아내에 한정되는 경우가 많은데 그런 생각에서 벗어나자는 것입니다. 이것은 연기(緣起) 사상을 공부하는 불교인으로서는 아주 기본적인 자세라고도 하겠습니다.

연기에 대해서 저는 이렇게 생각합니다. ‘이것이 있으므로 저것이 있고, 이것이 없으므로 저것이 없다.’

이런 연기의 다른 표현은 무아(無我)라고 할 수 있겠습니다. 자아란 것이 독립적으로 존재할 수 없고 오직 타인과의 관계 속에서만 가능하다는 의미입니다. 우리의 삶이 다른 존재에 의존해 있다는 사실을 인식할 때 우리의 삶은 모든 존재와 내적인 결합을 갖게 됩니다. 그리고 타인이나 자연에 대한 감사의 마음이 저절로 생겨날 수밖에 없습니다. 이렇게 연기를 인식한다면 시간적·공간적으로 자신을 확대해서 모든 생명체에 공경하고 감사하며 더불어 사는 삶을 지향하는 것이 당연하다는 점을 알게 됩니다.

연기에 대한 비근한 예를 하나 들어 봅시다. “오늘 아침 식사 하시고 오셨나요?” “예, 하시고 오셨다고요?” 그러면 우리가 아침 식사를 어떻게 할 수 있었을까요? 우리가 밥을 한 끼 먹는 데 직접적으로 관련된 사람이 88명이라고 합니다. 직접적인 관련성을 어떻게 일일이 측정한 것인지는 모르겠습니다만, 한문의 쌀 미(米)자를 파자(破字)하면 팔십팔(八十八)이 된답니다.

또 간접적으로 관련된 사람이라든가, 사람에 한정하지 않고 모든 생명체로 확대한다면 셀 수도 없이 많겠지요. 땅에 있는 미생물로부터 물과 햇빛과 공기 등등 끝이 없을 테니까요. 당장 밥

한 톨만 생각해도 볍씨 뿌리기로부터 온갖 과정의 경작 활동과 유통 과정, 또 조리 과정에 이르기까지 많은 사람들의 노고가 포함되어 있습니다. 반찬 하나하나에도 많은 사람들이 관련됩니다. 이와 같이 계산할 때 간소한 식사 한 끼에도 수십 명이 직접 관련되어 있습니다. 그렇게 많은 분들의 노고에 힘입어 우리가 밥을 먹을 수 있었고, 그 밥을 먹은 기운으로 여기 와서 이렇게 강의를 하고 듣는 것입니다. 이처럼 간단히 생각해 보더라도 나의 생존 자체가 타인과 별개로 이루어지는 것이 아님을 잘 알 수 있습니다.

그렇게 본다면 내 이웃을 사랑하는 것, 이웃 공동체를 만들어 잘 발달시키는 것, 나아가 우리 사회를 발전시키는 것, 환경을 보호하는 것 등이 결국 우리 모두 스스로를 생존하게 하고, 스스로를 발전시키는 활동이 됩니다. 내가 보시(布施)를 하거나 자원봉사를 하는 것이 나와 전혀 다른 별개의 타인을 돕는 것이 아니라 바로 나 스스로를 돕는다는 것입니다. 그런 차원에서 보시나 자원봉사 활동을 이해할 필요가 있겠습니다.

'나는 가난해서 보시할 것이 없다'고 생각할 수도 있는데, 보시에 대해서 곰곰이 생각해 보신 적이 있는지요? 아마 잘 아시리라 생각합니다. 보시란 단순히 물질만 주는 것이 아닙니다. 사실은 불법을 전해 주는 것, 그 이상의 보시는 없습니다. 이것을 법보시(法布施)라고 하지요.

우리가 인간이라는 몸을 가지고 태어났다는 사실 자체가 큰 자원을 가지고 있는 것입니다. 건강하다면 더할 나위 없겠지만, 혹시 어떤 장애가 있더라도 인간으로 이 세상에 태어났다는 것은, 그것으로 큰 자원입니다. 왜냐하면 인간으로서 내가 옆 사람에게 웃어 줄 수 있고, 좋은 말을 해줄 수 있고, 칭찬과 격려를 해줄 수 있다면 그것이 곧 보시이기 때문입니다.

'타인을 칭찬하라', '거짓말하지 마라' 등과 같이 말과 관련된 내용이 경전에 많이 나옵니다. 우리가 좋은 말을 해주는 것, 그 자체가 아주 큰 공덕을 쌓는 일입니다. 아니 좋은 말을 못 해주더라도 타인의 얘기를 잘 들어주는 것만으로도 공덕이 됩니다. 이와 같이 생각한다면 '내가 가진 것이 없어서 보시할 수 없다'고는 말할 수 없겠지요. 우리가 가지고 있는 이 몸을 활용해서 할 수 있는 일이 너무나 많습니다. 사회적 연대를 확대하고, 공동체적인 삶이 풍요로워질 수 있도록 노력하는 것이 혈연으로 이루어진 내 가족에만 한정해서 온갖 노력과 관심을 경주하는 것보다 훨씬 풍요로운 삶을 누리는 길이라고 다시 한 번 강조하고 싶습니다.

기부나 자원봉사를 통해 나눔 활동을 하는 사람들이 그렇지 않은 사람에 비해 행복하다고 느낀다는 설문 조사 결과도 '나누면 행복해진다'는 말을 통계적 수치로 입증하는 것이라 하겠습니다.

(3) 과제 3. 지속 가능한 소비 생활 : 중도(中道)

다음으로 말씀드리고 싶은 것은 소비 생활과 관련된 점입니다. 앞서 우리의 삶은 다른 존재에 직접 의존해 있다는 점을 말씀드렸습니다. 바로 연기이자 무아입니다. 그런데 우리가 살아가기 위해서는 다른 존재의 생명을 필연적으로 빼앗을 수밖에 없습니다. 여기에 대해 현실적으로는 다른 대안이 없습니다. 그러나 우리는 우리의 생존과 생활을 위하여 어느 정도의 욕구를 충족시킬 것인지, 어떠한 방법으로 다른 생명의 희생을 최소화할 것인지 조절할 수는 있습니다.

지금 이 법당의 주거 생활 수준을 한번 살펴봅시다. 현재는 여름이니까 선풍기가 돌아가고 있고, 겨울에는 온풍기를 켤 것입니다. 조선시대 왕궁을 한번 생각해 보십시오. 그 시대 왕들도 이렇게 시원하게 지내지는 못했을 것입니다. 지금 우리의 물질문화 수준은 과거의 왕들도 꿈꾸지 못할 정도로 높이 발달했습니다. 그런가 하면 자유롭게 해외여행도 갈 수 있습니다. 지금은 돈만 있으면 못 할 일이 없을 정도의 소비 생활 수준에 와 있습니다. 이렇게 소비 수준이 높아지고 물질을 많이 소비하다 보니까 환경 문제가 발생하게 되었습니다. 많은 욕구를 충족시키기 위해서는 많은 자연 자원을 이용하게 되고, 그 결과 자원을 고갈시키고, 자연을 파괴하고, 환경오염을 일으키게 된 것입니다.

“내 것을 내가 소비하는데 네가 무슨 상관이냐?”고 말할지 모르겠습니다. 그러나 연기(緣起)를 생각하고 믿는 불자들은 결코 그런 말을 하지 않아야 한다고 봅니다. 내 돈이니까 내 마음대로 쓸 수 있다고 잘못 생각할지 모르지만, 우리는 돈을 쓸 때 그 돈이 어디서 어떻게 얻어진 것인가를 먼저 생각해야 합니다. 조금 전에 식사 한 끼도 80여 명의 관계 속에서 가능한 것이라고 했습니다. 내가 번 돈이라고 하지만 그 돈 속에는 수많은 사람이 관련되어 있습니다. 우선 직장이 있어야 돈을 벌겠죠? 또 회사는 월급을 어떻게 해서 줄 수 있습니까? 아니면 사업을 해서 돈을 벌 수도 있겠지요. 사업을 할 때, 그 대상은 누구입니까? 이렇게 생각해 보면 이 사회 전체가 커다란 연결고리 속에서 돌아간다는 것을 알 수 있습니다. 그래서 내 돈이라도 내 마음대로 할 수 있는 것이 아닙니다. '내 돈 내 마음대로 쓰는데 어때'라고 생각할 것이 아니라, 모든 소비 생활이 타인과 연결되어 있고, 또 자연과 연결되어 있음을 알아야 합니다.

그런 측면에서 소비 생활을 할 때 다음 세대의 욕구도 충족시킬 수 있도록 배려하면서 소비 생활을 하자는 것입니다. 이것이 지속 가능한 소비 생활입니다. 그것은 무조건 극기하고 금욕하라는 것이 아니라, 발전이 지속 가능한 수준에서 소비 생활을 조절하자는 의미입니다. 소비 생활을 할 때, 타인과 환경을 염두에 두어서 가능한 한 근검절약하자는 것입니다.

근검절약이나 환경 보전은 불교교리나 불교의 생활문화에 직결되어 있습니다. 절에서 하는 발우 공양은 친환경적인 식사의 대표적인 방법이라고 할 수 있겠습니다. 각자 먹을 양만큼 알맞게 담아서 고춧가루 하나도 남기지 않고 깨끗하게 먹지 않습니까? 성철 큰스님의 누더기 옷 일화를 알고 계신 분도 많으리라 생각합니다. 옷을 계속 기워서 입다가 정 입지 못하게 되면 걸레를 만들고, 걸레로 사용하다가 올이 풀려서 기능을 하지 못하면 흙에 짓이겨서 토담을 쌓는 데 이용한다고 했습니다. 그러면 흙만으로 토담을 쌓는 것보다 접착력이 강해져서 담이 무척 튼튼하다고 합니다. 옷 하나를 온전히 활용해서 쓰레기로 내다버리는 것이 전혀 없음을 보게 됩니다. 아무리 풍요로운 사회라 하더라도 그렇게 자원을 재활용하는 태도가 우리에게 절실하게 필요하다고 봅니다.

⑷ 과제 4. 남성의 가정 내 역할 확대 : 평등(平等)

다음으로 남성들의 생활과 관련해서 한 말씀 꼭 드리고 싶습니다. 전통적인 가족의 역할 분담을 보면 '남자는 바깥일, 여자는 집안일'입니다. 최근 여성의 취업 노동이 증가하고 있는데 여성의 취업 노동이 증가하는 만큼 남성의 가사 노동 참여가 증가하고 있는가 하면, 그렇지 않습니다. 즉 여성이 전통적인 가사일과 더불어 사회적인 활동을 하는 것까지는 받아들이면서도, 남성은 사회적인 활동만 하고 가사 활동을 자기 역할로 받아들이지 않는 것입니다. 이러한 역할 태도를 학술 용어로는 '신전통주의'라고 표현합니다.

우리는 보통 '남편의 가사 협조'라고 말하는데, 사실 협조라는 용어는 마땅하지 않습니다. 협조보다는 분담이라는 용어가 훨씬 적절한 표현입니다. 가족원이라면 당연히 가정 일에 참여해서 함께 해야 하는 것입니다. 남자든 여자든 성별을 불문하고, 또 젊든 나이가 있든 연령을 불문하고 모든 가족원이 함께 가사에 참여한다면 그 가족으로서는 총체적인 자원을 많이 활용하는 것이 되고, 가족원 각자는 자신의 능력을 최대한 활용하는 것이 됩니다. 이러한 측면에서 특히 남성이 가사에 함께 참여하는 태도나 기능을 키우는 일이 앞으로의 사회에서는 더욱 필요합니다.

가정생활을 할 때 자원이 필요하듯이 개인 생활도 마찬가지입니다. 사실 남성 개인으로 볼 때도 자립적인 생활 기술을 갖는다는 것은 중요합니다. 항상 어머니나 아내로부터 생활 부양을 받으면서 산다는 것은 자신의 가장 기본적인 욕구를 스스로 충족시키지 못한다는 뜻입니다. 이것은 종속된 삶입니다. 자기 욕구는 스스로 충족시킬 수 있는 기능을 할 수 있을 때 독립적인 삶이라고 할 수 있습니다. 또한 노년이 되어서도 남편이 아내보다 먼저 죽는다는 보장이 없습니다. 그런가 하면 젊은 시절에도 직장이나 공부를 위하여 혼자 살 수 있습니다. 그런 측면에서 가사 노동을 중심으로 한 생활 기술을 익힐 필요가 있습니다.

주위에서 보면 자신의 아들은 부엌을 모르고 며느리가 해주는 밥을 먹는 것이 행복하다고 생각하고 아들에게 가사 노동을 시키지 않는 경우가 많습니다. 그런 분들에게 저는 이렇게 말합니다. "아들이 독립적으로 생활할 수 있고 부인과 함께 가사에 공동으로 참여할 수 있는 기능을 갖도록 키워 놓는 것은 며느리의 행복을 위한 것이 아니라 바로 내 아들의 행복을 위한 것"이라고 말입니다.

더구나 앞으로의 사회에서는 남녀가 함께 사회활동을 할 확률이 더욱 높아질 텐데, 그때 남성이 가사를 담당할 태도와 기능이 준비되어 있지 않다면 어떻게 되겠습니까? 취업한 부인이 힘든 것은 물론이고 할 수 없이 집안일을 하게 되는 남편도 불편함을 느낄 수밖에 없습니다. 남편은 일하면서도 불편하고, 그렇다고 해서 안 한다면 큰 문제가 되겠지요.

요즘 취업 여성을 대상으로 한 조사 결과를 보면 역할 과중 문제가 굉장히 심각합니다. 같이 직장 생활을 하는데 가사를 거의 모두 책임져야 하는 여성의 입장에서 역할 과중 문제가 심각하지 않을 수 없습니다. 이러한 문제는 육아의 사회화 등 사회 제도적으로 해결해야 할 과제인 점도 있지만, 어떠한 제도 속에서도 개별 가정에서 남녀가 함께 가사를 분담하지 않으면 완전히 해결될 수 없는 일입니다.

이것은 사실 불교의 평등사상과 관련지어 보면 너무나 당연한 것입니다. 그런데 불교의 생활문화에는 전통적인 측면이 많고, 이러한 전통 속에 불교 자체의 교리는 아니지만 가부장적 의식이 포함되어 있는 경우가 많이 있습니다. 이러한 점에서 불교의 생활문화가 남성 중심적인 문화라고 오해되기도 합니다. 그러한 점은 평등한 사회로 나아가기 위해 적극적으로 개선해야 할 부분이라고 봅니다.

(5) 과제 5. 즐겁게 함께 살기 : 가족여가(家族餘暇)

마지막으로 한 가지만 더 말씀드리겠습니다. 지금까지 말씀드린 내용이 편하거나 즐거운 느낌을 주지는 않은 것 같습니다. 현대의 생활에서 즐거움이나 재미는 중요한 코드입니다. 일상생활에서 항상 심각하게 고민만 하면서 살 수는 없거든요. 특히 가족과 함께일 때, 즐거움과 재미는 굉장히 중요한 요소입니다. 앞으로 주5일 근무제가 점점 확대되어 시행될 텐데, 가정이 수행하는 도량이라고 해서 항상 참선과 기도, 독경만 할 것이 아니라 온 가족이 함께 노는 놀이의 장(場)이 될 필요가 있습니다.

부부의 역할로서도 돈을 벌거나 집안일 하는 것만 중요한 것이 아니라 함께 노는 것도 중요하다는 의미입니다. 친구나 직장 동료와 함께 노는 것도 좋고, 동호회에 참여하거나 취미가 같은 사람과 노는 것도 권장할 만합니다. 그렇지만 가족은 가장 가까이 있는 사람이기 때문에 가족과 함께 여가 생활을 잘할 수 있다면 여가 생활이 더욱 다양해질 수 있고, 또 일상적인 생활을 더욱 즐겁게 할 수 있습니다. 그런 측면에서 본다면, 가족원들은 서로에게 여가 생활의 동반자가 되어 주는 것이 중요한 역할이 됩니다. 그 역할을 잘하는 것이 현대 사회에서는 특히 필요합니다.

가족여가는 청소년 자녀에게도 매우 필요합니다. 월간 「불광(佛光)」에도 실린 적이 있는 어느 장성 가족의 실화는 가족여가의 중요성을 실증하는 아주 적절한 경우라 하겠습니다. 그 군인 가족의 경우, 자녀가 어느 정도 성장하면서 자녀 교육 때문에 부인과 아들은 서울에 살고, 아버지는 임지로 옮겨 다녔답니다. 아버지는 대단히 성공해서 장군으로까지 승진했습니다. 그런데 아들이 문제였습니다. 집에 오면 아내로부터 듣는 얘기가 그동안 자기가 아들 때문에 얼마나 속을 썩였고, 학교에 불려가서 선생님들로부터 어떤 지적을 받았는가 하는 것들이었습니다. 그래서 아버지는 오랜만에 집에 오면 아들을 꾸짖고 지도하는 일만 하게 되었습니다. 아들은 계속해서 빗나가고, 나중에는 학교에 불려가는 정도가 아니라 경찰서까지 불려가기에 이르렀습니다. 그러자 아버지는 극단적인 결심을 하게 됐습니다. 어느 일요일, 아들에게 등산을 가자고 하면서 권총을 챙겨 깊은 산속으로 간 것입니다. 아들로서는 정말 오랜만에 아버지와 단둘이 인적이 드문 곳에서 등산을 한 것입니다. 아버지의 의도는 모른 채……

오랜 시간 산길을 같이 오르다 보니 아들이 이런저런 이야기를 했습니다. 그리고 아들은 자신의 고민이 얼마나 많은지도 아버지에게 털어놓았습니다. 아들의 얘기를 듣는 동안 아버지는 크게 깨달았습니다. '아니, 내가 문제였구나……. 아들의 얘기를 들어주거나 같이 놀아 주지는 않고, 집에만 오면 항상 꾸중하고, 공부하라고 지적만 했으니…….' 함께 놀아 주는 아버지의 역할을 한 것이 아니고 지도만 하려고 한 것입니다. 그러다 보니 아들과 점점 멀어져 갔던 것입니다. 그때서야 아버지는 스스로 뉘우치고 반성하며 마음을 바꾸고 아들과 함께 집으로 돌아왔습니다.

그 이후부터는 아버지가 주말에 집에 오면 될 수 있는 대로 공부와 관련된 얘기나 꾸중해야 할 얘기는 하지 않고, "축구하러 가자", "영화 볼래?", "수영하러 가자"며 놀기만 했습니다. 그랬더니 "공부해라" 말하지 않아도 아들이 공부를 하고, 나쁜 친구들과도 멀어지고, 기대조차 못 했던 대학에도 진학했습니다.

이것은 무엇을 의미할까요? 우리는 부모의 역할을 자녀 교육을 잘 시키는 것이라고 생각하고 아이를 괴롭히는 경우가 허다합니다. 교육도 노는 속에서 자연스럽게 이루어지는 것이 효과적입니다. 가족여가의 기능이 매우 많지만 시간 관계상 교육적인 효과에 대해서만 예를 들어 말씀드렸습니다. 현대의 가정생활에서는 '가족이 함께 잘 노는 것'이 중요하다는 점을 유념해 주시기 바랍니다. 아울러 개인으로서 여가 능력을 계발하는 것도 함께 신경썼으면 합니다.

맺음말

이제까지 불자로서 가정관리를 어떻게 할 것인지에 대해서 말씀드렸습니다. 시작할 때도 말씀드렸듯이 저보다 더 불교교리에 맞게 가정관리를 잘하는 분들이 많으실 텐데 제가 가정관리학을 전공한다는 명분으로 감히 이 자리에 섰습니다.

끝으로 여러분도 알고 계실 이야기 한마디를 전하며 마무리하겠습니다.

어느 분이 심오한 답을 기대하며 한 고승께 여쭈었다고 합니다.

"불법(佛法)이 무엇입니까?" 대답은 "착하게 사는 것"이라고 했답니다.

그는 실망해서 다시 물었습니다. "누가 그 정도를 모릅니까?"

고승은 "삼척동자도 아는 것이지만, 팔십 노인도 쉽게 실천하지 못하는 것이지요"라고 했답니다.

많은 불교교리를 머릿속에서 익히는 것보다 한 가지만이라도 실행을 하면 그것이 제대로 불교를 믿는 것이라고 저는 생각합니다. 오늘 제가 말씀드린 것 중에서 여러분 가정에서 혹시 실행할 만한 것이 있다면 직접 실천해 주시기를 바랍니다. 감사합니다.

김외숙 ─────────────

학력 및 경력

1976. 2 : 서울대학교 가정대학 가정관리학과 졸업(가정학사)

1978. 2 : 서울대학교 대학원 가정관리학과 졸업(가정학 석사)

1991. 2 : 서울대학교 대학원 소비자아동학과 졸업(문학 박사)

1980~1982 : 강원대학교 전임강사, 조교수

1991~1992 : 미국 코넬 대학교(Cornell University) 객원교수

2001~2000 : 미국 The Ohio State University 객원교수

1982~현재 : 한국방송통신대학교 조교수, 부교수, 교수

1997~현재 : 한국가정생활개선진흥회 자문위원

2004~현재 : 한국소비자학회 감사

2005~현재 : 불교여성개발원 자문위원

2005~현재 : 대한가정학회 학술이사

2005~현재 : 중앙건강가정지원센터 전문위원

2005~현재 : 한국가정관리학회 회장

연구 업적

「도시 기혼여성의 여가활동 참여와 여가 장애」, 박사학위 논문.

「부부의 여가 시간과 여가 비용 및 여가 만족도에 대한 연구」, 한국가
족자원관리학회지 17(2), 1999.

「한일 양국 전일제 맞벌이 부부의 수입 노동시간 분석」, 한국가정관리
학회지 18(2), 2000.

「미국 가정학의 대학확장 교육활동(Extension)의 동향」, 한국가정관리학
회지 20(2), 2002.

「한미 양국간 가족의 시간 사용 비교연구」, 한국가정관리학회지
20(3), 2002.

「한국과 미국 대학생의 시간 전망에 대한 비교연구」, 한국가정관리학
회지 21(4), 2003.

Management types of Korean housewives and their socio-demographic characteristics and use of housework time, Journal of Asian Regional Association for Home Economics 11(1), 2004.

「한국과 미국 대학생의 시간 관리에 대한 비교연구」, 한국방송통신대학교 논문집 제40집, 2005.

『한국과 일본의 생활시간 비교연구』, 서울대학교출판부, 2001.

『生活時間と生活意識』, 東京: 光生館, 2001.

『소비자학의 이해』(2판), 학현사, 2001.

『가정생활과 관리』, 한국방송통신대학출판부, 2002.

『가사노동과 시간관리』, 한국방송통신대학출판부, 2002.

『시간의 사용과 관리』, 교문사, 2003.

Cultural Life in Korea, Seoul: Kyomunsa, 2003.

『소비자보호론』(2개정판), 한국방송통신대학교출판부, 2004.

제10장

구국구세의 무아적 의미

―바람직한 가정과 부부상―

최훈동 __ 서울대의대 초빙교수, 한별정신병원장

1. 불교 공부와 수행은 오로지 경에 의지하여

먼저, 오늘 보현도량 도솔산 도피안사의 개산 13주년을 진심으로 축하합니다.

그리고 저를 초청해 주신 주최 측과, 이 자리에 참석하신 귀빈들과 보현도량 불자 여러분들께 진심으로 감사의 말씀을 드립니다.

저는 오늘 단순한 강의가 아니라, 그야말로 부처님의 말씀을 동참하신 모든 분들과 함께 되새기는 자리로 삼고 싶습니다. 그런 까닭에 교재에 함께 읽을 경전을 마련했습니다. 이 경전들은 부처님의 육성이 생생히 실린 니까야(아함부)에서 발췌했습니다. 처음과 그리고 중간 또는 마지막에 제가 잠깐씩 함께 읽기를 권

하면 같이 합송해 주시면 고맙겠습니다. 우선 경전을 함께 읽고
제 말씀을 시작해 보도록 하겠습니다.

　"수행승들이여, 물질은 무상하고, 무상한 것은 괴롭고, 괴로운 것
은 실체가 없으며, 실체가 없으므로 이것은 내 것이 아니며, 이것은
참으로 내가 아니며, 이것은 나의 자아가 아니다. 이와 같이 올바른
지혜로써 있는 그대로 보아야 한다."
　"의식은 무상하고 실체가 없으므로 이것은 내 것이 아니며, 이것
은 참으로 내가 아니며, 이것은 나의 자아가 아니다. 이와 같이 올
바른 지혜로써 있는 그대로 보아야 한다."

이 가운데 '이것은 내 것이 아니며, 이것은 참으로 내가 아니
며, 이것은 나의 자아가 아니다'는 말씀은, 부처님께서 설하신
무아에 대한 유명한 게송입니다.
오늘은 지난 5월 1일부터 매주 일요일마다 계속되어 온 '제1
차 보현도량 도피안사 구국구세 대법회', 더불어 살아야 할 삶〔共
同體〕을 위한 불교적 패러다임〔緣起와 中道〕ㅡ「'가정의 가치' 불
교에 묻는다」는 전체의 주제를 마지막으로 정리하는 자리로 알
고 있습니다.

2. 가정의 중요성

가정은 진실로 소중합니다. 온갖 사회문제가 나로부터, 그리고
가정으로부터 시작되기 때문입니다. 내가 병들면 가정이 병들고
사회가 병듭니다. 반대로 사회가 병들고 가정이 병들면 나 또한

그 병에서 벗어나거나 피할 수가 없게 됩니다. 인간은 고립된 개체로서 독립적으로 존재하는 것이 아니고, 연기를 바탕으로 한 지극히 사회적인 공생의 관계로 존재합니다.

나를 구성하고 있는 수십 조의 세포들이 그물망처럼 상호 연결된 방대한 네트워크로서의 나는 사회적인 다양한 시스템의 한 일원입니다. 정신의학에서는 이러한 인간을 생물학적·정신적·사회적 존재(bio-psycho-social being)로 정의를 합니다. 우리는 흔히 이 몸뚱이를 개체로서, 독립된 실체로 인식하여 나라는 생각을 합니다. 그러나 단순한 생물체 또는 단순한 마음이 아니고, 사회적인 존재, 부처님의 말씀을 빌리면 연기적인 존재임을 강조한 것이 오늘날 정신의학의 결론입니다.

가정의 핵은 우선 부부 관계가 날줄이 되고, 부모자식 관계가 씨줄이 되겠습니다. 부부 관계가 날줄이고 부모자식 관계가 씨줄이라는 것은 굉장히 중대한 의미가 있습니다. 우리는 서로 나와 부모님, 나와 아내 또는 나와 남편, 그리고 자식이라는 삼원 관계를 유지하는데, 이 삼원 관계가 또 하나의 원으로 통합이 되어 사회를 이루고 있습니다. 상당히 상징적인 그림입니다.

이 그림을 바탕으로 오늘 강의를 진행할까 합니다. 베를 짜는데 날줄과 씨줄이 잘 조화를 이루면 아름답고, 행복한 옷감이 되지요? 그런데 날줄과 씨줄이 엉키고 뭔가에 오염되어 있다면 불행한 옷감이 될 것입니다.

3. 가정 폭력과 사회 병리

오늘날 사회는 분노와 적개심으로 가득 차 있습니다. 특히 가정은 갈등과 대립, 폭력과 불화에 의해 이혼이 급증하고 있을 뿐만 아니라 동반자살이나 심지어 존속 살인까지 일어나고 있습니다. 도대체 사회와 가정이 이렇게 평화롭지 못한 원인과 조건은 무엇일까요?

저는 사회의 고통에 이바지하는 가장 큰 원인 또는 조건을 폭력이라고 말씀드리고 싶습니다. 따라서 사회를 구원하기 위해서는 먼저 폭력이 해결되어야 하고 폭력이 해결되면 곧 평화가 올 것입니다.

오늘날 사회의 폭력은 성폭력, 학교 폭력, 아동 폭력, 노인 학대, 정치 폭력 심지어는 종교 폭력, 요즘은 사이버 폭력까지 실로 그 형태가 다양합니다. 이렇게 다양한 폭력이 외형적인 형태라면 폭력의 내면적인 형태는 또 무엇일까요? 그렇습니다. 분노입니다. 부처님께서 말씀하신 삼독심(三毒心) 가운데 진심(瞋心)입니다.

가정 폭력은 자녀 또는 배우자에게 가하는 언어적·신체적·정신적 학대로 나타납니다. 이 가정 폭력은 가정 파탄과 사회 병리의 주요 원인이 됩니다. 가정 폭력은 피해자의 개인 상처로 그치지 않고 가족 전체에 영향을 미치고, 또 개인이 각 사회에 몸담고 있는 사회 전체 시스템에 파장을 미칩니다.

야단맞는 아이의 경우를 예로 들면 어린아이에게는 최초의 신(神)이 부모님입니다. 신과 같은 절대적인 부모가 올바른 사랑으로 길러 주지 않는다면, 또는 부모가 마음이 건강하지 못하다면, 또는 서로가 으르렁거리다가 이혼해서 부모가 없거나 홀로 된다면, 그리고 부모가 분노를 다스리지 못하고 아이들에게 그것을 투사한다면(쏟아 붓는다면), 그 아이는 지울 수 없는 상처를 받게 됩니다.

또 그 아이가 지닌 마음의 상처는 한 아이의 상처로 끝나지 않습니다. 그 아이는 커서 정신과 치료를 받아도 오랫동안 시간과 노력이 들어야 되고, 심지어는 정신병으로 발병을 하게 되어 사회생활이 어려운 경우도 있습니다. 부모를 원망하고, 세상을 원망하고, 나아가 무자비하게 폭력으로 앙갚음을 하기도 합니다. 그들은 자신감이 없어 위축되고 항상 긴장되어 있고, 불안에 떨거나 두통과 가슴의 통증을 호소하기도 하고, 알코올에 의존하거나 약물에 의존하기도 합니다. 결혼을 하면 배우자에게 그리고 자식들에게 언어적·신체적·정신적 학대를 자기가 받은 방식 그대로 반복해서 표출합니다. 이것이야말로 폭력의 대물림, 폭력의 윤회라고 할 수 있겠습니다.

이와 같이 사회적인 병리 현상들이 어린 시절 받은 마음의 상처와 무관하지 않음을 우리는 알 수 있는데, 가정이 소중한 이유가 바로 여기에 있습니다. 그래서 가정은 만선(萬善)의 원류이며, 만악(萬惡)의 원천이라고 할 수 있겠습니다. 폭력뿐 아니라 모든 사회문제, 예를 들면 부정부패, 끊임없는 정쟁, 지역 갈등, 국론 분열 등등 또한 가정에서 비롯된다 해도 과언이 아닙니다. 부모로부터 받아야 될 사랑과 신뢰를 받지 못하고 상처를 받은 부분이 그러한 사회적인 병리 현상으로 발전되기 때문입니다. 마음이 상처를 받으면 개인적으로는 신경성 노이로제와 정신적 질환으로 나타나지만 사회적으로는 각종 범죄나 사회 병리로 나타납니다. 그 극한이 자살이고 살인이며 전쟁입니다. 최근 연이은 동반자살이나 총기난사 사건, 바로 이런 것들이 예가 되겠지요.

4. 가정은 최초의 교육장

가정은 따뜻한 사랑과 신뢰, 믿음을 형성하는 최초의 교육장입니다. 사람은 누구나 사랑을 받아야 사랑을 줄 수 있습니다. 사랑을 줄 부모가 없거나 있어도 사랑 대신 분노와 책망을 주는 부모의 경우는 자녀의 사랑이 결핍됩니다. 사랑이 결핍되어서도 안 되겠지만, 또한 그 사랑이 도가 넘는 사랑이어도 안 되겠습니다. 때와 장소에 적절한 올바른 사랑이어야 되겠습니다. 만약 올바른 사랑이 되지 못하고 지나치거나 병적인 사랑이 된다면 오히려 많은 문제를 내포하게 됩니다. 비뚤어진 사랑의 대표적인 것은 과잉보호나 자기 만족의 사랑이 되겠지요. 예를 들면 절제가 없는 사랑, 그것은 자신에게도 상대에게도 상처를 받게 합니다. 또 병적인 집착과 의심 같은 사랑은 상대방을 소유물처럼 여깁니다. 자식을, 배우자를 꼼짝달싹 못하게 구속시켜서 상대를 질식시킵니다. 이러한 사랑은 저주요, 고문이라고 할 수 있을 정도입니다.

마음의 병은 이와 같이 우리 가까이에서, 아니 자신의 내부에서, 또는 가정 안에서 시작됨을 알아야 합니다. 이는 결코 죽은 조상의 원혼이나 귀신들의 장난이 아닙니다. 집에서, 학교에서,

사회에서 받는 스트레스들이 우리의 가정과 사회와 나 자신을 오염시키고 병들게 하고 있습니다.

이처럼 정신 건강은 그 영향이 요람에서 무덤까지 그리고 삼세(三世)를 걸쳐 대대로 유전된다는 점에서, 또 개인과 가정과 학교, 나아가 사회 전반에 광범위하게 파급된다는 점에서 대단히 중요하다고 하겠습니다.

5. 고통의 뿌리는 마음으로부터

여기서 우리들 자신에게 한 가지 질문을 던져 보겠습니다.

'부처님께서는 왜 출가를 하셨을까요?'

예! 우리 자신이, 나 자신이, 아니 싯다르타 자신이 괴로웠기 때문일 겁니다. 삼법인(三法印) 가운데 첫 번째가 '일체개고(一切皆苦)'입니다. '모든 것이 다 괴로움이다'고 말을 하면, 그 괴로움은 무척 추상적으로 들립니다. 그러므로 좀더 구체적으로 직접적으로 질문해야겠군요. "도대체 뭐가 괴롭습니까? 몸이 괴롭습니까? 마음이 괴롭습니까?" 잘 따져 보면 결국은 마음의 괴로움이 아니겠습니까? 마음의 고통, 마음의 불안, 마음의 두려움, 마음이 편안하지 못함. 이 마음의 고통을 해결하는 것이 바로 부처님의 출가 화두였다고 봅니다. 오늘날 한국불교 일각의 화두는 너무 개념적이고, 상징적이고, 실제의 삶과 벗어난 감이 없지 않습니다. 바야흐로 이제 우리는 삶 속에서 부처님의 말씀을 다시 한 번 깊이 음미해 보아야 할 때가 되었다고 봅니다. 아무튼 고통의 구체성을 파악하기 위해서 제가 사례들을 몇 가지만 들겠습니다.

사례1. 폭력을 휘두르는 남편을 피해 집을 뛰쳐나온 여인이 갈 곳이 없어서 '여성의 전화'에 도움을 요청합니다. 친정은 창피해서 못 가고 그러니 친구나 친지들에게는 더욱 갈 수 없는 입장이겠지요 남편은 거의 매일 술을 마시고 아내를 의심하고 폭력을 행사했습니다. 아이들은 아버지 눈치 보기에 급급하여 주눅 들어 있고, 여인은 절망감과 분노에 휩싸여 자살을 생각하고, 지난 세월을 한탄하고 지금의 남편을 선택한 자신을 저주하였습니다. 그동안 아이들이 불쌍해서 이혼을 못 하다가 이제는 도저히 더 이상 참을 수 없어 아이들과 함께 이 세상을 떠나는 것이 최선이라고 생각하여 아이들과 함께 동반자살을 계획했습니다.

사례2. 고교생 아들이 중간고사 성적이 잘 나오지 않았다고 그것을 비관한 분노에 찬 아버지가 온 가족을 승용차에 태우고 학교 앞에서 불을 질러 동반자살을 하고 말았습니다.

사례3. 남자 친구에게 편지 쓴 걸 읽어 본 어머니가 격분하여 고등학교 2학년 딸의 멱살을 잡고 마구 폭언을 퍼부었습니다. 평소 순하고 착하기만 하던 딸이 격렬하게 반항하자, 어머니는 불효녀라고 흥분해서 체벌을 가했습니다. 딸은 그후 웃음을 잃고, 말이 없어지고, 학교도 중단하였습니다. 그리고 자살만 생각을 합니다. 그후 정신과에 딸애를 데려온 어머니는 반성을 하고 후회하면서도 친정아버지 천도재가 문제가 된 것 같다고 자신을 합리화하였습니다.

사례4. 어떤 23세의 처녀가 강박신경증으로 내원하였습니다. 말을 더듬고 혹시 물건을 떨어뜨릴까 봐, 그 물건이 조금만 비뚤어져도 바로 놓아야 하는 불안으로 전전긍긍하였습니다. 이 여학생은 고등학교 2학년 때부터 불안할 때마다 숫자를 7까지 반복해서 세어야만 하는 버릇이 생겼습니다. 여학생의 어머니는 공부에 대해서 엄격하고, 매사에 철저하게 간섭을 하는 분이었습니다. 딸과 책상을 펴 놓고 같이 공부하고, 심지어는 문제를 하나만 틀려도 불호령을 내린 어머니 밑에서 그 고통을 이겨내지 못하고, 이 처녀는 강박증에 걸려 현재 사회생활을 제대로 못 하고 있습니다.

사례5. 고3 여학생이 찾아왔습니다. 학교에서 집단 따돌림을 당하여 잠을 못 자고, 아무리 배가 불러도 입에 음식을 매달고 있지 않으면 불안해서 견디지 못합니다. 화가 나면 피가 나도록 온몸을 긁어서 피부가 성한 곳이 없이 온몸이 흉터투성이가 되었습니다. 마침내 자살 소동을 벌여 병원에 오게 되었는데, 그 부모는 하루가 멀다 하고 부부싸움을 하는 가정이었습니다.

이 외에도 술만 마시면 소리 지르고, 물건 던지고, 술 사 오지 않는다고 때리고, 남자와 바람피운다고 의심하여 밤마다 어머니를 구타하는 패륜 아버지를 목 졸라 숨지게 한 여고생도 있었습니다. 남편의 상습 폭력에 견디다 못해 술 취해 있는 남편을 목 졸라 죽인 아내도 있습니다. 이러한 사례들이 아까 제가 말씀드린 폭력 가정의 현장입니다. 신문에 난 사건도 일부 있고, 정신과 진료실에 상담 또는 치료 의뢰된 경우도 있습니다만, 이러한 사례들이 갖고 있는 공통점은 바로 폭력입니다.

그리고 또 하나의 공통점이 있습니다. 무엇일까요? 우리 모두 자신의 문제를 돌아볼 줄 모른다는 것입니다. 문제를 들어 보면 전부 남의 탓입니다. 부모 탓, 딸 탓, 남편 탓, 배우자 탓, 상대방 탓입니다. 이와 같이 우리들은 모든 문제를 자기 자신 속에서 보지 않고 바깥에서 찾으려는 경향이 뿌리 깊습니다.

그런데 부처님께서는 그 외향적인 우리의 잘못된 습관, 고질적인 그 습관을 안으로 돌이켜 준 인류 최초의 분입니다. 그런 점에서 저는 부처님을 인류 최초의 정신과 의사라고 말씀드리고 싶습니다.

6. 평화를 찾아서

오늘날의 우리 가정과 사회 현실을 여러분들에게 간략하게 말씀드렸습니다. 한마디로 고성제(苦聖諦)의 현상입니다. 그러면 이것을 어떻게 풀어야 할까요? 오늘 이 자리는 구국구세 법회장입니다. 구국구세의 본질이 무엇인가요? 한마디로 표현하자면, 저는 평화라고 말씀드리고 싶습니다. 구국구세. 너무 거창하고 너무 고풍스러운 표현인 것 같습니다. 현대적인 용어로 쉽게 풀자면 가정과 사회의 평화요, 내 마음의 평화입니다. 저는 이게 바로 구국구세의 본질이라고 봅니다. 그러면 어떻게 사회가 평화스럽고 나 자신이 행복해질 수 있느냐? 바로 마음이 평화로워지면 된다고 봅니다. 아까 언급한 모든 사례들도 결국 마음이 지옥처럼 괴로워서, 아수라들처럼 사나워서 마음이 부글부글 끓어서 폭력적인 여러 현상이 벌어진 것입니다.

자, 여기서 붓다 당시의 구국구세의 방법을 한번 살펴보겠습니다. 그 당시에 브라만교라는 게 있었죠. 어린아이가 부모에게 의지하듯이, 성인이 되어서는 부모 대신 절대자에게 의지하는 게 우리 인간의 습성입니다. 종교적인 신앙, 예경 대상에게 절대적으로 의지하는 것은 어린아이가 보호와 안정을 위해 부모에게 의존하는 것과 똑같습니다. 이것은 2,600년 전뿐만 아니라 지금까지 모든 종교가 취하고 있는 공통된 방식이자 세상을 구원한다는 방식이기도 합니다.

그런데 부처님께서는 우리에게 어디에 의지하라고 하셨나요?

다른 모든 종교와 같은 방식이라면 굳이 불교가 생겼을 필요도 없고, 저나 여러분이 이 자리에 앉아 있을 필요도 없을 겁니다. 분명 다른 어떤 방법이 있었을 것입니다. 부처님은 구국구세로 어떤 방법을 택하셨습니까?

7. 자신에게 의지하라

부처님께서는 '자기 자신에게 의지하라' 하셨습니다. 자기 자신에게 의지하라는 이 말씀을 보면 앞에서 말한 다른 종교들과는 분명 다르지요. 그들은 절대자에게, 신에게, 초월적인 힘에게 등등 오로지 외부에 의지하고 있지요. 그런데 부처님께서는 파격적으로 '너 자신에게 의지하라'고 하셨습니다. 다른 것에 결코 의지하지 말라고 하셨습니다. '오직 너 자신에게 의지하라' 이것이 오늘의 현대인들이 챙겨야 할 부처님이 주신 화두입니다.

이것은 기상천외의 발상이고 가히 혁명적인 선언이었습니다. 하늘이 놀라고 땅이 진동할 사건이 부처님의 육성으로 터져 나왔습니다. 밖에 의지해서는 사회적인 폭력이나 마음의 고통이 근본적으로 해결될 수 없다는 것을 최초로 자각하신 분이 부처님입니다. 외부의 절대자에 의지하지 않고 자기 자신에게 의지하는 사람. 그러면 자기 자신에게 의지한다는 것은 무엇을 말하는 걸까요? 현재 나처럼 이렇게 불완전하고, 힘도 없고, 괴롭고, 돈도 부족하고, 다른 사람에 비해서 잘난 것 하나 없는 부족덩어리 나를 어떻게 의지하란 말인가? 하는 의심이 들 것입니다. 부처님께서 말씀하신 진정한 뜻은 자기를 잘 살펴라는 것입니다. 자기 성찰, 이것이 자기 자신에게 의지하라는 말의 참뜻이라고 봅니다.

교재 5쪽을 보시면 '조견오온개공(照見五蘊皆空)'이라는 말씀이 있는데, 불자들께서 이미 잘 알고 있는 『반야심경』의 핵심 문구입니다. 처음 법회 시작할 때 우리는 다 같이 반야심경을 외웠고 저도 개인적으로 반야심경을 무척 좋아하는 사람입니다. 불교의 핵심은 반야이고, 반야의 핵심 경전이 바로 이 반야심경이기 때문이지요. 그 반야심경 268자를 한 줄로 압축한다면 '조견오온개공 도일체고액(照見五蘊皆空 度一切苦厄)'이 될 것입니다.

'오온을 고요히 비추어 보아 몸과 마음이 실체가 없음을 깨달아 모든 고통을 해결한다'는 가르침입니다. 이 한 말씀으로 불교가 다 표현되었다고 할 수 있습니다. 또 그 중에서도 핵심 구절은 '조견오온개공'입니다. 오온은 몸과 마음으로서 나 자신입니다. 아까 나 자신에게 의지하라 할 때 그 자신이 바로 오온입니다. 오온은 색(色), 수(受), 상(想), 행(行), 식(識). 더 줄여서 몸과 마음. 조견은 현대적으로 쉽게 풀면 성찰. '조견오온'은 몸과 마음을 성찰하기, 즉 자기 성찰입니다. 제가 교재 첫머리에 부처님의 가르침을 한마디로 압축하면 자기 성찰이라고 적어 드렸는데, 결코 제 임의로 요약하거나 주장한 게 아니란 것을 알 수 있겠지요.

『반야심경』은 경전 중의 경전이라는 뜻으로 심장이라고 표현하고 있습니다. 그 반야심경을 수행의 견지에서 압축한 말이 '조견오온'입니다. 자신에게 귀의하라는 말을 자기를 성찰하라는 말로 대치해 보겠습니다. 여기서 자기 자신이라는 개념이 명확하게 규정이 되지 않으면 우리는 불교를 삶과 동떨어진 관념 속에, 아니 허공 가운데 고립시킬 위험이 있습니다. 따라서 '나'라는 개념을 조금 더 짚어 봐야 되겠습니다.

8. 진정한 '나'는 무아(無我)

우리 인간이 당연시하는 가장 확고한 사상 중의 하나가 '나'라는 생각이요, '나'라는 믿음입니다. 여러분, 여기 앉아 있는 이 몸과 생각하고 듣고 있는 이 마음이 있는데 '나'를 부정할 수 있을까요? 그러나 이 '나'에 대해서 부처님은 의문(?) 부호를 던진 최초의 어른이십니다. 어떻게 이렇게 확고한 실체로서 '나'에 대해 감히 질문을 던지셨을까요? 이렇게 분명하고 확실한 내가 있는데 말입니다. 그런데도 부처님께서는 왜 이 대단한 나에게 의문을 품으셨을까? 아무리 생각해도 놀랍기만 할 뿐입니다. 참으로 희유(稀有)하고 희유한 어른이 부처님이십니다.

자, 인간이 당연시하는 '나'라는 개념, 이것은 후대에 여래장(如來藏), 진여(眞如), 불성(佛性) 등으로 표현하고 있지만 어디까지나 나중 일이고, 부처님은 이 '나'를 잘 살펴보신 뒤 개공(皆空), 즉 무아(無我)라고 설명하셨습니다. 저는 불성(佛性)이나 진여(眞如)라는 말보다는 무아를 더 좋아합니다. 왜냐하면 무아가 좀더 실제적이고 구체적인 메시지를 우리에게 전하고 있기 때문입니다. 무아는 부처님의 근본 뜻인 대비구세(大悲救世), 곧 구국구세(救國救世)입니다. 즉 나와 세상을 구원하는 방법으로 자기 성찰이라는 수행 방법을 말씀하시고, 자기 성찰을 깊이 한 결과가 무아에 이르러 나와 남의 고통을 해결한다는 뜻입니다.

자, 이제부터 부처님이 깨달으신 무아가 우리에게 어떤 의미인가를 짚어 보는 순서가 되겠습니다. 앞에서도 말씀드렸지만 몸과 마음으로써 이루어지는 '나'라는 존재는 결코 고립적으로 존재하지 않습니다. 살아가는 여러 조건, 부모라는 조건, 가정이라는 조건, 사회라는 조건 등에 의해서 존재합니다. 그래서 부처님은 관계를 매우 중요시합니다. 철학적으로 말하면 개체성과 관계성으로 표현할 수 있을 것입니다. 우리는 거의 본능적으로 자신을 개체성으로만 생각하며 살아가고 있습니다. 그러나 공동체의 평화에 이르기 위해서는 그 개체성을 떠나서 관계성에 주목해야 합니다. 한마디로 인간은 마음을 가다듬어 연기(緣起)의 이치를 더 깊이 살펴볼 필요가 있습니다.

왜냐하면 개체성으로만 나를 생각하면 이분법에 빠지게 되기 때문입니다. 나와 네가 나눠지고, 선과 악이 구별이 돼 버리면 그때부터 나는 옳고 너는 잘못됐다고 서로 싸우게 됩니다. 너희는 틀렸고 우리는 옳다는 편 가르기와 같은 이분법적인 구도가 바로 개체성이 지닌 대립 구도입니다. 알고 보면 분노의 원천도 '나'라는 개체성에 뿌리를 두고 있습니다. 그래서 조금이라도 나의 신념과 가치에 손상이 오면 불같이 화를 내지요.

자, 그렇다면 이 개체성을 관계성으로 전환하면 어떤 결과가 발생될까요? 그 순간부터 나를 고집하거나 내세우지 않고 대화가 소통됩니다. 그림을 다시 한 번 보겠습니다. 그림에서처럼 나와 너, 또는 자식과 부모, 배우자와 나, 대개 이런 시스템으로 가정이 이루어졌는데, 이 각각의 원들이 닫혀 있는 걸로 보이실 겁니다. 이 원들이 각각 닫혀 있으면 소통이 이루어지지 않습니다. 관계에 대한 인식이 결여되어 따로 놀게 되는 것이지요. 나를 꽉 닫고 있고, 너를 꽉 닫고 있으면 결국 각각 분리되어서 관계성을 상실하고 말지요. 그러므로 나와 너, 그 속에 있는 각자의 '나'가 사라져야 소통이 되고 소통이 되어야만 관계성을 회복할 수 있습니다.

앞에서 말씀드린 여러 사례들의 또 다른 공통점은 관계가 차단이 되어 있다는 것입니다. 쉽게 말해 서로간의 대화가 꽉 막혀 있습니다. 우리 몸의 피가 팔다리의 피와 소통되지 않으면 손발이 저리고, 마비가 오고, 또 그 상태가 오랫동안 계속되면 팔다리가 썩게 됩니다. 가정의 구성원들도 서로 개체로만 존재하여 자신을 철저하게 고립시켜서 '나'에 집착하면 아무리 가까운 부부 사이라 해도 또는 부모 자식이라 해도 대화가 단절됩니다. 그렇게 되면 그 가정은 파탄을 맞게 됩니다.

9. 가정 폭력의 해결 방법

가정 폭력의 해결 방법으로 자기 성찰은 비로소 가족 관계를 원활하게 만듭니다. 이처럼 가족 관계를 원활하게 만들려면 우선 마음을 고요히 하고 '나'라는 생각이 실체가 없음을 철저하게 관찰하여 상대방을 있는 그대로 받아들일 수 있어야 합니다. 상대방을 있는 그대로 받아들일 수 있기 위해서는 먼저 나를 철저하게 비워야 합니다. 만약 나를 비우지 못하면 상대방의 말을 들을 수가 없고, 상대방의 마음을 이해할 수가 없습니다.

그러므로 주의 깊게 상대방에게 귀를 기울이고 경청하는 것, 이것이 관계 소통을 위해 해야 할 가장 우선적인 일입니다. 좀더 생각해 볼까요? 우리들이 너무 좋아하고 따르는 '관세음보살(觀世音菩薩)'이 무슨 뜻입니까? 저는 상대방의 마음을, 상대방의 말을 잘 이해하고 듣는 것을 관세음보살로 알고 있습니다. 이로 미루어 보더라도 우리가 상호 소통을 하려면 우선 마음이 통하고 대화가 통해야 되는데, 그 대화를 통하게 하는 가장 중요한 비법(?)이 경청입니다. 즉 우리 자신이 관세음보살이 되어야 합니다.

관계 소통의 두 번째 조건은 애어(愛語)입니다. 계율에는 '이것 하지 마라, 저것 하지 마라'고 하지요. 그러나 이런 부정적이고 억압적인 표현을 쓰면 대부분의 사람들은 잘 받아들이지 않습니다. 그러므로 애어라는 말은 매우 적극적이고 긍정적인 언어이기에 우리가 주목해야 합니다.

가령 '나쁜 말을 하지 마라'를 예로 들어 볼까요? 이 말을 긍정적인 언어〔愛語〕로 바꾸어 보면, 좋은 말이나 칭찬을 많이 해야 한다는 뜻이 됩니다. 앞의 사례에서 어린아이가 마음의 상처를 받는 것은 부모가 너무 엄격하거나 부당한 요구가 많아서 그렇습니다. 그것은 아이의 입장에서가 아니라 부모의 입장에서 아이를 이끌려고 하기 때문이지요. 그런 입장은 주로 칭찬보다는 야단을 많이 치고 주문을 많이 합니다. 강박신경증을 앓은 23세의 여자도 그 부모가 사랑이 없는 것도 아니고 병적인 분도 아니었는데, 그 여자는 그만 노이로제에 걸리고 말았습니다. 마음의 여유와 칭찬이 결여된 부모였기 때문입니다.

'나쁜 말을 하지 마라'보다는 우리는 좀더 구체적이고 정확하게 부처님의 가르침에 기초하여 계목(戒目) 하나하나를 잘 생각하되 말을 바꿔서 표현해 볼 필요도 있습니다. 사실 부처님께서는 본래부터 계목을 부정적으로 말씀하시지 않았습니다. 왜냐하면 이미 팔정도(八正道)에 바른말, 바른 언어를 구원의 방법으로 제시하고 계시기 때문입니다. 이렇게 저렇게 하지 말라는 계율의 계목이 부정적인 표현이라면 팔정도는 적극적이고 긍정적인 표현이 되겠습니다. 아무튼 저는 애어 가운데 칭찬을 제일로 내세우고 싶습니다.

정신과 의사 고트만 박사는 5대 1의 룰을 정했습니다. 칭찬과 꾸지람을 5대 1의 비율로 하여 아이를 교육시켜라. 다섯 번의 칭찬과 격려 끝에 한마디 이렇게 저렇게 주문해라 하는 것이었습니다. 그렇지 않으면 아무리 좋은 말도, 아무리 좋은 설교도, 거룩한 진리마저도 교육적인 효과가 없어진다고 했습니다. 그러므로 긍정적인 표현, 칭찬과 격려와 지지를 아낌없이 우리는 할 수 있어야 되겠습니다. 불교의 애어는 칭찬과 격려입니다.

10. 처음도 무아, 마지막도 무아

이러한 관계 소통을 잘하려면 그 전제 조건은 무엇입니까? 소통의 두 가지 조건이 경청과 애어라고 했지요. 남의 말을 잘 듣고 남을 칭찬하고 격려해 주는 말을 하기 위해서는, 먼저 자기를 비워서 무아가 되어야 하겠습니다. 저희 정신과 의사나 정신 치료자들은 상시(常時)로 훈련을 받습니다. 제일 처음에 경청하는 법을 배웁니다. 경청의 전제 조건은 자신의 모든 신념과 가치관이나 지식을 비우는 것입니다. 있는 그대로의 상대방을 100% 수용하기 위해서입니다. 그게 제일 첫 번째 수련하는 교육 과제입니다. 불자들은 누구보다 이 점을 가장 빨리 이해하시리라 봅니다. 부처님 가르침의 핵심이 바로 무아니까요.

만약 나를 내세워 '내가 불교를 잘 안다, 나는 불교에 통달했다' 하는 생각을 가진다고 하면 그는 가장 비불교적일 뿐만 아니라 오히려 불교를 욕되게 하는 것입니다. 대화에서 설명을 많이 하면 상대를 이끌 수는 있겠지만 상대방을 이해할 수는 없습니다. 상대방에게 이리저리 주문하고 가르쳐 줄 수는 있겠지만 정말 그 사람의 폭력적이고 고통스런 마음을 해결하는 데는 역부족이고 불가능한 일입니다.

이 폭력적이고 평화스럽지 못한 마음을 해결하려면 경청과 애어를 통해서 대화를 나눠야 합니다. 그러기 위해서는 철저하게 나를 비움이 선행되어야 함을 잘 알 수 있겠습니다. 이것이 상담의 기본 자세입니다. 그러므로 훌륭한 상담자는 말을 많이 하지 않습니다. 또 조언을 많이 하지 않습니다. 내가 말을 많이 하면 나를 드러내는 것이지, 상대방의 고통과 상대방의 현재 심리상태를 충분히 수용하는 것과는 거리가 멀게 됩니다.

내가 말을 많이 하면 상대방은 그만큼 자기의 속내를 표출할 기회가 사라집니다. 내가 상대방에게 이런 게 잘못이고 저런 게 옳다고 말해 버리면 상대방은 자신의 마음속에 들어 있는 수많은 찌꺼기들, 혼탁한 구정물을 드러내 보일 수가 없게 됩니다.

상대방이 자신의 현재의 마음 상태를 잘 표현할 수 있도록 도와주는 것, 그것은 귀로 잘 들어주는 건데, 귀로 잘 들어주기 위해서는 나를 철저하게 비워서 '나'라는 의식이 상대방에게 조금이라도 비쳐져서는 안 되겠습니다. 그것은 부모님도 마찬가지고, 선생님도 마찬가지고, 특히 스님들도 마찬가지입니다. 정신 치료의 핵심적인 원리와 기법은 모두가 무아에 연원하고 있습니다.

11. 자기 방어를 넘자

자신의 관점을 고집하는 사람들을 방어적이라고 합니다. 일상에서 방어는 대개 어떻게 나타나느냐 하면 "너 이러하지 않느냐?"라고 지적을 해주면 "그렇잖아, 나 그런 게 아냐!"라고 부정을 하게 되지요. 부부 상담을 해보면 서로 자기가 옳다고 주장합니다. 배우자끼리 싸울 때 보면 상대방에게 너는 이렇고 이런 게 잘못이라고 비난합니다. 그러면 그것을 받아들이는 상대방은 아니라고 강하게 부정합니다. 나는 절대로 그런 적이 없고, 나는 그렇지 않은데 네가 오해하여 그렇게 본다는 식으로 계속 평행선을 달립니다. 지적을 하면 강하게 부정을 한 뒤 상대방의 문제라고 되돌려줍니다. 투사(投射)지요. 내 문제가 아니라 상대의 문제로 되받아 쏘아 버리는 것. 이 부정과 투사는 자기 자신을 방어하는 두 가지 대표적인 심리 방어 기제입니다. 이 부정과 투사를 하지 않을 수 있는 분은 보살이라고 할 수 있겠습니다. 건강한 마음, 성숙한 마음의 소유자이며, 훌륭한 정신과 의사라고 볼수 있고, 뛰어난 상담가라고 말할 수 있겠습니다.

대개의 사람들은 자신도 모르게 부정과 투사를 합니다. 당사자들이 정말 거짓되고, 거짓말쟁이라서 부정을 하는 게 아닙니다. 자기의 마음속 깊은 곳에 도사리고 있는 문제를 은폐하고 싶어서 자기 방어적인 목적으로 부정을 하고 투사를 합니다. 그러니까 거짓말을 본의 아니게 하게 된다는 말이지요. 부처님께서 거짓말을 하지 말라고 하셨는데, 우리는 사실 대부분 무의식적으로 거짓말을 하고 있고, 남에게 책임을 전가하고 있습니다.

'이 사실〔거짓말과 책임 전가〕을 잘 알아차려라' 하는 것이 바로 자기 성찰입니다. 스님들이 안거가 끝난 뒤에 자자(自恣)를 하는 이유도 바로 자기 성찰에 있습니다. 『반야심경』의 '조견오온', 즉 자기 성찰은 나도 몰래 은밀하게 작용하고 있는 내 마음의 여러 가지 방어 작용들을 잘 통찰해서 그 어떤 것도 상대방에게 전가하지 않는 것입니다. 자식 잘못으로 탓하거나, 남편이나 아내의 문제로 투사를 하지 않게 만드는 것이지요.

12. 무아의 세계, 관세음보살의 천수천안

'나'라는 생각을 버리는 공부, 불교에서는 '나'라는 생각이 한

티끌만이라도 있으면 공부가 덜 됐다고 말합니다. 아주 훌륭한 말씀이고 고귀한 가르침입니다. 그리고 이 '나'라는 생각을 조금도 갖지 않는 게 보살이라고 하였습니다. 교재에 있는 『금강경』한 줄만 여기서 소개하겠습니다.

"만약에 보살이 '나'라는 생각을 가지고 있으면 보살이 아니다(若菩薩有我相 卽非菩薩)."

정신과 의사나 상담가가 자신의 신념이나 자신의 종교를 내세우면 훌륭한 정신과 의사나 상담자라고 볼 수가 없습니다. 그것은 '나'라는 생각을 드러내는 일이기 때문입니다. 이 '나'라는 생각을 싹 버리고 온전히 상대방과 하나가 되어서 공감을 해야 합니다. 상대와 일체가 되어야 합니다. 그러려면 자신과 상대가 각각의 개체로서 육체적인 껍데기로서 분리되어 있는 존재로 남아 있어서는 안 된다는 것이지요.

사실 칠판에 그린 이 둥그런 원은 제가 분필로 진하게 그려서 완전하게 줄로 이어져 닫혀 있다고 보겠지만, 세밀한 확대경으로 보면 수많은 틈 사이로 구멍이 열려 있습니다. 우리 세포도 외부와 완전히 닫혀져 있는 것 같지만 수십 조의 세포들은 하나하나의 세포막마다 수많은 구멍들로 열려 있어서 세포들끼리 상호 소통을 하고 있습니다. 하물며 몸의 세포들도 그러한데 내가 외부와 열려 있지 않으면 오늘 여러분들은 제 얘기를 들을 수도 없고, 부처님의 말씀도 알 수 없을 겁니다.

세포 중의 세포는 뇌신경 세포입니다. 뇌신경 세포는 약 천억 개쯤 되며 사람의 중추신경을 이룹니다. 이 중추신경은 다른 세포들과 달리 한 개의 세포가 천 개에서 이천 개 가량의 손을 가지고 있습니다. 이를 신경가지라고도 합니다. 그렇다면 신경세포 하나가 천 개 내지 이천 개의 가지를 가지고 있다는 것은 무엇을 의미합니까? 다른 뇌신경 세포가 가지고 있는 천 개 내지 이천 개의 손을 맞잡고 있다는 뜻입니다. 그렇게 해서 우리의 몸과 마음의 모든 현상을 창출해 냅니다. 관세음보살의 천수천안(千手千眼)과 너무나 닮아 있고 똑같다고도 볼 수 있습니다. 이런 내가 천 개의 손과 천 개의 눈으로 모든 분들과 교통을 하고 교류를 하지 않으면 안 되는 것이지요. 조그만 나에 한정되어 있으면 관세음보살이 되는 것은 불가능한 일입니다. 보살은 마땅히 천 개의 귀와, 천 개의 눈과, 천 개의 손으로써 상대방과 이웃들의 마음 고통을 잘 살피고 성찰해서 도움을 줘야 합니다.

그러려면 전제 조건이 우선 나 자신을 잘 성찰해야 되는 것이지요. 나를 모르고 상대방을 이해할 순 없으니까요. 정신과 의사의 훈련 가운데 교육 분석이 왜 필요한가 하는 것은 자기 내면의 여러 문제와 무의식적인 여러 방어 기제를 잘 이해하고 통찰하지 않으면 환자의 마음을 이해해 줄 수가 없고 치료할 수가 없기 때문입니다.

알고 보면 현대의 정신 치료, 상담 치료의 근본은 바로 부처님이 말씀하신 무아의 원리입니다. 그러면 어떻게 무아를 이해할 것인가를 부처님 말씀을 통해서 다시 함께 생각해 보겠습니다. 아래의 두 번째 경문부터 읽어 보겠습니다. 분명한 믿음이 생길 것입니다.

"세존이시여, 누가 집착합니까?"

"그와 같은 질문은 옳지 않다. 나는 누가 집착한다고 말하지 않았다. 만약 내가 누가 집착한다고 말했다면, '세존이시여, 누가 집착합니까?'라는 질문은 옳았을 것이다. 그러나 나는 그렇게 말하지 않았다. 그러므로 '무엇을 조건으로 집착이 생겨납니까?'라고 묻는다면 그것은 올바른 질문이다. 그것에 대해 갈애(渴愛)를 조건으로 집착이 생겨나며 집착을 조건으로 존재가 생겨난다고 답변하는 것이 옳다."

"시각을 조건으로 하고 형상을 조건으로 하여 시각 의식이 생겨난다. 이 세 가지가 만나는 것이 접촉이고, 접촉을 조건으로 느낌이 생겨난다. 느낌을 조건으로 갈애가 생겨난다. 그렇다고 시각을 자아라고 하는 것은 타당하지 않다. 또 형상이 자아라고 해도 맞지 않다. 그 둘에 의해 생긴 시각 의식이 자아라고 해도 역시 맞지 않다. 나아가 시각적 접촉도 느낌도 갈애도 자아라고 하면 맞지 않다. 청각도, 소리도, 후각도, 냄새도, 정신도, 의식도 자아가 아니다. 이를테면 기름불이 타오를 때 기름도 무상하고 변화하는 것이며, 심지도 무상하고 변화하는 것이며, 불꽃도 무상하고 변화하는 것이며, 불빛도 무상하고 변화하는 것이다. 그런데 어떤 사람이 기름불이 타오를 때 기름도 무상하고 변화하는 것이며, 심지도 무상하고 변화하는 것이며, 불꽃도 무상하고 변화하는 것인데도, 그 불빛만은 영원하고 변화하지 않는 것이라고 말한다면 그것은 옳지 않다."

위의 경은 난다까라는 존자가 비구니 수행승들에게 설법한 내용입니다. 부처님의 명을 받아서 부처님을 대신하여 존자들 중에서 한 분씩 교대로 비구니 수행승들에게 설법했던 모양입니다.

부처님 당시의 광경이 마치 손에 잡힐 듯 느껴지는 것 같습니다. 그 중에서 영혼이 윤회하고 불멸하여 영원히 존재한다고 생각하며 질문하는 비구니 수행승에게 난다까 존자가 부처님의 말씀을 들은 대로 옮긴 대답이었습니다.

자, 무엇무엇을 조건으로 무엇무엇이 발생한다. 이게 바로 연기법이죠? 만약 별개로 존재하는 개체가 있다면 그것은 누군가가 창조하지 않으면 존재할 수 없습니다. 그러나 관계의 측면에서는 반드시 어떤 창조주가 창조할 필요가 없게 되죠. 여러 다양한 조건과 원인을 매개체로 해서 어떠한 현상이 발생하니까요. 이 무아의 원리이자 연기의 원리는 불교만의 독특한 사상입니다. 2,600여 년의 세월이 흘러왔고, 아니 그 이전에도 인류가 몇 천 년, 몇 만 년의 역사를 가지고 있지만 붓다 외에 무아의 이론을 이야기한 사람은 아무도 없었습니다.

최근에 해체철학이니 상대성이론 등에서, 또는 생명공학의 핵심인 뇌과학에 이르러서야 비로소 다양한 조건과 원인에 의해서 '나'라는 존재가 성립된다는 것이 입증이 되고 있습니다. 부처님께서 설하신 내용을 이제야 과학이 확인하고 있는 거지요. 그런데 부처님께서는 2,600여 년 전에 어떻게 현대적인 과학과 조금도 배치되지 않은 이러한 연기의 원리를 터득하셨는지 도저히 저는 이해할 수 없습니다. 정말로 희유합니다. 진심으로 고개 숙이지 않을 수 없습니다.

13. 무아와 금강경, 그리고 자기 성찰

자, 부처님께서 설하신 무아에 대한 게송 '이것은 나의 것이 아니고, 이것은 참으로 내가 아니며, 이것은 나의 자아가 아니다'에서 자아라는 것은 영혼이라고 번역할 수도 있습니다. 『금강경』에서　아상(我相)·인상(人相)·중생상(衆生相)·수자상(壽者相)이라 하였는데, 수자상이 바로 나의 자아나 나의 영혼이라는 개념입니다. 나의 자아나 영혼이라는 생각이 털끝만큼이라도 있고, 내 몸이라는 생각이, 내 것이라는 생각이 털끝만큼이라도 있으면 그는 보살이 아니고 부처님의 무아를 체득하지 못한 것입니다.

"이제 부처님께서 열반에 드시면 저희들은 누구를 의지해야 합니까?"

아난존자를 위시한 제자들이 슬퍼하면서 쿠시나가라 사라쌍수 아래에서 열반에 드시는 부처님께 이렇게 여쭙니다.

그때 부처님께서는 "결코 다른 것에 의지하지 말고 자기 자신에게 의지하며, 가르침에 의지하라"고 당부하셨습니다.

주의할 것은 자기 자신을 의지하되 아무렇게나 함부로 의지하는 게 아닙니다. 반드시 부처님이 가르쳐 주신 대로 의지해야 합니다. 부처님께서 평생 제자들에게 가르치신 법은 무아와 연기입니다.

아무튼 무아를 정신과학적으로 설명할 수 있는 방법은 무척 다양합니다. 그러나 여기서 충분히 말씀드릴 수는 없습니다. 아무쪼록 저는 오늘 이 자리에서 부처님께서 자기 자신에게 의지하라고 하신 그 말씀이 자기 성찰, 자기를 깊이 관조함, 자기를 깊이 들여다봄과 다르지 않다는 것을 강조하고 싶습니다. 나를 깊이 들여다보고, 나를 깊이 이해해야만 상대방을 이해하고 사회의 병리를 해결할 수 있는 길이 나옵니다. 나를 깊이 들여다보는 것, 이것은 단순히 선정에만 있는 것은 아닙니다.

14. 정념 수행(正念修行)

부처님께서 폭력을 해결하는 방법으로서, 평화에 이르는 길로서, 열반에 이르는 길로서 팔정도를 말씀하셨는데, 그 팔정도 가운데 저는 한 가지만 강조하겠습니다. 바로 정념(正念)입니다. 그렇다면 정념이 과연 무엇일까요?

(청중 가운데 '자기 성찰'이라고 답변한다.)

훌륭하십니다. 아주 모범 답안입니다. 참으로 뛰어난 부처님의 제자이십니다. 자, 먼저 염(念)이라는 한자(漢字)를 한번 잘 살펴보십시오 '지금 마음'의 뜻으로 이루어진 개념입니다. 현재 이 순간 자기 자신을 관찰하는 것, 정념은 매 순간의 자기 성찰입니다. 자기 자신, 즉 오온을 둘로 나누면 몸과 마음입니다. 그런데 이렇게 고정돼 있는 것 같은 내 몸, 내 마음을 왜 무상하고 만족스럽지 못하고 실체가 없다고 하셨을까요? 지금 분명히 내가 듣고 생각하는 이 마음이 있고, 보고 있고 알아차리고 있는 이 마음이 분명 있는데 부처님께서는 왜 이 마음의 실체가 없고, 비어 있다고 하셨느냐는 것입니다.

바로 이것을 알기 위해서 정념수행을 해야 한다고 하셨습니다. 지금 현재 내 몸에서 일어나는 모든 변화들, 지금 현재 내 마음에서 일어나고 있는 모든 현상들을 바로 순간순간 포착하는 것이 정념입니다. 그러므로 정념은 알아차림이라고 표현할 수도 있겠습니다. 영어로는 보통 awareness 자각, 알아차림이지요. 지금 이 순간 내 안에서 무엇이 일어나고 있는가? 이것을 알아차리는 것이지요.

여러분들 중에 화두를 공부하신 분들도 있을 것입니다. (칠판을 툭 치면서) 선사들이 '이 소리를 아는가?' 이렇게 물어보죠. 여러분 과연 이 소리의 뜻을 아십니까? 이 소리가 나는 바로 그 접촉하는 순간, 소리를 조건으로 청각을 조건으로 청각 의식이 발생한다고 되어 있습니다. 그 외부적인 자극과 내부적인 감각 기관이 접촉하여 의식이 발생합니다. 소리는 소리를 듣는 청각 의식이, 형상을 보는 것은 시각 의식이, 외부적인 자극 없이 내면에서 일어나는 여섯 번째 접촉은 정신 의식이 발생합니다.

이렇게 접촉이 일어나는 순간을 우리들은 잘 포착해야 합니다. 이때는 좋다 싫다는 분별 이전의 단계입니다. 접촉이라는 순간을 포착하는 공부 방법이 바로 정념입니다.

자, 연기법에 의하면 접촉이 일어나면 뭐가 발생합니까? 접촉을 조건으로 수(受)가 일어나지 않습니까? 수라는 것이 무엇입니까? 느낌입니다. 느낌, 또는 감각, 즉 좋은 느낌, 싫은 느낌, 쾌감과 불쾌감이 일어난다는 말입니다. 느낌이 발생하면 어떻게 됩니까? 좋은 느낌이 일어나면? 아름다운 미인이다, 맛있는 음식이다, 달콤한 소리다 하고, 그 다음은 어떤 것이 일어납니까? 좋아하는 마음이 일어나지요. 인간은 좋아하는 느낌이 일어나면 취하려 하고 싫어하는 느낌이 일어나면 배척하게 되지요.

우리는 싫은 것은 피하거나 없애 버리려고 하는 경향이 있고, 좋은 것은 취하고 받아들이려는 경향이 있습니다. 좋다고 일단 느끼면 '취(取)'가 발생하지요. 12연기에서 취(取)는 바로 취착, 집착입니다. 고집멸도 사성제에서 고통의 원인으로 부처님이 집착을 말씀하셨는데, 이 집착을 아주 상세하게 설명한 게 12연기입니다. 아까 읽은 경전에도 접촉이 일어나서 느낌이 일어나고, 느낌이 일어나서 사랑하고, 좋아하고, 그래서 취하게 됩니다.

좋아하는 것으로는 성이 안 차서 가지려고 합니다. 열렬하게 소유하려고 합니다. '나'라는 생각도 거기에 해당되지요. 나라는 것, 내 것이라는 것, 내 자식, 내 애인 등등 말입니다. 특히 내 남편이나 내 아내가 다른 이와 눈만 마주쳐도 싫단 말입니다. 강력한 소유화 현상이 일어납니다. 부처님은 이런 것들이 모두 괴로움의 원인이라고 하셨습니다.

그래서 괴로움이 해결되려면 '나'라는 소유의 주체화 과정인 '취'를 소멸시켜야 합니다. 내 것이라는 생각이 사라져야 합니다. 내 것이라는 생각이 사라지려면 정념수행이 반드시 필요합니다. 애(愛)가 일어나기 직전에 수(受, 느낌)를 관찰해야 되고, 느낌이 일어나기 이전에 촉(觸) 단계에서 우리가 벌써 알아차려야 됩니다. 촉의 순간은 우리 마음이 항상 깨어 있는 상태입니다. 그래서 지금 현재 이 순간의 내 몸과 마음에서 일어나는 모든 변화와 현재의 몸과 마음에서 일어나는 모든 현상들을 순간순간, 찰나찰나 놓치지 않고 낱낱이 포착하려면 상당한 주의력이 필요합니다.

정념에는 주의력이라는 뜻이 포함되어 있습니다. 팔정도의 여덟 번째는 정정(正定)이죠. 그 정정은 주의력과 비슷하긴 하지만 좀 다릅니다. 정정은 집중력입니다. 정정은 집중되어 있고, 몰입되어 있는 상태인데, 정념은 주의를 기울여서 알아차리고 흔들림 없이 보고 있는 겁니다.

자, 정신과 의사에게 환자가 와서 여러 가지 얘기를 합니다. 넋두리도 하고, 하소연이나 호소도 하여 자신의 괴로운 마음을 토로하는데, 정신과 의사가 그만 졸아 버리면 그 상담이 이루어지겠습니까? 의사는 온전히 깨어서 환자의 겉으로 드러나는 모든 행동과 표정과 말을 다 알아차리고 관찰해야 하고, 또 맘속으로 들어가서 그 사람의 마음에서 현재 무엇이 일어나고 있는가? 어떤 감정 상태인가까지를 알아차리고 관찰할 수 있어야 소위 정념이라고 할 수 있겠습니다.

한번 생각해 보세요. 부처님이 말씀하신 참 소식이 창공 저 멀리 어떤 은하계의 일을 전하는 게 아닙니다. 분명히 우리 인류 누구나 성찰해 낼 수 있는 내용을 말씀하셨을 것입니다. 현대의 정신 치료를 부처님은 이미 2,600여 년 전에 말씀하셨는데, 그동안 우리가 그것을 연결시키지 못하고 있었을 뿐입니다. 생각하면 참으로 안타까운 일이지만, 한편 부처님의 위대함을 다시 생각해 보게 하는 놀라운 일이기도 합니다.

어떤 불자님들은 부처님을 일개 정신과 의사하고 비교한다고 나무라시고 화를 낼지도 모르겠습니다. 그렇지만 제 생각에는 부처님은 매우 평범하고, 소박한 진리를 있는 그대로 깨달으시고, 사람들에게 전해 주려고 노력하신 분입니다. 다만 우리가 그것을 제대로 이해하지 못하고, 자꾸 밖으로만 부처님을 찾거나 모시려고 합니다. 우리 불자들 스스로가 우상을 만드는 것이고 또 거기에 빠지는 것이지요. 몹시 안타까운 일입니다.

오직 정념에 의해서만 경청(傾聽)도 되고 애어를 할 수 있는 능력도 생깁니다. 내가 지금 무엇을 하고 있는가를 알아차려야만 올바른 언어도 이루어지고, 내가 지금 어떤 상태인가를 정확하게 잘 보고 있는 사람은 오계, 십계, 이백오십계를 일이관지(一以貫之)하여 부처님께서 바라신 올바른 삶의 자세를 형성할 수 있을 것입니다.

계행(戒行)은 금기나 억압, 무엇무엇을 하지 말라는 타율적인 규범이 아니라, 스스로 능동적으로 활활발발하게 있는 그대로의 내면을 실현하는 것입니다. 바로 정념을 통해서입니다. 내가 딱 주의력을 세워서 두 눈 부릅뜨고 내 몸과 마음에 일어나는 모든 현상을 열심히 지키고 있는데 어떤 불순물이나 외적이 침범을 하겠습니까? 탐욕이 일어나면 탐욕이 일어남을 즉각 알아차리고, 쾌감이 일어나면 쾌감이 일어남을 즉각 알아차리고, 불쾌감이 일어나면 불쾌감을 즉각 알아차리면, 바로 그 자리에서 모든 일을 딱 끝내 버릴 수 있습니다.

그러나 실제는 정념수행을 처음 하면 '취' 단계나, 아니면 한참 말단인 생로병사의 고통에서부터 관찰을 시작하게 되지요. 말단에서 관찰을 해서 취에서 끝내고, '취'보다는 '애' 단계에서 끝내고, 애를 더 거슬러 올라가서 좋아하는 감각을 느낄 때 딱 포착해서 끝내 버리고, 그보다는 소리, 형상과의 접촉에서 끝내 버리면 오염이 되지 않는 있는 그대로 관찰이 가능하다는 얘깁니다. 부처님이 그걸 뭐라고 하셨나요? 한자로 표현한다면 '여실지견(如實知見)'이라고 하셨습니다. 있는 그대로 봄, 이 말을 들으면 환희심이 일어나지 않나요?

　진리를 보려면 오직 팔정도밖에 없습니다. 무아를 구체적으로 이해하려면 팔정도 가운데서도 정념수행이 필수적입니다. 부처님께서 당부를 하신 말씀이 또 하나 있습니다. 이 말씀은 임종시가 아닙니다. 정념수행의 중요성을 이렇게 강조하셨습니다.

　“정념수행이 계발되고 실천되지 않는다면 여래의 반열반 후에 참된 법〔正法〕은 오래 지속되지 못할 것이다. 정념수행이 계발되고 실천된다면 여래의 반열반 후에도 참된 법은 오랫동안 지속될 것이다. 그러니 부디 정념수행에 힘을 써라.”

　불자 여러분, 이것은 제 주장이 아니라 부처님 말씀입니다. 여기서 부처님께서 정념수행에 대하여 얼마나 강조하셨는지 좀더 살펴보겠습니다. 지금 밖에는 장맛비가 쏟아지고 있습니다. 우리도 우기(雨期)지만 남방의 인도나 아열대 지방도 한창 우기입니다. 이때를 맞이하여 소위 ‘우안거(雨安居)’가 이루어지는 것이지요. 우기 동안은 다니지 않고 오로지 한곳에서 수행만 하는데, 그것을 안거라고 합니다. 우리와는 달리 그쪽은 동안거는 없고 하안거만 있는데 바로 여름 우기 동안만 안거하기 때문입니다. 이 우기의 하안거 기간에는 부처님께서도 안거하셨습니다. 그때 부처님께서 제자들에게 이르셨습니다.

　“모든 면회나 접견을 금지해라. 나는 안거 동안에 혼자 수행을 하겠다. 너희들도 수행하라, 나와 대중과 똑같이.”

그 안거 기간에 하는 수행이 무엇일까요? 바로 정념수행입니다. 그렇게 중요한 정념수행을 가장 자세하게 설한 경이 중아함의 『염처경』과 장아함의 『대념처경』입니다. 그리고 부처님의 대화를 그대로 구어체로 서술한 것이 상윳따니까야, 즉 잡아함입니다. 그 중에 호흡상윳따에 보면 정념수행의 출발을 호흡으로부터 시작하고 있습니다. 중아함을 보면 부처님께서 비구들에게 이렇게 당부하십니다.

"우안거에는 나도 또한 정념수행을 한다. 초입 수행자들도, 중간 수행자들도, 원로 수행자들도, 안거 동안에 호흡관찰을 열심히 하라."

바로 부처님께서도 4개월 동안 폐관하시고, 오로지 호흡 관찰 수행을 하겠노라 하신 그 수행법. 부처님의 근본 선수행법(禪修行法)은 이 정념수행이라는 사실을 우리들은 잊지 말아야 합니다.

살펴보면 부처님께서 당부하신 일이 크게 두 가지가 있는데 그 하나는 '자기 자신에게 의지하라, 법에 의지하라'이고, 두 번째는 수행을 당부하신 일, 즉 틈만 나면 홀로 조용히 정념수행을 닦아라 하는 것이었습니다.

뒤에 팔정도의 가르침이 계정혜(戒定慧) 삼학(三學)으로 압축됩니다. 아시다시피 정학(定學)은 명상 수련입니다. 중국에서 발달한 화두선은 지금 너무 고유명사화되어 폭이 매우 좁아져 있습니다. 드야나(dhyana), 자아나(jhana)라는 범어를 음역한 것이 선나(禪那)이고 거기서 나자가 떨어져 나간 것이 소위 지금의 선인데, 그게 현재의 우리 한국불교에서는 무슨 신주단지처럼 모셔져서 무소불위의 가치로 높아졌어요.

소위 선(禪)은 이미 선(禪)이 아닙니다. 『금강경』의 가르침대로 그 이름이 선일 뿐인 처지에 놓여 있습니다. 도대체 이름이 무슨 소용이 있나요? 앞에서 금강경에 아상(我相)이라 하였는데, 상이라는 것은 개념이라는 뜻입니다. '선'이라는 개념, '나'라는 개념. 이 언어적인 개념을 가지고서는 우리가 부처님의 말씀을 온전히 이해할 수가 없습니다. 개념이 아닌 실재(reality) 체험으로 직접 포착해야 합니다. 그래서 불교의 체험은 수행을 하지 않으면 안 됩니다. 이해나 생각만으로는 부처님의 정념수행이 이루어지지가 않아요. 호흡의 들어오고 나가는 것부터 예리하게 관찰하는 명상수행을 하지 않으면 나를 버리고, 나를 비우고, 상대방을 온전히 수용하고, 경청하고, 기운을 북돋아 주고, 지지하고, 칭찬할 수 있는 여러 역할을 해낼 수가 없습니다.

15. 오직 진리의 힘으로

나를 구하고 세상을 구하려면 먼저 진리의 힘을 알아야 하고, 각자의 내부에서 길러 내야 하고, 사용해야 하는데 과연 어떤 수행을 해야 가능할 것인가? 이미 수차 말씀드린 대로 정념수행을 일상화해야 합니다. 이 정념수행은 앉아서만 하는 게 아니라 아침에 눈뜨면서부터 밤이 되어 잠들 때까지, 아니 잠자면서도 꿈꾸면서도 자신의 몸과 마음의 일거수일투족을 예리하게 관찰하는 것을 부처님께서는 정념수행이라고 하셨습니다. 행주좌와 어묵동정(行住坐臥語默動靜) 간에 항상 놓치지 않고, 내 몸과 마음에 매 순간 일어나는 변화를 관찰하는 것을 말합니다.

이제 무턱대고 '신이시여!' 하고 절규할 필요가 없습니다. 밖에서 해결책을 찾지 말아야 합니다. 즉 마음을 밖으로 향하는 외향화(外向化)를 멈추고, 자신이 바로 산타클로스가 되고, 성자가 되고, 부처님이 되고, 보살이 되어야 한다는 말입니다. 또한 이것이 부처님께서 당부하신 '자기 자신에게 의지하라'는 말씀의 핵심입니다. 여기서 또 한 번 깊이 생각해 봐야 할 것은, 왜 부처님께서는 '중생이 죽을 때 오직 당신만 믿고 부르면 내가 곧 너에게 달려가서 도움을 주리라' 하고 말씀하시지 않았을까요? 우리는 이 점을 거듭 잘 생각해 봐야 한다고 봅니다. 이런 구세 방식이 거의 모든 종교의 구원 방식인 데 반해서 부처님의 방식은 자기 성찰, '자기 자신을 돌아보라, 현재의 몸과 마음을 잠시도 놓치지 말고 잘 포착하라'고 당부하십니다. 이게 정념수행입니다. 정념수행과 현대의 정신 치료 원리는 조금도 다르지 않습니다. 그러나 정신 치료는 깊은 집중력, 선정력이 동반되지 않기 때문에 그냥 주의 집중 정도인 데 비해 부처님이 말씀하신 정념(正念)이나 정정(正定)인 부처님의 선법(禪法)은 그 깊이를 다 헤아릴 수가 없지요.

결론적으로 불교가 추구하는 궁극 목표인 마음의 평화와 자유의 실현은 불교적으로 표현하면 열반과 해탈입니다. 그 열반과 해탈이 멀리 있거나 어떤 특정한 상근기의 선사(禪師)에게만 있다면, 그건 불교가 아닐 뿐만 아니라 설령 불교라 하더라도 그런 불교는 우리 대중에게는 아무 소용이 없습니다.

우리 사회의 일반인들은 대부분 불자도 아니고, 불교 용어 하나도 제대로 모릅니다. 그렇지만 부처님이 가르치신 무아는 모든 사람에게 마음의 평화와 마음의 자유를 얻게 하는 지극한 메시지입니다. 철저하게 무아는 이론이 아니라 실천 방법이지요. 가정의 평화나 이상 사회의 구현, 구국구세의 직접적이고 구체적인 해결책은 무아를 실천하는 것인데, 그 무아를 실천하는 방법은 8정도에 있고, 8정도 가운데서도 정념수행입니다. 지금까지 우리들이 간과하고, 애매하게 이해했던 정념수행에 구국구세가 있습니다.

결코 이상향은 미래에 구현되는 미륵세계거나 죽어서 왕생극락하는 극락정토가 아닙니다. 지금 이 순간 우리들이 알아차리고, 마음이 평화로워지면 그 즉시 도래하는 것이 정토요, 미륵세계입니다. 다시 말해서 불보살이 따로 있는 게 아니라, 여러분과 내가 바로 불보살이라는 말입니다. 각각의 내가 개별적으로 독립해 있는 것이 불보살이 아니고 모두 원융무애하여 둘이 아닌 관계로서 너와 내가 곧 보살인 것이지요

『유마경』을 보면 문수보살이 유마거사에게 병문안 왔을 때 문수보살이 "왜 아프냐?"고 하니까, 유마거사가 "중생이 아프므로 내가 아프다"고 답했지요? 일체 중생이 병들어 아픈데 어찌 내가 아프지 않을 수가 있느냐? 하고 오히려 되물은 것입니다. 개체적이고 단절된 의식 구조에서는 이런 말이 도저히 나올 수 없습니다. 나 혼자 잘 먹고 잘 살면 그뿐인 자기중심적인 생각으로는 결코 이런 말이 나올 수 없는 것이지요 '세상의 고통은 무엇

이며, 구국구세는 또 뭐냐 골치 아프게. 나만 잘 살면 되지.' 대부분 이러고 말지요. 그러나 연기법을 깨달은 보살은 "중생이 아프므로 나 또한 아프다"고 말할 수밖에 없습니다. 즉 자신이 곧 보살임을 자각하게 되는 것이지요. 내가 곧 보살임을 깨닫는 것이 진정한 불교요, 보살행의 근본입니다. 그 보살행의 소프트웨어는 무아이고, 무아를 올바로 증득하려면 오직 정념수행을 해야합니다.

16. 마음 공부

자, 이 세상을 정말 행복하고 평화롭게 가꾸려면 오직 마음 공부를 해야 합니다. 이 세상에 폭력은 자취도 없이 사라지고 만민에게 평화가 오게 하려면 오로지 마음 공부를 해야 합니다. 수행(修行), 이 수행이라는 말은 너무나 옛날 말이고, 또한 한문적인 표현이지요.

요즘 우리가 흔히 하는 말로 마음 공부, 마음 공부라는 말 참 좋습니다. 너무나 좋습니다. 그러나 말이 아무리 좋아도 실지로 마음 밭을 경작하지 않고 어찌 마음이 평화로워지겠습니까? 부처님께서 고구정녕 강조하여 말씀하셨지요. 옷감 이야기 말입니다. 앞에서 옷감의 씨줄, 날줄 이야기를 잠깐 했지요. 그러나 옷감 전체가 더러워져 있는데 옷감을 세탁하지 않고 어떻게 그 옷감이 깨끗해지겠습니까?

브라만이나 절대자에게 기도하고, 주문을 외우는 당시 브라만교의 의례 중심의 풍토에 대해 부처님께서 일침을 가하신 게 '옷감을 세탁해라, 너의 마음을 세탁해라, 물 없는 목욕을 하라'는 말씀이었습니다. 지금 인도 갠지스 강에 가 보면 수많은 사람들이 강에서 목욕하고 있습니다. 옷을 벗기도 하지만 입은 채 풍덩 뛰어 들어가 자신의 죄업을 열심히 씻습니다. 거기 모인 순례자들의 행색은 하나같이 초라하고 가난한 모습입니다. 평생 저축하여 여비를 마련해서 불원천리하고 갠지스 강으로 모여듭니다. 걸어서 또는 버스나 기차를 타고 몇 달에 걸쳐 찾아든 사람들이지요. 죽기 전, 단 며칠간이라도 갠지스 강에 머물면서 생전의 죄업을 씻는 것이 그들의 평생소원이었습니다.

갠지스 강변에 다닥다닥 붙어 있는 판자촌에서 간신히 방 하나 얻어 놓고 매일 아침저녁으로 강물에 목욕하며 지금까지 지은 죄업을 소멸시켜 달라고 기도합니다. 그때에 부처님은 "갠지스 강이 어떻게 너를 구원해 주느냐? 갠지스 강에 백천 번 목욕하더라도 그것이 무슨 의미가 있느냐? 물 없는 목욕을 하라"고 하십니다. 자, 그러면 물 없는 목욕이 뭡니까? 즉 자신의 마음을 목욕하고 세탁하란 얘기죠

콩쥐팥쥐 이야기를 보면 자갈밭 황무지가 나옵니다. 그것을 하루아침에 옥답으로 만들 것을 요구합니다. 동화에서는 신에게 의지해서 자갈밭이 옥답으로 바뀝니다. 그러나 그것은 신화고, 실제로 자갈밭이 옥답이 되려면 돌을 골라내고 풀을 뽑고 쟁기로 갈아서 씨앗을 심어야 합니다. 그것이 인간의 현실입니다.

폭력적인 적개심과 분노로 가득 찬 황무지 같은 마음 밭을 잘 가꾸어야 평화가 오는 옥답이 되는 것이지, 그 일은 하지 않고 기도만 한다고, 외부의 힘에 의지만 한다고 마음 밭이 하룻밤에

갑자기 옥답이 되는 것은 아니지요. 절대로 그럴 수는 없지요. 오로지 정념수행, 날선 주의력으로 자신을 관찰하는 그 일을 열심히 하지 않으면 마음의 황무지에서 돌과 자갈을 거르지 못합니다.

17. 정념 수행은 선이다

여러 불자님들은 참으로 훌륭하십니다. 지금 법회가 시작된 지 2시간이 넘었는데도 정념을 잃지 않고 시종 바른 자세로 경청하고 계십니다. 이것에 비해 우리들 세속 생활을 한번 돌이켜 보세요. 아침에 일어나서 저녁에 잠잘 때까지 과연 자신이 주의력을 딱 기울여서 얼마나 자신을 지켜 보냔 말입니다. 하루 중에서 순전히 내 마음으로, 내 의지로 생각을 일으켜 얼마나 사는지 살펴봅시다. 어쩌면 대부분의 사람들이 안개 속에서 부유(浮遊)하고 있는지도 모릅니다. 마치 반자동 장치의 기계처럼 말이지요. 우리는 그런 것을 무의식적으로 반응한다고 하지요. 무의식적인 상념들이 치솟다 사라지고, 다시 치솟다 사라지고 하는 반복된 과정에서 우리들 인생은 마냥 흘러가고 있습니다. 내 개인이 그렇게 살고 가족이나 이웃이 그렇게 살고 국민들이 그렇게 산다면 이 얼마나 큰 국력 손실이 됩니까? 따지고 보면 우리의 모든 일상생활이 거의 자동 기계처럼 이루어지고 있는 가운데 정념이 이루어지는 시간은 고작 5%도 안 됩니다. 그 정념 상태의 유지를 100%로 극대화시키는 훈련법이 바로 선(禪)입니다.

자, 이제 마지막으로 부처님의 명상 수행법을 같이 해보겠습니다. 먼저 눈을 살짝 감아 보세요. 반개(半開)해도 좋습니다. 평소 입정하는 자세로 허리를 쭉 펴고, 온몸의 긴장을 푸십시오. 특히 어깨와 목에 힘이 들어가지 않도록 모든 것을 탁 놓아 버리세요. 그 다음 심호흡을 두세 차례 해보세요.

그리고는 평상 호흡으로 돌아가서 그 호흡에 주의를 집중하세요. 여기서 무엇보다 중요한 것은 호흡을 자연스럽게 해야 합니다. 본연의 호흡을 해야 합니다. 억지로 심호흡을 하거나 무리하게 욕심 부려서는 안 됩니다. 복식호흡이니 단전호흡이니 하는 분별을 갖지 말고 자신의 호흡대로 자연스럽게 하세요. 길면 긴 대로, 짧으면 짧은 대로, 거칠면 거친 대로 자신의 호흡을 가만히 바라보세요. 호흡이 들어오고 나가는 것을 관찰하고 느껴 보세요. 지금 이 순간의 호흡을 알아차리고, 느끼고, 관찰하면 곧 정념수행이 성립되는 것입니다.

정념이 어느 순간 사라지면 잡념이 끼어들고 온갖 망념들이 발생하지요. 호흡을 놓쳐 버리면 자연스럽게 다시 호흡으로 돌아가면 됩니다. 잡념이 일어나건 말건 생각이 일어나면 그 생각을 분명히 보면서 다시 호흡으로 돌아가면 됩니다.

만약 앉아 있기가 힘들어 다리가 아프면 그 통증을 고스란히 느끼고 관찰한 다음 다시 호흡으로 돌아가면 됩니다. 어떤 생각과 함께 감정에 휩쓸릴 때, 우울한 감정이든, 분노의 감정이든, 회한의 감정이든, 희망의 감정이든 분명하게 알아차리고 관찰하십시오. 이렇게 자꾸만 관찰해 나가는 것이 바로 정념수행입니다.

　자, 이처럼 정념수행을 간단하게 해보았지만 매 순간 우리는
걸어갈 때나, 밥 먹을 때나, 잠깐 쉴 때나 항상 정념수행을 할 수
있습니다. 얼마 전 방한하셨던 틱낫한 스님의 수행 처소에서는
규칙적으로 종을 칩니다. 그때는 모든 사람들이 하던 일을 멈추
고 자신의 호흡을 살핍니다. 1, 20초 동안. 자신의 호흡을 보는
것이 바로 '아나빠나 - 싸띠'입니다. 호흡명상이지요.

　불자 여러분! 아무쪼록 우리 모두 정념수행을 통해서 나와 가
정과 우리 사회에 평화가 깃들기를 발원합시다. 그리고 바로 나
자신, 우리들 각자가 보현보살이 되기를 굳게 서원합시다.

　자신을 늘 살펴보는 가운데 여러분과 여러분의 가정과 모든
이웃에 평화와 행복이 가득하기를 빕니다. 오랜 시간 감사합니
다.

최훈동 ————————————————

학력 및 경력

서울대학교 의과대학 졸업
서울대병원 신경정신과 수련
백산신경정신과의원 원장 역임
한림대 의대 외래 교수 역임
인하대 의대 외래교수 역임
서울지방검찰청 자문위원
현재 서울대 의대 신경정신과 외래 교수
이화여대 의대 외래 교수
대한신경정신의학회 전문의 고시위원
분석심리학회 회원
서울가정법원 상담위원
한별정신병원 원장

연구 업적

『마음이 아픈 사람들에게』
『마음의 문을 열어주는 정신의학 이야기』

제3부

결혼과 가정, 조상과 영가 천도에 대하여

금하광덕(金河光德, 1927-1999) | 반야바라밀다결사 법주

이 난은 월간 「불광」에 실렸던 상담 사례 중에서
가정과 관계되는 내용들을 발췌하여
독자들의 이해의 편의를 고려하여 다시 엮었다.
그리고 앞에서 先師께서 설명하신 가정에 대한
전반적인 내용이 간추려진 모습으로 독자들에게 실감나게
다가갈 수 있어서 한결 이해가 심화될 것으로 믿는다.
— 엮은이

제1장

결혼과 가정

1. 결혼의 의의

질문 : 인생에 있어 결혼의 의의는 무엇이며, 혹시 스님은 내생에 사람으로 태어나 결혼하실 것입니까? 솔직하게 대답해 주세요.

답 : 결혼이란 인간의 근본 입장에서 보면 무아(無我)와 헌신을 실천하는 중요한 수행의 계기입니다. 따라서 결혼을 통해 두 사람은 함께 영적(靈的)인 향상을 성취할 수 있는 수행의 길을 간다고 생각합니다. 사랑과 헌신이 천상 세계(天上世界)의 윤리라면, 그 사랑과 헌신을 실천하는 결혼과 가정은 천상의 행복을 지상(地上)에 실현하는 의미를 갖는다고도 말하겠습니다.

그런 만큼 결혼은 신성(神聖)하고 가정은 성소(聖所)입니다. 결코 잠시라도 소홀할 수가 없습니다. 무아 헌신의 실천이 있는 데서 당사자와 가족이 바르게 성장하고, 나아가 한 사회의 기초가 굳건해지며, 역사의 건전한 번영이 유지되는 것이라 하겠습니다.

제가 내생에 결혼할 것이냐고 물으셨는데, 저의 내생에 대해 지금 보는 바로는 결혼과는 거리가 멀 것입니다. 그것은 제가 닦아야 할 인생의 여러 수업 중에서 결혼과(結婚科)의 수행은 이미 과거생에 졸업한 것으로 보기 때문입니다. 만약 결혼과에 재입학하려고 한다면 특별하고 비범한 보살 원력을 다시 발하여야 하겠지요.

2. 결혼 기도의 마음가짐

질문 : 저는 결혼 연령이 된 지금까지 결혼에 대해서 아무런 관심 없이 지내왔고 또한 가까이 지내는 이성(異性)도 없습니다. 그러나 어차피 결혼은 해야 할 것으로 생각이 드는데 지금은 그저 막막합니다. 어떤 마음가짐이어야 결혼을 할 수 있겠는지요.

답 : 결혼 인연을 멀리 하는 사유로는 결혼에 대한 무관심 내지 독신의 편리함이나 자기 실현을 우선으로 하는 입장, 냉정한 감정, 가정생활에 대한 혐오 의식, 또는 가정과 상관없는 출세간〔스님이 되는 일〕에 대한 집념 등이 있을 것입니다. 그러므로 만족스러운 가정을 이루려면 우선 다음의 몇 가지 마음가짐이 중요합니다.

첫째, 가정의 행복을 생각해야 합니다. 가정은 속박이라느니, 온갖 근심통이라느니 부정적인 생각은 버려야 합니다.

둘째, 결혼의 신성을 생각해야 합니다. 보다 높은 인격 형성과 인간 성숙을 이루고 이 땅에서 보다 아름다운 이상을 이루기 위해 결혼이 주어진다고 생각해야 합니다. 결혼을 욕망의 불순함으로 또는 죄악으로 생각하면 안 됩니다.

셋째는 결혼의 조건이 성숙되어가고 있다는 것을 마음에서 생
각하고 구체적으로 그려야 합니다. 곧 가까운 장래에 이룩될 행
복한 인연이 지금 하루하루 다가오고 있다고 생각해야 합니다.
그리고 다시 미래의 행복한 인연에 대해 감사하고 부처님께 감
사하는 일상의 매사에 감사의 적극적인 태도가 좋겠습니다.

3. 기혼자와의 결혼

질문 : 이웃에서 화장품 점을 하는 A양의 경우입니다. 사업상
오래 사귄 남자인데 기혼이랍니다. 두 사람은 서로 깊이 이해하
고 사랑하여 남자 측에서 청혼한답니다. 현재의 부인과는 어려서
부모의 선택으로 결혼하여 그동안 살아오면서 추호의 애정도 없
었을 뿐만 아니라 이미 부인과는 이혼하기로 서로 협의하여 결
정했답니다. A양의 말로는 무척 착한 남자인데 적막한 생활을
두고 보기도 안쓰럽다고 합니다. 이런 경우 어떻게 조언을 주면
좋겠습니까?

답 : 사람에게 인정도 동정도 있을 수 있습니다. 그러나 결혼은
인정이나 동정, 또는 의협심으로 될 수는 없습니다. 설령 사업상
불리한 일이 있더라도 결혼과 상관시키는 것은 부당하다고 봅니
다. 더욱이 상대방이 기혼이라 하는데 아무리 당사자간에 이혼
양해가 되었다 하더라도 다른 사람에게 해로움을 주는 결혼은
불가능합니다. 결혼이 서로에게 아무리 좋은 일이라 하여도 타인
에게 불행을 주는 것이어서는 곤란하지 않을까요? 그 남자를 결
혼 상대로서는 단념하고 현재 부인에게 사랑을 바치라고 조언하

는 것이 오히려 좋을 것입니다.

4. 부부 화합

질문 : 저는 지금에 와서 도저히 이혼할 수 없는 형편인데도 남편에게 존경이 가지 않습니다. 이래 가지고는 불행해진다고 주변에서 항상 충고를 듣고 있고 저도 그렇게 생각하고 있는데도 잘되지 않습니다. 어떤 좋은 방법이 없을까요?

답 : 부부의 감정이나 행복은 반드시 아주 잘 익은 과실이 아닙니다. 다만 서로 부단히 노력해서 가꾸고 성숙시켜 가야 합니다. 남편에게 존경과 신뢰가 가지 않는다면 그것은 분명히 눈물의 씨앗이 될 것입니다. 반드시 기도하여 고치기 바랍니다. 일심으로 독경·염불한 다음 진정으로 이렇게 생각해 보세요

'부처님이 주신 나의 남편, 관세음보살 같은 남편, 참으로 감사합니다. 당신과 결혼해서 행복합니다.' 이렇게 반복해 생각하고 자신의 귀로 들을 수 있도록 말하며 일심으로 염불해 보세요. 그리고 남편이 가진 장점을 찾아보고(사람은 누구에게나 장점은 있습니다) 감사와 칭찬을 잊지 않도록 노력하기 바랍니다.

이렇게 혼자서 염불하고 기도할 때 어느덧 당신의 마음은 바뀌고 마음이 바뀐 당신의 눈에는 정말 '고마운 나의 남편'임을 발견하고 감동하게 될 것입니다.

이 법은 이미 여러 사람이 실험하여 성공한 신묘한 방법입니다. 의심말고 즉각 실천해 보기 바랍니다.

5. 결혼 궁합과 재난

질문 : 저는 5남매 중의 장녀입니다. 결혼 후 사업도 순조롭지 않고 친정은 불안한 일이 끊이지 않습니다. 독신인 고모가 자살하였는데, 아버지 꿈에 고모가 나타난 것을 보고 나서 아버지가 죽었다 살아난 일도 있습니다.

주변에서는 제가 궁합이 좋지 않은 결혼을 했다고 탓하는 소리도 들립니다. 어떻게 기도하면 좋겠습니까?

답 : 친정 가족이나 시가에 어느 한 사람의 불리한 궁합 때문에 가정이 크게 흔들린다는 말씀인데 전혀 그렇지는 않습니다. 자기 운명은 전생이나 과거세에 자기가 지은 것입니다. 다만 오늘의 노력으로 자기가 지은 운명적[業]인 어려움도 스스로 바꾸어 가고 변경시켜 가는 것이 성실한 우리의 삶입니다.

그러니 궁합에 관심을 갖는 것보다 밝은 진리를 믿고 부처님 위신력을 믿으며 밝은 희망을 굳건히 마음에 새기고 염불하며 굳세게 살아가시기 바랍니다.

또 자살한 고모는 누군가 천도해 주셔야 합니다. 자살은 죄악이고 자살에서 오는 고통은 큽니다. 그러므로 염불·독경하고 공덕을 지어 고모에게 회향하고, 고모가 미혹한 길을 벗어나 밝은 길로 돌아오도록 천도 법식을 가지기를 권합니다.

또 꿈에 고모가 나타나 아버지가 고통을 받았다고 하는데 거기에는 이유가 있습니다. 천도 못 받은 영이 방황하고 있으므로 살아 있는 사람에게 호소하며 접근해 올 때, 산 사람에게는 불행이 있게 됩니다. 미혹한 영은 미혹을 돌이켜 진리의 길로 나가게

하기 위해서는 그 불안과 고통을 풀어 주어야 하며 필경 성현의
가호력으로 밝은 길로 인도되어야 합니다.

6. 가정의 의미

질문 : 가정은 어떤 의의가 있습니까?

답 : 첫째, 가정은 인간으로서 성장하고 보다 향상된 인격으로
성숙하기 위한 기초적인 터전입니다. 우리는 가정에서 기초적인
인간 성장과 인격 성장을 도모합니다. 거기에서 부모님과 형제와
조상과 함께 하면서 인간이 가져야 할 품격을 이룩하여 갑니다.

둘째, 사회와 인류에게 봉사하는 기초적 수행 장소입니다. 존
중하고 받들고 사랑하며 조건 없이 베풀고 돕는 기본적인 보살
의 생활을 배우는 것입니다. 가정에서 형제와 부모를 만나고 부
모와 조상을 통하여 많은 일가 친척과 이웃과 연결됩니다. 이 사
회에서 존경과 봉사로 책임을 다하는 보살의 수행을 가정에서
배웁니다.

셋째, 영원한 집을 이어갑니다. 집은 가족에 의해 형성되고 가
족의 연속에 의하여 집의 영원성을 지켜가는 것입니다.

넷째, 가정은 최상의 교육장입니다. 인간이 성장한 후에는 사
회적 교육시설을 통해 많은 지식과 기능을 배웁니다. 그러나 인
간의 깊은 지혜·능력·자질·품위·인격 등은 성장 이후의 학
교 교육보다 유아기의 가정 교육에서 이루어지는 것이 대부분입
니다.

진리의 가르침에 기초한 훌륭한 가정에서는 재능과 인격의 원

만한 성장을 기대할 수 있으나 유아기의 가정 환경이나 정신 환경이 어둡고 불안할 때 인간은 회복될 수 없는 중대한 손실을 입게 되고 그 결과는 국력과 세계 평화와도 깊은 관련을 갖게 됩니다.

7. 불자 집안의 가정 교육

질문 : 불자의 가정 교육은 어떠해야 합니까?

답 : 첫째, 매사에 부처님의 크신 자비를 생각합니다. 그리하여 어느 때나 감사를 잊지 않습니다. 그리고 조상의 은덕이 크다는 것을 항상 생각합니다. 존경과 공경을 조상께 바치도록 모든 생활에서 익혀 나갑니다. 조상을 위하여 독경, 염불하며 제사공양을 잊지 않을 뿐만 아니라 일상 생활에서 조상의 은덕을 생각합니다.

둘째, 부모님을 부처님처럼 받들어 섬깁니다. 집안의 모든 일이 부처님의 은혜 속에 이루어져 가는 것을 믿으며 그 부처님의 크신 은혜는 부모님을 통하여 흘러나옴을 믿습니다.

셋째, 형제와 이웃을 부처님께서 나를 감싸고 은혜로우신 힘으로 돕기 위하여 보내 주신 보살로 생각합니다. 그래서 존경하고 받들며 정성 모아 힘껏 이바지합니다.

넷째, 어린 자녀들은 부처님께서 우리에게 주신 크옵신 은덕이라고 생각해야 합니다. 한없는 복덕과 지혜와 희망과 영광이 아기와 함께 우리 집안에 태어납니다. 그러므로 자녀들이 지극히 높은 덕성과 아름답고 밝은 지혜와 큰 복을 가지고 태어난 것을 믿으며 사랑하고 존중하며 키웁니다.

다섯째, 불자의 가정 교육에서 가장 특징적인 것은 유아 교육의 존중입니다. 갓난아기에게 부처님의 명호를 들려 주며 자주 염불소리를 들려 줍니다. 또한 항상 밝고 따뜻한 기쁜 환경을 만들어 줍니다. 그리고 아기의 환경에서 평화롭고 희망적이며 적극적이고 성공적인 이야기들을 들려 줍니다. 이렇게 하여 아기의 깊은 마음속에 진리와 평화와 소망과 지혜를 심어 주고 그 밖의 거친 물결이 침범하지 않도록 보호하는 것입니다.

여섯째, 세상을 긍정적이고 희망적이며 꿈이 실린 아름다운 세계로 보고 모든 이웃을 착하고 훌륭한 사람으로 존경하게 합니다. 그리하여 세계를 희망과 꿈을 키울 마당으로 생각하게 하며 역사는 무한한 번영이 약속된 세계로 보게 합니다.

8. 가정집에 부처님을 봉안하고 싶은데

질문 : 가정에 부처님을 모시고 염불하고자 합니다. 그런데 부처님 존상은 가정집에 모시지 않는 것이 좋다는 말이 있는데 사실 그렇습니까?

답 : 부처님은 원래 처소를 초월하고 유무를 초월하신, 영원히 현재하신 진리이며 법성신(法性身)입니다. 그러기에 부처님을 아무도 멀리 할 수 없고 부정할 수도 없습니다. 부처님을 멀리하고 있는 사람은 그 누구도 없다는 것입니다. 원하든 원하지 않든 누구든지 언제나 부처님과 함께 있다는 말입니다.

그런데도 우리가 부처님 존상을 따로 모시는 것은, 우리의 의식세계에서 자신의 본분 생명인 부처님을 잊고 있기 때문에 부처님을 보고 생각하고 본분 생명을 깨닫게 하기 위해서입니다. 부처님을 생각하고 부처님의 존상을 보는 마음, 그리고 간절하고 정성스럽게 존경하는 마음, 이 모두가 부처님 광명을 쓰는 것이기도 합니다.

그러므로 자기 본분 생명인 부처님을 잊고 사는 사람들에게 가장 쉽게 부처님을 보고 진리 광명을 드러나게 하는 방법은 부처님 존상을 대하는 일입니다. 형상이든 그림이든 사진이든 글자이든 다 좋습니다.

가정에 부처님 모시는 것이 안 좋다고 하는 것은 부처님을 두려워하는 마음에서 오지 않나 생각합니다. 우리는 가정생활을 하면서 허물도 많이 짓고 부정한 일을 다루기도 합니다. 부처님 존상을 모셔 놓고 허물을 범하면 벌 받을까 걱정되고 그렇다고 일상적으로 해오던 가정에서의 여러 일을 하지 않을 수도 없기에 조심스럽게 생각하는 모양입니다.

그러나 부처님 존상을 모시지 않았다고 해서 부처님이 못 보시거나 못 듣는 것이 아닙니다. 부처님은 우리들보다 너무나 밝으셔서 우리들 자신보다 우리를 너무나 잘 아십니다. 모든 것을 다 보시고 모든 것을 다 아십니다. 결코 존상을 모시고 모시지 않는 것에 상관없습니다.

그리고 부처님은 너무나 자비하시고 자상하시며 자애로우십니다. 미욱한 우리들을 항상 너그럽게 살펴주시고 우리 편이 되어서 눈물과 웃음을 지으십니다. 결코 우리를 감시하고 비판하시고 벌을 내리시는 부처님이 아닙니다. 할머니보다도 더 인자하신 부처님을 생각해야 하겠습니다. 그렇다면 부처님 못 모실 이유가 없습니다. 사진이든 존상이든 부처님 상을 모셔 수행하는 것도 좋겠지요.

9. 집에서 예불할 때

질문 : 가정에서 예불할 때 향이나 초 등을 꼭 갖추어 올려야 하는지요? 또한 부처님을 모신 상태에서만 예불이 가능한지요?

답 : 예불은 여러 뜻이 있으나 무엇보다 자기중심의 온갖 마음을 다 비우고 부처님의 크신 법에 귀의하는 것입니다. 그 표시로서 합장하고 몸을 굽히고, 또는 오체투지(五體投地)의 공경례를 갖추는 것입니다.

그렇다면 예불에 반드시 향촉을 갖추어야 한다는 이유는 없습니다. 따로 부처님을 모시지 않아도 됩니다. 대개 우리 불자들이 가정에서 예불할 때에 경을 모시거나 부처님 사진을 모시고 그 앞에 향촉을 준비하는 것이 일반적입니다만, 예불의 본뜻을 아신다면 꼭 그러한 절차에 구애될 것은 없다고 봅니다.

그러나 갖출 수 있는데도 굳이 피할 것은 없다고 봅니다. 향로 정도는 쉽게 갖출 수 있는 것이므로 예불할 때 향 올리는 것은 누구나 할 수 있는 일이라 생각합니다. 또한 예불은 아침저녁 부처님과 일체 법과 성자들께 문안드린다고 일상적으로 쉽게 생각해도 좋습니다. 마치 집안 어른께 아침저녁 문안하듯이 말입니다.

10. 가정의 평화와 가족화합을 위한 기도

질문 : 부끄러운 일입니다만 한 가정에서 부부 두 사람의 의견 대립으로 충돌이 심하여 무척 괴롭습니다. 어떻게, 얼마만큼 기도하면 한마음으로 통일될 수 있겠습니까?

답 : 모든 사람은 본 마음이 하나입니다. 더구나 결혼한 사이는 육체 생명을 움직이는 기본 차원에서도 하나의 생명임에 분명합니다. 그러므로 두 사람은 결코 대립이나 충돌이 있을 수 없습니다. 대립이나 충돌이 있다면 이 근본을 망각한 까닭입니다. 그러므로 우선 마음을 근본으로 돌이켜야 합니다. 그 방법은 상대를 부처님 공덕을 지닌 분으로 깊이 신뢰하며, 남편이나 아내는 자신에 있어 관세음보살이라고 생각하고 존중하고 받드는 자세가 되어야 합니다. 부부 사이에 평등을 앞세우거나 이치나 조리를 앞세우는 것은 결코 옳지 않습니다. 깊은 신앙과 신뢰를 서로에게 바칠 것을 마음에서 다짐해야 합니다. 그리고 그 마음으로 부처님께 예경하고 염불하고 독경해야 합니다.

그렇게 할 때 상대에게 감사한 마음이 일어나면 그것은 성공입니다. 그렇게 기도·수행하면 마음이 바뀌고 감사한 마음이 솟아나고, 서로는 어느덧 서로에게 기대고 깊은 존중과 신뢰를 두고 있음을 발견하게 될 것입니다.

11. 아내를 사랑하라

질문 : 제가 아내에게 좀 잘못했습니다. 화해를 해야 할 텐데

잘 안 됩니다. 어떻게 하면 좋겠습니까?

답 : 부처님께 참회하고 부인에게 참회하십시오. 그리고 부인을 진실로 존중하고 사랑하며, 부인이 설사 이해해 주지 않는다 해도 남편으로서의 진실과 최선을 다하세요.

원망이 원망을 부르고 화해가 화해를 부르며 감사가 감사를 불러옴은 만고의 철칙입니다. 당신의 마음이 바뀔 때 부인의 마음도 틀림없이 바뀝니다. 이 사실을 굳게 믿고 꾸준히 노력하세요. 반드시 이루어집니다.

12. 바람난 남편에 대하여

질문 : 무척 죄송한 질문입니다만, 가장이 바람이 나서 가정을 돌보지 않을 때, 어떻게 대처하면 좋겠습니까?

답 : 주변에서 흔히 들을 수 있는 이야기입니다. 한 집안의 가장이 집안에 관심을 두지 않고 밖으로 나돈다고 하는 것은 어떤 사람에게 있어서나 정상일 수 없습니다. 누구나 정상이 아닌 길로 나아가는 것이 마음에 만족할 까닭이 없습니다.

그러나 가정을 등지고 바람직하지 않는 길로 가는 데는 뭔가 이유가 있을 것입니다. 원래부터 하나의 생명인 가정에 마음을 붙이지 못할 사정이 없는가 잘 살펴보아야 합니다. 설령 그 이유가 옳은 것이든 그른 것이든 가장이 집안에 안착하기에 불안한 사정은 없는가 먼저 살펴야 합니다. 남편은 가정에서 평안을 얻는 것이고 삶의 보람도 느끼는 것인데, 거기에서 보람을 얻지 못할 사유가 있을 때, 남자는 일시적이나마 한눈을 팔기 쉽습니다.

남편을 두둔하기 위해 이유를 부치는 것이 아닙니다. 깊은 이해 있기 바랍니다.

그리고 가장이 어긋난 길을 가고 있으니 가지 못하도록 완력이나 폭언으로 막으려 하거나 대치 상태로 해결을 구하려 해도 근본적인 치유는 되지 못합니다. 가정이 참으로 따뜻하고 행복하고 영혼이 쉴 곳이라는 점을 생각하여 무조건 그런 환경이 되도록 힘써야 할 것을 강조합니다.

또 비록 남편이 밖에 나가 살더라도 항상 집에 있고 성실한 가장이라는 신뢰를 아내는 마음속에 가지고 있어야 합니다. 언제나 함께 있고 성실한 가장임을 생각하고 그렇게 대하며 그의 건강과 행복을 기원하는 따뜻한 아내가 있는 한, 남편의 불안한 외도 생활은 결코 오래 가지 못하는 법입니다.

그렇게 깊은 곳에 마음을 두고 기도하시기를 권합니다. 대항하여 다투거나 이치나 조리를 따져 항복 받아 이기려는 방법으로는 좋은 결과를 얻지 못한다는 것을 유의하시기 바랍니다.

13. 아내의 반항과 인내

질문 : 저의 집사람이 여러 가지로 애를 먹여 화가 날 때가 한두 번이 아닙니다. 꾹 참고 견디는데 이를 해결하기 위해서는 어떤 좋은 방법이 없을까요?

답 : 물그릇의 물이 크게 흔들린다면 물그릇 관리자의 책임이 아니겠습니까? 부부는 한 몸이고 한 마음인데 그 마음에 파도가 일어 서로 부딪친다면 그것은 전적으로 서로의 책임이며 공동

의 책임입니다. 그러니까 꾹 참고 있다고 말할지 모르지만 참는 다고 완전 해결이 되는 것은 아닙니다.

우선 참음으로써 표면상의 충돌은 피할 수 있겠지만 내적인 의식상의 충돌을 삭여 없애지 않는 한 그 충돌은 계속되고 있는 것입니다. 그러니 아무런 이유 따지지 말고 아내의 어긋난 태도 는 남편의 마음의 반영이라고 생각하세요. 남편 자신의 마음을 돌이켜 밝고 따뜻한 마음으로 채우고, 미워하고 따지고 대립하고 참는 그러한 모든 망념들을 다 날려 보내세요. 아내의 반항은 일 차적 원인이 남편 자신에게 있는 것을 무조건 인정하고 끝까지 아량과 존중과 성실을 지켜 나아간다면, 마침내 아내에게서 일어 나고 있는 반항의 물결도 잠잘 것입니다.

참는다는 것은 열전은 피할지 몰라도 뿌리를 제거하지 않으면 결국 여러 가지 불행이 따르게 됩니다. 원래부터 참을 것이 없는 자리에 돌아가 존중과 성실과 감사를 발견하시기 바랍니다.

14. 이혼할까

질문 : 저는 부모님의 강권으로 결혼하였습니다. 저의 아내도 같은 입장입니다. 결혼하기가 싫었고 결혼생활도 싫었습니다. 한 집에서 생활은 하고 있으나 사실상은 별거 상태입니다. 저희들의 결혼은 형식이지 실제는 아닙니다. 참으로 괴롭습니다. 해결 방 법을 일러 주세요

답 : 무엇이 그렇게 맞지 않는지 알 수 없으나 서로 부부로서 만났다는 사실은 참으로 큰 인연입니다. 그 인연을 외면하지 말

고 진실하게 받아들여 성실하게 노력해 보시기 바랍니다. 이미 여러 방법을 시도해 보았으리라 짐작되지만 권하고 싶은 것은 두 가지입니다.

첫째, 부부는 이미 주어진 깊은 인연이라는 사실입니다. 그것을 사실로 긍정하고 그대로 받아들이라는 것입니다.

둘째, 결혼이라는 만남의 의미를 원만하게 이루기 위해 부처님께 기도하는 것입니다. 부지런히 만남의 진실한 의미를 발견하고 원만한 결심을 얻기 위해 지속적으로 독경·염불 기도해 보세요. 그런 연후에 부처님이 맺어준 서로의 귀한 인연이며, 부처님의 자비 위력으로 성숙될 서로의 깊은 인연이라는 믿음에서 새로운 대화를 열어가고 이해의 폭을 넓혀 가기를 권합니다. 이것은 끊임없는 믿음과 노력이 필요합니다. 두 분에게 갈 길은 이미 정해져 있습니다. 행복한 결혼, 행복한 가정이 되어야 합니다. 부디 노력하시기 바랍니다.

15. 부부의 별거

질문 : 저희 집안에 우환이 끊이지 않아서 이를 안타깝게 본 친척이 점을 봤더니 부부가 한동안 떨어져 있어야 한다고 합니다. 과연 이 말을 따라야 할까요?

답 : 어린 아이의 잦은 병이라든가 부부간의 잦은 병이 때로는 부부의 완전 조화가 이루어지지 않은 데서 오는 경우가 있습니다. 부부가 참으로 서로 공경하고 아끼고 신뢰할 때 아기들의 잔병이 사라지기도 하고 부부간에 자주 일어났던 병이 씻은 듯이

낳는 경우가 있습니다.

집안에 우환이 있다고 하여 점을 치고 그에 따라 부부가 별거한다는 것이 과연 옳은가는 스스로 생각하고 판단해 보세요. 저로서는 두 가지를 권하고 싶습니다.

첫째, 부부간에 서로가 상대방을 관세음보살로 알고 진정 존경하며, 깊은 마음속에서 그러하지 못한 점이 있지 않나 깊이 반성하고 깊이 참회하는 것입니다. 평소 관세음보살로 생각하지 않고 헌신적 사랑과 존경을 바치지 못 했던 점을 깊이 뉘우쳐야 합니다.

둘째, 수행 일과를 지키고 자주 기도하는 일입니다. 집에서 기도해도 좋고 사정이 허락되면 절에 가서 기도해도 좋습니다. 참회하고 존경하고 기도하는 데서 부부 일신의 큰 진리는 가정에 나타나고 따라서 집안이 행복해집니다. 사랑과 무아 봉사가 부부 일신의 결혼 원리입니다. 완전히 조화된 부부 사이에는 행복만이 나타나는 것이 법칙입니다. 점술가의 말에 흔들리지 말고 진정한 존경과 사랑으로 부디 행복해지시기를 바랍니다.

16. 이혼할 이유와 조건이 충분한데

질문 : 남편이 가정에 매우 불성실하고 차마 볼 수 없는 행동을 해서 그만 이혼을 할까 합니다.

답 : 결혼한 남녀가 행복한 것은 서로 무대립(無對立)의 화합에서 옵니다. 결혼 초의 행복이 서로를 존중하고 아끼고 섬기는 데서 오는 것이며, 결혼의 행복은 언제까지라도 그런 데서 오는 것

이라 하겠습니다. 그런데도 남편이 행복을 가정에서 구하지 않고 다른 데서 찾으려 한다는 것은 그 이유가 가정에서 얻어야 할 행복이 가정에서 채워지지 않기 때문이라 생각합니다.

남편이 바람을 피운다고 하는 것은 그 원인이 원만한 가정을 가꾸어야 할 아내에게도 일말의 책임이 있음을 생각해야 합니다. 되도록 남편의 잘못이나 남편에 대한 미움을 마음에서 제거하도록 먼저 노력하세요.

그보다도 완전한 남편, 행복한 가정을 마음에 두고 끊임없이 기도하고 찬탄하시기를 권합니다. 원만한 결합의 길이 이혼의 길보다는 훨씬 나을 것입니다. 아내가 진실한 마음으로 가정과 남편을 지키고 있는 한 필경 가정의 화평, 결혼의 행복은 돌아옵니다.

만약 이혼하신다면 부부 당사자가 안을 불행뿐만 아니라 어린 자식들에게 돌이킬 수 없는 파괴가 미치게 된다는 것을 생각해 보세요. 거듭 부처님 믿고, 희망을 안고 참아가며 밝은 마음으로 기도하시기를 권합니다.

17. 불자의 진정한 효도

질문 : 불자의 진정한 효도는 어떤 것입니까?

답 : 불자의 효에 대해서 몇 가지 단계를 들어 설명하겠습니다.

첫째, 부모님의 마음을 편안하게 하여 근심 걱정을 없애 드리는 것입니다. 여기에는 자식으로서 몸 건강한 것도 중요한 효입니다.

둘째, 부모님의 몸을 편하게 모시는 일입니다. 의식주 환경에 불편이 없게 돌봐드리고 건강 조건에 부족 없이 살펴드리는 것입니다.

셋째, 부모님의 소망을 이루어 드리는 일입니다. 부모님의 소망은 여러 가지가 있겠지만 자식으로서 이루어 드릴 수 있는 것은 모두 받드는 것입니다.

넷째, 자식된 사람이 가업에 성실하고 사회에 덕망이 있으며 국가에 충성하여 사회 속에 훌륭한 인재로 성장함으로써 자식을 통해 부모님의 뜻을 더욱 확충시키고 성공의 성과를 부모님이 느끼게 하는 것입니다. 조상의 영광이 곧 후손의 영광이듯이 자손의 영광이 조상의 영광으로 느끼게 되는 것입니다.

다섯째, 부모님에게 불법 인연을 맺어 드리는 것입니다. 삼보를 믿게 하고 오계를 받게 하며 경전을 출판하고 부모님의 공덕을 닦도록 도와드리는 것입니다.

여섯째, 조상에 대한 사후 공경입니다. 부모님의 육신은 비록 멸하였더라도 부모님의 불성(佛性)은 불멸입니다. 살아 계실 때는 부모님 불성이 육체라는 의상을 입었을 뿐입니다. 그 의상을 벗었다고 하여 사람〔佛性〕이 없는 것이 아닙니다. 그리하여 사후에도 불성으로 살아 계신 것을 믿고 공경하는 마음을 잊지 않는 것입니다. 조상님을 위하여 염불·독경하고 부처님께 기원하며 불공을 드리고 또한 정성스러운 제사를 받드는 것입니다.

불자의 효도는 세간의 효도와 무엇이 다른가를 살펴보면 근본적으로 인간 계에 차이가 있습니다. 세간에서는 부모님을 오직 육체 중심으로만 공경합니다.

18. 불교의 효와 세속적인 효의 차이

질문 : 세간에서 부모를 공경하는 효와 불법에서 본 효는 어떤 차이가 있습니까?

답 : 세간의 효와 불교의 효는 본질에서 그 차원의 차이가 있다 하겠습니다. 그러나 그것이 나타나는 상황에서는 큰 차이가 없고 다만 불교의 효의 범위가 넓을 뿐입니다.

효의 근본 관념으로서 부모님과 조상님이 전제가 되는데 세간의 효에 있어서는 부모님을 생각하기를 육체적 형태를 지닌 부모를 생각하고 그에 대한 존경과 봉양을 생각합니다. 이 점은 세간 사람이 육체적 형상만을 현실로 인정한 것이므로 당연히 그럴 수밖에 없습니다. 사후에 제사를 지내는 등 사후 공경관념이 없는 것은 아니지만, 그것은 육체적 형태의 연장으로서 생각하고 그렇게 공경하고 있는 것입니다.

그러나 불교에 있어서는 부모를 보는 관념이 세간의 관념보다 그 범위가 넓고 그 차원이 높습니다. 불교에서 부모님은 육체를 가지고 있을 때뿐만 아니라 사후에 있어서도 그 관념이 변치 않으며 나아가 생사를 초월한 영원한 진리 속의 부모를 생각합니다. 곧 불성(佛性)의 몸으로서 부모를 생각합니다. 따라서 부모님을 받드는 효의 방법에 있어서도 차이가 있게 됩니다.

세간의 효에서 효의 방법으로는 『효경(孝經)』에서 보는 바와 같이 세 가지가 있습니다.

첫째, 자손이 건강하고 활발하게 활동하여 부모님의 걱정을 덜어 드리는 일입니다.

둘째, 부모님을 잘 봉양하고 매사에 충실하여 부모님의 건강과 생활에 부족함이 없도록 받드는 것입니다.

셋째, 사회적 활동으로 사회에 많은 이익을 주고 부모님이 뜻하신 바 일을 크게 펼칠 뿐만 아니라 국가와 사회에 명망을 얻고 추앙을 받아 그 명성이 크게 드날리는 것이라 하겠습니다.

거기에 비해 불교의 효는 그러한 세간적 효를 모두 포함합니다. 그리고 더 나아가 부모님의 마음을 열어 미혹을 없애고 진리의 길을 닦아 공덕을 성취하여 영원한 평화와 안녕과 진리의 완성을 도모하게 합니다.

다시 말하면 부모님을 잘 받들어 심신의 불편을 없게 하고, 부모님의 뜻이나 나아가 국가적·사회적 과업을 성취하여 부모님에게 만족을 드리는 데 그치지 않고, 부모님이 진리를 깨달아 인격적으로나 본성적으로 보다 향상되고 지혜와 덕성을 더하고 정신적인 완전과 진리생명의 개현을 돕는 것입니다.

그러기 위해서는 스스로 잘 살펴 세간생활 여건을 결함이 없게 하고 나아가 삼보(三寶)를 믿고 오계(五戒)를 받으며 보리심을 발하여 불멸의 본성 인연을 깊게 해 드립니다.

이런 차이는 부모님을 다만 육체적·정신적 만족만을 생각하는 세간의 효에 비하여 부모님을 육체에 그치지 아니하고 본성 진리라고 보고 그 완성을 도모하게 하는 점에서 두드러진 차이가 있습니다.

이렇게 살펴보면 세간의 효에 있어서는 설사 지극한 효를 다한다 하더라도 필경 늙고 병들고 죽고 미혹의 세계를 방황하는 것을 어찌하지 못하며, 다만 육체 생존기간이나마 심신의 평화를 드리는 일시적인 성격이 있다 하겠습니다.

그러나 불법의 효는 부모님을 육체적으로 편안히 모실 뿐만 아니라 윤회를 끊고 영원불멸의 법성신(法性身)을 성취하는 데 있다는 것이 근본적 차이라 하겠습니다.

19. 효도의 참 뜻과 그 방법에 대하여

질문 : 저의 아버지에 대해서는 자식으로서 말하기조차 부끄럽지만, 평소 잘못 생각하고 행동하시는 경우가 많습니다. 아버지는 저희 자식들이 보거나 제삼자가 보아서 나쁘다고 평가받을 일을 하고 계십니다. 자식으로서 이런 아버지에게 효도를 해야 할지, 효도를 한다면 어떻게 해야 할지 고민입니다.

답 : 아버지가 남에게 나쁜 평가를 받으시든 어떤 일을 하시든 분명 우리 아버지, 나의 아버지임에 틀림없고 우리는 분명 그분의 자식임에 틀림없습니다. 그러므로 당연히 정성 바쳐 효도해야 합니다. 그리고 아버지니까 어쩌지 못해 또는 마지못해 섬긴다는 태도는 안 됩니다. 착하시고 완전한 아버지임을 깊이 신뢰하고 효도해야 합니다.

세상 사람들이 뭐라 해도 훌륭하신 아버지에 대한 존경심과 신뢰가 흔들려서는 안 됩니다. 그렇게 섬기고 그렇게 기도하면 틀림없이 효도의 참 기쁨을 누리게 될 것입니다. 아버지도 바뀝니다. 확신을 가지고 참고 효도하시기 바랍니다.

20. 부모의 외로움을 어떻게

질문 : 자녀들이 커가면서 하루하루 외로움이 더해 갑니다. 모두를 잃어버리는 것 같은 슬픈 생각이 몰려옵니다. 저의 잘못일까요? 대책은 뭘까요?

답 : 사람은 어릴수록 부모와 함께 있습니다. 그러나 성장해 간다는 것은 그만큼 자녀들이 독립해 커 가는 것입니다. 어려서는 부모만을 알다가 좀 크면 친구를 알고 놀이와 자기 취미를 향해 밖으로 달려 나갑니다.

일을 당하고 겪어가면서 자녀는 자신의 개성을 뚜렷하게 갖추어 갑니다. 이것 역시 부모에게서 떠나가는 것이지요. 콩도 익으면 땅에 떨어져 새싹을 틔우듯, 인간도 성장하면 부모에게서 떠나 독립한 자기 세계를 만들어 갑니다. 이것은 귀하의 자녀에 있어서도 마찬가지입니다. 자녀가 크면 독립한 가정을 갖게 마련이니까요.

이것은 진정 부모된 이가 마음속에서부터 바라던 바입니다. 자녀들이 장성하여 독립된 인격을 갖추고 집안에서나 사회에서 뚜렷한 한 중심이 된다는 것은 부모님의 바람이고 일찍부터 가슴에 품었던 보람의 실현이 아닙니까? 그런데도 성장하여 떠나가는 자녀들에게서 외로움이나 슬픔을 느끼는 것은 무엇 때문일까요? 그것은 항상 함께 있어 끊임없는 관심권 안에 있던 자녀들이 제각기 자기 일을 따라 떠나간 데서 오는 공허감이 작용했을 것입니다.

그리고 또 한편에는 좀 과한 표현이기는 하지만 자녀의 성장보다도 자기 것으로서의 지배, 소유, 독점 등의 집착 관념과 관계가 있지 않나 생각합니다. 집착심은 자식을 키우는 사랑과도 통하지만 부모 중심의 애착 관념은 좋지 못합니다. 자녀를 속박하고 구속감을 주며 성장하고자 하는 뜻과 어긋나게 되므로 의당 반발을 사게 됩니다. 그러므로 부모님은 자녀의 성공과 행복을 기원하고 그 모두를 바쳐서 사랑하여 도울지언정 자기중심의 집착은 아주 금물입니다. 비록 천리만리 떨어져 있어도 함께 있는 심정으로 그 자녀의 안전과 행복을 기원해야 합니다.

부모의 외로움은 다른 곳에서도 시작됩니다. 그것은 심신의 노쇠입니다. 자녀가 떠나고 이 몸도 허물어져 떠나가고자 여러 징조를 보이는 것을 절감하는 것이지요. 육체의 여러 기능이 저하되고 심신이 둔화되는 데서 노인의 서글픔, 적막감이 밀려오는 것이지요. 노인의 외로움, 슬픔은 자녀뿐만 아니라 이런 것과도 상관되어 있다고 봅니다.

이 몸은 아무리 건강을 바라고 변치 않기를 바라고 오래 머물기를 바라도 그것은 안 될 일입니다. 순간순간 잠시도 멈추지 않고 노쇠를 향해 달려가고 죽음을 향해 흘러갑니다. 그 다음에 무엇이 남겠습니까? 이 길은 결코 멈추지도 막을 수도 없는 인간공도(人間公道)의 길입니다. 이 사실을 안다면 이 몸에 대해서도 애착할 것이 못 됩니다. 집착해 봐도 결국 배반당하니까요.

그러므로 노인에게 밀려오는 외로움은 믿음을 확립하는 데서 해결의 길을 찾아야 한다고 생각합니다. 자녀가 떠나가고 정든 사람이 떠나가고 귀한 것이 떠나가고 온 세계가 떠나가고 이 몸, 이 마음이 떠나가도 '떠나가지 않는 참자기'에 대해 눈을 돌려야 합니다. 거기서 믿음을 키우고 지혜를 키우고 힘을 키워야 합니다. 그것은 법문을 듣고 독경하고 염불하며 살아가는 길입니다.

이 길은 변치 않습니다. 무너지지 않습니다. 염불의 길은 달려가면 갈수록 길은 넓어지고 마음은 안정되며 부동한 확신은 확대됩니다. 거기에 기쁨과 밝은 평화가 비쳐옵니다. 온 세계, 온 이웃은 물론 모든 자녀들까지 거룩한 광명 가운데 함께 있음을 알게 됩니다.

거기에는 외로움이란 없습니다. 슬픔이란 없습니다. 평화와 기쁨, 안정, 말할 수 없는 안온만이 당신과 함께 할 것입니다. 일심 염불을 권합니다.

21. 아버지의 주벽

질문 : 저의 부친은 제가 어려서부터 술을 좋아하시고 노년인 지금도 여전히 술을 많이 드십니다. 그래서 집안이 소란할 때도 있고, 또한 이제는 부친의 건강도 많이 상했습니다. 그러시다가 불행이 닥쳐오지 않을까 하는 걱정도 됩니다. 어떤 사람은 구병시식을 해보라고도 하는데 어떻게 하면 아버지의 술을 끊게 하여 건강을 지켜드릴 수가 있을까요?

답 : 세상에는 즐거워도 술 마시고 속상해도 술 마시고 불안해도 술 마시고 어쨌든 술 마실 이유와 구실은 참 많습니다. 그러나 확실히 술은 지혜를 어둡게 하고 의지의 고리를 허물어뜨리며 심신을 어지럽히는 손잡이임에는 틀림없습니다.

잘 아시는 바와 같이 사람에게 격한 감정, 정신적 초조, 불안한 감정이 생기면 술로 달래는 경우가 많습니다. 또 사람들이 흔히 그런 방법으로 격한 감정을 잊고자 하거나 달래기도 합니다. 또한 서로 화합하여 마음의 무장을 풀고 화평한 분위기를 즐기기 위해서 술을 마실 때도 있습니다.

이런 경우를 생각하면 술을 즐기는 부친을 도와드릴 방법이 열릴 것 같습니다. 이미 오래된 주벽이라 어려울지는 몰라도, 부친 마음의 평화를 가져오도록 살펴드리는 일입니다. 대체로 초조 불안이 술로 인한 현상 회피를 찾게 합니다. 이처럼 평소에 부친이 인내로 평화스런 감정을 가진 것이 아니라 술에서 찾았으므로 이제부터는 부친이 참으로 기쁘고 마음이 평화롭도록 자녀들이나 주위에서 세심하게 섬겨야 합니다. 부친의 건강과 단명을 걱정하는 효심이라면 여러 방법이 있으리라 생각합니다.

첫째, 감정의 해소나 불안의 도피, 불만족스런 감정의 회피 등 술을 찾는 계기를 미리 막아드리는 것입니다.

둘째, 부친께서 평화롭고 건전한 취미를 갖게 배려하는 것입니다. 또는 신앙을 가지고 수행하도록 안내하면 가치관의 확립과 생활의 변혁, 정서의 안정을 가져오는 데 특히 유효합니다. 마음이 안정되면 자극에 의한 정신안정을 찾고자 하는 경향이 급속히 줄어듭니다.

셋째, 부친을 위해 항상 독경·염불하여 기도하는 것입니다. 부친께서 부처님의 광명을 받아 항상 안정되고 청정하며 건강하신 것을 생각하고 기도하는 것입니다. 이와 같은 기도는 부친에게 여러 면에서 이익을 줄 것입니다.

또 누군가가 구병시식을 권했다고 했는데 구병시식은 미혹한 망령의 영향으로 인한 병고에 행해지는 작법입니다. 혹시 주벽이 왕성한 미혹한 영이 있어, 그 영의 작용으로 인한 주벽일 때를 생각할 수도 있는데, 그렇다면 술을 드실 때와 드시지 않을 때의 차이가 판이하게 다릅니다. 부친께서는 그런 상태도 아니고 또 젊어서부터 익혀 오신 주벽이라고 하니 망령이 개입된 장애라 보기 어렵습니다. 설령 망령의 작용이 있다 하더라도 독경·염불하여 기원을 드리면 모든 경우에 부친에게 도움이 되리라 믿습니다.

22. 아들딸을 얻는 기도

질문 : 아들딸 얻는 기도 방법이 있으면 가르쳐 주세요.

답 :「관세음보살보문품」에 이르기를 '혹 아들을 구하거나 딸을 구하는 사람은 일심으로 관세음보살을 염하면 원을 이룬다' 하셨으니 이 말씀을 믿고 기도하는 것이 좋겠습니다. 그 방법은 『반야심경』을 읽고 「관세음보살보문품」을 읽은 다음 일심으로 염불하는 것입니다.

독경법은 알고 계실 터이므로 새로이 말씀드릴 것은 없으나 꼭 하나 새로 보태드릴 말이 있습니다. 그것은 부모님과 조상님께 감사하고 부모님과 조상님을 위해 기도하고 독경하는 마음이 함께 있어야 한다는 점입니다. 자녀를 얻기 위해서는 조상님의 가호가 꼭 필요합니다. 조상님 잘 공경하시기를 부탁합니다.

23. 자녀를 갖는 기도

질문 : 저는 결혼한 지 10년이 되어도 아기를 갖지 못하고 있습니다. 아주 못 낳는 것이 아니고 결혼 초에 직장 사정으로 한 번 중절한 일이 있고 그 후에 한 번 자연 유산한 적이 있습니다. 그러나 저의 건강에는 이상이 없답니다.

그동안 종교에 대해 무관심하고 오직 생업에만 바쁘게 살아왔는데 이젠 종교를 갖고 자녀도 두고 안정된 생활을 갖고 싶은 것이 소망입니다. 불교 믿는 사람들은 모든 소망을 기도하여 이룬다고들 합니다만 그런 길이 있으면 저도 소원을 이루고 싶습니다.

답 : 자녀를 갖는다는 것이 누구나 결혼만 하면 쉽게 이루어지는 일 같아도 사실은 자녀를 갖는다는 것이 부처님과 조상님의 크신 은혜의 표현이며 생을 받아 태어날 새 생명과의 깊은 인연의 결실입니다. 귀하가 아기 갖기를 바라는 간절한 심정에서 아마도 출산이 은혜라는 사실을 이해하실 것입니다. 그런데도 이제까지 은혜로 이루어진 임신을 회피한 것이 아니라 수태 이후에 중절했습니다.

이것은 은혜에 대한 배반입니다. 동시에 생을 받아 태어날 새 생명에 대한 거부입니다. 새 생명으로 태어나 한 집안의 가족이 되고 한 생애를 살아 영적인 성장을 거둘 계기를 박탈한 것입니다. 이 점에 대해 마땅히 뉘우침이 있어야 할 줄 압니다.

부처님에 대한 감사, 조상님에 대한 감사, 그리고 조상님의 은혜로운 돌보심으로 아기를 갖고 집안이 발전하는데 대한 믿음과 감사가 있어야 합니다. 동시에 염불·독경 하는 중에 중절로 인해 출생의 기회를 잃은 중절영(中絶靈)에 대한 뉘우침과 부처님 가호의 기원이 함께 있었으면 좋겠습니다.

또 한 가지 마음에 두어야 할 점은 남편에 대한 절대 순종입니다. 오늘날 부부는 남녀 양자의 특성과 개성을 충분히 인정한 채 서로의 양해와 사랑으로 가정사를 이루어 갑니다. 그러나 출산하는 마음 자세는 어떠한 이유로든 아내의 대립적인 자기 고집이 허락되지 않습니다.

남편에 대한 순종, 남편 의사에 대한 절대 수용이 필요합니다. 이것이 순수한 화합이며 새 생명이 잉태하고 성장할 정신 여건이라 하겠습니다. 이러한 것들은 독경·염불하고 발원하며 수행해 갈 때 이루어지는 것이오니 부디 정성들여 수행하시기 바랍니다.

24. 어린이의 자율성 키우기

질문 : 어린 아이들의 세계는 어른들의 기준과는 다른 심리나 정황이 있는 것 같습니다. 그러므로 어린이들에 대해서 이래라 저래라 말하지 않을 수도 없고 또 말하더라도 미치지 못하는 점이 많습니다. 될 수만 있다면 어린이 스스로가 자율적으로 자기 행을 다듬어 갔으면 좋겠는데 방법이 없겠습니까?

답 : 교육상 여러 말을 하지 않을 수도 없고 너무 많이 해서도 안 되겠지요. 한 가지 의견을 말씀드리자면 어린 자녀들에게 스스로가 귀한 사람이라는 의식을 심어 주는 것은 매우 중요하다

고 생각합니다.

부처님 공덕을 타고난 귀하고 신성한 생명이라든가, 많은 지혜와 아름다운 덕성과 능력을 지니고 있는 훌륭한 인격이라든가, 미래에 크고 훌륭하게 될 사람이라는 사실을 스스로 알게 하고 인정하는 것이 중요합니다.

나쁜 짓을 하지 말라고 여러 말 하느니 보다 스스로가 귀한 사람, 인격 갖춘 사람, 장래에 성공할 사람이라는 자각과 긍지가 더 중요합니다. 크게 된 사람은 그 어린 시절이 남달리 훌륭한 것을 생각하게 할 수도 있습니다. 이런 점들은 어린이들에게 스스로의 긍지를 갖게 하는 것이지요.

또는 선대 할아버지나 조상의 위대하신 이야기를 해주어 그 할아버지의 후손이라는 자각을 갖게 하는 것도 중요하겠고 또는 위인전을 많이 읽혀 자신의 행동을 위인들의 소년시절과 비교할 수 있도록 하며 위인들을 본 따서 큰 포부, 큰 이상을 키워 가도록 하는 것도 좋을 듯합니다.

25. 자녀에게 긍지를 심어 주자

질문 : 불자로서 자녀들을 참되게 키우는 것이 소망입니다. 무엇보다 나쁜 일에 물들지 않고 바르고 꿋꿋하게 자라야 할 터인데 걱정입니다. 부모로써 어떻게 가르치고 대해야 좋을지 도움말씀을 주세요.

답 : 가치관이 흔들리고 문란한 바람이 불고 있는 세태 속에서 자녀들을 키우는 부모들의 심정을 십분 이해합니다. 그런데 사람

을 키운다고 하는 것은 끝까지 스스로 일어서게 하는 점이 핵심이 됩니다. 부모의 말씀에 기대거나 형제의 보호에 의존하거나 남이 잘해 주면 자기도 잘 될 수 있다거나 하는 의존성, 의타심리를 경계해야 합니다. 무엇보다도 정신적으로 꿋꿋하게 바로 서야 하는 것입니다. 이런 점에서 세 가지를 말씀드리겠습니다.

첫째, 자녀들을 바로 키우는 핵심은 높은 긍지를 갖게 하는 것이 가장 중요합니다. 부처님 가르침에 의하면, 사람은 본래 훌륭한 본성으로 태어났습니다. 그 본성이란 부처님 성품입니다. 지혜롭고 덕스럽고 용감하고 굳세며 참된 진리적 존재라고 가르쳐 주고 계십니다.

따라서 부처님 가르침을 믿는 사람은 자녀로 하여금 부처님의 가르침을 항상 일러주고 믿게 해야 합니다. 그래서 높은 긍지를 가지고 높은 사명을 행할 수 있는 그런 자기라는 것을 알게 해야 합니다.

그러므로 아무리 잘못하고 또는 어려운 환경에 처해 있어도 잘못이나 어려운 환경을 집착하지 않게 해야 합니다. 지금 잘못했으면 앞으로 잘할 수도 있으며, 또한 원래부터 모두를 잘 할 수 있는 뛰어난 자질을 가지고 있으므로, 잠시 잘못이 나타나더라도 그것은 훌륭하게 성장하는 과정임을 알게 해야 합니다.

'나는 지혜가 있다. 착한 사람이다. 능력이 있다. 성공할 사람이다. 만인을 도와줄 훌륭한 미래가 약속되어 있다……'는 생각을 갖게 하는 것이 좋습니다.

둘째, 칭찬입니다. 칭찬을 아끼지 말아야 합니다. 잘못한 것보다는 잘된 점을 발견해 주고 높이 사주고 아낌없이 칭찬해 주어야 합니다. 어린이들을 키우는데 칭찬에 인색해서는 안 됩니다. 어린이들은 희망과 칭찬을 먹고 자란다는 것을 믿어 주시기 바랍니다. 가장 가까운 부모로부터 인정받고 칭찬받으면 더욱 성장합니다. 그러므로 능력이 있고 착하고 지혜롭다는 사실을 구체적 행에 대한 칭찬으로 뒷받침해 주는 것입니다.

셋째, 신뢰입니다. 착하고 지혜롭고 잘하는 어린이라고 깊이 믿어 주어야 합니다. 가장 가까운 부모의 신뢰가 어린이의 밝은 성품을 더욱 성장시켜 갑니다.

마지막으로 말씀드릴 것은 부모는 어린이의 완전상, 부처님의 자비하신 광명에 싸여 훌륭하게 성장하고 있는 것을 마음의 눈으로 지켜보고 염불하며 기도하는 일입니다.

이와 같은 부모님의 지혜로운 보살핌으로 자라나는 어린이는 어떤 어려움에도 꺾이지 않고 나쁜 물에도 휩쓸리거나 물들지 않고 바르게 성장하리라 믿습니다.

26. 아들의 반항과 기도

질문 : 고등학교 1학년이 되는 아들이 자주 부모에게 반항합니다. 그를 위해 어떻게 기도하는 것이 좋겠습니까?

답 : 아들이 부모님의 뜻을 거스른다는 것은 아들이 아들로서 가지는 정상적 상태를 인정받지 못 하는데 있다고 일단 생각해 보는 것이 좋겠습니다. 그렇다고 아들의 반항이나 주장을 모두 받아들이고 승복하라는 뜻은 아닙니다. 다만 아들의 반항하는 행위만을 두고 비판하거나 거기에만 초점을 맞추어 적합한 조치를

하느니 보다, 먼저 아들은 착하고 효순하고 공부 잘하는 아들이라는 사실을 신뢰하고 인정해 주는 것입니다. 실제로 아들의 행위는 불효하더라도 그 행위에 사로잡히지 말고 원래부터 효순하다는 점을 인정하고 신뢰하라는 말입니다.

이렇게 선의로 대할 때 아들의 태도는 조만간 바뀔 것으로 생각합니다. 잘못만을 들어 비판하고 추궁한다는 것은 옳지 않습니다. 원래부터 나쁜 아들, 불효한 아들이란 없는 것입니다. 아들은 착하고 효도함으로 보람과 기쁨을 느낀다는 것을 알아주어야 할 것입니다.

27. 아들의 도벽과 기도

질문 : 아들이 중학교 3학년인데 장남입니다. 어찌 되었는지 도벽이 있고 부모 뜻을 자주 거스릅니다. 마음은 착한데 고쳐지지 않아 큰 걱정입니다. 어떻게 기도하면 좋겠습니까?

답 : 기도는 어려운 일을 당해서만 하는 것이 아닙니다. 언제나 일상의 수행으로 기도하는 것이 불자의 생활 일과입니다. 아들을 위해 기도하는 것은 그래서 당연하지요. 다만 기도할 때 유의점은, 아들이 지극히 착하고 성실하며 효성스럽다고 믿고 깊이 신뢰해야 하는 것입니다. 그리고 아들이 저지르는 잘못은 부모의 잘못이라 생각하고 일심염불로 참회하는 것이 좋겠습니다. 아들의 잘못을 비판하고 추궁하느니 다 진실한 아들, 효성스러운 아들이라고 믿고, 그 아들을 위해 기도하면 좋겠습니다. 그리고 기도와 함께 진심으로 가장을 존경하고 소중히 섬기고, 가장은 아

내를 더욱 아끼고 사랑하는 가정 분위기를 가꾸어가기 바랍니다.

28. 임신 중절은 큰 죄인가

질문 : 근래 인구 문제가 아주 중요한 국가적 과제로 떠오르고 있습니다. 불교의 입장에서 중절은 어떻게 됩니까?

답 : 인간이 세상을 살아가는 의의는 인간이라는 생존 자체를 소중히 하는 데서 시작됩니다. 인간의 생존을 무엇보다 소중히 여기고 그 발전과 보람을 돕는 것은 사회적 모든 시설의 존재 이유가 될 것입니다.

이러한 인간 생명을 어느 순간부터 인간 생명으로 대우하고 보호하며 내지 인간으로 존중하느냐가 문제인데, 불교의 입장에서는 수태와 동시에 보호받을 생명이라고 생각합니다. 일정한 기간을 거쳐 인간적 형태를 갖춘 후부터를 인간으로 인정하고 그 이전의 태아에 대해서는 인간적 존재를 인정하지 않으려는 주장이 있으나, 그것은 부당하다고 생각합니다. 형태를 갖춘다고 하는 것은 내면에 이미 생명이 앞서 있다는 것이 전제되는데, 그러한 인간 생명을 무시한다는 것은 인간의 길이 아닙니다.

경제 성장도 문명의 발달도 인간 생명이 존중되고 인간의 삶을 누리기 위한 요건입니다. 인간의 가치는 경제나 문명이나 체제나 그 무엇보다도 앞서 있는 궁극적 가치입니다. 그러므로 경제 발전이나 인간의 향락을 위해 인간 생명에 해를 주고 도전하는 것은 있을 수 없는 일입니다. 그것은 곧 살인이며 죄악입니다. 인간은 또 다른 인간 생명에게 생존을 거부할 권한이 원래부터 주어져 있지 않다는 사실을 명심해야 할 것으로 압니다.

29. 중절이 왜, 어떻게 나쁜가

질문 : 저는 임신 중절 수술을 한 적이 있습니다. 임신 중절이 나쁜 것이라면 해로운 점이 어떤 것인지, 또 어떻게 속죄를 해야 하는지 방법을 알려 주세요.

답 : 인간의 생명은 정자와 난자가 모태에서 수정됨과 동시에, 또는 먼저 착상되므로 수정은 곧 사람입니다. 비록 신체적 성숙은 미비하더라도 정신과 육체가 결합한 순간, 한 생명으로 탄생한 것입니다. 그때부터 모태 안에서 성장하고 출산해서도 계속 성장합니다. 다만 환경 조건이 바뀐 것에 불과합니다. 그러한 생명에게 해를 주어 생을 존속할 수 없도록 한 것은 옳지 못합니다. 그러므로 중절은 불가합니다. 특별한 예외를 생각해 볼 수는 있겠습니다만.

임신 중절은 그 집안에 인연이 있어 태어난 생명을 가해 행위로서 강제 축출한 것이므로 마땅히 뉘우치고 중절된 생명에 대해 참회하는 마음이 있어야 하겠습니다.

중절한 영향으로는 대개 중절한 생명과 형제가 되는 아이들에게 나쁜 영향을 주는 것으로 알려지고 있습니다. 이유 없는 반항, 돌발적인 사고, 가출 등으로 부모를 걱정스럽게 하는 일이 있습니다. 그런 경우 부모가 중절아를 위해 참회와 공덕을 닦아줌으로써 이미 커가는 아이의 태도가 일변하는 예가 있습니다.

불자라면 중절아를 위해 독경하고 사경하며 또는 기도에 동참하는 것이 바람직합니다. 중절아를 천도하고자 할 때는 '일문유연애혼불자(一門有緣哀魂佛子 : 집안에 인연이 있던 애혼불자)'라고 영을 반드시 지목하시기 바랍니다.

30. 중절아의 천도

질문 : 중절아도 천도해야 합니까? 천도하는 방법을 말씀해 주세요.

답 : 중절아는 육체로서의 형태는 완성되지 못 했어도 하나의 생명임엔 틀림없습니다. 육체의 완성, 모체로부터의 독립, 또는 독립 호흡이 생명의 탄생이 아니라, 수태(受胎)의 순간부터 한 생명이라 보기 때문입니다.

그런 생명을 어떤 이유에서든 어떤 방법으로든 생명 존속을 중단시키는 결과로 몰고 간 중절 행위는 곧 생명의 죽임입니다. 한 생명이 한 생애를 받아서 스스로 도와야 하고 발전시킬 계기가 박탈되고 봉쇄된 결과가 되었으므로 생명에게는 불행스러운 일이 아닐 수 없습니다.

중절아의 감정적 불화를 해소시키며, 새 생명으로 비약할 계기를 마련해 주는 것이 이치나 사리에서도 옳고, 중절아의 향상을 위해서도 바람직하며, 또 중절아와 중절 가정과의 관계에서도 바람직합니다.

중절아의 천도 방법은 중절아를 위해서 일정한 기간동안 독경 기도 하거나 사경기도 하는 것이 좋겠습니다. 만약 사경기도인 때는 중절아를 위해『반야심경』백 편 사경 공양하는 것도 한 방법이 되겠지요.

31. 남편의 불교 반대

질문 : 남편이 제가 불교 믿는 것을 반대합니다. 무슨 방법이 없을까요?

답 : 자주 받는 질문이어서 벌써 몇 번이나 답을 했습니다만 여기서는 두 가지만 말씀드리겠습니다.

첫째, 가정에서 전법은 결코 이론을 앞세워서는 안 됩니다. 아내는 불법을 믿는 불자인 만큼 그 행과 분위기가 달라져야 합니다. 밝고 너그럽고 따뜻하며 성실해야 합니다. 결코 불교가 좋다거나 다른 종교보다 우월하다거나 안 믿는 사람을 얕잡아보거나 새로운 교리를 알았다고 그것을 내세우거나 하는 과시적인 행동은 절대 금물입니다.

불자의 마음과 행은 밝고 따뜻하고 의젓하고 믿음직스러우며 항상 무엇인가를 주고자 하는 친절한 데에 있습니다. 그렇게 되면 집안에 새 등불이 켜진 것처럼 구석구석 밝아오고 집안 공기는 훈훈해집니다.

둘째, 끊임없는 기도입니다. 집안 어른과 가족이 불보살님의 위신력을 받아 건강하고 행복하고 보람 있는 뜻을 성취할 것을 기도하며, 불보살님의 자비하신 위신력이 이미 부어져 있음을 믿고 끊임없이 감사하는 일입니다. 염불하고 기도하고 감사하고 독경하는 이것이 소리 없이 집안을 부처님 광명으로 채우게 됩니다.

이러한 기도는 반드시 일과를 지켜 끊임없이 해 나가시길 바랍니다. 특별히 유념할 것은 남편의 속마음은 결코 불교를 반대하는 것이 아니라는 점을 굳게 믿고 염불하시기 바랍니다.

32. 며느리의 이교 신앙(異敎信仰)

질문 : 새로 며느리가 들어와 집안 신앙의 혼란이 염려됩니다. 며느리는 학식도 있고 나름대로 확신이 있어 늙은 시모의 말에 건성입니다. 그대로 두어야 할지, 그래도 좋은지요?

답 : 자부는 가문을 이어갈 새 기초입니다. 자부에 의해서 가문의 새 역사가 이어져 간다는 말입니다. 자부의 가문이 이어져 간다는 것이 아니라 불자님 집안이 이어져 간다는 말입니다. 따라서 자부는 가문의 전통을 존중하고 계승하여 다시 새롭게 발전시킬 위치에 있습니다. 그런 만큼 자부가 조상을 거부하거나 집안의 내력을 부정하거나 정신 생명인 신앙을 거역할 때 집안에 어려움이 생기게 됩니다.

오늘날의 남편들이 많은 부분을 아내에 의지하고 특히 가정사와 자녀 교육에 있어 많은 부분이 아내의 관리하에 주어져 있는 점을 생각한다면, 새 자부의 이질화 경향은 어려운 사태를 가져올 염려가 다분히 있습니다. 특히 가문의 신앙을 거역하고 독자적 신앙을 주장해 갈 때 혼란이 생길 소지가 많습니다. 조상과의 정신적 연대성과 연속성이 끊길 염려가 있는 것이지요. 따라서 집안에 깊이 있는 화합이 매우 어렵게 될 수도 있습니다. 자손들이 건실하게 성장하는 데도 문제가 있습니다.

그러므로 자부의 이교화(異敎化)는 중대 문제입니다. 소홀히 하지 마시고 최선의 노력을 다하시는 것이 좋겠습니다. 그러나 아들 내외의 이해와 협력만 기다리지 말고 시모는 시모대로 노력해야 합니다. 그것은 기도입니다. 무엇보다 아들 내외의 건강과 행복, 집안의 번창을 기도하고 삼보의 가호를 감사해야 합니다. 자부가 진정 행복하고 아들로 이어진 새 세대가 성공하도록 간절히 기도해야 합니다.

그리고 자부의 이교 문제를 이질시하느니 보다 착하고 순종하고 덕성 있는 자부로 마음속 깊이 신뢰하고 존중해야 합니다. 가문을 이어 받아 발전시키는 소중한 새싹인 걸 깊이 긍정하고 사랑해야 합니다. 이런 자세로 독경하고 기도하면 자부는 기왕에 가지고 있던 생각을 놓고 새 가문에 조화하고 융화하는 자세로 곧 바뀌게 될 것입니다.

33. 이교(異敎) 믿는 장모

질문 : 저의 장모님은 따로 살고 계시는데 다른 종교를 믿고 있습니다. 어떻게든지 불교를 믿게 했으면 좋겠는데 좋은 방법이 없을까요?

답 : 장모님께 불교 믿으라고 권하기 전에 깊이 있게 효도하기를 바랍니다. 그리고 부처님께 기도하되 장모님이 행복하고 생전에 불법에 귀의하여 필경 보리 이루고 왕생극락 하시기를 기원하세요. 진정으로 장모님의 편이 되어 도움이 되고자 노력하고 혹 장모님이 원하시거든 장모님이 다니시는 다른 종교의 모임에

도 따라 가보세요.

또 가족과 함께 절을 찾는 것도 좋을 것입니다. 장모님은 필경 불법에 돌아올 분인 것을 깊이 믿을지언정, 무턱대고 장모님의 뜻을 거슬러 가며 불법(佛法)을 믿으라고 지나치게 권하지는 마세요.

34. 집을 이사하고 싶은데, 방향을 꼭 잡아야 할까요

질문 : 이사를 해야 하는데 철학관에 가서 물으니 이사하려고 하는 집의 방향이 나쁘다고 합니다. 어찌해야 할까요?

답 : 부처님을 믿고 수행하는 사람은 생활도 마땅히 부처님 법에 따라야 합니다. 부처님 믿음의 세계에는 흉한 방소(方所)가 따로 없습니다. 믿음의 세계가 바로 삶의 중심이기 때문입니다. 오직 일심으로 독경하고 염불하며, 왕성하게 행운이 뻗쳐오는 것을 생각하고 불보살님께 감사하세요. 방소는 저절로 잘 잡혀지게 될 것입니다.

제2장

불교 화혼식(華婚式)

1. 불교 화혼식의 유래
—연꽃 다섯 송이, 두 송이의 뜻 깊은 인연담(因緣譚)

우리 부처님께서 과거 아득한 구원겁(久遠劫) 전, 선혜선인(善慧仙人)이셨을 때, 그 나라에는 등조왕이라는 임금과 보광불이라는 부처님이 계셨습니다. 등조왕은 보광불께 꽃공양을 올리기 위해 모든 백성에게 사사로운 꽃 매매를 금지시키고 나라의 모든 꽃은 임금에게 바쳐 부처님께 꽃공양을 올리게 하라는 명령을 내렸습니다. 그때 어느 산중에 구리라는 선녀(仙女)가 칠경화라고 이름하는 귀한 꽃을 가지고 있었는데 나라의 명령을 두려워하여 그 꽃을 병속에 감추어 두었습니다.

선인은 산 속에서 수행하다가 등조왕이 부처님께 꽃공양을 올리기 위해 나라의 모든 꽃을 모아 들여 헌화 준비를 한다는 말을 전해 듣고 자기도 신심이 크게 일어나 지성으로 아름다운 꽃을 구하기 위해 여기저기 다녔습니다. 마침 선녀에게 칠경화가 있다는 말을 전해 듣고 그를 찾아가니 서로 만나자마자 선인의 지성 감응으로 선녀가 감추어 두었던 꽃이 저절로 피어나 병 밖으로 그 아름다운 모습이 솟아올랐습니다. 그것을 보게 된 선인은 선녀에게 그 꽃을 자기에게 팔 것을 제안했습니다. 선녀는 병 속의 꽃이 선인을 만나는 순간에 밖으로 피어 나옴을 신기하게 여기면서도 주저하여 말하기를, "이 꽃은 대왕에게 바쳐 부처님께 공양을 올릴 물건입니다"라고 하며 거절하였습니다.

그러나 선인은 조금도 물러서지 않고 거듭 꽃을 팔라고 간청하면서 꽃값이 얼마냐고 자꾸만 물었습니다. 선녀는 그 꽃을 끝내 팔지 않을 작정으로 꽃값을 한 송이에 은전 백 냥이라고 아주 비싼 값으로 말했습니다. 그러자 선혜선인은 아무런 주저나 망설임 없이 선뜻 오백 냥을 내어 주며 다섯 송이만 달라고 하였습니다. 선녀는 선인의 그러한 지성에 깊이 감복되어 이 꽃을 팔기는 하겠으나, 세세생생 자기와 더불어 부부 되기를 조건으로 내세웠습니다. 이에 선인이 대답하되 "나는 도를 닦는 사람이라 다시 나고 죽는 생사의 인연을 맺을 수 없다"고 거절하니 선녀는 사실이 그러하면 이 꽃을 선인에게 팔 수 없다고 딱 잘라 거절했습니다.

선인은 부처님께 꽃공양 올릴 것을 생각하자 마음이 더욱 간절하여 도저히 물러설 수 없어 다시 선녀에게, "그대의 소원이 그러하다면 나도 소원이 한 가지 있노라. 후일 우리가 함께 부부가 된 연후에 내가 무엇이든지 하고자 하는 일에 대하여, 특히 보시나 지혜 등 보살행을 닦을 때, 신체와 국성, 처자나 재산 등 모든 것을 다 보시할지라도 결코 방해를 하지 않겠는가?" 하고 물었습니다.

선녀는 그 말을 듣고 오히려 크게 기뻐하며, "당신이 하는 일은 무엇이든 방해를 하지 않으리"라고 맹세한 후 나머지 두 송이 꽃마저 선인에게 내어 주며 이것은 나의 발원으로 보광부처님께 대신 올려달라고 부탁하였습니다.

선인은 즉시 부처님을 찾아가 가지고 온 칠경화를 부처님의 머리 위에 공손히 공양하여 뿌렸습니다. 왕과 대신들이 공양하여 뿌린 꽃들은 모두 땅으로 떨어졌으나, 선인이 공양하여 뿌린 칠경화는 공중에 머물러 넓고 큰 화대(花臺)를 지어 부처님을 꽃으로 감싸고 덮었습니다. 이 너무나 거룩한 장면을 보게 된 왕과 백성들은 모두 깜짝 놀랐습니다. 이때 보광불은 선인에게 수기(授記)를 주셨습니다. "그대는 이 인연 공덕으로 오는 세상 미래세에 성불하여 그 이름을 석가모니라고 부를 것이니라"고 말씀하셨습니다.

그리하여 그때의 선혜선인은 바로 우리의 석가모니부처님이 되셨고, 구리선녀는 부처님의 출가 전 세속의 부인인 아쇼다라비(妃)가 되었습니다. 이와 같은 부처님의 과거생 수행 인연에 근거하여 오늘날 불자들의 부부 인연이 비롯된 것입니다. 이 인연은 도를 함께 닦는다고 하는 도반(道伴)의 약속이 내포되어 있다는 것을 알고 크게 자랑스러워해야 할 것입니다. 그러하기에 이제 우리는 부처님의 수행 시절, 그 행적을 본받아 이 세상에 진리의 빛으로 살아가기를 다짐하고 결혼을 약속해야 합니다.

　　—『불본행집경(佛本行集經)』에서-

2. 화혼 식순

(1) 개식 선언 : 지금부터 신랑 우바새 ＿＿＿＿ 군과 신부 우바이 ＿＿＿＿ 양의 화혼식을 거행하겠습니다.

(절에서 화혼식을 할 때는 사회자의 개식 선언이 끝나면 종을 다섯 번 치든 목탁을 세 번 침.)

(2) 주례 임석 : 주례 법사 스님(또는 법사)으로는 ＿＿＿＿으로 계시는 ＿＿＿＿께서 임석하시겠습니다.

(3) 신랑 입장 : 신랑 우바새 ＿＿＿＿ 군이 입장하겠습니다.

(4) 신부 입장 : 신부 우바이 ＿＿＿＿ 양이 입장하겠습니다.

(신랑신부 함께 나란히 입장해도 좋으나, 가급적이면 전통적인 뜻을 살려서 신부는 아버지를 의지해 입장하는 것이 바람직함. 신부와 아버지가 중간 지점까지 도달하면 신랑이 나가서 신부 아버지에게 크게 허리를 숙여 절을 한 뒤 신부와 함께 주례석까지 나아감.)

(5) 삼귀의 : 양가의 여러 어르신들과 만장하신 내빈 여러분!

주인공인 신랑 우바새 ＿＿＿＿ 군과 신부 우바이 ＿＿＿＿ 양이 백년 가약을 맺는 경사스러움을 부처님께 아뢰고 또 축복을 내려 주시기를 청하는 삼귀의례 순서입니다. 다같이 잠시 자리에서 일어나 두 손을 가슴에 모아 합장해 주시면 감사하겠습니다.(아래 둘 중 택일)

㉠ 오늘 주례 법사 ＿＿＿＿ 스님의 삼귀의 선창을 따라 모두 따라하면서 세 차례 경배를 해주시기 바랍니다.

㉡ 그럼 반주에 맞추어 삼귀의를 노래로 하겠습니다.

(6) 축원문 : 여러분 대단히 감사합니다.

　다음은 주례 법사 스님께서 오늘의 이 성스러운 경사를 부처님께 아뢰고 복과 지혜를 내려 주시기를 청하는 축원문 봉독의 순서입니다. 불편하시겠지만 잠깐 동안만 더 일어서신 그대로 합장하시고 고개를 숙여 오늘 두 사람의 앞날을 지성껏 축복해 주시면 감사하겠습니다.

〈주례가 올리는 축원문〉

　대자대비 본사 석가모니부처님 세존 전에 병법 사문은 계수하옵고 삼가 아뢰옵니다. 자비의 구름이 온 누리를 두루 덮고 신령한 광명이 널리 빛나 길이 미혹의 어둠을 밝히는 이날, 동양 대한민국 서울특별시 (　　)청정 도량에서 우바새 ＿＿＿ 군과 우바이 ＿＿＿ 양이 결혼의 예의를 올리옵니다. 삼가 여래 인행시의 옛일을 따르옵고 함께 무상대도를 이루기를 간절히 원하옵니다. 일심 정성으로 일곱 송이의 꽃을 헌공하옵고, 다시 엎드려 간절히 청하옵나니 시방세계 일체 부처님께서는 증명하시옵소서. 거듭 우러러 바라옵나니 지극하신 자비로써 섭수하시오며 묘한 위신력으로 가피하시사 이들의 마음과 마음이 서로 계합하고 기틀이 서로 합하며 금슬이 화애하고 믿음과 행이 두루 온전하여 무상대도에 귀의하옵고 망극하신 크신 은혜를 갚아지이다. 나무 마하반야바라밀다.

　(7) 신랑 신부 맞절 : 신랑 신부가 서로 인사할 차례입니다. 신랑 신부는 서로 마주보는 자세로 서 주시기 바랍니다.
　(이때 주례가 구령함. “신랑, 신부 맞절”)

(8) 신랑 신부, 부처님께 헌화 : 이제 신랑 신부가 두 사람의
정성을 합하여 부처님께 고귀한 꽃다발을 정성껏 공양 올리겠습
니다.

* 미리 꽃 다섯 송이와 두 송이로 된 꽃다발이나 꽃바구니를 준비
함. 주례께서 말씀하시면 먼저 다섯 송이의 꽃을 화동이 들고 신부
에게 전해 줌. 신부가 눈썹 높이로 꽃을 받들고 있는 가운데 주례
의 헌화사가 끝나면, 신랑이 한 걸음 다가가 눈높이에서 그대로 신
부로부터 두 손으로 전해 받음. 신랑은 두 손으로 꽃을 건네받은
후 주례께 머리 위로 받들어 올림. 주례는 그 꽃을 두 손으로 받아
서 부처님 전에 정성스럽게 올림.
나머지 두 송이의 꽃다발도 같은 요령으로 하되 신부가 신랑에게
꽃을 전해 줄 때 신부가 신랑에게 한 발 다가감. 다섯 송이를 올릴
때나 두 송이를 올릴 때나 주례의 헌화사가 있음을 유의함.
〈방법〉
㉠ 다섯 송이 : 화동—신부는 받들고 서 있고—신랑이 다가가서 받
음—주례—부처님 전 왼쪽
㉡ 두 송이 : 화동—신부는 꽃을 들고 신랑에게 다가가서 전함—
신랑—주례—부처님 전 오른쪽
㉢ 법당이 아니고 일반 예식장일 경우에는 주례가 꽃을 받아 주례
석 좌우에 두었다가 절로 가지고 가서 부처님 전에 올림.

〈주례의 헌화사〉

㉠ 이 꽃. 신부 가슴에 간직된 다섯 송이의 꽃은 오늘의 두 사
람이 이 땅에 오기 전 아득히 머나먼 겁, 한 생명 가꿀 뜻을 세
우고 깊이 간직했던 것으로 이제 그 세운바 뜻이 불보살님의 가

호를 입어 지금 이 자리에 피어났습니다. 이제 두 사람이 금생에 다시 본 뜻을 실현하고자 결혼으로서 그 뜻을 확인하매 이제 신랑은 신부에게 간직된 꽃을 받아서 부처님께 올리겠습니다.

ⓛ 이 꽃. 신부에게 간직된 꽃은 신부에게 간직된 나머지 그 모두입니다. 오늘 결혼을 통해서 두 사람의 기나긴 과거의 큰 꿈을 이루고자, 이제 그 나머지 꽃을 신랑의 손을 거쳐서 부처님께 올림으로써 두 분의 밝은 뜻을 부처님 앞에 아뢰고 증명하여 주심을 감사 올리겠습니다.

(9) 혼인 서약 : 주례 법사를 따라 오늘의 두 주인공이 서로 굳은 약속을 하는 혼인 서약의 순서입니다.

ⓖ 신랑에게

ⓛ 신부에게

* 주례 법사가 신랑, 신부에게 동시에 물어보면 이때 신랑, 신부는 주례 법사에게 나란히 반배로 절하며 "예" 하고 또렷하고 자신있게 함께 대답함.

〈주례의 혼인 서약〉

ⓖ 두 사람 오늘의 이 만남은 금생에 시작된 것이 아니라 머나먼 과거생 인연의 결실이며 그 사이에 불보살님의 지극하신 가호와 인도하심이 함께 하고 있었습니다. 이제 두 사람은 서로가 원만하고 구족한 것을 깊이 믿어서 서로 지극한 마음으로 존중하고 시종여일하여야 하겠습니다. "능히 행할 것을 맹세합니까?"

(신랑 신부는 동시에 "예" 하고 대답함.)

ⓛ 두 사람이 부처님의 가르침을 배워 그 가르침에 따라서 스스로의 꿈을 실현한다고 하는 이것은, 먼저 부모님 모시기를 부처님 섬기기와 꼭 같이하는 것으로써 시작되어야 하겠습니다. 아울러 부처님의 가르침을 받들어 행하고 정결한 집안의 범절을 세우는 데 있어서 정성을 다해야 하겠습니다. "능히 행할 것을 맹세합니까?" (신랑 신부는 동시에 "예" 하고 대답함.)

ⓒ 두 사람의 몸은 각각이로되 실로 결혼을 통해서 하나의 생명, 하나의 인격을 이루는 관계에 이르렀습니다. 앞으로 살아가는 데 있어서 항상 서로 존중하고 사랑하고 헌신적으로 서로 받들어서 진실한 부부의 도를 다하고 마침내 나라와 사회의 발전에 견고한 초석이 될 것을 마음속에 다짐하여야 하겠습니다. "능히 행할 것을 맹세합니까?" (신랑 신부는 동시에 "예" 하고 대답함.)

(10) 성혼 선언 : 주례 법사님께서 오늘의 이 거룩한 화혼이 원만히 이루어졌음을 모든 이웃에게 고하는 성혼 선언을 하시겠습니다.

〈주례의 성혼 선언〉
이 자리를 함께하신 가족과 일가 친지와 내외 귀빈 여러분!
오늘 신랑 우바새 _____ 군과 신부 우바이 _____ 양은 불보살님께서 증명하시고, 그 부모님과 일가 친척이 엄숙히 지켜 보시는 가운데 일생동안 고락을 함께 할 부부가 될 것을 굳게 맹세하였습니다. 이제 주례를 맡은 저는 두 사람의 결혼이 원만하게 이루어졌음을 선언합니다.

(11) 주례사 : 주례법사님께서 두 사람의 앞날을 밝게 열어가는 희망의 법음(法音)을 들려 주시겠습니다.(주례가 준비함)

(12) 축가 : 없을 경우 생략

(13) 신랑, 신부가 내빈께 인사드리겠습니다. "신랑, 신부 내빈께 경례!"

(14) 신랑, 신부가 행진을 하겠습니다. "신랑, 신부 행진!"

(15) 폐식 선언 : 이것으로 신랑 _____ 군과 신부 _____ 양의 화혼식을 모두 마치겠습니다.

※ 결혼은 두 남녀의 성적 결합인 동시에 두 가정이 친척으로의 결합이기도 합니다. 그러므로 결혼식은 그 성적 결합의 공증(公證)과 축복(祝福)을 기원하는 형식이 되겠습니다. 이런 공증의 권위와 축복의 의미는 침가한 일가 친지들과 빈객들의 축하와 흥거움에서 일을 수 있습니다. 그러므로 참석자는 진정으로 기뻐하고 축복해 주어야 할 것입니다.

결혼식이 끝나고 다시 별실에서 행하는 폐백은 생략하는 것이 좋겠습니다. 이는 원래의 뜻에 맞지도 않습니다. 다만 신랑 신부가 신혼여행 다녀와서 양가 부모님을 찾아뵙고 인사드리면 됩니다. 그런 까닭에 결혼식이 끝나면 두 사람은 바로 신혼여행을 떠나는 것이 좋습니다.

원래 폐백은 견구고례(見舅姑禮)라고 하여 시부모가 주체가 되는 격식입니다. 이런 폐백 때 시부모는 안방에 소반상을 하나 놓고 그 위에 밤과 대추를 올려놓습니다. 그것으로 준비는 다 갖춘 것입니다. 왜냐하면 대추는 며느리가 아침 일찍 일어난다는 뜻이 있습니다. 즉 건강한 삶을 다짐하고 약속하는 것이고, 밤은 두려워 떤다고 하는 뜻입니다. 며느리가 집안의 법도를 함부로 바꾸거나 소홀하게 하지 않고 소중히 하는 새로운 삶에 깊은 이해를 가지는 뜻이 되겠습니다.

그리고 결혼식은 반드시 낮이 아니어도 좋습니다. 저녁이나 오후에 치러도 된다는 말입니다. 사실 결혼식은 원래 낮의 축제가 아니라 밤의 축제입니다. 그러므로 주말이나 휴일이 아닌 평일날 밤이나 오후에 치러 다른 사람들에게 불편을 덜어주는 것은 매우 좋은 일입니다. 만약 결혼식이 평일 저녁 시간이라면 하객(賀客)들은 퇴근시간 예식장에 모여 느긋한 마음으로 축복과 덕담을 더하고, 혼주(婚主) 측에서는 저녁 식사를 대접하게 되면 서로에게 좋은 일이 될 것입니다.

제3장

조상과 영가 천도

1. 조상 천도

질문 : 돌아가신 조상을 천도하는 것은 그 뜻이 무엇입니까?

답 : 우리들은 세상에 태어나면서부터 부모님과 조상님과 함께 있습니다. 수많은 조상들의 염원과 기원의 은혜로 태어났기 때문입니다. 그것이 우리들의 깊은 생명의 모습입니다. 그러므로 어느 때라도 조상과 후손과는 마음이 연결되어 있습니다. 인연과 애정 때문입니다. 이 점을 생각한다면 돌아가신 조상도 후손을 잊기 어렵고 자손 또한 돌아가신 조상을 생각하는 것은 당연합니다.

만약 조상의 심성이 미혹하다면 정토로 가거나 후신을 받지 못하고 그냥 미혹한 영〔識〕의 상태로 머물러 있게 됩니다. 이런 경우 자손은 조상에 대하여 공경과 이바지를 하여야 마땅하고 조상 또한 살아 있는 자손을 돕고자 하기도 하며 또 괴로운 일을 호소하는 것도 당연하다고 하겠습니다.

이 점에서 본다면 자손은 어떻게 하든 조상을 공경하고 도움

되는 일을 해야 합니다. 그것이 바로 천도입니다. 천도는 조상에게 깨닫는 법문을 열어 주어 미혹한 마음을 돌려 깨치게 하는 것입니다. 독경·염불하여 조상의 마음을 맑고 밝게 하며 부처님과 많은 성인에게 공양하고 널리 불사를 지어 부처님의 가호력을 구하고 복덕을 지어 드립니다.

이렇게 되면 미혹한 조상이 더 밝은 마음으로 돌아가고 미혹과 집착을 버려 법성공덕(法性功德)이 드러나므로 괴로움을 여의고 즐거움으로 나아갑니다. 조상이 괴로움에서 벗어난다는 사실만으로도 참으로 의미있는 일입니다만 그밖에 또 하나의 공덕이 있습니다.

조상의 마음이 밝아지고 고통에서 벗어남으로써 후손이 덕을 입는다는 것이지요. 대개 조상이 미혹하여 고통을 받고 방황하게 되면 그 영향이 인연 있는 후손에게 미치게 됩니다. 서로가 깊은 인연이 있어서 감응하기 때문입니다.

그러므로 조상의 고통과 불안은 후손에게 좋지 않은 영향을 줄 수 있으므로 후손의 평화를 위해서도 조상이 미혹을 버리고 밝은 세계에 안주할 수 있도록 천도하는 것이 좋습니다.

2. 49재를 마친 경우에도 기제사를 지내야 하는가

질문 : 사람이 죽은 뒤 사십구재를 지내면 천도된다고 합니다. 그렇다면 사십구재 천도를 마친 영에게는 제사 지낼 필요가 없지 않겠습니까?

답 : 천도 공양을 드리면 미혹한 영〔識〕이 안정을 얻습니다. 깨

달음을 얻고, 좋은 인연이 열리게 됩니다. 그래서 불안과 고통이 쉬고 안정된 생을 받거나 수승한 곳에 태어나기도 합니다.

그러나 어떤 곳에 태어나도 일념(一念) 밖을 벗어나는 것은 아닙니다. 오직 마음세계에 머물러 있을 뿐입니다. 이 점을 이해하신다면 천도되었다 하여 어떤 깊고 머나먼 곳으로 떨어져 나간다고 볼 수 없습니다.

그러므로 우리가 염불·독경하여 공경심과 자비심과 깨달은 밝은 마음을 그를 위하여 바친다면 즉시 감응이 있습니다. 헛되지 않습니다. 후신을 받아서 새로운 삶을 살아도 전생의 인연자[후손]들이 제사를 지내면 이미 후신을 받은 그에게 좋은 일이 있으며 몸과 하는 일이 점점 밝아집니다. 또 자비심과 공경심으로 망령을 위하여 공덕을 닦는 전생의 인연자들은 복을 받게 됩니다.

3. 제사는 지내야 하는가

질문 : 제사 지내는 것이 자식된 도리에서 하는 것이라면 저에게는 장차 제사를 지내지 말라고 유언하고 싶은데요

답 : 자손의 수고를 적게 하려고 제사 지내지 못하게 하는 것은 잘한 일이 아니라고 생각합니다. 자손이 부모 공경을 잘하면 자손과 후손까지 대대로 복을 받게 되므로 설령 본인이 싫더라도 제사를 기쁘게 받으세요. 오히려 제사 잘 지내달라고 부탁하세요. 부모나 조상에게 제사 지내는 것은 자손들이 복 지을 기회를 갖는 것이고 그밖에 여러 가지 좋은 뜻이 담겨 있습니다.

4. 집에서 지내는 제사 때 염불해도 될까

질문 : 집에서 제사를 지내면서 염불해도 괜찮습니까? 염불한다면 어떻게 하는 것이 좋을까요?

답 : 매우 바람직한 일입니다. 집에서 제사 지낼 때 염불을 한다면 준비와 차림새는 평상시에 하는 것으로 하고 다만 제사 끝에 독경·염불하면 됩니다. 염불할 때는 먼저 조상님에게 이렇게 염하고 염불을 시작합니다.

'조상님을 위하여 이제 염불·독경하겠습니다. 부처님은 대자대비하시고 무한의 공덕이시니 염불·독경하면 대자대비의 은혜를 입습니다. 그러하오니 독경소리 들으시고 기쁜 마음으로 함께 염불하시어 부처님의 크신 은혜 입고 극락세계에 나소서.'

그 다음에 삼귀의를 세 번하고 독경(무슨 경이라도 무방하지만 가능하면 평소에 자주 읽는 경을 선택)하고, 일심으로 염불·염송하고 마지막에 이렇게 생각으로 염합니다.

'조상님, 이렇게 제사를 받아 주시니 감사합니다. 부디 염불 공덕으로 극락에 나시고 부처님의 공덕을 입어서 크게 깨달으시사 모든 중생을 제도하소서. 제사를 이만 끝내오니 안녕히 가시고 다른 날 청하는 때에 다시 왕림하소서.' (뒤에 나오는 '가정제례의식' 참조)

5. 가정에서 시식 작법을 해도 될까

질문 : 저는 집에서 불교 의식에 따라 종종 시식 작법을 합니

다. 괜찮은지 모르겠습니다.

답 : 집에서 제사 지내는 것은 당연하지만 절에서 하는 시식 작법의 의식문을 그대로 하는 것은 좋지 않습니다. 절에서 하는 의식 작법에는 당령(當靈)뿐만 아니라 모든 무주고혼(無主孤魂)까지도 청하게 되는데 그렇게 되면 반드시 작법자의 법력과 성현의 가호가 필요합니다. 그러므로 일반 가정에서 그런 의식을 행한다는 것은 적당하지 못합니다. 가정에서 지내는 당령만을 청해야 하기 때문입니다. 그래서 제가 얼마 전에 집에서 행할 수 있는 의식 작법을 완성했습니다.(뒤에 나오는 '가정제례의식' 참조)

6. 제삿날을 바꿀 때

질문 : 음력으로 지내던 제사 날짜를 양력으로 바꾸고 싶습니다. 임의로 바꿔도 됩니까?

답 : 제사 날짜를 양력으로 바꾸어도 무방합니다. 그러나 사전에 준비하고 지킬 일이 있습니다. 바꾸기 전 제사 때, 제사를 마치고 그 자리에서 '이 다음 제사는 양력으로 모시오니 허락하시고 감응하소서' 하는 뜻을 고해야 합니다.

또 먼저 제사에 미리 고하지 않았거나 고했더라도 새로 정한 양력 제사일을 앞두고 7일 또는 10일 전에 매일 독경·염불하고 끝에 양력 제삿날을 고하고 공양을 받으시도록 생각으로 염하는 것이 좋습니다.

7. 제삿날을 모를 때

질문 : 아버지의 제삿날을 모릅니다. 언제 제사 지내면 좋겠습니까?

답 : 아버지의 생일날을 아시면 생일에 지내시고, 생일도 모르시면 제사 지내기 적당한 날을 정하고 7일 전부터 독경 · 염불하고 제사 지내면 되겠습니다.

8. 친정의 제사를 시댁에서 지내도 될까요

질문 : 저는 딸인데 친정에 제사를 받드는 사람이 없어 늘 마음이 편치 않고 괴롭습니다. 딸은 출가외인이라고 하는데 집(시댁)에서 제사를 지내도 되는지요?

답 : 누구나 자손된 사람으로서 부모님이나 조상님의 제사를 받드는 것은 당연합니다. 그러나 시가의 조상에서 보면 사돈을 청하여 공양하는 것이 됩니다. 이것이 못마땅한 경우도 있으므로 친정의 제사는 절에 가서 지내는 것이 편할 것입니다.

9. 다른 종교를 믿는 친정 동생이 부모님의 제사를 지내지 않습니다.

질문 : 저의 부모님이 돌아가신 지 20년이 됩니다. 친정 동생이 조상 제사 지내지 않는 다른 종교를 믿어 부모님의 제사를 지내지 않고 있습니다. 이를 어찌하면 좋겠습니까?

답 : 딸도 응당 자손이니 조상이나 부모가 자손의 공양과 천도를 받지 않을 까닭이 없습니다. 친정 조상의 제사는 집〔시댁〕에서 지내는 것보다 절에 가서 지내도록 하세요

10. 제사 때 향을 사르고 지방을 써야 합니까

질문 : 저의 집은 예부터 불교 집안이었습니다. 그런데 큰집 형님이 다른 종교에 나가더니만 제사 지낼 때 향도 사르지 않고 지방도 쓰지 않으려 합니다. 그렇게 해도 될까요?

답 : 제사 지낼 때 향을 사르는 것은 간절하고 한결같은 정성을 나타낼 뿐만 아니라 그 자리를 맑게 하여 영이 감응하기 알맞은 분위기를 만드는 작용이 있습니다. 또 제사를 지낼 때 조상님이 그 자리에 임한 것으로 생각하고 지내는 것이므로 그것은 정성스러운 마음이 핵심입니다. 그러한 정성을 모아 제사를 모시자면 지방이나 위패를 모시는 것이 바람직합니다. 지방이나 위패는 제사 지낼 때 일시적인 영의 몸, 또는 의자나 집 역할을 합니다. 그러므로 조상께 편안한 자리를 갖춘다는 것은 당연합니다.

대개 일부의 사람들이 제사를 허사(虛事)로 알거나 형식으로 아는 데서 그만 소홀하기 쉽고, 조상을 배척하거나 제사 의식을 배척하는 잘못된 관념이나 관념 체계로 말미암아 제사를 소홀히 하려고 하는데 그런 현상은 자신과 가족의 영적 생명의 뿌리가 어떤 것인가를 모르는 데서 오는 것으로, 진리 법칙에 크게 위배되는 일입니다. 그렇게 되면 집안의 번성과 후손의 건강과 번영에도 영향이 있는 것을 알아야 할 것입니다.

11. 부모님이 극락에 나셔야 하는데

질문 : 돌아가신 부모님께서 왕생극락하시기를 바라고 있습니다. 저의 힘으로 할 수 있는 길을 알려 주시기 바랍니다. 부모님도 불자였습니다.

답 : 원래 돌아가신 분을 극락으로 인도하는 데는 두 길이 있습니다. 하나는 망자에게 법문을 일러 주어 깨닫게 하거나 염불심을 내게 하며 불보살님께 왕생정토를 기원하는 일입니다. 또 하나는 망인을 위하여 염불하고 독경하는 일입니다. 다행히 부모님이 불자이시라니 부모님을 위해 사후 사십구재 천도 의식은 마친 것으로 하고, 조석일과 중에 부모님을 생각하며, 그 부모님께 부처님의 광명이 부어지는 것을 염하고 돌아가신 부모님과 함께 염불·독경하는 마음이면 좋겠습니다.

또 염불·독경할 적마다 독경하기에 앞서, '부모님의 보리가 이루어지이다' 또는 '왕생극락하여지이다' 하고 염하는 것도 좋은 방법입니다. 이러한 효심 수행이 자신과 선망 부모님을 함께 밝히는 원만한 자리이타(自利利他)의 수행입니다.

12. 조상과 장애

질문 : 저는 10여 년 전에 신병이 나서 오래 고생했고 사업도 망해서 가족을 무던히 고생시켰습니다. 최근에도 사업이 부진한데 주변에서는 조상 탓이라고 합니다. 먼 조상이 장애를 일으키고 있다고 합니다. 저도 오래 전부터 그런 말을 들어온 터라 실

제로 그런 것 같기도 합니다. 조상을 안정시키는 방법이 없겠습니까?

답 : 조상 가운데 안정을 얻지 못한 망령이 있을 때 그 자손에게 불안정한 영향이 올 수가 있습니다. 그리고 반드시 조상이 아니더라도 가까운 친족이나 지인 가운데서도 안정을 얻지 못하여 고통 속에 빠져 있는 망령이 있다면, 그 망령은 자연 인연있는 가족이나 살아 있을 때 서로 잘 통했던 주변을 떠나지 못하고 맴돌게 됩니다. 그러할 때 생존의 가족이나 주변에게 병고 등 장애를 가져다 줍니다. 이러한 일들은 결코 헛된 말이 아닙니다.

예를 들면 농부가 밭에서 일하다가 학교에 다녀오는 아들이 기특하다고 머리를 쓰다듬으면 아들의 머리에는 흙이 묻게 됩니다. 농부는 단순히 반가운 마음에서 한 행동이지만 이미 그의 손에는 흙이 묻어 있었기에 농부의 마음과는 관계없이 아들의 머리에 흙이 묻게 되는 것이지요. 또 우울한 사람이 곁에 있으면 곧 같이 우울해지듯이 어두운 망령이 가까이 다가오면 어둡게 되는 것이지요. 그 어두움이 현실에 나타날 때 바로 장애가 되는 것입니다. 그러나 주의할 것은 조상이나 인연 있는 영가가 일부러 해코지하려고 가까이 오는 일은 결코 없습니다. 다만 망령이 어둡거나 고통에 빠져 있기에 도움을 요청하러 오거나 살아 있을 때처럼 가족 관계이거나 가까운 사이이면 곁에 오고 싶은 것뿐입니다.

이처럼 중생들은 모두가 미혹한 의식으로 살고 있고 미혹 상태의 수준에 따라 거기에 맞는 생존과 삶의 세계가 형성되어 주어집니다. 어떤 사람이 자신의 죽음을 예견하거나 준비하지 못하

고 갑자기 사고사(事故死) 같은 급격한 죽음을 당했거나, 강한 집
착, 분노, 원망 등 격한 미혹 상태일 때의 망령은 고통스런 미혹
상태를 벗어나지 못하고 생전 인연 있는 사람이나 장소를 배회
한다는 것이지요.

만약 이런 생각이나 이야기를 허망한 것으로 돌리고 일소에
부친다면 그것은 잘 하는 일이 못 됩니다. 불자는 마땅히 자비하
고 정성스런 마음으로 모든 중생을 대해야 합니다. 그러므로 누
구나 스스로 염불 수행해야 마음의 안정성〔삼매력〕을 높일 수 있
고, 그 방법은 독경하고 발원하여 모든 조상이나 인연 있는 망령
들을 위해 회향해야 합니다. 그렇게 함으로써 망령이 부처님의
자비 위신력에 힘입어 마음의 안정을 얻고 강한 집착을 풀어 밝
은 생을 얻어 갑니다.

13. 부모나 조상의 영이 해를 주는가

질문 : 대개 부모님이나 조상들은 자손들에 대해 무조건에 가
까우리만큼 자비하다고 생각합니다. 이 점은 아마 돌아가신 후에
도 변하지 않을 것으로 압니다. 그런데 부모가 죽어서 영이 되었
는데, 그 영이 자손에게 자주 나타나면 영이 불행한 상태에 있으
며 자손은 해를 입는다고 하는데, 잘 납득이 가지 않습니다. 어
째서 해롭게 되는지, 원인이 무엇인지 알고 싶습니다.

답 : 질문에 나와 있는 대로 부모님이 자손을 사랑하시는 점은
영이 되어서도 마찬가지입니다. 그러므로 자손을 해롭게 할 리는
만무합니다. 그러나 돌아가신 부모의 영이 꿈속에 자꾸 보이면

우환이 생긴다고 하는 것이 사실이라면 다음과 같은 사유를 생각해 볼 수 있습니다.

무엇보다 부모 영이 안정을 얻지 못하고 있을 때입니다. 부모가 강한 집착을, 예컨대 원망이나 슬픔을 품고 죽었거나, 사고로 급히 죽었거나, 애착을 품고 젊은 나이에 죽었거나 하였을 때 그런 미혹 상태의 영은 사후의 고통이 막심합니다. 자력으로 벗어날 길이 없으므로 인연 있는 생존자에게 고통을 호소하려고 접근하는 것이지요.

그러나 이런 미혹 상태의 영이 산 사람에게 접근해 오면 산 사람에게 이롭지 못합니다. 생명 의식의 바탕에 어두운 그림자로 작용해서 그런 것이 아닌가 생각됩니다. 이런 경우 부모 영은 자손을 해롭게 할 의사가 전혀 없으나 결과적으로 자손은 해를 입습니다. 그런데 이런 사정을 모르는 사람은 부모나 영을 미워하고 배척하려 합니다.

이런 때는 마땅히 영에게 법을 설하여 마음의 문을 열어 주고 음식을 베풀어 주어 시장을 채워 주며 공덕을 닦아 그에게 밝은 길을 열어 주어야 합니다. 이 의식이 절에서 행하는 천도 의식입니다. 이런 이치로서 살펴보면 생전에 불법 수행을 잘하고 공덕을 닦아 공덕을 이룬 분은 사후의 생활도 밝고 기쁠 것입니다. 이런 밝고 기쁜 공덕을 누리는 조상 영들은 자손에게 나타나지 아니하며 설사 나타나더라도 그것은 기쁘고 상서로운 일을 가져다 줄 것입니다. 선망부모나 조상님을 천도하면 곧 왕생정토하시고, 그 자손들이 함께 복을 누리게 되는 까닭이 여기에 있습니다.

14. 불행은 조상 탓인가

질문 : 죽은 사람의 시체를 찾을 수 없어서 위패를 묻고 무덤을 만들었습니다. 그런데 자손들은 다른 종교를 믿어 아무 관심이 없습니다. 그런데 그 자손들에게 어려운 사고가 종종 나는데 이 것은 혹 조상을 잘못 모신 탓인지, 모두가 답답하고 불안합니다. 좋은 방법을 알려 주세요.

답 : 사람이 죽었어도 시신을 찾을 수 없어 유물을 갖고라도 무덤을 만드는 것은 고인을 추모한다는 심정에서 이해가 갑니다. 그렇다고 위패를 만들어 땅에 묻어 놓고 고인을 땅속에 갇혀 살기를 바랄 필요는 없을 것 같습니다. 죽으면 육체에서 벗어나는 것이 영이며 육체에 관련된 미혹과 집착에서 벗어나게 하는 것이 또한 영혼을 구해 주는 길입니다.

그런데도 만약 망인을 위해 설법하여 깨우쳐 주거나 그를 위해 공덕을 닦아 주거나 불보살님의 자비하신 가호를 기원해 주지 않고, 오히려 무시해 버린다면 그 영혼이 어찌 되겠으며 그 고통을 누구에게 호소하겠습니까?

설령 어떤 종교를 믿는다고 하더라도 조상을 무시하고 뿌리를 부정하는 것은 매우 잘못된 행입니다. 조상을 받들지 않는 종교를 믿다가 죽었다 해도 부처님 진리의 말씀을 일러 주고 공덕을 닦아 주며 해탈의 법을 열어 준다면 이것이 자손의 길이며 인간의 도리가 아니겠습니까.

위패를 묻은 무덤은 서둘러 폐기하고 부처님 앞에 기원하고 천도하며 법을 설해 주어 광명 국토로 인도하기를 권합니다. 조

상이 바른 안정을 얻을 때, 그 후손에게도 평화와 안정이 깃든다
는 점도 아셔야 할 것입니다.

15. 꿈에 본 조상

질문 : 꿈에 종종 조상의 모습이 보입니다. 그 뒤로 웬일인지
제가 아프거나 집안에 우환이 끊이지 않습니다. 조상이 후손을
돕지 않고 해를 주는 것입니까? 무슨 방법이 없을까요?

답 : 조상이 사후에 자손을 해롭게 하는 일은 결코 없습니다.
생전에 자상하신 만큼 사후에도 변하지 않습니다. 그러나 조상이
핍박을 받거나 불안하거나 방황하는 상태일 때, 그러한 어둡고
불안한 조상의 파동이 자손에게 영향을 줄 수가 있습니다. 또 자
손이 조상의 고통을 구하지 아니할 때 살았을 때처럼 노여움을
품을 때가 있는데 이런 경우에도 자손에게 영향을 줍니다.

일반적으로 돌아가신 조상이 꿈속에라도 어른거리면 몸이 무
겁다거나 집안에 불안이 생긴다고들 하는데 이것은 대개 정화되
지 못한 조상, 마음의 평화나 안정을 얻지 못한 조상일 때 그럴
수 있습니다.

산 사람과 죽은 사람은 업을 나타내는 과보의 몸 형태에 기본
적인 차이가 있습니다. 산 사람을 밝고 따뜻한 양으로 생각한다
면 죽은 사람의 업은 체성이 어두워 차가운 음(陰)과 같은 성격
을 띠고 있습니다. 그래서 정화되지 못한 조상이 후손을 생각하
고 주변에서 떠나지 못할 때 후손에는 어두운 그림자가 가린 것
처럼 불안이 깃드는 것으로 생각합니다.

저도 이런 경우처럼 구원받지 못한 영에 대해 동정이 갑니다. 그래서 그런 영을 위해 염불하고 축원하며 독경하고 설법도 합니다. 물론 이것은 불교의 천도의식을 따라서 행합니다.

귀하가 할 수 있는 일은 조상에 대한 감사와 존경과 그리고 독경이며 또는 기회 있을 때 천도의식을 행하는 것도 좋을 것입니다. 독경은 『금강경』이나 『반야심경』, 「보현행원품」, 『지장경』 등 대승 경전을 택하는 것이 좋겠지요.

16. 가정에서 무주고혼 천도를 해도 되는지요

질문 : 가정에서 무주고혼(無主孤魂)을 천도해도 좋습니까?

답 : 무주고혼을 가정에 청하여 천도하는 것은 좋지 못합니다. 자비심으로는 유주무주(有主無主) 고혼을 청하여 독경하는 것이 어찌 좋은 일이 아니겠습니까마는 여법한 작법으로 법력이 있는 분이 행해야 좋은 효과를 보게 됩니다.

사람들 중에도 여러 사람이 섞여 있듯이 혼 가운데도 성질을 달리하는 고혼들이 여러 종류 있습니다. 따라서 초청하는 고마운 뜻과는 반대로 병고나 재난이 생기는 수도 있습니다. 그러니 비록 뜻은 좋지만 가정에서의 무주고혼 초청은 타당하지 않다 하겠습니다.

17. 잃어버린 시신의 천도는

질문 : 예를 들면 바다에서 돌아가신 것처럼 시체를 확인하지

못하였을 경우는 천도를 어떻게 합니까?

답 : 망인이 집착과 원망과 세간적 애착에서 벗어나고 몽환과 같은 인생에 대한 모든 생각을 놓으며 부처님의 광명 국토를 생각하고 깨달음의 길을 향하도록 인도해 주는 것이 좋습니다. 이러한 인도는 사찰에서 행하는 천도식으로 구족합니다.

18. 피지 못한 꽃봉오리

질문 : 10살 미만의 어린 것이 세상을 떴습니다. 어떤 연유로 피지 못하고 죽습니까? 불쌍한 어린 영혼을 어떻게 천도할 수 있을까요?

답 : 나무에서 꽃이 피고 열매가 맺고 낙엽이 지고 다시 봄이 되면 꽃이 핍니다. 그렇건만 채 피지 못한 꽃봉오리들이 비바람을 만나 땅에 떨어지는 것이 우리 마음을 아프게 합니다. 하물며 사람의 죽음에 있어서야 더 말할 게 있겠습니까? 그러나 꽃이 져도 나무가 죽지 않는 것처럼 사람도 죽는다고 끝이 아닙니다.

마치 꽃이 지는 것이 꽃이 부실하거나 비바람이 모질어서 지는 것처럼, 사람이 죽는 것도 과거에 지은 인과, 지금 짓고 있는 업의 결과로 사람도 떠나갑니다. 꽃이 져도 새봄에 피는 것처럼 사람도 어려서 죽었다 해도 아주 죽지 않는 생명이 있는 것을 믿고 그 생명은 죽을 수 없고 끝없이 아름다운 꽃을 피울 수 있는 큰 힘을 간직하고 있는 것을 알아야 합니다. 왜냐하면 부처님 말씀처럼 모든 생명은 원래가 법성진리 생명이기 때문입니다.

천도라고 하는 것은 미혹한 생명의식(生命意識)으로 하여금 그가 갖고 있는 그릇된 소견을 버리고 집착을 놓으며, 공덕을 닦게 하여 밝은 법성본분(法性本分)을 깨닫게 하는 것을 말합니다. 그렇게 함으로써 미혹한 상태로 죽어간 넋들이 미혹을 버리고 밝은 깨달음에 들어서니 거기서 미혹한 중생이 불멸의 생명을 누리게 됩니다. 대자유 대해탈의 위덕을 누린다는 말입니다.

부디 슬퍼하지 마시고 피지 못하고 져간 어린 것을 위해『금강경』이나『반야심경』등 경전을 독경하여 주시면 좋을 것입니다.

19. 영혼끼리 결혼시켜야 하는가

질문 : 저의 아들이 결혼도 못하고 죽었습니다. 어제 백일이 지났는데 불쌍한 마음 헤아릴 길이 없습니다. 아는 사람이 하는 말이 최근 죽은 처녀와 영혼끼리 결혼시키는 것이 좋지 않겠느냐고 권해 왔습니다. 이런 경우 어찌해야 할까요?

답 : 사람이 살아 있는 동안 결혼하는 것은 세간 인연을 거스르지 않고, 자기 성품을 닦고 성장시키며 집안과 사회에 이바지하는 데 의의가 있습니다. 그래서 결혼함으로써 인격을 도야하고 헌신과 봉사를 배우며 가문과 나라에 봉사하고 이바지합니다. 필경 자기 성장에 계기가 되는 데 뜻이 있습니다.

그러나 한편으로 결혼은 강한 집착과 애갈심을 길러 생사인(生死因)을 짓는 중요한 요건이 되어 업을 짓고 윤회를 반복하는 계기가 되기도 합니다. 그렇다면 결혼은 사람이 살아 있는 동안에 세간 인연 수순(隨順)하여 향상과 헌신의 길을 구할 수 있다고 하지만 사후 영혼의 결혼이란 무엇을 구하는 것이겠습니까? 부질 없는 일이며 옳지 않습니다.

살아 생전에 결혼하지 못 했으니 사후 영혼이라도 결혼시키겠다는 부모님의 애정은 있어도 죽은 영혼의 해탈과 성장은 거기에 없습니다. 인간은 미혹을 깨닫고 집착을 여의어서 자신의 청정본분(淸淨本分)을 회복하여 대해탈의 길로 나아가는 것이 영원히 추구할 공도(公道)입니다. 그렇다면 아드님 사랑하는 마음과 정성으로 깨달음의 인연, 애착을 끊는 인연, 윤회에서 벗어나는 인연을 닦아주는 것이 좋을 것입니다. 반대로 미혹과 애착과 속박의 윤회의 길은 멀리해야 합니다.

세간에는 영혼 결혼이라는 것이 있는 모양인데 그것은 영혼 당자들에게 좋은 방법이 아닙니다. 아무쪼록 영혼을 위해 경전을 독송하고 염불하여 애착과 미혹의 그물에서 벗어나 깨달음의 광명천지를 찾도록 힘써 주는 것이 가족의 도리, 불자의 도리라고 생각합니다.

20. 조문을 어떻게 해야 합니까

질문 : 불자로서 상가에서의 조문을 어떻게 해야 할까요?

답 : 대개 세 가지 경우가 있을 것입니다. 망인이나 상주(喪主)가 불교와 관계가 없거나 다른 종교인일 때는 먼저 영단에 나아가 합장 분향하고 염불십념(念佛十念), 재배(再拜), 그 다음 상주에게 조문 인사의 순서가 무난할 것입니다.

다행히 망인이나 상주가 불자일 경우 독경·염불할 시간이나 장소가 허락될 때는 다음 순서로 하는 것이 좋을 것입니다.

먼저 삼귀의 또는 '청정법신 비로자나불'로 시작되는 십념 염불(十念念佛)을 일편 내지 삼편 외우고 다음에 「대비심다라니」나 『반야심경』·『아미타경』·『금강경』·「보현행원품」 등 경전을 독경하고 그 다음에 '나무아미타불' 염불을 힘따라 형편따라 하는 것이 좋겠습니다. 만약 단체로 독경할 수 있거든 『불광요전(佛光要典)』에 적힌 순서에 따라 염불·독경하고 발원하는 것이 좋겠습니다.

| **제4장** |

가정제례의식
—가정집에서 모시는 명절 차례와 기제사의 불교적인 의식

순서(順序)

위패나 지방을 모시고 제물을 진설한 뒤 일주향(一炷香)을 올리고 참석자들 모두 꿇어앉은 상태에서 방문을 열어 놓고 인례(引禮)는 자리에서 일어나 집전(執典)함. 가능하면 목탁에 맞추어 진행하면 더욱 바람직함.

【입정(入定)】

☞ 인례는 "먼저 입정하시겠습니다"라고 아룀.

※ 참석자는 다같이 꿇어앉아서 입정.(이때 목탁이나 죽비로 입정 시작과 끝을 알림)

【십념(十念)】

☞ 인례는 "다같이 합장하시고 십념하시겠습니다"라고 아룀.

※ 다함께 꿇어앉아서 게송 낭독 형식으로 십념염불함.(목탁에

맞추어 하면 좋음)

청정법신 비로자나불   (淸淨法身毘盧遮那佛)

원만보신 노사나불   (圓滿報身盧舍那佛)

천백억화신 석가모니불   (千百億化身釋迦牟尼佛)

구품도사 아미타불   (九品導師阿彌陀佛)

당래하생 미륵존불   (當來下生彌勒尊佛)

시방삼세 일체제불   (十方三世一切諸佛)

시방삼세 일체존법   (十方三世一切尊法)

대성 문수사리보살   (大聖文殊師利菩薩)

대행 보현보살   (大行普賢菩薩)

대비 관세음보살   (大悲觀世音菩薩)

대원본존 지장보살   (大願本尊地藏菩薩)

제존보살 마하살   (諸尊菩薩摩訶薩)

마하반야바라밀   (摩訶般若波羅蜜)   (반배)

【봉향찬(奉香讚)】

☞ 인례가 낭송함(대중은 무릎 꿇고 합장함)

일심지성   기울여―   향을사르니

향―구름   걸림없이   널리퍼지매

거룩하온   덕성은―   밝게빛나고

부처님의   크신은덕   넘치시나니

이르는―   곳곳마다   상서일어라.   (반배)

저희이제　　지성바쳐　　공양하오며
거룩하온　　미묘경전　　굴리옵나니
자비하신　　부처님의　　위신력입어
금일영가　　대보리를　　이뤄지이다.　　　　　　　　(반배)
※ 여기까지 참석자는 꿇어앉아서 함.

【정례(頂禮)】
　☞ 인례는 "다같이 일어나서 삼배 올리겠습니다"라고 아룀.
　※ 다같이 일어서서 인례의 창에 따라 삼배함.

　나무 향운개 보살 마하살(南無 香雲蓋 菩薩 摩訶薩)
　☞ 인례의 창에 따라 3배 후, 인례는 "모두 꿇어앉으시겠습니다"라고 아룀. 꿇어앉은 상태에서 인례가 아래의 구절을 삼청함.

　일심정례 성덕묘고 대원적주(一心頂禮 聖德妙高 大圓寂主)
　망(부·모) ○○후인(유인) ○公(氏) ○○영가 (3청)
　☞ 인례는 "다같이 일어나서 두 번 절한 뒤, 다시 꿇어앉아서 함께 염불하시겠습니다"라고 아룀.

　정구업진언(淨口業眞言) ―여기서부터 동참자 다함께 염불함.
　수리수리 마하수리 수수리 사바하 (3)

　정신업진언(淨身業眞言)
　옴 수다리 수다리 수마리 수마리 사바하 (3)

오방내외안위제신진언(五方內外安慰諸神眞言)

나무 사만다 못다남 옴 도로도로 지미 사바하 (3)

개경게(開經偈)

위-없이   심히깊은 미묘법이여

백-천-   만겁인들 어찌만나리

내-이제   보고듣고 받아지니니

부처님의   진실한뜻 알아지이다.

개법장진언(開法藏眞言)

옴 아라남 아라다 (3)

【반야심경(般若心經)】

마하반야바라밀다심경(摩訶般若波羅蜜多心經)

관자재보살 깊은 반야바라밀다 할 적 오온 공함 비춰봐 일체
고액 건너라.

사리자여, 색이 공과 다르지 않고, 공이 색과 다르지 않아 색
곧 공이요 공 곧 색이니, 수·상·행·식 역시 이럴러라. 사리자
여, 이 모든 법 공한 상은 나지도 않고, 멸하지도 않고, 더럽지도
않고 깨끗하지도 않고, 늘지도 않고, 줄지도 않나니 이 까닭에
공 가운데 색 없어, 수·상·행·식 없고 안·이·비·설·신·
의 없어 색·성·향·미·촉·법 없되, 안계 없고 의식계까지 없
다. 무명 없되 무명 다 됨 역시 없으며, 노사까지도 없되 노사 다

됨 역시 없고, 고·집·멸·도 없으며 슬기 없어 얻음 없나니,

얻을 바 없으므로 보리살타가 반야바라밀다 의지하는 까닭에 마음 걸림 없고, 걸림 없는 까닭에 두려움 없어, 휘둘린 생각 멀리 떠나 구경열반이며, 삼세제불도 반야바라밀다 의지한 까닭에 아뇩다라삼먁삼보리 얻었나니,

이 까닭에 반야바라밀다는 이 큰 신기로운 주며, 이 큰 밝은 주며, 이 위없는 주며, 이 등에 등 없는 주임을 알라. 능히 일체 고액을 없애고 진실하여 헛되지 않기에 짐짓 반야바라밀다주를 설하노니 이르되, 「아제아제 바라아제 바라승아제 모제사바하」 (3번)

※ 다른 경전을 더 읽고자 하면 이어서 계속 독경함.

【헌다게(獻茶偈)】

☞ 인례가 게송낭독 형식으로 창하고 대중은 무릎 꿇고 합장함.

향기로운	백초림―	신선한맛을
조주스님	몇천번을	권하였던가
돌솥에―	강심수―	고이달여서
영가님―	앞앞마다	드리옵나니
작은정성	거두시어	받아드시고
밝은마음	가득하여	안락하소서.

※ 영반(靈飯) 뚜껑을 열어 숟가락을 꽂고 수저는 진수(珍羞 : 찬)에 건 뒤, 제주(祭主)가 먼저 잔 올리고 절한 뒤 이어서 차례로 잔 올리고 절함.(절은 큰절 두 번)

(영가님 전에 절할 때는 합장하고 부처님께 절하는 방법으로 하면 좋음. ─불교식의 절은 축원의 뜻이 있음)

【권공소(勸供疏)】

　☞ 인례·대중이 다함께 권공소와 가지소까지 독경식으로 염불함.

　※ 다같이 무릎 꿇고 염불함.

제가이제　비밀한말　베푸옵나니
부처님의　미묘법문　위신력받아
몸과마음　윤택하고　모든업쉬어
모든고통　벗어나서　해탈하소서.

변식진언(變食眞言)
나막 살바다타아다 바로기제 옴 삼바라 삼바라 훔 (3)

시감로수진언(施甘露水眞言)
나무 소로바야 다타 아다야 다냐타
옴 소로소로 바라소로 바라소로 사바하 (3)

보공양진언(普供養眞言)

옴 아아나 삼바바 바아라 훔 (3)

시귀식진언(施鬼食眞言)
옴 미기미기 야야미기 사바하 (3)

【가지소(加持疏)】

바라건대　　법다운－　　이공양이여
시방국토　　두루두루　　넘칠지어라
영가님들　　고루고루　　반겨드시고
아미타－　　극락세계　　태어나소서. (반배)

※ 국〔羹〕을 물리고 숭늉을 올린 다음 숭늉에 밥을 세 번 떠서 부드럽게 말아 정성껏 올림. 이때 시저(匙箸 : 시는 숟가락을 말하고, 저는 젓가락을 말함)의 위치는, 숟가락은 위패 쪽에서 숭늉그릇 오른쪽으로 두고 진수(珍羞)에 놓여 있던 젓가락은 다른 진수에 끝을 가지런히 맞추어 옮김. 그 후에 제주가 분향, 헌작하고 절을 할 때 다함께 큰절 두 번씩 함.

【축원문(祝願文)】
　☞ 인례가 낭송하고 대중은 꿇어앉아서 합장함.

저희들　　우러러－　　일심기울여
대원적　　○○님　　생각하올때

천품이　　어지시고　밝으시옵고
성인의　　크신뜻을　받드셨어라
덕성은　　온이웃에　널리떨쳤고
정행은　　불보살을　본받으시니
온천지가　받드는－　덕본이시라
세간의　　인연이　－다하시오매
무상이　　소리없이　찾아들어서
번뇌몸　　집착없이　시원히벗고
극락국　　구품연대　이르셨어라
저희들　　○○들은　눈물삼키고
크신은덕　새기며　　감격하여서
자용을　　우러러　　망극합니다
저희들이　불보살님　크신성호를
일심지성　기울여서　봉송하오며
미성다한　진수다과　올리옵나니
해탈식　　법식으로　거둬주시사
대보리　　연화좌에　자재하소서.

【염불(念佛)】

☞ 인례와 대중이 함께 염불함.(시간과 형편에 따라 108편도 좋음)

나무 삼세불모 성취만법 무애위덕 「마하반야바라밀…」 (21편)

저희들이　지은바ー　이ー공덕이
일체의ー　중생들의　공덕이되어
모든중생　빠짐없이　성불하옵고
위ー없는　불국토를　이뤄지이다.

☞ 인례는 "모두 자리에서 일어나 봉송하직(奉送下直) 인사로
다함께 큰절 두 번 하시겠습니다"라고 아룀.
※ 다함께 큰절 두 번(봉송하직의 禮)

【봉송(奉送)】
☞ 절이 끝난 뒤, 인례가 낭송하고 대중은 일어서서 위패를 향
해 합장함.

상래에ー　초청하온　영가이시여
부처님의　법력빌어　내림하여서
법다운ー　공양받고　법문들으니
이제바로　극락국에　이르옵소서. (반배)

고혼이여　망령이여　영가들이여
삼도의ー　유정이여　잘들가소서
다른날에　다시또한　청하오리니
본래서원　잊지말고　다시오소서. (반배)

※ 제사 끝남

상품상생진언(上品上生眞言) —인례가 혼자 밖에서 위패를 사르
며 염불함.

　옴 마리다리 훔훔 바탁 사바하 (3)

　※ 음복하며 고인의 유덕을 기리는 대화를 나눔.(일상의 대화는
금하는 것이 좋음)

　※ 참고 : 위패 쓰는 방법
예) 홍길동 집안
① 아버지인 경우
　　亡嚴父 南陽後人 洪公 萬重 靈駕
② 어머니인 경우
　　亡慈母 慶州儒人 崔氏 末子 靈駕
③ 할아버지인 경우
　　亡祖父 南陽後人 洪公 判書 靈駕
④ 할머니인 경우
　　亡祖母 安東儒人 金氏 慶子 靈駕
⑤ 형인 경우
　　亡舍兄 南陽後人 洪公 喆童 靈駕
⑥ 누이인 경우
　　亡舍妹 南陽儒人 洪氏 達子 靈駕

우리에게 가족과 가정은 무엇인가, 새로운 가정의 가치를 찾아서

송암지원(松庵至元) _ 안성 보현도량 도솔산 도피안사 주지

비록 일각의 일이기는 하지만 우리의 가정이 흔들리고 있다. 아니, 빠른 속도로 변모되거나 허물어져 가고 있다. 가정이 더 이상 공존(共存)과 상생(相生)의 안식처가 되지 못하고, 가족이 더 이상 개개인의 의지처가 되지 못하고 조각 조각으로 파편화 되어 가고 있는 모습이다.

동체대비의 실천장이 되어야 할 가정이 권리 다툼의 장(場)이 되고, 가족 관계가 서로 타인처럼 무관심하거나 치열한 이해타산 의 장으로 바뀌어 가고 있다.

우리 가정의 전통적 가치는 붕괴되고 새로운 가치는 아직 등 장하지 못한 채, '전통적 가치 중에 지켜야 할 것은 무엇이고, 버 려야 할 것은 무엇인가?'에 대한 이해가 없거나 부족하기 때문 에 지금까지 우리 사회의 근본이었던 가정이 심하게 표류하고

있는 것이다. 여기에 우리의 고뇌와 아픔과 불안이 있다.

자못 심각한 상황이다. 이에 우리는 경각심을 가지고 시급히 우리들 '가정의 가치'를 다시 살려내거나 새로 찾아내야 한다. 이 대로 두면 도미노 현상이 일어나 평범한 가정조차도 곧 붕괴될 지 모른다. 모든 공동체의 근본인 가정이 살아나야 사회가 살아 나고 국가가 살아날 것은 너무나 자명한 일이다. 그래서 이 일 만큼은 서둘러야 한다.

그렇다면 과연 우리의 가정을 어떻게 살려야 할까? 참으로 고 뇌 어린 난제다. 오늘의 현실을 생각해 보면 인류는 이제 좋든 싫든 원하든 원하지 않든 새로운 문명권으로 진입하고 말았다. 여기에 적응하자면 무엇보다 먼저 우리의 생각이 달라져야 한다. 지금까지 겪어왔던 것과는 매우 다른 문명이기에, 새롭고 커다란 발상의 전환이 필요하다. 이는 발등에 떨어진 불과 같다.

우리의 새롭고 커다란 발상은 여태껏 살아온 삶의 형태나 관 습을 모두 떠나, 그 모든 것을 없는 것으로, 아니 처음으로 돌려 서, 오직 인간 삶의 근본인 관계[緣起]와 역할[中道]만을 통해서 처음부터 다시 찾아보자는 것이다. 무엇은 참고로 하고 또 무엇 은 전거로 삼기 위해서 남겨 둔다거나 미련 갖지 말고, 설령 아 깝다고 해도 뒤돌아보지 않는 그것이 커다란 발상이라는 말이다. 그렇다면 왜 하필 '관계와 역할'을 통해서인가? '관계와 역할'마 저도 버리고 생각해야 하는 것이 아닌가? 그렇다. 적어도 이론적 으로는 걸맞은 말이다. 그러나 이론을 세우기 앞서 우리 모두가 체험으로 너무나 잘 알고 있는 사실이 하나 있다. '인간은 잠시 도 혼자 살 수 없다'는 것 말이다. 그래서인가, 예부터 이 사실을 인간의 공도(公道)라고 말해 왔다. 즉 태어난 인간은 언젠가 반드시 죽어야 한다는 법칙[生者必滅]과, '더불어 함께 살아야 한다'는 사실[共同體]은 동격이며 같은 급수이기에 '인간의 공도'라고 했던 것이다.

이 새로운 문명시대에 진입한 우리들이 인간 삶의 가장 기초적인 공존의 가치를 진실하고 열렬하게 찾는다면 길은 반드시 열릴 것이라고 믿는다. 공존의 실상(實相 : 인간 삶의 근본)이 연기와 중도라는 사실을 대대로 누적된 인간 자신들의 삶을 통해 이미 발견했고 또 그것을 부정하거나 외면하거나 잠시도 떠나서 살수는 없기 때문이다.

기왕 새로 찾아야 할 인간의 길, 공존의 가치가 '연기와 중도'라면 좀더 근원적인 인간의 본래모습[實相]에서 찾았으면 좋겠다. 아무리 문명이 바뀌고 세상이 달라져도 그때마다 자꾸만 바꾸지 않아도 좋을 항구적인 길을 찾아야 새로운 세상이 닥쳐와도 우리의 삶은 흔들리지 않을 수 있고, 변화 속에서도 변화하지 않는 영속적인 가치가 인간 생명의 중심이 되어 불안에 떨지 않을 수 있어서다.

아무쪼록 우리 인간에게 너무나 분명한 한 가지 사실은, '더불어 살아야 하는 삶'이다. 이것은 시간과 공간을 초월한 인간의 실재이고 역사의 진실이다. 그러기에 인간 누구나 버리고 싶어도 버릴 수 없는 멍에이며 숙명이고 내지 공동체의 근간이며 근본 법칙이라고 본다.

이 공존의 참 가치는 나만의 문제가 아니고 우리들만의 문제가 아니다. 나아가 전 인류적인 문제이고 우주적인 문제이기에 다소 늦었지만 지금이라도 불교가 나설 수밖에 없다는 생각이 들었다. 그렇다면 불교적인 방법은 뭘까, 줄곧 생각해 오다가 나도 모르는 사이 횃불을 들어올릴 결단의 기회를 맞이하게 되었다. 그것은 선사(先師)이신 금하당광덕대선사(金河堂光德大禪師)의 구국구세의 염원을 통해서이고, 공존의 참 가치인 '연기와 중도'는 구국구세의 핵심임을 다시 깨달아서이다.

그래서 구국구세 대법회라고 이름하게 되었고, 〈'가정의 가치' 불교에 묻는다〉를 제1차의 주제로 선정하게 되었다. 그때 녹취한 강연 내용을 모두 풀어 자료집으로 엮으며 선사께서 남긴 여러 문헌에서 공존의 근본인 가정에 관한 부분을 추려서 실었다. 선사의 글에는 불교적인 입장이 잘 녹아 스며 있기에 무엇보다 독자들의 이해와 공감이 크리라 믿는다. 또 가정의 중심을 여성으로 본 안목과 제반 가정 문제를 상담하는 말씀이 무척 간결하기에 주저함 없이 세간에 소개한다. 이 책이 우리들의 새로운 삶의 공동체〔가정〕형성과 발전 및 유지에서 '연기와 중도'가 토대〔根本〕이며 법칙이라는 점을 잘 말해 준다고 본다.

'가정의 가치'를 재발견하는 것이 우리 시대의 가장 긴급한 구국구세라는 생각을 한다.

엮은이 송암지원(宋庵至元) 약력

송암당 지원화상은 1953년 6월 17일(음력 5월 7일) 경북 예천에서 출생하여, 1971년 부산 금정산 범어사로 출가하였다. 같은 해 12월 2일 梵魚寺金剛戒壇에서 광덕스님을 恩師로, 고암스님을 戒師로 사미계를 받았으며, 1974년 4월 5일(74회) 범어사금강계단에서 석암스님을 계사로 비구계와 보살계를 받았다.

범어사강원을 거쳐 동국대학교 불교대학 禪學科를 졸업하고, 同대학교 교육대학원을 수료, 교육학석사학위를 취득하였다.

1982년 9월, 서울 불광사의 학생회지도법사를 시작으로 하여 불광의 반야바라밀다결사의 사상운동에 귀의, 한국불교의 새로운 신앙결사에 적극 동참하여 앞장섰으며, 불광의 문서포교와 대중포교에 소임을 담임하여 진력하였다.

1989년 8월 16일 스승인 광덕대선사로부터 傳法의 法號〔松庵堂〕와 신표(信標)인 菩提樹를 받아 恩法을 이은 법사(法嗣)가 되었고, 반야바라밀다결사의 동참자 및 계승자로 수기(授記)와 인가의 전법부촉(傳法附囑)을 받았다.

불광의 현대적인 수행과 법회의식의 제정 및 정착과 신도교육의 제반 토대를 마련했고, 또한 유치원과 포교원 건립에 결정적인 공헌을 하였으며, 특히 당시 매우 어려운 여러 여건 속에서도 「보현행원송」을 원만하게 성사시켜 보현행원사상의 실천선양을 내외에 천명하는 계기를 삼음으로써 명실공히 불광사는 한국불교 전법대본산(傳法大本山)의 면모를 갖추게 되었다. 이에 역사적인 불광의 제2기 잠실시대를 더욱 공고하게 하였다.

현재 대선사께서 개산(開山)하신 경기도 안성시 죽산면 용설리 1178-1 소재의 도솔산 도피안사의 주지로 있으면서 스승의 전법부촉을 잇기 위해 정진하고 있다.

저술
논문 : 「고려시대 사원의 결사에 대한 연구」

저서 :『광덕스님 시봉일기 1－내일이면 늦으리』, 1999년 발행
　　　『광덕스님 시봉일기 2－징검다리』, 2001년 발행
　　　『광덕스님 시봉일기 3－구국구세의 횃불』, 2001년 발행
　　　『광덕스님 시봉일기 7－사부대중의 구세송』, 2002년 발행
　　　『광덕스님 시봉일기 別冊－환생』, 2002년 발행
　　　『광덕스님 시봉일기 8－인천의 안목』, 2003년 발행
　　　『광덕스님 시봉일기 6－새 물줄기』, 2003년 발행
　　　『광덕스님 시봉일기 4－위법망구』, 2004년 발행
　　　(『광덕스님 시봉일기 5, 9, 10』권은 속간 중)
편찬 :『빛과 연꽃』, 2005년 2월 발행
　　　『꽃을 들어 보여라』, 2006년 8월 발행
　　　『반야의 종소리』, 2006년 8월 발행
　　　『가정의 가치, 불교에 묻는다』, 2006년 8월 발행